知識的世界 | 0105A

管理學的新世界

最新修訂版

司徒達賢　著

修訂版序

司徒達賢

本書初版距今已經八年。在這八年間，經過無數次公開講解、提問討論、案例分析，讓我（以及曾經深入閱讀、思考與操作過的使用者）更加深信本書所介紹的管理矩陣是十分實用的思維架構與編碼系統。「目、環、決、流、能、資」這「六大管理元素」也是管理理論與觀念極佳的分類體系，不僅周延而互斥，而且它們彼此間的各種相互關聯，也可以用來描述絕大部分管理實務現象。此一編碼系統當然無法創造理論，但肯定可以深入解析各種管理理論背後的邏輯以及理論形成中，對各項因果關係的認知。

本書第三章及第十四章已列舉了許多管理矩陣可以應用的實例，這幾年的實際操作不僅使此一編碼系統的運用更加成熟，同時在思考討論任何管理議題時也可以使用此一圖像思考工具來澄清思路、整合觀點、擴大考慮層面。

例如，在深入研究「組織創新」、「組織慣性」、「權力衝突」這些學術議題時，發現所有的理論回顧及實務訪談結果，竟然都能落入管理矩陣的七十二欄中，無一例外。可見複雜的理論，只要讀者能試著將它套入管理矩陣，或用管理矩陣的語法結構去解讀這些理論，就能深化對此一理論的理解，並可以與其他相關理論快速進行整合累積。

甚至也有碩士論文以長篇幅的方式，運用管理矩陣的方法詳細分析「韋小寶」、「課長島耕作」、「胡雪巖」等小說或漫畫中的人物在故事中的種種作爲，以及思維與行動上，「陰陽兩面的目標與價值前提」、「上下階層的流程互動」、「任務環境中無形資源對各級人員環境認知的影響」等現象與道理。這些都足以證明管理矩陣分析的確能大幅深化我們對管理現象的觀察與詮釋，並使參與分析者擁有共同的架構與溝通語言，大幅提高思想交流的效率。

此次修訂，除了在編排方面力求提高版面美觀與清爽程度之外，在內容或文字方面也進行了數百項修訂或補充，使本書的論述更爲完整合理。

目次

修訂版序 司徒達賢 3

序 邁向「整合化」與「科學化」的管理 許士軍 8

自序 寫在《管理學的新世界》出版之前 司徒達賢 13

導讀 管理學的新世界 21

▶ 本書特色 22
▶ 本書重要觀念 23
▶ 本書的實用價值 32
▶ 文獻說明 33

第 1 章 管理工作的本質與本書特色 39

▶ 管理工作的本質 40
▶ 回顧與比較 43
▶ 本書特色與自我期許 49

第 2 章 六大管理元素與整合對象及工具 55

▶ 管理工作觀察案例 57
▶ 六大管理元素 64
▶ 整合的對象、行為與機制 71

第 3 章 管理矩陣 77

▶ 六大層級 78
▶ 管理矩陣 84

▶ 各層級的管理元素 86
▶ 案例解析——管理矩陣的運用 89
▶ 管理上的涵意 108

第 4 章 管理元素之陰陽表裡 111
▶ 陰陽表裡 112
▶ 陰陽兩面管理元素的交流與轉換 121
▶ 對管理工作的涵意 124

第 5 章 創價流程 131
▶ 產業價值鏈 132
▶ 創造組織的附加價值 135
▶ 營運流程 120
▶ 管理流程 141
▶ 創價流程與其他管理元素的關係 153

第 6 章 有形及無形資源 161
▶ 有形資源與無形資源 162
▶ 資源的相關管理議題 165
▶ 資源與其他管理元素的關係 172

第 7 章 能力與知識 179
▶ 知識與能力的基本觀念 180
▶ 管理知能 186
▶ 個人層面的管理能力 190
▶ 知識與資訊的處理能力（KIPA） 193
▶ 組織層面的知能 198
▶ 與知能有關的管理議題 201
▶ 與各管理元素的互動關係 206

第 8 章 決策與行動 211
- ▶ 決策的基本觀念 212
- ▶ 決策的類型 215
- ▶ 決策間的關係 220
- ▶ 決策的分工與授權 225
- ▶ 決策的有限理性 232
- ▶ 整合導向的決策程序 237
- ▶ 從管理矩陣談提升決策品質 245

第 9 章 目標與價值前提 253
- ▶ 組織目標與使命 254
- ▶ 個人的目標與價值觀 259
- ▶ 目標與價值前提與決策的關係 264
- ▶ 六大層級間目標的矛盾 268
- ▶ 整合目標與價值前提的方法 273
- ▶ 管理涵意 278

第 10 章 環境認知與事實前提 285
- ▶ 事實前提的意義及環境認知的來源 286
- ▶ 環境認知的涵蓋範圍 289
- ▶ 事實前提的獲得與驗證 292
- ▶ 影響與操弄 296
- ▶ 管理上的涵意 299

第 11 章 整合 307
- ▶ 整合的基本觀念 308
- ▶ 整合的基本程序 312
- ▶ 創造價值與維持整合關係 319
- ▶ 整合對象 324
- ▶ 整合標的 334
- ▶ 整合機制 337

▶ 整合的能力與原則 348

第12章 正式組織 357

▶ 合作系統與整合 358
▶ 組織成員 363
▶ 組織成員的類型 369
▶ 非正式組織與派系 377
▶ 組織均衡與組織績效 381
▶ 正式組織的六大管理元素 386

第13章 組織設計 391

▶ 組織設計的基本觀念 392
▶ 組織單位的設立與業務的分化 398
▶ 分權與集權 406
▶ 工作單位的編組及軸線的觀念 410
▶ 軸線的變化與組織設計 418
▶ 雙重主軸與軸線的簡化 424
▶ 組織再整合的方式與機制 429
▶ 組織設計效益與成本的權衡 436

第14章 管理矩陣在管理議題上的應用 441

▶ 創業與策略 443
▶ 執行力與組織管理 449
▶ 組織老化與組織變革 454
▶ 管理行為與領導 457
▶ 其他議題 464
▶ 對管理教育的涵意 468

參考書目 471

重要名詞索引 474

序

邁向「整合化」與「科學化」的管理

許士軍
元智大學講座教授

時至今日，儘管人們都同意，管理是有關如何增進一機構績效（performance）的一種功能，或如杜拉克所形容，「管理代表掌管一機構之生產力的器官」。然而如何做到這一點，卻是人言言殊。這讓我們想到，當代管理大師明茲伯格（Henry Mintzberg）曾在他的一本近著《策略巡禮》（*A Guide Tour Through the Wilds of Strategic Management*, 1998）中將「策略形成過程」比喻爲「瞎人摸象」之舉：每個人都摸到了大象眞實的一部分，但是沒有一個人看到一頭完整的大象；因此，每個人都緊抓住自己摸到的某一部分，用來批評或挑剔別人的講法。事實上，這個譬喻也同樣適用於人們對於「管理學」的理解上，以致於造成在管理領域內，只有「theories of management」，而沒有「the management theory」的狀況。

「瞎人摸象」的原因

造成管理或管理理論如此眾說紛紜的原因很多。首先，管理並非先來自一套界說良好（will-defined）的理論架構，而是來自人們爲了提高一組織經營績效所採取的實務。具體言之，實務工作者所看到的，往往只是本身所面臨的問題，然後根據當時的情況發展適合的解決方法，這時他並沒有想到有什麼理論問題。根據杜拉克所回憶，在管理學發展之初，人們甚至不知道自己當時所做的，就是今日被稱爲的管理工作，事實上今日所稱的各種管理理論及方法，多是日後經由學者將各種實務予以系統化和理論化而形成的。

其次，上述管理實務以及理論的發展，主要源自美國的社會和經濟背景，這又使得它們具有高度之文化特殊性（culture-specific），這種管理及相關理論，對於美國以外的人來說，透過自己的社會和文化有色眼鏡來看，也免不了產生不同的體會和詮釋。

第三，如前所強調，由於管理的作用與價值，乃爲了提升一組織的績效。爲了達到這一目的，使得管理在實務應用上必須配合當時的外界環境和條件。譬如說，在農業社會以及工業社會前期，企業所面臨的，是一個較穩定的國內經濟環境，這時所謂的「有效管理」，無論在理論上或是在實務上，乃建立在穩定和效率的基礎上，這種時代背景下所需要的管理，和今日在「全球化」、「數位化」以及「十倍速」時代下所需要的，幾乎是不可同日而語的。

第四，再以管理理論的發展而言，依學者戴維斯（Stan Davis）在其鉅著 20-20 Vision（1992）中指出，它不但落後於實務，尤其落後於科學、技術及產業發展之後。例如有關資訊科學、技術及產業之發展，至一九九〇年代已臻成熟，以致於有《IT 有什麼明天？》（*Does IT Matter*, 2004）一書，認爲資訊科技目前在使用上已出現有成熟現象，使得它所帶給企業的競爭優勢發生消褪。然而，令人詫異的，屬於資訊科技時代的組織和管理，例如網絡或虛擬組織等之應用卻方才萌芽，這較之 IC 與半導體技術的出現，落後竟達四十年之久。相形之下，目前在大多數企業中所採行的種種管理觀念與實務，如事業部組織、責任中心、目標管理等，實際上仍然屬於前一工業社會時代的產物。

兩大基本問題

由於上述各種原因，使得管理學的發展，一直存在有兩項基本問題：一是理論與外界環境間的調適問題，一是理論與實務間的融合問題。這兩大問題在過去即已存在，但其嚴重程度尚未受到重視。但近幾年來，由於全球化與數位化時代之到來，對於管理的許多基本前提產生極其根本而嚴重的挑戰，甚至帶來管理理論上的「典範轉移」（paradigm shift），也使得上述兩大問題更加尖銳化。

首先，在這「典範轉移」中所帶來之一項管理上重大觀念的改變，即是管理績效的來源，不再是「分工」而是「整合」。具體言之，在過去幾百年內，自亞當斯密的《國富論》以致於泰勒的「科學管理運動」所倡言的「分工」利益，被發現只適合於較靜態環境下的大規模和標準化的生產狀況。一旦人類進入需要「創新」以建立優勢的狀況時，彈性與多元化能力才是致勝的關鍵，這時所需要的，乃是「整合」，不是「分工」。這也就是說，一企業必須能夠靈活地整合下列各種要素：

- 不同知識和經驗
- 各種產品和服務
- 內部有關部門
- 外界合作夥伴

再就前述第二問題——亦即理論與實務間的融合——而言，多年以來，人們深切感到，徒有形形色色的管理理論並不能有效地應用於解決實務問題，在理論與實務之間，似乎存在有一道難以踰越的鴻溝。爲了跨越這道鴻溝，人們嘗試在教育上大量使用個案教學法——又稱案例討論——希望藉由提供一特定時空與條件下的具體情境，讓學生們模擬各種現實狀況，嘗試應用所習得的理論、觀念與工具以求得最適解答。

採用這種貫通理論與實務的個案教學，其優點在於：同學們可以盡情發揮，相互激盪，產生創意，從不斷重複演練中，從而隨機應變，悟解和內化其分析和解決問題的能力。然而這種學習途徑，終究屬於高度非結構性的，學習者的學習成效是難以掌握的。較理想的辦法，還是希望能從實務經驗中結晶出某種分析架構或推理程序——就像波特所提出的「鑽石模型」（Diamond model）或波士頓顧問群所發展的「組合分析」（portfolio model）那樣——對於某些原屬非結構性問題，能夠依循一種被稱爲 heuristic 途徑，將一種藝術化的工作，轉變爲可程式化的分析步驟，予以普遍應用。這種發展方向，有如將奕棋過程發展爲競賽電腦程式，同樣也代表管理領域內一種「科學化」的努力方向。

貫通理論與實務的橋樑

就以上所提出的兩個管理學上的大問題——「整合化」和「科學化」——而言，司徒教授在本書中無疑地都提出他的見解和貢獻。司徒教授這些著作之所以和一般教科書最大不同者，即在於它們提供了一種貫通理論與實務之間的橋樑；一方面融合了各種管理理論與方法，另一方面，提出具有原創性的分析架構，使學者可以有系統地應用於解決他所面臨的問題，而不至於在研讀大量理論之後仍然理不出頭緒。經由這一著作，他不僅帶領 MBA 學生在實務上朝「整合化」邁進一大步，同時也使管理學在理論上朝「科學化」方向邁進一大步。值此書出版前夕，拜讀本書之餘，不僅想要向作者表達欽佩之意，也要向有志於管理工作者說聲：「你們有福了！」

名人推薦

（以下次序依姓名筆劃數排列）

王正一（桂冠實業股份有限公司創辦人）

王振堂（宏碁公司董事長）

宋文琪（台北 101 董事長）

李錫華（前明碁公司總經理）

汪林祥（萊爾富國際股份有限公司董事長）

苗豐強（聯華神通集團董事長）

黃河明（悅智全球顧問公司董事長）

葉國筌（精技電腦公司董事長）

蘇慶陽（前匯豐汽車公司董事長）

自序

寫在《管理學的新世界》出版之前

司徒達賢

「管理」的重要性不待多言，世界愈來愈多元開放，組織所面對的問題也愈來愈複雜，管理能力對於組織的成效與發展，扮演著日益關鍵的角色。全球的企業、非營利組織，乃至於政府機構，無不求才若渴，希望能網羅和培養更多、更優秀的管理人才。而管理能力的高下，也高度影響了個人事業前程的發展。

作者投入一整年的寫作時間，終於完成了這本《管理學的新世界》。本書的主要目的是希望發展一完整的觀念架構，將管理的基本道理平實而有系統地闡釋清楚，期能對讀者的管理能力有所增益，或至少建議一些提升管理知能的有效途徑。

本書之寫作，係基於一些背景與想法，想藉由這一篇自序來說明。同時也必須在此表達對許多人的感謝。

管理學在教學上未得到應有的重視

「管理」（management）應該是管理教育的核心，然而在學校教育中，「管理學」卻未得到應有的重視。目前大多數「管理學」課本的內容是由幾部分組成的：一部分是組織行爲，例如：領導、激勵與溝通；一部分是策略與環境；一部分是組織設計。各部分在論述上自成一格，分別摘錄整理相關的理論或實務。其內容往往與「組織行爲」、「策略管理」等更深入的課程，有高度的重疊。因此許多負責「管理學」的教師，對前後課程間的分工，以及「管理學」的定位，常常產生一些困惑。上焉者設法經由個案教學或專案實習的方式，讓學生自行體會「管理」的意義，下焉者則索性取消這門課程，或僅列爲選修，例如：台灣有些 MBA 或 EMBA

學程中，已無「管理學」（或「組織理論與管理」、「企業組織與管理」等）這門課，核心課程中只剩下財務、行銷、組織行爲、策略管理、數量方法、管理會計以及法律等科目。

此一趨勢反映出多數管理學者的認知中，「管理學」似無獨立存在的價值。然而，「管理」本身在實務界其實極爲重要，各級人員普遍感到提升管理知能的迫切性，而管理教育卻不能有效予以回應。其主要原因，或許正是因爲缺乏合用的課本或專書。因爲現有課本中的組織行爲、策略、組織設計等，並不等同於「管理」，而只是管理工作延伸出來的一環。學習者若未能掌握管理的核心，只是片段研習各個議題中的各種學說與理論，則對管理知能的提升終究有限。

本書以「整合」爲主軸來闡釋管理的意義，舉凡策略、結構、管理制度、決策、執行、溝通、激勵、談判等重要的管理議題，皆被「整合」到此一觀念體系之下，並希望讀者可以藉由此一整合的觀念體系，掌握管理工作的本質。無論其本身在組織中所居職級之高低，皆可針對本身的管理工作思考可以改進的方向。各章論述之後，所列的「管理工作的自我檢核」單元，即試圖協助讀者將各章中的觀念具體地「操作化」，對本身的管理工作產生直接的檢視、反省與提升的作用。

本書試圖整合分歧的知識體系

本書作者在過去三十幾年間，從不同的知識體系，深淺不一地接觸到不同的管理學知識，其各自內容皆十分豐富，但彼此間似乎並無明顯的連結，代表了尚有可以整合的潛在空間。

第一種知識體系是管理學的教科書。世界上已有不少被廣泛使用的管理學教科書，寫作結構已相當成熟，內容也不斷隨時代而更新。但可惜的是，有如前述，這些內容似乎更著重於組織行爲或策略、組織設計等專題方面的理論介紹與研究成果呈現，而與實際的管理工作始終存在一段距離。

第二種知識體系是組織理論的經典名著。過去數十年，在組織理論的領域中，有許多經典名著對組織的運作以及管理工作的內容，都曾分別提出極爲精闢的見解。一般人閱讀經典的困難在於：這些經典因其原創性，在觀念的表達上，往往稍嫌零散甚至艱澀。

第三種知識體系是新興的學術研究成果。管理學觀念的全面進步，有賴眾多學者不斷進行研究，但由於每一項研究成果只追求單點突破，在面對複雜實務問題時，難免掛一漏萬，或令人不易掌握其實際應用的方法與價值。

第四種知識體系是實務界或管理顧問對實務經驗的報導或歸納，其內涵主要爲先進國家的管理實務。這些作品可以使讀者涉獵許多實務上的創意，也有相當高的應用價值，其缺點是故事或案例雖然極具說服力，但背後的道理卻往往未能與前述幾種知識體系相互銜接，而且各家所建議的做法，其實各有其適用範圍，讀者卻不易自行從其中發掘或掌握原則，因而難以靈活運用。

第五種知識體系是作者從事個案教學的經驗。在台灣這一充滿變化與競爭的經營環境下，本土企業家與高階經理人在不斷解決問題的過程中，累積了極爲豐富而獨特的管理經驗與智慧，這些經驗與智慧不易外顯爲具體的知識，即使經由公開演講或訪問，也未必能展現其精髓，只有經由深入的個案研討，才能激盪或引導出智慧的火花。二十餘年來，作者有幸長期與高階管理人員互動研討，甚有收穫。然而這些內容並無系統性，若不經由整理，納入完整的思想架構，亦不易轉述傳承。

以上這些知識體系，主題皆針對「管理」，各有其獨特的價值，然而彼此間似乎關連不大。本書的努力方向即是致力於這些知識體系間的整合。

管理學術研究的專精化與學派觀點的分歧

由於管理問題無所不在，因此，可以從許多不同的學科領域來觀察分析管理的現象與課題。經濟學、社會學、心理學、政治學這些歷史悠久、博大精深的社會科學，挾其強大的觀念工具與研究能量，紛紛投入管理學的研究。而年輕的管理學者，也不得不依附於某一個學派之下，方可充分掌握其既有體系內的知識內容與研究脈絡。

此一發展的結果是：各個學派皆有其獨到而深入的見解，然而習慣從事嚴謹學術研究的學者們，通常由於一門深入，而無法或無暇去吸收或欣賞其他學派的觀點。換言之，學術研究使得管理理論日益專精，也日益「分化」，需要有人將這些進行一些「整合」。

本書的論點不屬於任何學派，但是卻努力博採各家之長，即是基於以上的認識。

本書企圖整合各方的知識

本書認為管理最重要的本質是「整合」，而本書的寫作也在試圖「整合」各方面的管理知識與思想。作者的整合功力當然尚有太多可以改進的空間，但以開放的態度來吸納各方的論述與觀點，則是一貫努力的方向。

易言之，本書希望能整合管理學中的各個議題（例如：策略、領導、激勵等）、整合過去的經典與近代的研究、整合理論觀點與實務經驗，並盡可能吸納各個學派的學術研究精華。而六大管理元素的「陰陽表裡」，也是將東方的思想模式與西方的管理架構相結合的嘗試。

本書原創的觀念與架構

本書有幾項與過去各種「管理學」書籍不同的觀點，也提出了一個整合性的觀念架構，皆有某些程度的原創性，茲簡單介紹如下（詳見導讀）：

第一是將管理的核心本質界定為「整合」，並以「整合」的觀念來解析各種管理行為，甚至策略、組織等等，且進而利用「整合」來詮釋行銷、財務、人事等功能領域在組織中的作用與角色。經由此一分析，即可將各種管理活動的意義，納入一完整而互有關聯的思想體系中。

第二是提出「六大管理元素」，將它們視為整合的標的，也是整合的工具。不同的經典、不同的學派、不同的研究，曾分別對這些觀念提出深入的論述，但本書將它們整理分類成為相當「周延且互斥」的管理元素，不僅可以依各元素來介紹有關學理與觀念，而且也將它們發展成為管理矩陣的構面，用來描述與解析更多的觀念。

第三是將整合對象分為六大層級，並以「對局」的觀點來觀察「整合」與「被整合」。提醒大家「人人都是整合者」，人人也都是別人整合棋局中的潛在整合對象。

第四是設計「管理矩陣」，做為每位管理者檢視本身管理工作的工具，以及用於終身累積管理知識與經驗的觀念架構。而管理矩陣中的「編碼系統」，也可以進一步發展成描述管理觀念與現象的「語法結構」。

第五是提出「陰陽表裡」的觀念，使六大管理元素及管理矩陣的內容更為豐富，也為許多西方學理未曾深入探討的實務現象與課題，做出解釋。而本書也試圖從陰陽的角度來解釋「個人」與「組織」的相對關係。

其他重要觀念尚有：以「整合平台」的觀念來分析正式組織、組織外的網絡，以及組織內的派系。在組織設計上，則以「軸線」的方式來分析組織設計的原理，並指出「軸線」中流通與傳達的是「六大管理元素」，而組織設計的用意則在協助基層成員順利地進行創價活動，亦即為基層的創價成員提供及時、正確而有效的「六大管理元素」。

此外，本書特別強調：組織中大部分的人都可以分擔一部分管理與整合的工作，若大家都能積極主動地負起一部分整合的責任，則組織的運作必然更為順暢。因而本書預期的潛在讀者，並不限於高階主管，而是基層幹部以上**所有可以從事整合工作的人**。基於同樣的道理，組織中所謂「授權」與「分權」，其標的其實即是「整合」的權責，誰負責更多的整合工作，誰的權力，以及所能發揮的作用就愈大。

總而言之，本書所呈現的整體架構，與傳統的管理學也大不相同。本書書名為「管理學的新世界」，一方面也是因為內容及架構皆有其原創性之故。

本書定位

本書強調觀念架構的建立，著重於讀者在管理工作上的實用價值，而未對一般的基本觀念或名詞，進行學術性的嚴謹定義與介紹。因此對初次接觸管理學的年輕學生，本書似乎應是**「第二本」管理學**，換言之，本書並非初階入門的教科書。而對略具實務經驗甚至是社團經驗者，則可以從閱讀本書中快速產生共鳴，使過去的經驗在本書的架構中有系統地被喚起、整理、及活化，並達到心領神會的效果。

熟悉初階管理學的人，若對管理學的實用價值有更深一層的興趣，則本書可提供極佳的架構，協助讀者掌握管理學中更深層的思想與內涵，或提供進行個案分析時的切入角度。

事實上，本書的主要價值應在於思想架構的建立以及分析方法的強化。管理實務的做法變化萬千，管理學術的研究日新月異，然而只要擁有完整的架構與良好的方法，則無論未來實務與理論如何創新變化，我們都能很快地掌握其中的精髓，並將它們不斷地累積到自己的思想體系之中。

本書作者的學習歷程

作者從大學部，到碩士、博士，算是經過相當完整的學校管理教育，尤其博士教育中特別強調經典文獻的閱讀及思想方面的啓發，對日後的教學與寫作極有幫助。而且在近三十年的教學生涯中，由於幾乎完全運用互動式的個案研討進行教學，因此有機會（或有必要）不斷聆聽、整合各方的觀點與意見，不同班級甚至不同屆別的學生或學員，針對同一議題，也可能出現完全不同的看法。使作者每次課後，也不得不再三回憶、思考討論的內容，並試圖將之整合在自己的思想體系之中。

在過去近三十年中，作者曾指導過一百餘篇的碩士論文，六、七十篇的博士論文，因而有機會與這些優秀的年輕人進行深入的互動與思想交流，其中博士論文所參考的學理通常較爲專精新穎，對作者的想法更有多方的衝擊。然而，各種學理之間、學理與實務之間、各種實務做法之間，既有互相呼應之處，也常存在著各種差異，因此，不得不發展出各式各樣的觀念架構來整合它們。十年前所發展出來的「策略矩陣」，以及本書的「管理矩陣」，都是作者在面對來自四面八方的「觀念洪流」時，不得不發展出來的整合架構。

以上是本書作者學習管理以及累積知識、形成架構的途徑。

此外，在學生時代，作者因深受西北大學師長的影響，接受了兩項信念，而這兩項信念對作者的寫作產生了極大的作用。

信念之一是：相聚在課堂上，應盡量投入更多的時間來進行互動與討論，單向的「講課」應以課前閱讀來替代。教師對某一主題若有較完整的想法，應書之於文字，讓學生事前研讀後再來課堂討論，如此則教師的思想表達將更愼重而精確，學生的學習過程也更深入而完整。基於此一信念，作者多年來始終運用個案教學的方法，鮮少從事單向的講授，而近年來則致力於寫作，希望學生能以閱讀來替代聽講，同時也用以彌補講授之不足。

信念之二是：寫作不應過於強調「別人曾講過什麼」，而應以更多的篇幅陳述「我自己的想法是什麼」。換言之，**努力形成自己的想法、提出自己的見解，比轉述他人的論點更重要**。作者的著作，一向秉持此一原則，本書亦然。本書觀點無法周延，疏漏錯誤也在所難免，但卻是作者自己現階段對「管理」的認識與想法，在此毫無保留地呈現，與讀者進行交流，也敦請各方先進指正，做爲作者未來再進步的依循。而讀者若對其他學者的論述與意見有興趣，可以參考的書籍很多，無須在此重複引述。

爲了表示對重要觀念來源及原作者的敬意與肯定，本書在導讀內仍然盡量將本書中重要觀念的「學術根源」做一交代與說明，以供有興趣進一步研究的讀者參考。

感謝

本書之成，必須感謝許多人。

過去三十餘年來師長的教誨、學生的討論與問難，是作者形成管理學觀念架構的原動力。

許多政大企研所的校友經常不吝分享他們寶貴的管理經驗，例如：葉國筌、鄭欽明、胡秋江、王祺、江誠榮、邱頂陽、雷輝等都是我常請教的對象。此外，校友中還有許多「整合大師」，雖然未必使用「整合」這一名詞，卻都經常告訴我許多經營事業及建立網絡的「整合」秘訣。本書中許多實例運用，其實都是他們的親身經驗所歸納出來的精華。

在作者構思本書架構期間，政大企研所博士班學生湯寶裳首先指出「整合」做爲研究主題的潛在價值，企業家班校友葉佳紋首先指出「經營管理就是整合」的觀念，這些對本書的寫作方向，都有極大的啓發。

本書寫作之前，曾向政大企研所博士班校友進行口頭報告，吸收了許多見解；而在完成初稿之後，又請博士班在校生、碩士班四十一屆學生、企業家班廿四屆學員等，分別詳細閱讀，提出了不少修正意見。此外，政大企管系副教授林淑姬亦對本書提供許多寶貴的建議，並投入許多時間就內容與文字進行修訂與潤飾。

對以上各位，本書作者都表示高度的感謝。

也必須感謝王正一、王振堂、宋文琪、汪林祥、李錫華、苗豐強、宣明智、黃河明、葉國筌、蘇慶陽等企業領袖推薦本書，讓更多讀者能相信本書的價值。

更要感謝啓蒙恩師許士軍教授的賜序。許老師本身在管理學方面的造詣極深，所著《管理學》一書引領華人管理思想數十年，能得到他的肯定，作者深感榮幸之至。

管理學的新世界

本書經由「管理矩陣」的分析架構，將各家思想融爲一爐，並重新以系統化的方式呈現，幫助讀者對複雜而多元的管理課題，產生全面而完整的瞭解，並可進一步掌握不同流派管理觀點間的關連。

「管理」是個古老的課題，大凡有人類組織，即有「管理」問題。許多中外的先哲思想，雖未提及「管理」二字，卻也不乏各種不同角度或立場的「管理」觀點。近百年來，「管理學」蔚然興起，百家爭鳴，各種學理與實證研究，堪稱汗牛充棟。晚近一些「文獻整理」書籍，不論是「組織理論」或「策略理論」，動輒將論述觀點或學者分為十種九類，顯見既有學理的豐富與分歧。然而，這也使得學習者既不易全面掌握學理，也難以有效運用於實務工作上。要克服這個障礙，唯有致力發展出一個整合性的「分析架構」，做為學理與學理間、學理與實務間的整合工具。

本書特色

《管理學的新世界》的觀念架構即為作者融合組織理論經典文獻、新興理論與實證研究、企業實際現象，以及三十年個案教學所累積的經驗，構思發展而得。

本書力求綜合各家思想精華，內容涵蓋固然較為廣泛，但經由「管理矩陣」這個分析架構，已將這些觀念盡量融為一爐，並重新以系統化的方式呈現，有利於讀者對複雜而多元的管理課題，產生全面而完整的瞭解，並可經由管理矩陣，進一步掌握不同流派管理觀點間的關連。

本書結合理論與實務的方式是：將各家理論的抽象觀念與專有名詞，轉化為明白易懂的文字，再運用「六大管理元素」及其所形成的管理矩陣，將這些學理上的觀念與實際的管理議題相連結。雖然由於篇幅限制，無法詳細列舉大量實例，但略有管理實務經驗的讀者，應不難從文字說明中，聯想到組織中的種種議題，以及實

本書寫作特色

1. 結合經典文獻、新興理論、實務現象、教學經驗。
2. 提出「管理矩陣」與「六大管理元素」為觀念架構。
3. 管理矩陣可以有效結合理論，也可以連接實務。
4. 從高階管理者到基層承辦人，都有高度參考價值。

務運用上可能的思考及解釋方向。

作者認爲，並非只有中高階管理者才應扮演管理者的角色。理想上，各階層人員，甚至包括基層人員，若能合理分擔若干管理工作，組織整體的活力才能充分發揮。因此，本書討論管理工作時，也盡量包括從上到下各個層級的角度，希望目前擔任不同職位的讀者，都能從本書得到啓發，並對當前的工作績效有所助益。

本書重要觀念

本書內容涵蓋面廣，並非僅聚焦於少數主題，因此進行全面的導讀實屬不易。以下只能針對書中幾項重要觀念，簡要介紹。

管理工作的核心本質是「整合」

由於產業的競合關係日益複雜，加上社會開放以及價值觀念的多元化，「整合」日益成爲管理工作的核心。單向的指揮命令，或訂出嚴苛目標，再要求全員衝刺的經營方式，不得不逐漸被細緻的整合動作取代。無論是機構領導人或是各級管理者，都必須時時刻刻注意組織內外的各種資源、資訊，並**經由各方目標的整合與合理的成果分配，以結合這些資源，完成本身的任務**。

因此，本書將管理者的工作定義爲：「**經由決策或各種機制，整合組織內外各方面的資源、目標、資訊、知能、流程、決策，以完成組織所賦予的任務，或創造組織的使命與生存空間。**」

當事人若是各級經理人，則整合的出發點著重於「完成組織所賦予的任務」；當事人若是機構領導者，整合的主要作用則包括「創造組織的使命與生存空間」。

而所謂的整合，是指「**發掘、結合、且有創意地運用來自各方的資源、資訊、知能，並使各方的決策、流程能與我方的目標配合。而由於各方所追求的目標不同，甚至互相矛盾，需要妥協與融合，因此也必須加以整合。**」

有經驗的管理者十分能體會，管理工作過程中，幾乎處處都是「整合」，而且「人人都是整合對象」。更深入一點思考，本身何嘗不是周遭許多其他人「整合架構」

中的整合對象呢？事實上，組織本身以及其所處的產業網絡，甚至整個社會，都是所謂的「合作體系」，而合作體系的創造與維持，需要許多人負責整合，這即是「管理」或管理者所能發揮的作用。

整合如此重要，但中外管理學術卻尚未予以足夠的注意，遑論深入探討。本書特別強調「管理的重心在整合」的觀念，原因之一是：「整合」實在是台灣企業界管理能力的一大特色。許多成功人物，發跡時財力未必雄厚，亦未掌握先進科技，其賴以成功的一身本事，盡在整合而已。

除了機構領導人，組織內部各級管理人員跨部門的整合能力，以及整合上級與部屬的能力，也極爲關鍵。台灣大多數企業爲了因應嚴苛的市場競爭，必須維持高度的彈性、組織活力，以及對外界變動的敏銳度。因此，各級人員機動自主的整合

本書架構

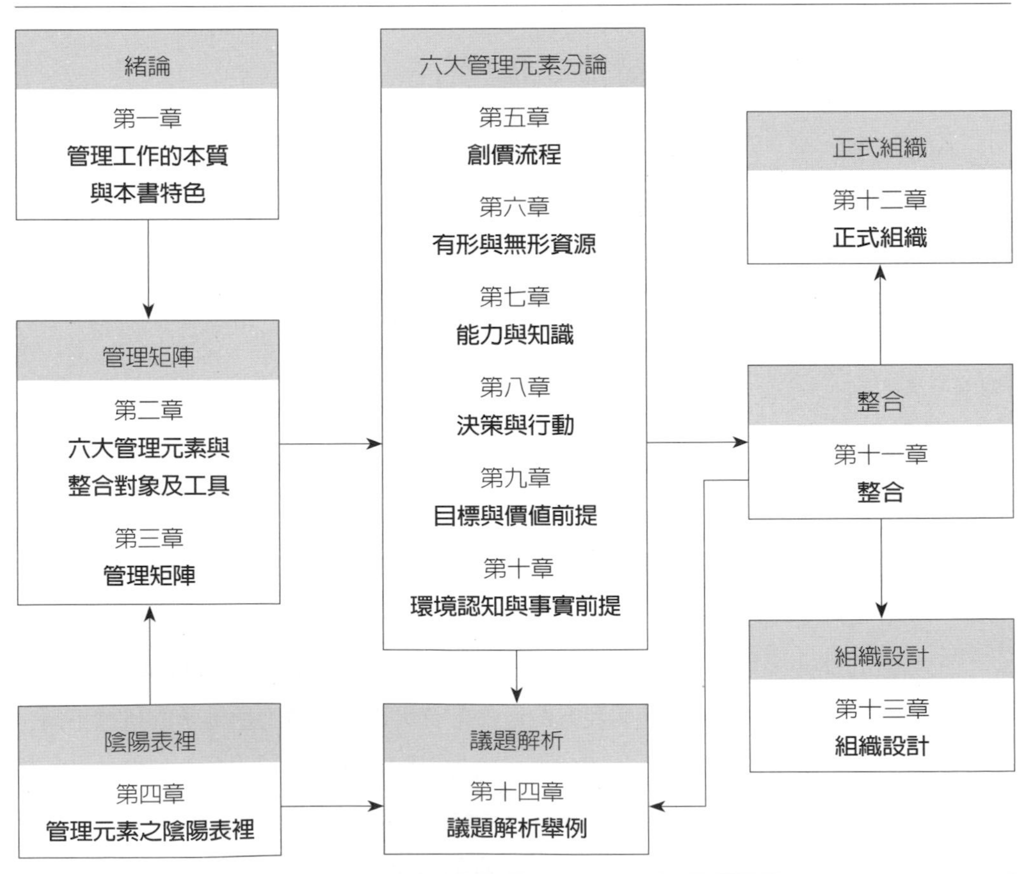

能力，不僅極爲重要，也是許多企業成功的關鍵因素。求才若渴的高階領導人，希望各級管理人員能夠快速提升的，也是這些整合能力。

作者任教近三十年，其間與無數卓越的企業領導者，及各級經理人進行研討，並指導近兩百篇針對國內實務而作的博碩士論文。因此，本書所強調並深入探討的整合觀念，可說是從本土成功經驗中整理出來的精華。

本書中即以專章多達三萬言的篇幅，介紹整合的觀念與方法。

整合標的：六大管理元素

組織、機構領導者，乃至於各級管理人員，整合過程中所欲整合的標的，可以歸納爲六大項，本書稱爲「六大管理元素」。

這些之所以稱爲「管理元素」，因爲無論在理論上或實務上所談的管理課題與管理方法，其實都可以歸納爲此六大項目。而許多管理思想與管理行動，也都是這些「元素」所組成的。本書針對各元素皆有專章深入解說。

1. 目標與價值前提

組織目標與使命、組織文化、個人心理需求、人生理想與價值觀念等，可以歸屬於此一管理元素。

2. 環境認知與事實前提

資訊、消息、認知等屬於此類。有關資訊的蒐集與傳播、形象塑造、認知偏差等，都可以在此一元素的架構下進行討論。

3. 決策與行動

組織內外每一個人或機構，都有其決策與行動。前述的「目標與價值前提」與「環境認知與事實前提」皆爲當事人「決策與行動」的依據，故稱爲「前提」。這兩種前提高度影響了決策的品質與方向，而若意圖影響其他人的決策，也應從影響這兩項前提著手。

4. 創價流程

組織能生存於社會中，主要是因爲組織採取了爲社會或爲顧客「創造價值」的作爲，因此「創價流程」應是組織的核心，也是組織存在的「正當性」依據。創價流程又可分爲「營運流程」與「管理流程」，確保這些流程順利運作，是組織成員及各級管理人員的基本職責。 所有的「整合」作爲，都應導向本身所負責的創價流程，或以提升本身所負責流程的「價值」爲依歸。

5. 能力與知識

「能力與知識」是知識管理的核心課題。能力與知識不僅是創造價值的基礎，也是整合成敗的關鍵。

6. 有形與無形資源

「有形與無形資源」不僅是創價流程的投入與產出，也是組織內外於分配成果時的主要標的。 知能與資源這兩項元素必須有效地導入「創價流程」，才能眞正發生作用。

六大元素的互動

六大管理元素雖然彼此都有互動關係，但可以粗略地分爲兩組：一組以「決策與行動」爲核心，另外一組則以「創價流程」爲核心。「決策與行動」是各級管理者或管理當局積極角色之所在；「創價流程」則代表組織定位與生存空間。「決策與行動」被「目標與價值前提」以及「環境認知與事實前提」二者所環繞與影響；「創價流程」則藉由「能力與知識」以及「有形與無形資源」而得以順利運作。雖然分爲兩組，但兩組間的管理元素仍有密切關聯，例如:「目標與價值前提」也導引了「創價流程」的特性與定位，而「能力與知識」也影響了「決策與行動」的品質。

這些管理元素的內涵以及其間的互動關係，可以協助我們釐清許多組織運作以及管理方法的觀念，也可以對策略、組織、管理制度、領導行爲等產生更深入的瞭解與創意。

整合對象：六大層級

無論是機構領導人或是各級管理人員，整合對象都可能涵蓋了「組織內外」。所謂的「組織外」，包括世界及國家級的統理機構，以及產業中的顧客、供應商、資金提供者，甚至同業等；而「組織內」則包括了從機構領導者以降的各級人員。爲了簡化，本書將這些組織內外的整合對象分爲六大層級。

1. 總體環境

「總體環境」的決策者是世界與國家級的政府機構，或可以「制定規則」的非政府組織。他們擁有相當程度的公權力，主要角色即是「制定規則」。這些規則制定者的「決策與行動」，影響了組織的運作方式以及「決策與行動」。然而這些規則制定者也有其目標與知能等管理元素，因此也應納入組織或各級人員的整合對象。

2. 任務環境

「任務環境」可以簡單描述爲組織所處的產業環境，包括顧客、同業以及各種周邊服務的提供者在內。任務環境中的人或機構，可能是本組織的服務對象，可能是合作者，也可能是競爭者。如何「整合」他們，是經營策略層面的核心工作。例如：顧客有潛在購買力也有需求，企業經由各種行銷活動，經由滿足顧客需求而獲得青睞，即是一種整合的作爲。面對形形色色的資金提供者、原料及零組件提供者，甚至勞工團體等，都可以視爲整合對象，並運用整合的思想架構指導管理的行動。

3. 組織平台

「組織平台」即是管理者所任職的組織。組織不等於組織內部所有成員的總和，也不等於機構領導人，而是一個刻意創設或設計的機構。組織存在的主要作用是提供一個「平台」，以更長期而穩定的方式整合各方的目標、資源等六大管理元素，因此稱爲「組織平台」。組織的目標、使命、文化、政策、流程、資源等，都屬於此一層級。組織成員以「成員身分」依附於組織，藉助組織這個平台，與外界進行整合。同時，組織成員與組織間也需要整合，其間也存在著各種可能的矛盾，這些矛盾，當然也需要化解與整合。

4. 機構領導

「機構領導人」是一位或一小群特殊的成員，其身分、地位、權責與一般組織成員頗不相同，應與其他成員分別討論，而成爲獨立的一個層級。

5. 各級管理

「各級管理」是分布於組織內部各個層級、各個部門的管理人員，分別有其負責的單位或部門。由於六大層級只是反映不同角色的抽象觀念，而非具體描繪眞實存在的組織結構，因此，眞實組織的部、處、組、課等存在上下關係的單位，在觀念上皆歸屬於此一層級。

6. 基層成員

「基層成員」是並未賦予正式領導職責的人員，但本書特別強調，即使並無管理職位，基層人員也有發揮整合功能的空間與潛在貢獻。

人人都是整合的主體和對象

以上這六大層級的整合對象，在整合做法上其實互爲主體。易言之，從機構領導人的角度，其他五大層級皆可視爲整合對象；從各級管理者來看，從外在的總體環境，一直到機構領導人及其下的成員，都是整合對象，而平行的其他單位，以及機構領導以外的其他上級管理者，也都是整合對象。

推而廣之，基層成員也可以向上、向外進行整合工作。因此，在基層成員上方的五個層級，都是潛在的整合對象，而平行的其他基層人員，也是可能的整合對象。

本書的觀點是：人人都是整合者，人人也都是整合的對象，所以可以從上向下看，也可以從下往上看。而總體環境與任務環境中的「組織平台」、「機構領導人」，以及內部各級人員，也都是可能的整合對象。

管理矩陣

從以上分析可知，整合標的包括六大管理元素，整合對象則有組織內外的六大層級，而各層級又分別有六大元素。因此，可以依此兩大構面，建構出一個 6×6 的「管理矩陣」。

各欄位的意義

管理矩陣的縱軸爲六大層級，橫軸爲六大管理元素，構成中間的三十六個「欄位」，每個欄位皆有其具體意義。例如：「目 6」代表基層人員的目標與價值觀；「資 5」代表某些中級管理人員所能掌握的資源；「環 4」則代表機構領導人對內外環境的認知；餘次類推。

提醒每個人的管理工作觀照範圍

管理矩陣中的三十六欄，都是與當事人相關的事項，例如：外界任務環境的目標（「目 2」）、總體環境的決策（「決 1」）、基層人員的知能（「能 6」）等，因此可以做爲檢核工具，有系統地提醒各人的管理職責。 用本書的說法，管理工作基本上即是「看好你的三十六欄」。換言之，無論當事人在組織中的層級如何，都應時時留意這三十六欄的內涵、變化、可以設法改變的方向，以及進行各色各樣整合的潛在機會。

管理矩陣

六大管理元素／六大層級	目標與價值前提	環境認知與事實前提	決策與行動	創價流程	能力與知識	有形與無形資源
總體環境	目 1	環 1	決 1	流 1	能 1	資 1
任務環境	目 2	環 2	決 2	流 2	能 2	資 2
組織平台	目 3	環 3	決 3	流 3	能 3	資 3
機構領導	目 4	環 4	決 4	流 4	能 4	資 4
各級管理	目 5	環 5	決 5	流 5	能 5	資 5
基層成員	目 6	環 6	決 6	流 6	能 6	資 6

解析理論與實務的觀念工具

由於「管理矩陣」有系統而周延地納入各種組織與管理的相關觀念，因此可以用以解析過去與未來的各種管理理論與實務。

本書各章皆適時地運用管理矩陣的觀念架構，以闡述各種相關理論，或提出管理建議。第十四章更以全章篇幅，展示用管理矩陣解析各種管理議題的運用方法。

若讀者能善於運用此一架構，在整理觀念、累積經驗以及溝通內容的精緻化方面，都會產生相當良好的效果。

陰陽表裡

六大管理元素皆有陰陽表裡之分。簡言之，「陽」與「表」代表與正式組織有關，或「公家」的事物。「陰」與「裡」則代表每個人的內心世界，或非正式體系中的行動或思維。除非走向極端，否則，「陰陽表裡」並無道德高下的問題，只是代表不同的立場或觀點。

例如：「目標」是一項重要的管理元素，然而影響決策的，一方面是組織所賦予的目標，一方面則是個人所擁有的價值觀與人生目標。二者未必相同，有時相輔相成，有時互相矛盾，甚至互相妨礙。調和此二者，本來即是各級主管的重要任務。

同理，其他管理元素也都有陰陽兩面，彼此也都可能相輔相成，或互相矛盾。瞭解它們的存在，並加以因勢利導，也是重要的管理工作。

陰陽表裡觀點的提出，不僅使管理矩陣三十六欄的內容呈倍數增加，而且也解釋了許多眞實世界的現象。

其他重要觀念

本書有許多觀念皆與傳統管理學不盡相同，有些則是以過去學理爲基礎，提出不同的詮釋。在此選擇若干觀念簡介如下：

創價流程

以創價流程的觀念，將組織的正當性以及管理的正當性，與人類經濟活動的流程相連結。

元素存量

將屬於組織平台的六大管理元素，視爲過去留存的「存量」，一方面影響了當前組織的運作與決策，一方面也是當前決策所欲不斷修正、調整、增強的標的。

管理知能

提出「知識」的定義，並提出結構面知識、程序面知能等觀念，說明管理知能的內涵。第七章中更指出，「知識與資訊處理能力」（KIPA）是管理知能的核心。除了闡述 KIPA 的內容，亦認爲此一觀點對管理知能的傳習方法，具有相當重要的意義。

環境

本書所談的「環境」爲管理元素之一，主要是指當事人對內外環境，甚至一切事物的「認知」。而一般書籍中所談的「外界環境」，在本書中則主要指「總體環境」的規則制定者，以及「任務環境」的人或機構所採取的「決策與行動」（「決1」與「決 2」）。易言之，無論是產業政策或是消費行爲，其實背後皆有「決策主體」存在。管理者在分析這些「決策主體」的「決策」時，也可以從它們的「目標」、「環境認知」、「知能」，甚至「陰陽兩面」進行分析。此一分析方式，比一般所稱的「環境偵測」，觀點應更爲深入，而對管理者的因應對策方面，也有更積極的涵意。

整合平台

本書除以專章介紹「整合」的方法與程序，亦以整合觀點分析組織與管理中的各種現象與作爲。其中指出，「整合平台」的設立與維持，也是管理者的重要管理方法。各種正式與非正式的組織或團體，例如：委員會、協會、企業組織等，都可以視爲整合平台。不斷建立新的整合平台，並運用這些整合平台所構成的網絡體系，管理者可以進行更深入、更有效的整合行動。

正式組織

本書以專章介紹「正式組織」，從整合以及六大管理元素的角度，切入與分析「正式組織」。其中，成員身分的界定、不同型態成員「概括承諾程度」的差別、家臣與專業經理人的不同貢獻、次級單位出現的生命現象，以及非正式組織與派系的異同等觀念，本書皆有所著墨。這些解說可以使讀者更加瞭解一些實務上常見，但一般管理學書籍並未探討的課題。

組織設計

本書以專章介紹「組織設計」，從「協助組織成員順利進行其創價流程」的觀點，探討組織設計的方法，並提出「基本流程單位」、「主軸」、「輔軸」、「再整合成本」等觀念工具，以分析比較在不同情況下，各種組織編組方式的利弊得失。此一解析組織設計的角度，與傳統上將組織設計分爲「直線幕僚式」、「功能式」、「事業部式」、「混合式」等，大不相同。因爲本書認爲，較有規模的組織，幾乎皆是「混合式」，因此其組織結構極不易歸類。而本書所建議的架構，對實際上的組織結構調整，才有更具體的幫助。

本書的實用價值

本書除了強調架構及觀念的創新，也相當重視實用價值。由於本書的觀念與論點，相當多的部分是來自實務的觀察與省思，因此將之回歸實務，並不困難。爲了便於讀者藉助本書的架構與觀念自我檢視，以及企業組織內部的管理培訓與集思廣益，本書各章皆附有實務檢核問題，讀者逐題檢視，不僅可以更深入瞭解章節內容，在提升本身管理工作品質方面，亦能有所助益。

文獻說明

本書所討論的管理觀念甚多，但在書中並未依學術著作的形式，詳列每個觀念的出處。此一做法的理由有三：

1. 本書主要是爲實務界的各級主管，或準備在管理職位上追求個人成長的人士所撰寫，過多的學術名詞或引註，可能會造成閱讀上的困擾，甚至可能爲了「正確」引用各家學理，而降低了讀者吸收實質內容的效率。

2. 本書內容的思想來源十分豐富，若要嚴格遵循學術的要求，引經據典，詳細列出所有想法與說法背後的源流，或許還要投入相當長的寫作時間，而且事實上也超出了作者的能力。因爲作者自認較長於整合各方觀點、整合理論的概念與實務現象，因而多年以來，在著書創作時，即未再從事逐句註記出典的工作。

3. 最後，或許也是最重要的一點，作者在過去三十餘年中，深淺不一地接觸了相當多的學術名著，它們所傳達的觀念，有重複、有關連、有矛盾，也往往存在互補加成的空間。而作者從實務的參與、訪談與觀察中，又不知不覺地對這些學理進行補強、融會與整合，因此，究竟哪些觀念是綜合自哪些書籍論述，早已難以追尋驗證。而且有許多觀念都是多年來與實務界的高級主管或企業家們，在個案或實務問題的討論中充分交流後，所形成的看法，因此與學理上的原始觀念也未必相同。

雖然如此，在此附錄中，仍然盡量將本書中重要觀念的「學術根源」做一交代，以供有興趣進一步研究的讀者參考，同時也藉此機會對這些書籍或文章的作者表示敬意與肯定。以下各段落基本上是依主題劃分，最後一部分則列出本書作者本身所提出來的觀念。

「整合」與管理者的角色

本書重要的核心觀念之一是「整合」。在國外學術文獻中，對於「整合」的研究與討論並不常見，且多僅限於「產品經理」或「研發管理」層次，並未用以詮釋全面的「管理」工作。

數十年前，Follet（1942）在探討「建設性的解決衝突」時，即提出以具有創意的方案來整合（integrate）各方的衝突，本書的想法，與她的主張其實十分接近。在研究組織結構時，Lawrence 與 Lorsch（1967）從分化（differentiation）與整合（integration）的觀點來分析，其所提出的整合功能，也是本書討論整合時的思想來源之一。

近年來，社會網絡或產業網絡的觀念，對人與人之間，以及組織與組織之間的關係及互動方式，提供了新的觀點，相關論述相當多，如 Granovetter（1973）與 Burt（1992）等，對網絡的結構特性及其潛在價值，皆多所著墨，而本書則較強調網絡中的「整合」角色。

管理者的整合工作，與組織內外的權力結構以及權力運作極有關係，甚至也可以視爲一種權力的創造與運用。MacMillan（1978）以及 Hickson et al.（1971）對權力的分析，例如：如何利用內外形勢進行結盟，以及組織權力與個人權力的互動關係等，對本書所提出的「整合」觀念，也有相當的參考價值。

時下的管理學教科書，在討論管理工作的本質時，幾乎必然提及 Mintzberg（1973）的「管理者的十大角色」，因爲他是最早運用實證研究，對傳統觀點所規範的管理角色，提出質疑的學者。他所提出的各種管理角色，十分貼切而受到實務界的認同，而本書則指出，這些角色若能再加上「整合」做爲核心，將更能出現畫龍點睛的效果。

組織與合作系統

本書對正式組織的觀點，深受 Barnard（1938）與 Simon（1976）的影響。Barnard 的著述是早期組織理論領域中最重要的經典名著，書中所討論的「合作系統」、「成員身分」、「權威接受論」，並進而發展出來的「管理者的功能」等重要觀念，本書作者皆已盡量整合至本書的論述之中，而以更淺近易懂的方式爲讀者進行闡述。本書作者所談的「概括承諾程度」，也是從其「權威接受論」演化而來。

Simon 的諾貝爾獎名著《*Administrative Behavior*》，早爲世人所肯定，本書中的「組織均衡」、「成員類型」、「核心成員」等觀念，即參考了該書中的論點。當然本書作者亦試圖有所增述補充，以期更合乎實務界的思考模式。

Cyert and March（1963）對組織資源寬裕（organizational slack）的說法，以及前述網絡理論的各種研究成果，本書作者也已將其中有實用價值的部分納入有關正式組織的討論。

決策

「決策與行動」是本書的六大管理元素之一，也是管理學中，甚多學者曾經分析探討過的議題。前述 Simon（1975）的論述，主題即是探討組織中的決策問題與過程。「決策前提」、「有限理性」等，都是他當年的創新觀念，而本書中的「目標與價值前提」、「環境認知與事實前提」、「前提驗證」、「多元限制條件」、「目標－手段關係」等，也都源自他的理論與思想。

在實際組織中進行決策，固然有其理性的限制，但也可以在深入瞭解決策的本質後，對決策程序與方法提出若干有價值的建議，例如 Cyert and March（1963）描述在多重目標與動態情境下決策的特性，Lindblom（1959）、Wrapp（1967）、Quinn（1980）等也都提出了例如漸進式的決策方法以及「見機而作」等與實務十分接近的觀念。

Allison（1971）以古巴危機爲例，分析三種觀察與詮釋決策過程的模式，其中，所謂的「理性模式」類似管理矩陣中，「目 4」、「環 4」對機構領導者「決 4」的作用過程；「組織模式」則相當於「決 3」、「流 3」等「存量」對「決 4」所造成的限制；「政治模式」則是指出陰面「目 4」、「目 5」、「目 6」，甚至各單位的「生命現象」對組織決策結果的影響。

在本書第十一章中所指出的「整合棋局」的看法，其實是「競局理論」（game theory）中經常被強調的，類似觀點在有關競局及其策略運用的專著如 Brandenburger and Nalebuff（1996）、Dixit and Skeath（1999）等，有更爲深入的分析。

策略與價值創造

管理元素中的「創價流程」，其觀念來自 Porter（1985）的產業價值系統與價值活動。而在探討競爭力與核心能力時，則參考了 Hamel and Prahalad（1994）的見解。

在討論有形與無形資源時，曾舉出以資源優勢爲策略考量出發點的策略，這些觀念是源自 Penrose（1959）與 Wernerfelt（1984）等學者的「資源基礎」學說，而與外界互動過程中的「資源依賴」，則參考了 Pfeffer and Salancik（1978）的著作。

知能

管理知能以及知識管理方面的專著甚多，本書第七章中已整合了許多有關的重要觀念。而 Nonoka and Takeuchi（1995）對知識傳承、外顯知識與內隱知識的轉換等論述，讀者可以進一步參考。事實上，多年以前，Polanyi（1958）已有類似的觀念。

管理知能方面，Katz（1974）曾提出「觀念能力」、「人際能力」、「技術能力」等管理知能的分類方法，對本書作者所提出的「知識與資訊處理能力」有相當的啓發。

人性

對人性的瞭解，當然不能只來自書本，尤其不能只參考管理領域的相關著作。而 Maslow（1954）的心理需求層次理論，以及 Homans（1961）的社會交換觀點等，都影響了本書的觀察角度。

陰陽表裡

將六大管理元素再劃分爲陰陽兩面，是本書的原創內容之一。但陰陽表裡的說法，是中國文化中自古有之的觀念。本書的靈感主要來自黃仁宇（1985）的《萬曆十五年》，該書在討論文官的道德與私慾時，曾論及：

首輔申時行雖然提倡誠意，他對理想與事實的脱節，卻有一番深切的認識。他把人們口頭上公認的理想稱爲「陽」，而把人們不能告人的私慾稱爲「陰」。陰陽調和是一件複雜的工作，所以他公開表示，他所期望的不外是「不肖者猶知忌憚，而賢者有所依歸。」

——《皇明經世文編》卷 380，頁 10-11。

此即爲「目 4」、「目 5」、「目 6」的陰面之存在與其作用。而《萬曆十五年》中，主要論點之一也是指出大型組織逐漸走向僵化時，各級官員的「陰面目標」或個人利益如何影響正式組織的正常運作與長期生存。

本書作者認爲，既然「目標與價值前提」有其陰面，則其他各管理元素也應有其陰面，於是將「三十六欄」擴大爲「七十二欄」，不僅豐富了管理矩陣的內容，也解釋了管理實務上的許多現象。而且，本書作者對「陰面」的看法較爲中性，因爲在一開放系統中，每位成員的個人前程規劃或個人目標，在位階上本來即在組織目標之上，「以私害公」是組織領導者整合失敗的結果，而承認六大管理元素陰面之存在，並積極整合陰陽，才是管理的重點。

組織設計

本書第十三章的分析架構大部分爲作者自己的想法。但在「最小工作單位」的觀念上，參考了 Drucker（1974）的觀點。在「整合一分化一再整合」的程序上，也吸收了 Lawrence and Lorsch（1967）的主張。有關業務成長與組織設計的討論，則參考了 Chandler（1962）的論述。

而「軸線」以及「主軸」、「輔軸」等觀念，其實在跨國企業的實務思維中早已存在，本書僅試圖以較爲系統化的方式呈現而已。

本書作者提出的觀念

本書中有些觀點或分析角度，是作者過去在其他專書或文章中曾經發表過的。例如：「事業策略形態」、「策略形態分析法」（從提出備選方案開始，針對各方案，找出前提並加以驗證）、「去私」、「自省」等，皆在《策略管理新論》（2001），甚至更早的《策略管理》（1995）中有所分析討論。

「知識與資訊處理能力」（KIPA）以及「潛在懲罰力」（potential punishment power, PPP）等曾分別在學術期刊發表（2002 及 2005），前者且收錄於《打造未來領導人》（2004）一書中。

本書對「整合」的定義與闡述、「六大管理元素」的整理歸類與分析、「管理矩陣的設計」、六大管理元素的「陰陽」及其互動關係、乃至於「組織是整合平台」的觀念等，則係在本書中首次提出者。

世界上對「知識管理」的學理與實務研究甚多，但似乎未曾以「變項間的因果關係網」來詮釋「結構知識」。事實上，以此方式詮釋「知識」，可以解釋許多知識管理方面的現象與議題。

此外，將組織平台中的各種政策、制度視爲「存量」，管理者的決策視爲「流量」；以及「概括承諾程度」及高階人員的「無限責任」等，也都是本書作者在實務上觀察到的心得。

管理工作的本質與本書特色

管理者經由決策或各種機制，整合組織內外各方面的資源、目標、資訊、知能、流程、決策，以完成組織所賦予的任務，或創造組織的使命與生存空間。

本章重要主題

- ▶ 管理工作的本質
- ▶ 回顧與比較：管理程序、管理者角色、企業功能管理
- ▶ 本書特色與自我期許

關鍵詞

整合 p.41
決策 p.42
機制 p.42
使命 p.43
生存空間 p.43
管理程序 p.43
管理者的十大角色 p.46
研銷整合 p.49
產銷整合 p.49
產研整合 p.49
合作與開放系統 p.51
觀念平台 p.52

現代社會早已普遍認知管理工作的重要性。管理知能的提升，有助於個人事業前程的拓展；管理人才的培養，是強化組織績效的基本途徑。而管理人才的數量與水準，更是國家競爭力高下的重要指標。

然而，「管理」是什麼？相較於初出茅廬的基層幹部，成功的資深管理者在「管理」方面究竟有哪些高明之處？前者如果希望追求管理知能的成長，應朝什麼方向去努力？創業家、企業集團總裁、基層經理人、學生社團負責人，都是「管理者」，表面上，其所屬的組織與所面對的問題大不相同，但本質上，他們的管理工作有哪些共同特性？

本書將從較深層的角度來探討管理工作的本質與意義，並以有系統的架構來解析管理的全貌。其基本理念為，藉由充分了解管理工作的本質，任何階層與職稱的管理者，都將更能掌握其管理職責的重點，也更容易省視本身可以成長改進的空間。而在接受新挑戰時，不論是擔任新的管理職位，或面對新的策略方向，也都可以很快地體察出其管理工作應注意或調整的事項。

本書所提供的觀念架構，也可以協助讀者吸收、整合各種學理上或實務上的主張與建議，使這些極為有價值、內容豐富但卻略嫌片段的管理思想，能融會於一個完整的思想體系之中。

管理工作的本質

管理者經由決策或各種機制，整合各方面的資源、目標、資訊、知能、流程、決策，以完成組織所賦予的任務，或創造組織的使命與生存空間。

這是本書對管理工作本質的解讀，也是貫穿全書的主軸。其中所有的名詞都會再進一步定義與闡述，在此僅做簡要的說明。

在各種組織中，「整合」無所不在。例如：管理者在會議中聽取各方意見後，「整合」出一個較周延的「方案」。業務人員在瞭解顧客的期望及生產部門的排程計畫後，來回協商，「整合」出一個雙方都能接受的交貨時間表。這些都是相當顯而易見的「整合」。而有些「整合」則因涉及對象較多，時程較長，不但他人較不易察覺，甚至主事者也不是全然依計畫行事，只是見機而作，水到渠成。例如：創業家的「創業」行動中，最核心也是最具挑戰性的即是發掘機會，然後設法整合各方的資源、知能與目標，使所有相關人員，包括：顧客、投資者以及員工等，都因此一新事業的設立而各有所得，也因爲此一事業能滿足大家的目標，使他們願意繼續爲此一事業投入。這即是「整合」，而新事業能否存活，主要即決定於創業家的「整合」能力。

中階管理者在組織中的主要功能，也無非是「整合」。向部屬轉達上級的要求，同時向上級長官轉達部屬的期望，是「整合」。「整合」能力差者，只侷限於「傳話」的角色，未能解決上下級之間的潛在衝突，還可能落得「裡外不是人」。「整合」能力佳者，則會設法提出具創意的方案，結合部屬共同達成上級的要求，並適時提醒上級回應部屬的期望，使上下級皆能感到滿意，同時有效達成組織所賦予的任務。此外，跨部門間協調目標、調度資源、安排共同的行動，更是中階管理者在「整合」上的積極表現。

以上簡例旨在點出「管理即是整合」，以下則簡述相關的名詞或觀念，以初步描繪「管理工作本質」的全貌。

整合

所謂「整合」，是發掘、結合且有創意地運用來自各方的資源、資訊、知能，並使各方的決策、流程、行動能與我方的目標配合。由於各方所追求的目標不同，甚至互相矛盾，需要妥協與融合，因此也必須加以整合。

各方

所謂「各方」，包括了管理者的上級長官、下級部屬、同級的其他平行單位，以及組織外部的機構與個人。從單一管理者的角度，其本身所處的組織，也可能是整合的對象之一。

決策

所謂「決策」，包括管理者的抉擇與行動。決策的用意在指導行動、分配資源或分配成果，這些最終都多半會連結到「整合」，而整合的效果也唯有經由決策與行動才能獲得。

各種機制

所謂「各種機制」是指，管理者或歷任管理者所設計的管理程序、制度、組織結構、合約、聯盟等，其用意在以更制度化、更有效率的方式，協助與簡化決策的過程，並穩定整合的關係。

組織所賦予的任務

所謂「組織所賦予的任務」是指，當此一管理者並非機構領導人時，他所負責的任務只是組織整體任務的一部分，其所有的整合與決策，或所獲得的資源與知能等，理想上都應該導向於有效達成此一任務。

圖 1-1 ▶ 從整合的角度看管理工作的本質

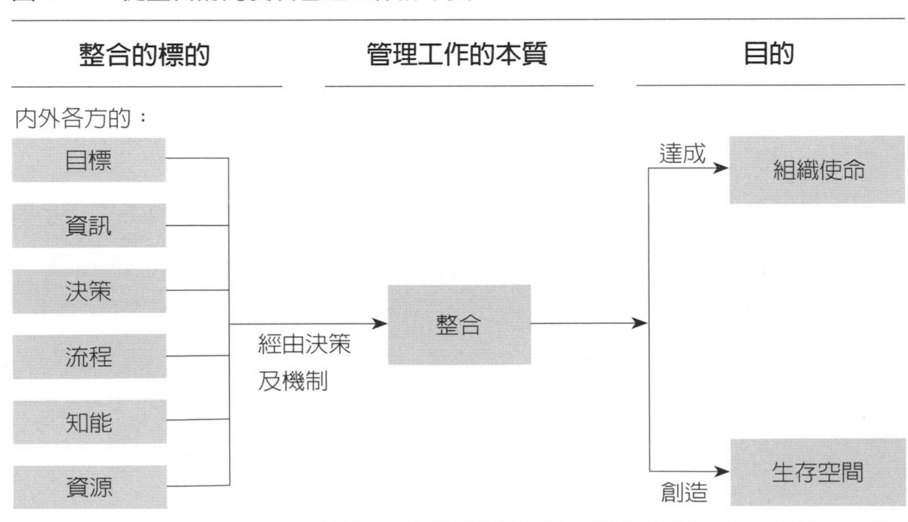

▶ 創造組織的使命與生存空間

所謂「創造組織的使命與生存空間」是指，當管理者是機構負責人或創業家時，他必須構思本組織在整體社會經濟體系中的定位與生存空間，然後設法以此為基礎，整合各方資源，以追求組織長期的生存與發展。所謂「使命」，簡而言之，就是說明組織以什麼方式服務什麼對象，並藉此獲得組織生存與發展所需的資源。

本書認為，無論機構的性質、職位的高低，管理角色的核心本質皆是如此。這些事項能做好，就表示已善盡管理者的基本職責。如果組織中每一位管理者都能做好這些工作，則組織的績效必然表現卓越。

我們如果要學習標竿企業的管理實務，或吸收成功管理者與經營者的管理經驗，也應該從此一本質層面去觀察分析，才能穿越表象，確實掌握其獲致成功的竅門。

回顧與比較

近百年來，各種管理理論觀點以及管理實務建議為數極多，堪稱汗牛充棟。在此不擬詳細檢視，只是希望經由以下的簡單回顧，**說明本書所提出的觀念，與其他學者觀點之異同與關聯**，並進一步解釋行銷、生產等各功能管理領域的內涵，與本書所稱管理工作本質的關係。本書所介紹的觀念頗為多元，在本章僅能進行最簡略的解說，以點出本書架構與現有管理理論間的相對定位，本書其他章節將提出更詳細的解釋與舉例。

▶ 管理程序

傳統上將管理工作依程序分為規劃、組織、領導（指導與激勵）、控制等，這種劃分方式十分合理，也是大家極為熟悉的。然而這些程序的核心，其實都是「整合」，從整合的觀點來思考，可以對如何做好這些管理程序，產生更深入的體會與啓發。

表 1-1 ▶ 管理程序皆隱含整合的概念

管理程序	整合概念的說明
規劃	規劃即是思考如何「整合」各方面的資源與行動，構成系統化的系列決策，並表現在各種經營流程上。
組織	組織存在的作用，其實是為了穩定各方的合作關係，確定各方的權利義務，因此也是「整合」的一種機制。
領導	領導主要就是在「整合」組織成員的個人目標與組織整體的目標。
控制	控制則是運用績效回饋機制，確保組織行動的落實，也與「整合」與決策有關。

規劃

規劃當然是所有管理程序的起點，但規劃不只是撰寫計畫書，或進行各種規劃會議而已，其深層的意義是思考如何「整合」各方面的資源與行動，然後構思成系統化的系列「決策」，並表現在各種經營「流程」上。如果整合的對象以外部爲主，則可稱之爲策略規劃，如果整合對象爲內部，則可以視爲作業規劃。易言之，**管理程序中最基本的「規劃」，就是思考應該與誰合作或交易、如何整合各方的資源與行動、如何選擇並設計本身任務的進行方式與流程，並使這些流程更爲順暢，然後再將這些思考的結果，表現在一系列的具體決策與行動上**。實務上的規劃，其實就是在做這些方面的思考，以及在構思過程中，與有關的各方進行實質的相互資源承諾與行動協調。許多經營者似乎不甚重視企劃部門所提出來的計畫書，但這並不表示他「沒有規劃」，反而可能是天天在心中反覆思考本書所形容的這種「規劃」，並不斷確認、協調各方可能承諾的資源水準與行動方式。由於企劃人員通常無從理解此一內隱的「規劃」過程，所撰寫的計畫書自然不易符合實際的「規劃」。將高階領導人思想體系中的規劃，與企劃部門的專業及努力有效結合，是運用本書架構後的預期效果之一。

組織

「組織」也是管理程序重要的一環。有關「組織」的討論，不僅限於研究各種組織結構的呈現方式、適用情況與利弊得失而已，**組織存在的作用，其實是爲了穩**

定各方的合作關係，確定各方的權利義務，因此也是「整合」的一種機制。而組織結構的劃分，也是爲了簡化資訊流程與決策權責、提升協調效率，本質上還是脫離不了「整合」、「決策」與「流程」這些觀念。

領導

領導是指在執行過程中，依據組織需要，選用合適的人員，指導他們應努力的方向，並運用各種激勵方法，以確保組織行動的落實。用本書架構來看，這些也與整合和決策有關。因爲有能力的人員事業發展的機會很多，想要吸引他們投身於本組織，並樂於貢獻所能，就必須考量其個人目標，提供適當的職務與報酬，引導其個人決策，使其知能可以充分發揮在組織的流程中。因此，**「領導」主要就是在「整合」組織成員的「個人目標」，並希望他們爲「組織目標」投入「知能」**。

然而組織所能提供的報酬總量有限，於是「領導」的背後就存在著「成果分配」的課題，也就是說如何將組織所創造的價值或成果，有效地分配給各個對組織有貢獻的成員，而成果分配的原則與標準，當然是整合目標與資源過程中的關鍵。

控制

「控制」則是運用組織文化的影響或資訊的回饋，促使每一位員工或各級經理人員，在決策與行動時，都能配合組織更高層次的決策與目標要求，並在各自的崗位上，爲組織的生存發展做出貢獻。其中，**組織文化的建立是在整合衆多成員的「價值觀念」，績效回饋機制則是整合了「資訊」，而管理控制的目的則在整合組織上下的「決策與行動」，以確保大家的努力方向能合於原先所設定的「目標」**。

以上這些觀念都還會在本書各章中進行更深入的解析。總而言之，若從「整合」的角度來分析，則管理工作的基本精神，以及其中許多細緻的考量，就可以更明白地顯現出來。

管理者的十大角色

管理者的十大角色

Mintzberg（1973）是第一位基於實證研究，質疑前述管理程序的學者。他從實際觀察中發現管理者通常並未專注於「規劃」、「組織」、「控制」這些管理程序或管理功能，卻投入大量時間與內外各方人士進行口頭、片段、多面向且無系統的互動與交流。他從這些觀察中歸納出管理者的十大角色，並分爲三大類，其中「人際角色」包括：頭臉人物（figurehead）、領導者、聯絡人；「資訊角色」包括：資訊蒐尋者、資訊傳播者、發言人；「決策角色」包括：興業家（entrepreneur）、突發問題解決者、資源分配者、協商者。這些與一般人印象中的管理工作十分接近，其內容說明可參見一般的管理學教科書。

表 1-2 ▶ Mintzberg 的十大管理角色

人際角色	資訊角色	決策角色
頭臉人物	資訊蒐尋者	興業家
領導者	資訊傳播者	突發問題解決者
聯絡人	發言人	資源分配者
		協商者

「整合」才是各種管理作為的根本目的

「十大角色」的觀察固然極具啓發性，然而我們不可忽略的是，**在這些複雜的人際互動、資訊交流、問題解決、資源分配等作爲的表象之下，管理者眞正要做的，其實就是「整合」，包括各方有形無形資源的整合、各方目標與利益的整合、來自各方資訊的整合，以及管理者本身在認知上與思想上的整合；然後再將這整合結果運用在經營流程的創新、選擇與執行上。**

例如：「人際角色」的主要作用在發掘潛在資源、了解各方目標與期望，進而建立與內外成員的互信；「資訊角色」的主要作用在整合內外的資訊；而「決策角色」則是基於以上兩大角色，經由決策來分配資源、協調行動、整合目標。這些都可以從「整合」的角度來思考。

如果不以整合與流程爲重心，則一切喧囂與忙碌之後，組織未必能出現預期的績效。有效的管理者，處處都在發掘可以利用的機會，隨時都在留意周遭的個人和機構，思考彼此在哪些目標與資源上存在著可以互相結合的可能性，如何設計合作的形式以吸引他們願意投入，以及如何將整合所產生的效用，挹注於組織目標的達成上。這些才是管理者一切外在作爲的根本目的。

以本書架構來分析，這些「管理者角色」其實都只是表面上的工具，若未能掌握「整合」的本質，這些工具的運用終究只是徒然。

企業功能管理

近數十年來，管理學院或 MBA 的課程架構，除了基本的管理學以及總結性的策略管理之外，其他主要還是依行銷、財務、人力資源、生產與作業管理、研發、資訊等企業功能而劃分的課程。這些科目內容十分豐富，學術研究的成果也爲數甚多，然而，這些功能管理領域與所謂「管理學」之間的關係究竟如何？常見的一種說法是：行銷管理中有規劃、組織、控制的課題；生產與作業管理中也有規劃、組織、控制的課題；人力資源、財務管理等亦然。

從本書架構分析，則可能出現頗爲不同的詮釋。本書基本上認爲「管理」最基本的作用是「整合」，而組織則是一種整合資源、目標、資訊等之機制或平台。從此一角度思考，各企業功能其實也就是在「整合」特定的對象或標的。

行銷管理

所謂行銷管理，本質上其實是針對顧客或經銷商進行整合工作。例如：如何選擇目標市場？以何種條件（價格與品質水準等）來吸引或影響他們？如何運用各種管道來與他們溝通？這些都是行銷領域的專業課題，但也可提高其詮釋層次，視爲

表 1-3 ▶ 傳統管理程序與功能管理間的關聯

	行銷管理	生產管理	人事管理	財務管理	研發管理	資訊管理
規劃	○	○	○	○	○	○
組織	○	○	○	○	○	○
領導	○	○	○	○	○	○
控制	○	○	○	○	○	○

組織試圖經由滿足顧客與經銷商的某些目標，來獲得他們的認同以及資源的挹注，或採取某些有利於本組織的行動。

財務管理

財務管理的作用，主要是整合組織內部與外部的財務資源，包括對各種財務資源投入者進行成果分配的決策。我們應使用哪些財務工具，付出何種成本來換取各種財務資源擁有者的支持或風險承諾，其道理與行銷管理中的滿足消費者，或人力資源管理中的任用和激勵員工，其實也極為接近。簡言之，**財務管理即是經由決策與行動，從外界得到本組織所需財務資源的投入，同時也使對方自此一資源的貢獻過程中滿足其目標。此一觀念或原則，在管理學或所有的功能管理領域中，本質都是一樣的**。財務資源在組織內的分配，亦十分相似。

生產與作業管理

在生產與作業管理方面，當然有相當大的部分在討論流程的效率，如生產排程與控制等。然而從較高的層面看，生產與作業管理也與整合極有關係。就以「生產地點的選擇」這一決策來看，其背後的意義可能是：企業究竟要充分利用低廉的生產要素成本，還是要提高與客戶的密切配合程度？如果是前者，表示生產活動應移往土地與勞工成本較低的地方；如果是後者，則生產基地應更接近客戶的所在地。前者做法使客戶得到的價值是「較低廉的價格」；後者使客戶得到的價值是「快速的交貨與服務」。客戶是組織重要的整合對象，由於不同目標市場（不同類型的整合對象）所需要的價值不同，因而影響了生產地點的選擇。而不同的生產地點，可能有不同的供應商、勞工團體、社區、地方行政機關，進而使所有的合作對象或交易內涵都發生變化。易言之，**組織究竟要服務什麼客戶、與哪些供應商合作、與哪些勞工或行政機關往來，都是「整合對象選擇」的問題，而「生產地點選擇」只是表層的決策之一而已。**

其他功能管理

類似的觀念或實例，在人力資源管理、採購、資本投資等方面，皆隨處可見，例如：人力資源管理的主要任務為選、訓、考、用，亦即對員工的「整合」；採購則在「整合」各式各樣的供應商；資本投資若以設備投資決策爲例，則不只是設備供應商的「整合」，還可能因不同設備需要不同技術水準的勞工，而間接涉及對勞工的「整合」。在此不擬逐一詳述。

功能領域間的整合極為重要

整合的工作，不僅限於組織與外界機構或個人之間而已，組織內部各單位之間、甚至成員之間，也都需要整合。例如：在產品研發這項工作上，眞正困難的或許不是純粹技術面的突破而已，在實務上最困難的其實是「研發」與「行銷」、「生產」這些不同功能間的介面問題。換言之，研發單位必須與行銷單位、生產單位有效地溝通與協調，降低彼此「目標」的衝突與矛盾，暢通彼此「資訊」的交流，並進而使彼此的「流程」可以互相配合，甚至合作無間，才是關鍵所在。同樣，從行銷或生產的角度來看，他們所感到困擾的也都是單位間的介面問題。**成功的企業，在「研銷整合」、「產銷整合」、「產研整合」方面必然擁有良好的管理流程、或具高度整合能力的管理人員，甚至非管理職的專業人員，也必須擁有與其他部門同仁整合或合作的能力。**如果要研究這些企業在管理上的成功關鍵，除了要觀察各功能領域中的專業做法外，還必須著眼於這些整合機制或整合行動，才能掌握其管理方法的全貌。

多數管理學院目前仍嚴格地依據企業功能來設計課程，年輕學者的培養或學術論文的研究方向也都依行銷、人事、財務等企業功能來劃分領域。從本書的觀點，這些做法雖然有「一門深入」的效果，但也可能使教學與研究都疏忽了「整合」的重要課題。

本書特色與自我期許

本書在章節結構以及解析觀念的角度與方法上，與一般的管理學教科書大爲不同。其特色以及作者的自我期許大致可歸納爲以下幾點。

提出思考架構與方法

本書的主要目的在介紹一套與管理工作有關的思想架構與思考方法。

管理矩陣涵蓋各家觀點

本書所提出的「管理矩陣」，內容上力求涵蓋各種學派與前輩大師的理論觀點與思想精華，而非專注或定位於某一學派。易言之，**此一思考架構與工具是博採各家學說與觀點的結晶**。

此一架構盡可能包括管理學領域的重要觀念，不僅對現有理論與實務具有高度的解釋力，而且可以利用此一架構提出更多的觀點，甚至可以建構一個**學習管理新知，累積管理經驗的知識體系**，進而協助讀者運用此一架構不斷吸收、累積、發展有關的理論或實務。換句話說，當讀者熟悉了管理矩陣的運作或思考方式後，應可對周遭所發生的管理現象產生更敏銳的觀察力，並運用此一架構做爲累積經驗與觀念的「編碼系統」，不僅可以更有效率地連結觀念，也有助於抽象觀念的內化與創造。

以圖形表示而成為溝通觀念的平台

管理矩陣係以圖形表示，有利於使用者運用空間思考以瞭解各種觀念以及觀念間的關係，並針對它們進行全面觀照，甚至可用爲**組織內溝通複雜管理議題與意見的平台**。

涵蓋面力求廣博

立場與議題的多元化

管理學內容本來即十分廣博，本書雖然只提出單一架構，但在內容涵蓋面上仍力求周延。在管理矩陣的架構中，制定管理決策的「當事人」，其職位包括各種層級，決策範圍則從策略制定到各個功能領域，甚至涵蓋基層「非管理職」人員的管理功能。**議題方面則從人類社會的整體運作，組織的定位與管理，一直到個人內心的層**

層考量。雖然限於篇幅難以深入，但本書已盡量將這些看似遙遠又不無相關的議題，納入同一觀念架構之中，以幫助管理者對如此廣博而又互相關聯的事項，產生全面的理解和觀照。

並未系統化回顧過去學理

由於本書的主要任務**並非摘錄、整理和轉述**，因此書中並未針對現有學理進行系統化的回顧。再者，本書定位亦不擬爲管理學的工具書，因此不會特別爲許多基本名詞提供完整明確的學術定義，有些觀念或名詞勢必煩請讀者參考一般的教科書。

以合作與開放系統為前提

在專制體制甚至奴隸社會之下，當然也有管理問題，但可以想見，在那種環境下，管理思想與管理方法必然與現代大不相同。本書架構與推理過程，是建立在現代社會的假設上。這些假設包括以下各項：

1. **社會活動的基礎是交易或合作**，而非掠奪與強制。
2. 雖然完全開放幾不可能，但整體社會大致是傾向於開放的。易言之，社會中大多數人在消費、就業、遷徙等方面享有相當程度的自由，也有能力、資訊與智慧進行理性的選擇。
3. 在各種資源分配與成果分配的過程中，存在著相當程度的市場機能，供需的消長也能反映在價格上。在此，所謂「資源」，廣義地包括了人力、財貨、知能與資訊，「價格」也包括了各種有形無形的付出或代價。
4. **許多價值創造的過程，需要多數人的合作，這些合作方式包括組織，也包括市場交易，而無論是組織內外的合作或市場交易，都需要管理者與管理機制進行整合工作**。如果人類能夠離群索居，完全自食其力，既不需合作，亦不需交易，則管理問題根本不會出現。
5. 最後，有關「人」的方面，本架構認爲組織中典型的個人有其自我意志，而且擁有或多或少的能力與知識。人有能力明辨本身的利害，基本上也抱持利己原則。

以上是本書的架構與推理對社會及人性的假設前提。

行動導向

有助行動時的全盤考量

本書的分析或解說，期望對實際從事管理工作者具有行動上的涵意。也就是說，架構中所討論的，甚至架構本身，都能引發各級管理者對本身管理工作的省思，並對決策的思考方向有具體的指引。

由於管理矩陣內容涵蓋面廣，因此可以**有效提醒管理者對組織內外的人與事進行全盤考量**。有些學術研究係針對單一課題深入探討，有些書籍則聚焦於某些特定行動方向的建議，都各有其價值。但本書的定位是務求廣博周全，而不求專研深入，因爲任何單一課題，讀者應該都可以從其他管道得到更深入的介紹與解說。本書旨在期望大家於接觸各方單點深入的學理或實務時，能將其納入管理矩陣的架構中，進行觀念的整合與內化。

提供觀念平台而不追逐流行觀念

產業與經營方法不斷變化，研究成果日新月異，而各種針對實務上的個別建議也層出不窮。過去數十年如此，未來亦必然如此。本書不擬，也無法「追逐」這些觀念與實務上的創新，而是希望能**提供一個可以兼容並蓄、整合各種觀念的平台**，以協助讀者長期更有效地吸收新知、內化觀念，進而從這些片段的觀點、建議、文章以及實務經驗中，形成本身的管理思想體系。

從各個階層看管理

本書架構的另一個特色是，使用對象不限於中高階主管。基層管理人員或剛開始承擔管理責任的專業人員，十分需要對「管理」有一全盤了解，並體認本身在組織中或組織管理體系中的角色職責，以及與上下單位、平行單位以及外界相關機構的互動關係。然而現有的管理學書籍，內容中有相當高的比重是從機構領導人的觀點來思考管理問題，這些內容對高階主管固然極有幫助，對廣大的中基層主管在觀念上也有啓發，但往往會在後者心目中產生「唯有最高領導人才能有所作爲」，或

表 1-4 ▶ 本書特色

本書特色與自我期許	說明
提出思考架構與方法	涵蓋各家觀點； 以圖形表示而成為溝通觀念的平台。
涵蓋面力求廣博	立場與議題多元化； 省略對學理的回顧。
以合作與開放系統為前提	社會活動以交易與合作為基礎； 開放與選擇的自由； 資源分配與成果分配的過程中，存在市場機能； 創價活動需要合作，合作需要管理； 「人」有知能，能分辨利害，以利己為原則。
行動導向	行動時的全盤考量； 不追逐流行的觀念。
從各個階層看管理	從高階到基層皆可參考的管理架構。

甚至是「目前組織存在的一切問題都是最高領導人的責任」等錯覺，而忽視了「人人都有管理角色與責任，人人也都能在管理工作上做出具體貢獻」這一事實。

本書所談既不是「高階管理」，也不是「基層管理」，而是**試圖以「全知」的角度，使高階管理人員可以全面觀照組織內外，包括基層員工與基層管理者；同時也提醒中基層的管理人員，要從整體系統的觀點來了解本身的角色與定位**，而中基層管理人員的觀照範圍，當然也必須包括高層領導人的角色與思考方法、以及與組織生存發展有關的外界機構與社會。

管理工作的自我檢核

1. 從本組織的觀點看，客戶、經銷商、供應商、機構與個人投資人、往來之金融機構、勞工團體、政府的主管機關等，都是「外在」的整合對象。它們為本組織分別提供了什麼資源？本組織又以什麼方式滿足它們的目標，以促使它們願意為本組織繼續提供所需的資源？
2. 本組織的生產、行銷業務、研發等單位之間，有哪些決策與行動需要互相協調配合？有哪些資源與資訊需要互相流通？這些協調、配合、流通等，若未能合於理想，是什麼原因造成的？通常是由誰、或運用什麼機制解決的？
3. 做為一位管理者，您是否針對本身的任務或組織的目標，處處發掘可以利用的機會，隨時都在留意周遭的個人與機構，思考彼此在哪些目標與資源上存在著可以互相結合的可能性？您的上司有沒有這樣做？您的部屬與同仁呢？

六大管理元素與整合對象及工具

管理者或組織所欲整合的標的，包括目標與價值前提、環境認知與事實前提、決策與行動、創價流程、能力與知識，以及有形及無形資源，這些稱之爲六大管理元素。整合的對象則包括組織外在的機構與個人，以及組織內部的各級人員。

本章重要主題

- ▶ 管理工作觀察案例
- ▶ 六大管理元素
- ▶ 整合的對象、行為與機制

關鍵詞

管理矩陣 p.56
六大管理元素 p.56
創價流程 p.64
決策與行動 p.65
有形與無形資源 p.66
能力與知識 p.67
管理知能 p.67
目標與價值前提 p.68
環境認知與事實前提 p.69
整合對象 p.71
整合行為 p.73
整合機制 p.75

管理理論的涵蓋範圍極為廣泛，管理實務的經驗與議題變化萬端，本書為了執簡馭繁，特地建構了一個應用面廣且操作性高的觀念架構，以協助讀者靈活整合與運用這些管理理論與實務經驗。**此一命名為「管理矩陣」的觀念架構，不僅可以用於管理現象與觀念之解析，也可以做為累積管理知識的歸類與編碼體系。**

管理矩陣的具體表現形式及應用將在第三章介紹，本章則先經由案例分析，歸納出管理矩陣的構面。管理矩陣的橫軸包括各項整合標的，縱軸則是內外上下的各個整合對象。以最簡化的方式說，各級管理者所欲整合者，都屬於這些「對象」與「標的」所形成的範圍。

管理矩陣的橫軸包括「目標與價值前提」、「環境認知與事實前提」、「決策與行動」、「創價流程」、「能力與知識」、「有形與無形資源」等極為重要的幾項觀念，雖然次序不同，但與第一章所指出管理工作欲整合的標的——「各方面的資源、目標、資訊、知能、流程、決策」等互相對應，在本書中稱之為「六大管理元素」。

本章從觀察實際管理案例開始，分析管理者的「整合」角色與此六大元素之間的關係。

本章分為三節。第一節提出幾個實務上管理工作的觀察與案例，做為本章後續分析之基礎。第二節將從這些案例中歸納出與管理工作有關的六大管理元素，並進行初步說明。第三節簡單說明各管理者在整合過程中，可能的整合對象與所運用的整合工具。

六大管理元素及整合的方法與工具等，正是本書最主要的內容，往後各章中還會再分別進一步說明，本章及下一章只是總論性質的介紹而已。

圖 2-1 ▶ 六大管理元素

目標與價值前提	環境認知與事實前提	決策與行動	創價流程	能力與知識	有形與無形資源

管理工作觀察案例

本節將介紹六個案例。雖然各案例中的主角，其角色與所任職的機構性質頗爲分歧，但在略有實務經驗者眼中，這些都是十分熟悉的管理作爲。乍看之下，這些做法之間似乎找不出太大的相似之處，但從這些案例中歸納出與管理有關的六大元素，並從「整合」的觀點來探討他們的管理作爲後，就可以發現這些案例在本質上的共同性了。

案例一：主動積極的業務代表

本案例中的這位業務代表 A 君，在職稱甚至職位說明中，並不屬於傳統管理學中的管理者，然而他主動積極的做法，卻扮演了相當多的管理角色，分擔了許多高階長官的管理責任。提供此一案例的企業負責人指出，如果組織中每位基層人員都能像 A 君一樣主動積極，整體組織必能倍速成長。

案例一：主動積極的業務代表

業務代表 A 君所任職的公司是一家資訊產品的大型經銷商。該公司自國內外幾家資訊產品大廠採購產品，然後鋪貨到各大機關學校，以及各地零售點。A 君則負責將某些產品項目推廣到某些地區的資訊產品零售點。

A 君在偶然的機會中得知，某家大型家電連鎖體系有意開始銷售資訊產品。A 君在初步了解該家電連鎖體系現有的產品線廣度、地理涵蓋範圍、機構定位、潛在購買量以後，向主管請示是否值得開發。A 君獲得上級同意後，開始進一步研究。

A 君第一件要決定的是應向此一零售連鎖體系推銷什麼產品。在考慮該家電連鎖體系的特性，以及避免任職公司現有客戶（資訊產品的其他零售通路）可能的反彈後，構思出一些產品項目，包括噴墨式印表機等。然後將這些產品項目與公司內相關產品經理（有若干位，依品牌分工，負責與各品牌大廠聯繫協調）商議後，設計出一套銷售計畫。

由於A君任職的公司規模大、名聲好，A君得以拜訪該家電連鎖體系高層，並提出初步企劃構想。然而在洽談後，發現對方只對某一世界級品牌感興趣。A君認為該品牌銷售潛力不大，甚至叫好不叫座，很好奇為何該連鎖體系對它情有獨鍾。經過深入了解後，發現該家電連鎖體系之所以希望經銷資訊產品，短期目標是在改變機構形象，向社會宣稱它也有經銷世界名牌的資訊產品。至於以後是否大幅轉型為資訊產品的零售通路，還需要試辦一陣，觀察後效再行決定。

A君從本公司的一位產品經理得知，公司所代理的資訊產品世界大廠中，有一家正想轉變形象，跨足大衆化的通路與市場。A君認為這是結合雙方各自目標的大好機會，於是選擇了該品牌的學生用筆記型電腦，並全力推動此一銷售案。由於雙方目標不謀而合，此一合作案不久即順利完成，而所選產品線也與公司其他零售通路客戶的產品線衝突不大。

事成之後，A君配合雙方（家電連鎖體系與世界資訊產品大廠）目標，請公司支持，舉辦一場盛大的「策略聯盟」記者會，邀集三方領導人（含A君所屬公司負責人）與會，並特別商請媒體界針對雙方的策略目的（一方是準備為顧客提供世界一流的資訊產品；另一方則希望能以更普及的方式服務大衆）詳加報導，結果雙方皆大歡喜。

品牌大廠與零售連鎖體系結盟以後，A君所任職的公司與該家電連鎖體系也建立了良好的合作與互信關係，營業往來亦更加密切。

案例二：創業家

此雖爲一眞實的創業過程，但相關報導已大幅簡化。

案例二：創業家

B君大學畢業後曾在幾家公司任職，最近幾年在一家大型出口貿易商工作，在工作上認識許多國外客戶以及國內的零組件供應商。十幾年下來，也有了一些儲蓄，並有自行開創新事業的打算。

此時，一位大學時相當要好的同學，在海外留學及就業期間認識了一位技術專家，這位技術專家（算是B君同學的同學）有一項與無線網路卡相關的技術發明，很想回國創業。

由於B君對創業也有一些理想，與這位海外技術人才深談後，認為這位專家所提供的技術，如果經營得宜，可以有不錯的發展空間。B君所提出的創業構想或「經營模式」，深為其他二人所信服。接著，三人對未來組織中的權責劃分與成果分配原則進行研商，並獲得共識。於是三人決定合作創業，由B君擔任負責人。

B君現在任職的貿易商，財力不錯，過去對B君很器重也很栽培，此次B君創業也請東家參與部分投資，但不參與經營。而為了使資金更無後顧之憂，B君請本身的家族成員也投資部分股份。

由於公司新創，信用尚未建立，所幸B君過去在業界關係與形象都不錯，此番創業，業界朋友都樂觀其成。在零組件方面，先請過去認識的供應商提供部分零組件，而客戶方面則請過去熟識的國外客戶介紹對此產品有興趣的客戶。

B君透過其他朋友介紹，認識一些財團法人研究機構的技術研發人員，他們對新公司的經營模式與策略頗為認同，也認為在此新公司中，其技術專長可以有所發揮。條件談好後，這幾位技術研發人員也加入了新公司。

此時，技術、人才、資金、客戶、供應商都漸趨到位，雖然尚無大量訂單，但公司已經可以開始運作。

以上所述只是「創業」的初始階段，並不代表未來必然可以成功。因為即使第一波的技術能成功地商業化，並不表示還有第二波的生意。而且，公司的成長也會帶來更多的管理課題。因為公司開始營運以後，各種營運流程應如何設計，應建立哪些管理制度，而業績成長後，應擴大規模還是運用外包等，都尚待進一步決策。

案例三：產品經理

本案例中的C君，任職於新竹某大型高科技公司，以下係節錄自對其有關「產品經理管理工作內涵」的訪問稿。

案例三：產品經理

C君畢業於某國立大學電子工程系，退伍後又就讀於國內知名的企研所。身為產品經理（product manager, PM），其實並未督導任何部屬，但所負責的管理工作，或「整合」工作，在公司中卻是極為關鍵的。身為「PM」，「整合」是其每日工作的主要內容，以下是C君執行某一軍規PDA新產品專案的經驗。

在該公司，面對客戶的是業務單位的業務人員，負責設計研發的是研發單位，負責生產的是生產單位，這些人與產品經理所屬之單位並不互相統屬。而與C君平行而工作類似的PM也有十幾位。PM的角色是整合各方資源與行動，工作目標是準時交貨，滿足客戶，為公司創造利潤。

某日，公司業務人員從一新開發客戶處爭取到一個機會。該客戶規模不小，但過去與本公司往來並不頻繁。此次訂單的規格要求很特殊，業務人員將該規格交給C君，C君即持此規格與研發單位、生產單位、採購單位協商。

研發單位認為若配合新規格，重新設計此產品就需要三個月，但客戶希望三個月後即可開始交貨。生產單位則認為生產排程已經十分擁擠，要挪出產能也需要再等個一陣子。

然而業務人員卻認為此客戶十分重要，此次訂單雖然不大，但將來成長潛力很高。各方立場與角度不同，難有共識。各部門有各自的考慮與限制，這是極為常見的現象。

身為產品經理，C君乃會同研發單位與業務人員，試著修改客戶所要求的規格。在往返數次後，證明修改過的規格也具備完全相同的效果，因而得到客戶認可。此外，C君又透過業務人員，與該客戶的研發單位認識，建立個人關係與互信，再從談話中了解客戶未來產品與技術大致的方向，以及本公司可能可以提供服務的機會。

依據這些資訊，C 君向上級反應，指出此客戶未來潛力可觀，本公司亦有機會創造長期業績，因此希望爭取公司對本案的支持。同時 C 君發現，研發單位設計出來的新規格，將使用某供應商的零組件，而該供應商同時也提供另外一些關鍵零組件給本公司，因此對本公司上級頗有影響力。

C 君透過該零組件供應商，影響公司的高階人員，加上前述未來訂單的潛力，於是高階人員指示生產單位設法將該訂單納入排程。在研發設計、生產等單位的全力配合下，及時完成此一訂單的交貨。

此案的結果是：C 君的公司與該客戶建立了良好的長期關係，未來的大量訂單也在預期之中。

案例四：學生社團領導人

學生社團的領導與管理，雖然與企業頗不相同，但在本質上卻有相當高的相似性。

案例四：學生社團領導人

某大學舞蹈社社長一職，由於工作十分辛苦，並無太多人願意擔任，D 君是偶然被選為社長。他認為既然選上，就應全力以赴，做出點成績來。

舞蹈社中分為國際標準舞、現代舞、民族舞蹈等組，各組設組長與副組長，另外還有一些幹部，全社社員約二百餘人。舞蹈社每年最重要的活動是學年結束前的「舞展」，同樣的節目重複展出三天。舞展成敗是本屆績效最重要的指標，也會影響次年新增社員的人數。

任何大學社團的運作，都需要學校學務處、總務處的支持，也經常需要向外界募款。對舞蹈社而言，還需要有高水準的校外舞蹈老師來校擔任指導工作，更需要全體社員積極參與，包括平日練習與年終舞展的參與。

D君為了有一番作為，在學年一開始即擬出一個規模與創意兼備的舞展計畫，請各組組長、副組長共同參與，大家提出意見，並取得共識。為了避免這些組長們「虎頭蛇尾」，乃在計畫完成後邀請校內媒體大力宣傳，並使各組內領導階層在媒體及組員面前公開做出承諾。

然後D君請各組長拿著經公開報導的舞展計畫，分別邀請校外相關的名師擔任指導老師。當名師同意擔任指導老師後，再以「不可虧欠名師」為由，請學務處提供更多資源，也請總務處提供更好的練習場地。

有名師指導、有好的場地，加上對年終舞展的高度期望，全體社員士氣及參與率因而提高。經常在一起練習，也使社員間的感情更好，而各分組間的良性競爭也逐漸形成。當「高度期望」、「高度認同感」、「社員感情」、「組間良性競爭」皆已形成，第二學期開始發動的社員對外募款活動也很成功。

以上資源皆到位後，D君再與各組組長及擔任幕僚的組員，共同精心設計從彩排到場地布置、服裝、前台、後台等各項作業細節。年終舞展十分成功，第二年申請入社的學弟妹人數也顯著增加。

案例五：理想中的中基層管理者

此案例並非單一的個人，而是綜合幾位企業領導人的看法，認為理想中的中基層管理人員應有以下的特質：

案例五：理想中的中基層管理者

1. 身為管理者（暫稱為E君），就應明確知道自己負責的業務範圍、職掌範圍與組織內外其他單位或其他人工作範圍的銜接。他應努力維持所負責業務的效率，以達成預期的效果或目標。
2. 在決策能力方面，他知道自己可以做哪些決策，並盡可能構思或搜尋每項決策的可行方案。在決策過程中，應隨時配合上級決策及現行組織政策，但在決策項目及方案上皆應有開創性，而非凡事請示，或推一步走一步。決策的正確度高，而且能從各種管道蒐集並掌握正確而具關鍵性的資訊，並以理性分析為基礎，審慎權衡利害，採取有效行動，達到組織要求的目標。

3. 在領導方面，要能針對部屬的想法與需要，有效鼓勵部屬努力達成目標、提出創意。在工作進行中能有效指導部屬；平日則運用各種方式與管道，設法提升部屬的能力，增加其見識。
4. 在與其他單位的協調配合方面，不僅有能力與平行單位協調，而且無論在妥協或堅持的過程中皆得其宜。在資源爭取方面，也能積極主動地從平行單位、部屬、上司、組織，甚至外界供應商、客戶、競爭者，獲得所需的產業相關資訊，以及各種有形無形資源的支持。
5. 能為上級及平行單位提供其所需的內部、客戶、競爭者、產業等相關資訊。

案例六：失敗的管理者

與前述之案例五相同，本案例亦非特定個人，而是請企業負責人描述所謂不合理想，或失敗的管理者有哪些特性後，歸納其特性如下：

案例六：失敗的管理者

1. 身為管理者（暫稱為F君），卻未能正確掌握本身的責任範圍。易言之，沒有顧好自己的管區或職掌。決策時，對外界資訊研判錯誤，或不知本身有哪些可能的選項。在決策時機上拖延，未能及時定案。
2. 決策的方向未能與上級的決策相互配合，也未有效考慮組織的政策與慣例。決策時未將上級的立場與目標納入考慮，甚至私心太重，未能顧及組織的長期利益。
3. 在決策與行動時，與其他單位難以配合，甚至一意孤行。易言之，在決策過程中，未能將各方意見與資訊歸納到決策中，行動時則不願與平行部門或外界相關單位協調配合。

4. 對部屬未能有效指導與訓練，亦未設法了解部屬的需要與想法。

5. 無法自行創造資源，凡事只能依賴上級指示與支援。

以上幾個案例皆由觀察實際現象而來，讀者應感到很親切，也會對這些所謂「好」或「不好」，「理想」或「積極主動」的描述頗有同感。然而，本章提出的這些案例，目的並非指出何謂「好」的管理者，而是希望從這些描述中，歸納出管理工作在本質上的一些基本元素。

六大管理元素

從以上這些案例，以及無數管理及企業經營的經驗，可以將其中最基本的元素歸爲以下六大類。這六大管理元素在組織中，以及管理與整合的過程中，幾乎無所不在。

創價流程

組織與成員皆為創造價值而存在

第一類元素稱爲「創價流程」。**每個組織在產業價值鏈或產業價值網中，都負責一部分流程，而組織內的每位管理人員在組織的整體流程中，也分別負責其中一部分流程。這些流程的存在，基本上是爲社會直接或間接地創造某些價值。**案例中的A君，其任職的公司在資訊產業中的角色定位是資訊硬體產品的大盤經銷商，所負責的流程包括新產品機會的掌握、行銷、買賣雙方的撮合，乃至於物流、售後服務等，這些都是能創造價值的流程。而A君則負責其中一部分地區與產品的業務推展流程。

案例中的B君，其「創業」的意義就是在產業中找到一個生存空間，以其所新創的流程，替代現有競爭者所提供的流程，並與其他互補廠商（經銷商與供應商等）

在彼此的流程上相互配合。能否替代別人？能否與他人互補？或他人是否願意與此一新創組織互補或共生？這些問題也必須取決於此一新創組織能爲產業的「總創價流程」創造多少價值。

從C君案例中可以看到，公司的研發、生產、業務等單位各有其流程，而C君身爲產品經理，其所負責的流程，主要是在整合其他各單位，以及供應商、客戶等外部組織的流程。這些內外流程，彼此未必銜接良好，有待C君的流程來溝通協調。因此，雖然C君既不從事生產，亦不負責銷售，更不進行研發，但其所負責的流程，對組織整體所提供的潛在價值依然很高。

D君的舞蹈社，也有流程。招收社員、延請指導老師、排舞練舞、年終舞展演出等，都是流程。將這些事項辦妥，就是舞蹈社存在的主要目的，也是機構領導者D君的重要任務。此一舞蹈社究竟能創造多少「價值」，要看社員們在一整年的活動中是否有所成長，所推出的舞展是否能令觀眾感到賞心悅目。反過來說，如果社員對參與舞蹈社感覺十分負面，又學不到東西，舞展成果也令人不敢恭維，則此一舞蹈社的存在價值就值得質疑了。確保此一社團的創價流程能眞正爲大家創造價值，是身爲領導者的社長最重要的工作。

創價流程是最基本且最核心的管理元素

在廣義的經濟體系中，任何組織的存在皆與「價值創造」息息相關，因此，「創價流程」是最基本，甚至是最核心的管理元素。**組織內外所有的「目標」、「產出」、「決策」等，都應以組織的創價流程以及管理者所負責的流程爲依歸，「資源」與「知能」也都應經由創價流程而產生貢獻**。掌握了「創價流程」的觀念，我們才能確實地體認及反省，組織存在與努力的目的何在，並思考每一位成員，無論其是否爲管理者，其工作職掌與努力，對整體社會的意義與潛在貢獻何在。

決策與行動

整合的實現必須經由決策與行動

本書第一章即開宗明義指出，管理工作的核心本質是「整合」，**然而不論整合**

如何進行，都必須經由管理者的決策與行動，方能眞正發生作用。「決策與行動」即是與管理本質有關的第二大類元素。

A君蒐集商情、篩選產品線、整合各方目標，以及爭取資源舉辦盛大的記者會，這些都是他的決策與行動；B君在創業過程中，提出經營構想、找到各種資源、針對各方參與者設計誘因制度、發掘客戶、設計產銷流程等，也都是決策與行動的具體表現。

產品經理C君請研發單位修改規格、從潛在客戶蒐集商情、說服零組件供應商影響公司高層等；D君擬定舞展計畫、爭取各組組長承諾、推動名師邀請、向校方爭取資源、設計舞展流程等，也都屬於決策與行動。

主動發掘行動機會並付諸實行

事實上，「決策」是管理者的核心工作，這點早爲人所熟知，不必再強調。但値得注意的是，從這幾個案例中看到，**幾乎所有的決策，都是主動出擊，而不是上級交辦的**。而且在此一職位上，究竟有哪些決策可以做，每個決策各有多少備選方案等，也都是建立在當事人的主動構思與創意之上。

另一個共同特色是：在決策之後，他們幾乎都有具體的行動來配合，而且資訊的蒐集、人員的溝通與說服，無不親自爲之。雖然這些樣本未必有代表性，但頗合乎管理者是「劍及履及之行動派」的一般印象。

有形與無形資源

與管理有關的第三大類元素是「有形與無形資源」。

無形資源的掌握與運用

在企業經營或任何組織的運作上，有形資源當然不可或缺。然而在這些案例中，似乎更重視創造與運用無形資源。兩種型態的資源交互爲用，是整合的重要作爲。**無形資源中的信任、信用、聲譽、形象、關係等，皆不可忽視。在缺乏有形資源的創業時期，十分依賴這些無形資源，而組織若希望成長或獲得更多方面的協助，過去所建立的這些無形資源也是獲取有形資源的關鍵。**

A 君任職的公司擁有良好的聲望與地位，對 A 君前往拜訪客戶高層很有幫助，這些屬於公司的聲望地位，是一種無形資源；後來組織間因互動而產生的互信，對雙方而言都是無形資源。

B 君在創業時，過去所累積的產業人際關係以及過去老東家對他的信任，都是他所擁有的無形資源；而自己的儲蓄、他人的投資、海外歸國技術專家的專利等，則是有形資源。

D 君的舞蹈社案例中，學務處、總務處所能提供的大部分是有形資源，例如場地及經費補助；社員所交的會費、募款所得的金錢，也都是有形資源。而校外舞蹈名師的參與，對學校當局可以發生作用，對社員也造成吸引力，因此他們的參與，對舞蹈社或社長 D 君而言，可算是一種無形資源。歷年該校舞蹈社如果都能辦得很成功，也將會爲社團創造一些無形資源，這些無形資源對繼任的社長來說，無論在募款或爭取名師指導上，都能發揮正面的作用。

有形資源是資源分配與成果分配的主要標的

在商業活動中，有形資源的獲得是極爲基本的。**在一切產銷活動之後，從客戶收到的貨款或營業收入，是最需要關心的有形資源，也代表了經營的成果**。這些營業收入反映了組織在創價流程中所創造的「市場價値」，有了這些「有形資源」的流入，組織才擁有對各方資源投入者進行成果分配的籌碼。

▶能力與知識

與管理本質有關的第四大類元素是「能力與知識」。

專業知能與管理知能

能力與知識又可再分爲兩大類，一是專業的能力與知識，二是管理方面的能力與知識。

B 君的創業夥伴，除了帶進來一些屬於有形資源的專利，當然也帶來不少技術上先進的知能，而從財團法人研究機構挖角而來的技術專家，所擁有或所能貢獻的，也都是專業方面的能力與知識。

產品經理C君公司裡的研發人員能夠修改客戶要求的規格，而不減低原有設計的功能，所仰仗者也是專業或技術方面的知能。如果這一方面的知能從缺或不足，C君的產品經理角色也不易有所發揮。

D君為舞蹈社邀請的指導老師，所指導的也是「舞技」或「編舞」等方面的專業，他們在這方面的專業造詣（當然還有指導的熱忱），對舞展品質水準以及社員的參與認同都具有關鍵作用。

至於管理方面的知能，則更不必多言。所有管理工作的成敗，當然與管理知能息息相關，幾個成功案例中，這些管理者在整合、溝通、決策方面都有不錯的表現，也促使其所負責的創價流程得以順利推動。

兩種知能相輔相成

總而言之，**專業知能與管理知能是相輔相成的，有了管理知能的配合，專業知能才得以發揮；專業知能到達一定水準以上，管理工作才可能展現成果。**

在具有某些特性的機構中，某些職位在制定管理決策時必須以專業知能為基礎，因此在這些情況下，專業或技術方面的知能，也是擔任管理工作不可或缺的一部分。

目標與價值前提

第五大類元素是「目標與價值前提」。

目標包括組織目標與個人目標

在所有決策過程中，「目標」是影響決策方向的重要因素之一。**這些目標可能是正式組織所賦予的目標，也可能是決策者本身的個人目標**。而組織整體也有目標，包括組織使命、成長方向以及集體價值觀念所呈現的組織文化等。組織目標的作用在建立參與者對組織的認同，以及指導他們決策與行動的方向，以確保資源或知能的投入與發揮。

管理者必須設法發掘各個潛在資源提供者的目標，然後加以有效結合以「共創多贏」，這是管理工作或「整合」過程中，極為關鍵的動作。

目標是決策的前提

這些目標與價值取向，是決策者進行決策時的前提，因此簡稱爲「目標與價值前提」。

在A君的案例中，A君本身當然是主要的決策者，但「家電零售連鎖體系」、「世界品牌大廠」也都有決策的角色。它們的目標或想法（家電零售連鎖體系想要改變形象，開始銷售高級資訊產品；世界品牌大廠則希望走向更大眾化的市場）即是它們的「目標與價值前提」。案例中A君發現雙方目標的潛在相容性，再採取行動促成雙方合作，因爲他了解，只要雙方有如此的目標前提，「合作」將是順理成章的決策方向。至於A君本身的目標，就「公」而言，是完成任務，爲組織開創業績；就「私」而言，則是爲自己開拓事業前程。

B君的創業過程中，所有的參與者與投資者都有一些個人的目標，B君則創造了一個「組織目標」，並經由此一組織目標或使命，將所有成員的個人目標結合在一起。

產品經理C君及舞蹈社長D君，所屬的組織當然有目標，但他們周遭能提供資源或知能的人，也都各有各的目標。例如：舞蹈社長D君所面對的教務處、學務處、外界指導老師、各組組長、副組長、社員，以及外界潛在的募款對象等，應該各自有其組織目標與個人目標，D君必須設計一套做法，讓他們的目標都能達到或至少局部達到。案例中可看出，D君的整套做法的確都照顧到各方角度，這也是他獲得成功的原因之一。

環境認知與事實前提

「環境」與「事實前提」皆為主觀認知的產物

在一般企業管理或策略管理中，都會討論到「環境」，包括外部環境與內部環境。本書架構中不討論客觀實質的「環境」，而是認爲所有的外部環境與內部環境，其實都是當事人「認知」的一部分而已。例如：產業技術將如何發展？未來市場潛力有多大？員工心中有什麼打算？諸如此類的問題都是決策時可能要考慮的事實前提，但眞正的「事實」是什麼，卻往往不易驗證。因此，眞正影響決策的都只是存在於當事人「認知」中的事實而已。

嚴格地說，**我們所見、所聞、所相信的一切，都應屬於「環境認知」的一環。這些環境認知構成我們決策時的「事實前提」，而認知的正確程度，對決策的正確程度造成極大的影響**。

從整合者或管理者的角度，設法影響他人的「環境認知」，使其了解或相信某些事實，也是常用的方法。

A君案例中，他所從事的資訊蒐集、客戶分析等，後來都成爲他「認知」的一部分；而家電零售連鎖體系「認爲」產業趨勢或消費者能接受該家電零售通路銷售資訊產品，也是他們的「認知」，此一「認知」固然影響了決策與經營方向，但究竟是否正確，也還需要一段時間才能得到驗證。

B君創業過程中，老同學、技術專家、B君過去的老闆、自外延聘的研發人員等之所以願意加入或投資此一新創企業，也是因爲在他們各自的「認知」中，覺得此一事業有前途或該項技術有潛力，而且B君是値得信賴與追隨的創業家。從另一角度看，海外回來的技術專家以及從財團法人研究機構挖角來的研發人才，究竟在技術上有多大能耐，也是B君「認知」中的一部分。

努力使主觀認知更趨近客觀

每個人的認知都有主觀的成分，因此所有的產業分析、行銷研究，甚至財務報表等，其實都是希望經由客觀的科學方法，使決策者的「認知」能與「事實」更爲接近。而各種組織對內與對外的溝通，也都是設法強化本人的認知或影響其他人的認知。

「認知」可能被影響，甚至被「操弄」。例如：產品經理C君曾設法說服公司高層，使其相信該客戶未來的訂單成長潛力可觀，希望高層在此一被改變的「認知」下，做出有利於C君任務達成的決策。在此一案例中，如果C君盡量提供正確資訊來說服上級，可稱爲「影響」，但若其所提供的資訊不實，刻意誤導高階人員的認知與決策，則可稱爲「操弄」，甚至是「欺騙」。從各種資訊中辨別眞僞、驗證資訊的正確程度，也是管理者不可或缺的能力之一。

六大管理元素無所不在

組織與個人皆有其管理元素

以此六大管理元素的性質來看，「創價流程」與「決策與行動」是與組織的運作與生存發展密切相關的。其他四項管理元素，有與組織相關的，也有與個別成員相關的。換言之，在加入組織前，每個人都有其本身的「有形與無形資源」、「能力與知識」、「目標與價值前提」、「環境認知與事實前提」，加入組織後，則經由「創價流程」中的角色，以及其「決策與行動」與組織產生互動關係，進而改變其「目標與價值前提」、「環境認知與事實前提」、「能力與知識」、「有形與無形資源」。六大元素不斷演化，形成一個以「創價流程」及「決策與行動」爲核心的動態過程。這也說明了介紹六大管理元素時的次序。

管理元素是整合標的

從此六大元素來分析，對本書所說的「整合」觀念就有了更深一層的認識。因爲**管理者所要整合的標的，無非就是此六大元素而已**。易言之，管理者所希望整合的，除了組織內外的創價流程、內外各方的決策，也希望整合各方有形無形的資源與知能、整合相關機構與個人的目標與價值前提，以及整合大家對事實的認知。當然，這些整合工作，也並不是個別獨立地存在，而是動態而交互進行的。

整合的對象、行爲與機制

本書第十一章將以專章介紹「整合」的觀念與方法，但從本章幾個案例中已可初步了解「整合」。

分析「整合」，可以從整合標的、整合對象以及整合行爲與機制著手。本章以上所談的六大元素，即是整合的「標的」。以下即簡要說明整合的對象、行爲與機制。

整合對象

從這幾個案例中可以發現，**整合對象可包括組織內外、層級上下的各種人員或組織，不論其關係長短、投入內容爲何、職權有無，甚至關係之親疏，都是可能的整合對象**。

整合對象包括組織內外

無論決策者的層級高低，整合對象都可能包括組織內外。就產品經理C君而言，公司內研發單位、業務單位同仁等謂之「內」，客戶及供應商等謂之「外」；業務代表A君及創業家B君欲整合的對象則以外部爲主。從舞蹈社長D君角度，社內各組長與社員是內部整合對象，外界指導教師及募款來源爲外部對象，學務處則似乎位居內外之間。

整合對象包括長官與部屬

整合對象也包括比本身高階或低階的人士。本章案例中，業務代表A君及產品經理C君都曾試圖影響各自公司的高層，並成功取得他們的支持而順利完成任務，可見「向上整合」是重要的管理課題。舞蹈社長D君所面對的各組組長，在層級上似乎是「部屬」，但在學生社團中，其實並無指揮的職權存在，因此也必須花費一些唇舌與努力，才能得到他們的支持與承諾。

表 2-1 ▶ 與整合有關的觀念

主題	內容
整合的標的	目標與價值前提、環境認知與事實前提、決策與行動、創價流程、能力與知識、有形與無形資源。
整合的對象	總體環境、任務環境、組織平台、機構領導人、各級管理者、基層成員。
整合的行為	說服、找出機會、掌握資訊與知識、獲得信任、謹守權責範圍。
整合的工具或機制	決策方案或行動方案、法律合約、流程制度、各種形式的組織、網絡關係的靈活運用。

整合期間可長可短

在實務上，有些整合對象與整合者之間的關係是暫時的，有些則存在長遠穩定的關係。本章中幾個案例，如業務代表A君、創業家B君、產品經理C君等，都曾將短期，甚至陌生的關係，轉化爲長期的合作或交易關係。

整合對象所投入的資源涵蓋各種形式

整合對象的範圍廣泛，所投入的資源（包括知能）也各有千秋。有些是資金，有些是專利與技術知能，有些是時間，有些是指導（例如舞蹈老師的專業知能加上熱忱），有些是訂單與貨款。當然，這些也都可以歸類至管理的六大元素之中。

這些複雜的內外上下整合對象，在管理矩陣中將以較抽象的方式來呈現，成爲管理矩陣中的縱軸。

整合行為

本書第十一章將討論更多與整合有關的觀念，也包括了整合行爲在內。然而在本章的幾個案例中，也可以看出，「說服」、「找出機會」、「掌握資訊」、「獲得信任」、「謹守權責範圍」等，是整合過程中十分重要的行爲。

說服

從案例中明顯看出，「說服」是一項重要的途徑，因此，「溝通技巧」或「談判方法」等，在管理工作上是不可或缺的。然而，在「說服」的背後，當事人必須能發掘各個整合對象潛在的想法與「目標」，然後運用各方的「資源」，經過創價流程滿足各方所需，這也是整合過程中重要的一環，與全靠口才的「溝通」大不相同。

找出機會

「找出機會」以創意爲基礎，也是重要的整合能力或整合行爲。每個人從各方面所獲得的消息既多且雜，如何從這些分散而片段的資訊中找到連結、創造機會，是整合工作重要的一步。例如：A君身爲業務代表，平日遊走於各經銷商、客戶、公司內部各產品經理之間，聽到的各種消息必然很多。然而，要從如此多元且眞假參半的消息或資訊中，迅速篩選出有關的項目，並構思出一些本身可以著力的整合方向，便是整合工作的起點。產品經理C君想到可以借用零組件供應商的影響力，舞蹈社長D君想到可以因爲有名師指導而爭取到學校的資源，都是「找出機會」的做法。

掌握資訊與知識

「掌握資訊」可以協助整合者了解未來各種整合方案的可能性，而適當且具說服力的「資訊提供」，也是爭取整合對象支持的工具。對於各方所提供的資訊，擁有足夠知識以「分辨眞僞」，也是整合成功的先決條件之一。例如：創業家B君本身要能驗證海外技術的可行性，才能據以爭取其他人的支持，如果他本身無法做此判斷，整合的力道就差多了。又如產品經理C君，得知新客戶未來發展方向與本公司的產品與技術相當吻合，因而向上級爭取支持。然而該客戶的未來是否眞正如此，C君必須經過初步驗證才行。

獲得信任

「獲得信任」也是這幾位整合者成功的條件。所有的穿針引線、匯集資源、溝通資訊，都需要各方對此一整合者具有相當程度的信任。初出茅蘆的社會新鮮人不容易成爲整合者，原因之一是尚未建立別人對他的信任。而能從事大規模整合的人，必然是過去在工作上績效與聲譽卓著，方可以具體績效證明其能力及可信賴程度。同理，在過去工作中顯示能力不足，信用不佳，或常常無法達到承諾的人，其發動的整合方案即不太容易得到各方支持。

謹守權責範圍

「謹守權責範圍」，也是成功整合者共同的特色，這在非機構領導人方面，尤其如此。他們的決策與行事固然積極、有創意，但該請示時亦不可疏忽，並應經常讓長官在「狀況內」，了解進度與相關資訊。

整合機制

具體的行動方案、法律合約、流程制度、各種形式的組織，甚至所有的管理元素，都是可能的整合工具與機制。這些在第十一章還會再進一步討論。

決策方案或行動方案

可以讓各方接受的「決策方案」或「行動方案」，即是整合機制的一種。業務代表所設計的產品項目與推廣計畫、創業家B君的創業計畫、舞蹈社長D君的年度舞展計畫等，都是整合的工具，而在制定與修正這些計畫的過程中，即可進行各種整合的動作。

正式組織

「正式組織」是整合的平台。創業家B君開創了一個平台，以整合各方的資源與知能，也經由此一平台穩定各方的權利義務關係，並滿足各方的目標與需要。其他案例則都在既有的組織平台內運作。有關組織平台的其他觀念，將在第十二章中再行介紹。

網絡關係的運用

「網絡關係的靈活運用」也可以視爲整合的方法。例如：舞蹈社長D君利用「名師」的參與指導，以爭取學務處、總務處的支持；創業家B君憑著海外技術專家的加入，而吸引到國內的技術人才；產品經理C君藉著重要零組件供應商的支持，以影響公司高層，這些都是「借力使力」，運用網絡的明顯例子。

管理工作的自我檢核

1. 本組織的合作對象（供應商、經銷商、客戶等），其「六大管理元素」分別有哪些？它們的目標與本組織的目標，有何一致性？有何矛盾？它們有哪些流程，與本組織的流程相銜接？它們與本組織之間有哪些決策必須要互相配合？它們掌握哪些資訊，可以與本組織互補？它們擁有哪些本組織所缺乏的資源與知能？
2. 雖然本書往後才會針對六大管理元素深入討論，但現在能否初步對您本身的六大管理元素做一描述？例如您所負責的流程、所需要做的決策、所被賦予的目標、所擁有的知能等。
3. 比照上題，您是否了解您的直屬上司的六大管理元素？
4. 您的部屬是否了解他們的六大元素？他們的了解與您對他們的期望是否存在落差？

第3章

管理矩陣

整合的對象可分爲總體環境、任務環境、組織平台、機構領導人、各級管理者以及基層成員等六大層級。此六大層級與六大管理元素構成了管理矩陣的縱軸與橫軸。管理工作的思維與行動，都可以表現在管理矩陣上。

本章重要主題

- 六大層級
- 管理矩陣
- 各層級的管理元素
- 案例解析——管理矩陣的運用
- 管理上的涵意

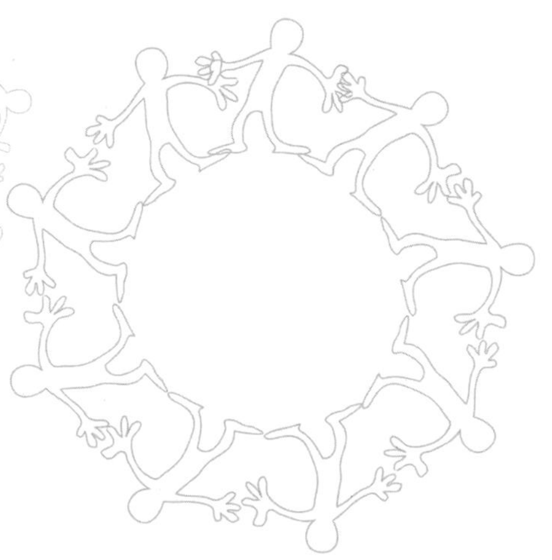

關鍵詞

六大層級 p.78
總體環境 p.79
任務環境 p.80
組織平台 p.81
取予 p.81
機構領導人 p.86
各級管理者 p.86
基層成員 p.86
編碼系統 p.88
六大管理元素的存量 p.88

管理矩陣的作用之一是執簡馭繁，**以簡明的圖形表達複雜的管理現象與思維，並可隨時提醒管理者進行較全面的觀照**。管理矩陣的橫軸爲前章介紹的六大管理元素，而由於整合對象跨越組織內外，故縱軸即是以本組織爲核心，從世界大環境到組織內部基層成員的各個層級。

六大層級

社會中絕大多數的工作與活動都是在組織中進行，每個人也同時與多個不同的組織發生互動關係。組織中有層級，組織外又有組織，而其他組織又有層級及個人。因此，人類社會可以說是由「組織」所構成的。

從某一特定組織的觀點看，**組織內有各色各樣的成員，成員之間以及成員與組織之間，各有其權利義務。組織外的環境中則有共生者、競食者（競爭相同顧客或相同資源的其他人或機構），以及規則制定者，也同時存在著經濟網絡、社會網絡、人際網絡等，這些在組織內外構成了極爲複雜的生態結構**。爲了簡化，本書將這些複雜的內外生態結構或網絡環境劃分爲六個層級，代表管理與整合過程中的各種對象與立場。

此六大層級，只是一種抽象的劃分方式，未必與實際的產業結構或組織圖一一對應。因爲就大型組織而言，內部層級往往就不只六級。從總體環境的各個機構一

表 3-1 ▶ 管理矩陣的六大層級

六大層級	構成份子或成員舉例
總體環境	世界級機構：聯合國、世界貿易組織（WTO）、世界通訊協定機構等。 國家級機構：經濟部、財政部、教育部等。
任務環境	企業的顧客、供應商、競爭者、投資人等； 周邊服務機構：銀行、大衆媒體、會計師等。
組織平台	營利組織、非營利組織，以及任何形式的正式組織。
機構領導人	董事長、執行長、負責人等。
各級管理者	中高階主管、基層主管；副總、經理、廠長、課長、組長等。
基層成員	辦事員、業務員、作業員、店員等；醫師、教授、工程師等。

直到基層人員如此複雜的層級觀念，在此被濃縮成六個層級，雖是不得已的簡化，卻也能相當周延地呈現出各實際層級的主要立場。

此六大層級分別爲「總體環境」、「任務環境」、「組織平台」、「機構領導」、「各級管理」及「基層成員」。

總體環境

世界或國家級的機構，構成了個別企業必須關心的總體環境。

總體環境中的機構角色主要為規則制定者

就特定組織或特定企業而言，對外除了直接交易的對象或同業之外，還有許多機構，這些對象或機構的決策與行動也會對此一特定組織造成影響。**其中最重要的是扮演「規則制定者與執行者」角色的本國及外國政府機關，以及有能力甚至公權力去制定規則的非政府組織**，如聯合國、世界貿易組織（WTO），以及無數可以規範或影響智慧財產權、人權、環保、航運、通訊等的國際組織，都屬於此一層級。

總體環境中的這些機構所制定的決策或形成的政策（大部分可視爲影響個別組織決策與行動的「規則」）、國家間所形成的貿易聯盟與關稅協定，或彼此因政治傾向所形成的和戰氣氛，皆構成了個別組織在決策過程中，除了顧客與同業競合行動外，必須考慮的環境因素。

單一企業雖然也有影響這些組織決策方向的可能，但在決策的「位階」上，這些世界級或國家級的機構或組織，顯然對個別企業更有主導的地位。

總體環境的經營水準影響個別組織的創價過程與水準

國家或世界所構成的總體環境，除了對個別組織的決策具有指導或限制作用外，總體環境的「經營水準」也影響了個別組織或個別企業的經營績效。例如：如果整個世界被「經營」得安和樂利，則世界上所有組織都會面對更有利的生存環境；國家如果「經營」得好，或「整合」得好，個別企業不僅可以享受更好的經營環境，而且「國家平台」可以提高國內所有組織的創價流程水準。例如：國家強盛則該國所有的組織與創價流程產出，在國際上都可以享有更好的形象與競爭地位。

總體環境的機構本身也有組織與管理問題

如果所探討的組織並非企業，而是屬於世界層級的「聯合國」，或政府層級的「經濟部」，它們雖然身爲其他機構的「規則制定者」，但爲了完成任務，它們也有合作對象與交易對象，以及爲了規範它們而存在的其他外部機構。現代社會中，整個世界的秩序，就是透過這些複雜的組織關係，以及層層牽制、互動而得以維持。

這些總體環境的各機構內部也有組織層級與個人，以及其管理及整合的問題，但從個別企業的角度，可以暫時不予考慮，而將整個機構視爲決策主體或整合對象，以簡化思維，我們對任務環境的處理方式亦然。

任務環境

組織有合作與交易的對象，有競食者也有共生者。 這些包括企業的顧客、競爭者、供應商，以及提供周邊服務的各種機構或個人，構成了該組織的「任務環境」。所謂提供周邊服務的組織包括銀行、資訊服務公司、廣告業者、人才訓練機構、會計師事務所、證券承銷商、媒體、研發服務機構等。

顧客與市場

任務環境中最重要的當然是「顧客」或「市場」。顧客或市場是組織或整體產業價值鏈服務的對象，也是組織長期生存之所寄，而組織所創造的價值究竟有多高，最終也是由顧客或市場決定。

競爭者與潛在競爭者

競爭者或潛在競爭者也是任務環境極重要的成員，它們的決策與行動構成組織的競爭環境，也影響組織在任務環境的生存空間。如果本組織在努力方向與效率上落後於競爭者，不僅顧客將不再與本組織交易，其他共生者（例如：重要的供應商或經銷商）也可能轉而成爲競爭者的共生者。

分析任務環境時，決策者不應只專注於現有產業上下游成員或現有顧客。因爲不同產業間可能有價值替代的可能（例如：高速鐵路、航空客運、視訊會議等，雖不屬於同一產業，但在所提供的價值上卻可能互相替代；商業銀行、保險公司、證券公司、投資銀行間的潛在替代性亦然）。因此，理想上應從「價值創造」過程，以及「能爲誰創造什麼價值」的觀點考慮任務環境的範圍。

同一機構可能兼具總體環境亦為任務環境的角色

「總體環境」與「任務環境」中的成員身分認定，有時是角色問題。同一機構因爲兼具各種角色，可能既屬於總體環境一員，同時也是任務環境一員。例如：「政府機構」通常屬於企業的總體環境，但也有許多企業是以政府爲銷售對象，這時政府機構就成爲其任務環境中的一員。因此，在不同角色下，同一機構可能歸屬的層級不同。

又如前述的舞蹈社案例，對舞蹈社而言，學校學務處、總務處的角色基本上相當於其「總體環境」，可以制定校內社團規範，但是社長D君也能針對學務處等機構的任務、目標進行互利行動，因此也有若干「合作」與「交易」在內。如果雙方關係中「合作」與「交易」的比重高，「制度規範」的比重少，對舞蹈社而言，學務處等機構就近於任務環境了。

組織平台

組織的作用在於提供整合機制

「組織」實際上是個抽象存在的觀念，它的成立或存在，主要作用也是在「整合」各方的資源、目標、決策、流程等，並以這些爲基礎，從事「創造價值」的活動。此一「組織平台」的功能是運用較爲長遠而全面的權利義務規範及成果分配機制，使這些整合或合作關係更加穩定持久。

案例中B君的創業，就是要創造一個能整合各方資源、目的、決策、流程的平台，以更有效地完成創造價值的任務。有了此一平台，大家互相的「取予」就有了更長期而穩定的承諾與互信。

組織本身亦有六大管理元素

組織本身也有目標與價值前提、環境認知與事實前提、決策與行動、創價流程、能力與知識、有形與無形資源等六大管理元素，而這些並不等同於機構領導人的六大元素，也不等於組織內所有成員所擁有六大元素的總和。

例如：「機構形象」是組織擁有的無形資源之一，雖與機構領導人有關，也是大家過去所共同努力而創造累積的，但此一機構形象並不屬於任何個人。經營良好的組織，可能幾十年後，從領導人以降全都離職或退休，但機構形象，甚至機構的對外關係依然存在。又如機器設備或專利權，甚至組織整體的知能與能耐，也應屬於組織而非任何個人。一般而言，組織持續營運時，這些有形或無形資源以及知能，可以為組織創造價值，一旦組織解散，這些管理元素的價值很可能就會大幅降低，甚至完全消失。

高階領導者的重要任務之一，是維持組織平台的整合作用，創造並累積屬於組織的資源與知能。

機構領導人

機構領導人是極為特殊的一種管理者，從策略管理的用語或觀點，機構領導人最重要的職責是決定策略，帶領組織未來努力的方向；從本書用語或觀點，**機構領導人的基本職責，是建立或維持組織的整合平台，並運用此一平台整合內外的目標、資源等六大元素**。各方目標的滿足，以及各方是否願意持續以此一組織平台為核心，進行廣義的合作及價值創造，是評估機構領導人管理績效的最終指標。

機構領導人與其他各階層管理人員不同者，在於機構領導人擁有運用組織平台的正式權力，包括支配屬於組織平台的各種資源，但同時也最有責任去維護組織平台的存續。

各級管理者

涵蓋組織結構的多個階層

大部分稍有規模的組織，在機構領導人之下，都有若干管理階層，每一階層也都有許多單位以及負責該單位的管理者。在實務上可以表現為十分複雜的組織結構圖，而且每個組織的結構都不一樣。但本書為了簡化觀念，將這些層級濃縮為一層，稱為「各級管理者」，以概括這些在組織管理體系中，雖非機構領導人，但主要職責為管理工作的管理人員。

決策時應考慮同層級其他單位

在運用管理矩陣進行分析思考時，位居此一層級的管理者，在此一層級的考慮對象除了本身，還包括上下及平行的各個單位，因此，各級管理者的思維應該是極為複雜的。

本書中，將機構領導人與各級管理者合稱為「管理當局」，若再加上為了決策、整合而設計的種種管理程序與機制，則合稱為「管理體系」。

基層成員

組織當然有基層成員。每位基層成員帶進組織的知能高下或知識密度，高低有別，例如：生產線的作業員與研究單位的技術專家，在組織的層級或意義雖然都屬於非管理職的基層人員，但兩者的知能水準顯然存在著很大的差距。

基層成員在創價流程中的角色

基層成員是組織創價流程的最終執行者與行動者。就像軍事行動一樣，戰略、訓練、補給、聯合作戰等當然重要，但「戰爭」畢竟需要基層士兵執行。企業的產品製造、運送、維修、收款等活動，若沒有基層員工切實執行，一切策略構想都不會實現。同樣的，大學教師的教學與研究、醫院醫師的診斷與治療，都是組織眞正「創造價值」的行動。而士兵、送貨員、大學教授、醫師等，都是組織的基層成員。

組織與制度的作用在為基層成員提供六大元素

管理者的重要功能之一，是設計各種制度、流程，使這些基層成員能在此一組織環境下，群策群力，對「創價流程」發揮最佳的整體貢獻。而創造各級成員對組織目標的認同，提供大家在決策與行動時所需的資訊，並使大家在時間、地點、行動方向上協調一致，即是達到所謂「群策群力」的途徑。

有不少討論管理的理論或書籍，內容主要是討論針對基層成員的任用、領導、溝通、激勵等組織行為方面的議題，內容十分豐富，但在本書架構中，這些都可以從「整合基層成員的六大元素」來觀察分析。簡而言之，任用、領導、溝通、激勵等，無非是在提供適切的六大管理元素，以促成或協助基層成員有效進行符合組織期望的創價活動。

基層成員也能發揮管理功能

有許多基層成員，本身雖然沒有管理的職稱或責任，但也可能發揮管理者的功能。例如：前述案例中的產品經理C君，甚至業務代表A君，都是「單兵作戰」的基層人員，但在「整合」上卻發揮了極大的作用。易言之，許多非管理人員，其實也有一部分管理者的角色，就像許多經理人員本身還得做一些非管理性質的專業工作一樣，本來同一人身上就可能兼具「專業」與「管理」兩種角色，只是各人的比重不同而已。

管理矩陣

六大管理元素皆有其重要性，但其中「決策與行動」與「創價流程」相對而言更為核心，因為「決策與行動」是管理者整合與創新的基本手段，「創價流程」則是將組織資源與知能轉化為有價值的產出，以確保組織存續的過程。此外，「目標與價值前提」、「環境認知與事實前提」二者是影響決策方向的兩大因素，「能力與知識」及「有形與無形資源」則是挹注於創價流程的重要投入。在此一邏輯思考下，可將此六大元素排列如圖 3-1。

圖 3-1 ▶ 六大管理元素排列

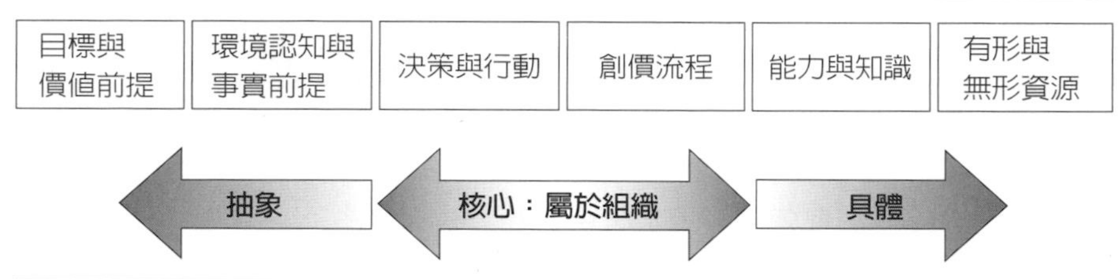

其中，最左邊是最抽象的目標與價值觀，最右邊則是較爲具體的資源。六大元素又分爲左右兩組，分別以「決策與行動」與「創價流程」爲中心。位居中央的「決策」與「流程」二者，可視爲個別成員與整體組織的主要介面，機構領導、各級管理、基層成員皆各有所司，且必須相互協調配合。而左右邊的四個，當然也可能是組織所賦予，但有些內涵則屬於個別成員，或由個別成員從外界帶進組織的。相關觀念在往後各章中，還有機會說明。

由於「決策主體」可能是六大層級中的任何一個機構或個人，每個決策主體都有其六大元素，因此可以依此二構面，建構出以下的管理矩陣。在組織內部，決策主體包括個人（組織的各級成員）及部門（組織的各級單位）。在組織外部，決策主體則包括機構（如競爭者、供應商、政府機構）和個人（如消費者、社會大眾）。當然，若要深入探究，則各機構中亦各有其成員，實際負責該機構的各種決策及創價活動。此一管理矩陣，可以涵蓋許多觀念，也可以透過它的運作，解釋許多管理上的現象。

圖 3-2 ▶ 管理矩陣

六大管理元素 六大層級	目標與價值前提	環境認知與事實前提	決策與行動	創價流程	能力與知識	有形與無形資源
總體環境	目 1	環 1	決 1	流 1	能 1	資 1
任務環境	目 2	環 2	決 2	流 2	能 2	資 2
組織平台	目 3	環 3	決 3	流 3	能 3	資 3
機構領導	目 4	環 4	決 4	流 4	能 4	資 4
各級管理	目 5	環 5	決 5	流 5	能 5	資 5
基層成員	目 6	環 6	決 6	流 6	能 6	資 6

各層級的管理元素

管理矩陣特別要強調的是：決策者在分析與思考的過程中，並非僅從本身的角度進行靜態思考，而是認為，**從總體環境的各種機構，一直到組織的基層員工，每一個人都是可以獨立思考、進行決策、採取行動的決策主體，每一個人都擁有前述的六大元素。因此，決策者必須以動態而多面向的角度做決策，除了要深刻了解他人決策對本身的影響，也應藉由本身的決策與行動影響其他人或機構的決策與行動。**簡言之，即是在本身的決策架構中有其他人，而本身也存在於其他人的決策架構中。

以下即簡單介紹管理矩陣的「編碼系統」，以及每一欄位的意義。

為了簡化，管理矩陣中的六大層級分別以「1」至「6」來代表。因此在分析時，若提到「1」，即是指屬於總體環境中的各個決策者；「2」則是指任務環境中的各個決策者，餘次類推。

機構領導人

在管理矩陣中，「4」代表機構領導人，所謂「目 4」是機構領導人在做決策時的「目標與價值前提」，「環 4」是他在做決策時的「環境認知與事實前提」，「決 4」是他的「決策與行動」，包括所有可能的決策選項以及選擇的結果，「流 4」是指他個人所負責的「創價流程」，「能 4」是他所擁有的各種能力與知識，「資 4」則是他所能掌握的各種有形與無形資源。

各級管理者與基層成員

屬於「5」的「各級管理者」，以及位居「6」的「基層成員」，其每一欄位的意義也與「4」相當類似。在未來章節中，還會再從他們的角度分析此架構對其決策與行動的涵意。

組織平台

組織平台的「決策」包括組織的決策原則與既定政策

比較需要特別解釋的是「組織平台」（「3」）這一層級。表面上看，「組織」不能決策，只有「人」才能決策。但事實上，**所謂「決策」其實也包括了「決策機制」及組織過去所建立並沿用至今的「決策原則」或「政策」。這些決策原則或政策對各級成員決策具有指導、規範的作用，目前固然「屬於」組織，但也是過去的組織高階成員，在當時的「目標與價值前提」與「環境認知與事實前提」下所制定的。**因此，在組織平台這一層級，有相當大的一部分是代表過去所留下來的「存量」，這些存量當然對目前組織的運作與決策發生影響，但由於環境變遷、目標不同，或目前組織中各級成員已與過去大不相同，因此也可能出現若干落差。易言之，有些現存的目標（「目 3」）或政策（「決 3」）也許有些不合時宜，但整體而言，它們仍是整合組織成員的重要機制。

文化、價值、知能與資訊等在組織中亦有存量

「目 3」包括組織文化、共同價值或各方目標的妥協結果，也包括組織為了推動工作所設定的各項正式目標。「環 3」包括組織過去在制定政策（「決 3」）時的環境認知，以及當前組織所擁有的資訊（如資料庫及檔案）。

所謂組織使命，如果定義為「本組織應為誰提供什麼服務，以及本組織存在的意義」，則應是一部分「目 3」與一部分「決 3」的結合，而組織「創價流程」（「流 3」）的產出，也是組織使命的具體實現。

組織擁有屬於組織層次的知能，也有屬於組織的資源，分別為「能 3」與「資 3」，這是很容易理解的。

存量與流量的關係

機構領導人的目標（「目 4」）與組織目標（「目 3」）未必一致；機構領導人的決策（「決 4」）與組織的政策或決策原則（「決 3」）也未必一致，而且也不應完全一致。二者間的互動與調適，是高階管理中極為重要又頗為敏感的議題。組織

內外各機構或個人的目標前提與環境認知，隨著時間不斷改變，既有的組織目標、政策等難免不合時宜。機構領導人一方面要因應時代進行創新，而可能對組織原有的架構產生衝擊；一方面又希望能藉助原有架構下穩定的整合功能，以維持組織運作的效率。這是「進步中求穩定」還是「穩定中求進步」的兩難，而其所主張的進步或創新，是否能在下一階段發揮整合功能，其不確定性也是很高的。

如果組織平台中現有六大元素的狀態可以稱爲「存量」，則這些元素狀態與水準的調整與改變，可以稱爲組織六大管理元素的「流量」。「流量」可能來自組織內外，如：高階領導與各級管理者所制定的決策、各級人員所投入的知能、組織外部所投入的資源、對外界變化的認知等。「存量」影響了「流量」的方向，而各階段的「流量」又造成其後「存量」的狀態。

總體環境與任務環境

屬於總體環境以及任務環境的六大管理元素，分別表現於管理矩陣的第一列與第二列。例如：「目 1」代表國家或世界整體所追求的文化價值，以及其中各機構的目標與使命，「流 2」代表任務環境中，所有成員或機構分別進行的創價流程。由於在以後各章還會再說明，在此即不一一解說與定義。

編碼系統

管理矩陣中，共有三十六個「欄位」，每個欄位都有管理上特定的定義。這些欄位的編號（如「目 3」、「能 6」等）以及其在管理矩陣中的意義，可稱爲管理矩陣的「編碼系統」。有了此一編碼系統，我們就可以更精確、更有條理地**解析與描述所有的管理現象、管理行爲，甚至各種管理理論的重要主張**。

案例解析——管理矩陣的運用

管理矩陣可以整合理論與意見，也可以描述管理行爲。本節即使用管理矩陣的架構解析前章所學的幾個案例，並試圖以管理矩陣的「編碼系統」來描述他們的管理行爲。

爲了便於讀者將案例中的實務現象與管理矩陣的圖示在觀念上產生連結，案例一與案例二的解析中，特別列出管理矩陣以供對照參考。

案例一：主動積極的業務代表

管理行為或特性的描述	管理矩陣解析	管理矩陣圖示
1. 一位主動積極的業務代表A君。	A 君屬於基層人員（「6」），然而在本案例中可知，即使是基層人員，依然可以發揮管理及整合角色的機會。	（見下表一）
2. 所任職的公司是一家資訊產品大型經銷商。該公司自國內外幾家資訊產品大廠進口產品，然後舖貨到各大機關學校以及各地零售點。	在資訊產品產業的價值鏈中，A 君所任職的公司並不從事生產、研發，無自有品牌，亦無零售通路，而僅負責「大盤經銷」這段價值活動。如果將整體資訊產業視為一個大的「創價流程」，則該公司的流程（「流 3」）簡言之就是：「為國內外品牌大廠開發大型客戶及零售點」，以及「為零售點提供合適的產品線」。除此之	（見下表二）

表一

	目	環	決	流	能	資
總體	1	1	1	1	1	1
任務	2	2	2	2	2	2
組織	3	3	3	3	3	3
領導	4	4	4	4	4	4
各級	5	5	5	5	5	5
基層	6	6	6	6	6	6

表二

	目	環	決	流	能	資
總體	1	1	1	1	1	1
任務	2	2	2	2	2	2
組織	3	3	3	3	3	3
領導	4	4	4	4	4	4
各級	5	5	5	5	5	5
基層	6	6	6	6	6	6

外，「信用管控」、「提供週轉資金」、「物流」、「售後服務」等，也是該公司主要負責的價值活動或「流程」。
資訊產品產業的價值鏈是由該產業上下游所有廠商共同完成的，此一流程屬於產業的任務環境，在管理矩陣中的層級為「2」，故該產業的產業價值鏈整體流程為「流 2」。

---

3. A 君負責將某些產品項目推廣到某些地區的資訊產品零售點。

在公司負責的「流程」（「流 3」）中，A 君所負責的流程（「流 6」）是「將某些產品項目推廣到某些地區的資訊產品零售點」，主要功能或「流程」是行銷，或「撮合買賣雙方」，以及部分的「信用管控」，至於公司流程內的「提供週轉資金」、「物流」、「售後服務」等部分顯然不在 A 君的「管區」之內。

	目	環	決	流	能	資
總體	1	1	1	1	1	1
任務	2	2	2	2	2	2
組織	3	3	3	3	3	3
領導	4	4	4	4	4	4
各級	5	5	5	5	5	5
基層	6	6	6	6	6	6

---

4. A 君偶然得知某大家電連鎖體系有意開始銷售資訊產品。

A 君在其認知（「環 6」）中，知道某家電零售連鎖體系的決策方向（「決 2」）。至於此一認知來源是否基於其人際關係（A 君的無形資源「資 6」），還是來自其他管道，則不得而知。

	目	環	決	流	能	資
總體	1	1	1	1	1	1
任務	2	2	2	2	2	2
組織	3	3	3	3	3	3
領導	4	4	4	4	4	4
各級	5	5	5	5	5	5
基層	6	6	6	6	6	6

5. A 君在深入了解該家電連鎖體系的現有產品線廣度、地理涵蓋範圍、機構定位、潛在購買量後，向主管請示，並獲得同意，進一步研究。

A 君有能力（「能 6」）掌握及分析對方的策略，以及本公司可能的機會；並明瞭自己與上級權責的範圍歸屬（知道上級「決 5」與本身「決 6」的分際與關係），並在上級指導或同意（「決 5」）下，進一步蒐集資料（使本身的「環 6」更豐富、更接近實況）。

	目	環	決	流	能	資
總體	1	1	1	1	1	1
任務	2	2	2	2	2	2
組織	3	3	3	3	3	3
領導	4	4	4	4	4	4
各級	5	5	5	5	5	5
基層	6	6	6	6	6	6

6. A 君考慮該家電連鎖體系特性，並避免公司現有客戶（資訊產品零售點）反彈，構思出一些產品項目，包括噴墨式印表機等。

公司還有其他通路客戶（在管理矩陣中為任務環境「2」的一員），在考慮它們的立場與利益（「目 2」）後，將之納入 A 君本身的決策前提（「環 6」）。

	目	環	決	流	能	資
總體	1	1	1	1	1	1
任務	2	2	2	2	2	2
組織	3	3	3	3	3	3
領導	4	4	4	4	4	4
各級	5	5	5	5	5	5
基層	6	6	6	6	6	6

7. A 君將這些產品項目與公司內部相關產品經理（依品牌分工）商議後，設計出一套銷售計畫。

各產品經理在層級上亦屬於「6」。A 君由這些產品經理得知各個品牌大廠（皆為任務環境「2」的成員）的目標與潛在意願（「目 2」）、可能的決策（「決 2」）以及個別條件（「資 2」）。

這些資訊整理後成為 A 君的決策前提（「環 6」），再依據上級目標——追求成長但不可得罪現有零售通路（這些都是目標或限制條件:「目 5」、「目 4」、「目 3」），提出計畫（「決 6」）。

	目	環	決	流	能	資
總體	1	1	1	1	1	1
任務	2	2	2	2	2	2
組織	3	3	3	3	3	3
領導	4	4	4	4	4	4
各級	5	5	5	5	5	5
基層	6	6	6	6	6	6

8. 由於所任職的公司規模大、名聲好，A君得以拜訪該家電連鎖體系高層，並提出構想。然而他發現對方只對某個世界級品牌有興趣。A君認為該品牌銷售潛力不大，甚至叫好不叫座。再深入了解後，發現該家電連鎖體系短期目的是在改變機構形象，向社會宣稱它也有經銷世界名牌資訊產品的能力。至於以後是否大幅轉型為資訊產品的零售通路，尚需要觀察試辦一陣再說。

公司的聲望與地位是一種無形資產（「資3」），A君運用此一無形資產進一步發掘潛在客戶的真正目標（「目2」），了解此目標（納入本身決策前提「環6」），有助其選擇產品與品牌（「決6」）。

	目	環	決	流	能	資
總體	1	1	1	1	1	1
任務	2	2	2	2	2	2
組織	3	3	3	3	3	3
領導	4	4	4	4	4	4
各級	5	5	5	5	5	5
基層	6	6	6	6	6	6

潛在客戶的目標（「目2」）——改變形象，與本公司目標（「目3」）——獲利成長，以及品牌商的目標（另一個「目2」），彼此間是否一致，是否有相輔相成的可能，在此階段尚需要進一步檢視。

	目	環	決	流	能	資
總體	1	1	1	1	1	1
任務	2	2	2	2	2	2
組織	3	3	3	3	3	3
領導	4	4	4	4	4	4
各級	5	5	5	5	5	5
基層	6	6	6	6	6	6

9. A君了解公司所代理的資訊產品世界大廠中，有一家正想轉變形象，跨足大眾化的通路與市場，乃結合雙方目的，推動此銷售案。

有一家品牌大廠（也屬於「2」），現階段的策略目的（「目2」）與該家電零售連鎖體系有可以互相結合之處。A君基於此洞察力（「能6」）而掌握了（納入其「環6」）表面上不容易覺察的真相，因而提出一項更可行的方案（「決6」）。將家電零售連鎖體系、品牌大廠雙方的目標「整合」在一起，成就本身目標（兩個「目2」的配合，有助於本身「目3」的達成），是本書討論的典型做法。

	目	環	決	流	能	資
總體	1	1	1	1	1	1
任務	2	2	2	2	2	2
組織	3	3	3	3	3	3
領導	4	4	4	4	4	4
各級	5	5	5	5	5	5
基層	6	6	6	6	6	6

10. A 君配合雙方（家電連鎖體系與世界資訊產品大廠）目的，舉辦一場盛大的「策略聯盟」記者會，邀集三方領導人（含 A 君所屬公司負責人）與會，並特別請媒體針對雙方的策略目標報導（一家是準備為顧客提供世界一流的資訊產品；另一家則希望以更普及的方式服務大衆），結果皆大歡喜。

A 君認為舉辦一場盛大的記者會是各方所樂見的（符合兩端的「目 2」，本組織的「目 3」，甚至是本公司負責人的「目 4」），於是提出此一企劃案（「決 6」）。由於以「盛大」為號召，並強調「本公司董事長一定親自出席」，說服該家電連鎖負責人全程參與。再憑此一承諾，邀請該國際品牌大廠的台灣區負責人出席。回到公司後，再向董事長報告，指出兩位機構領導人都會全程參與，董事長除務必參加外，公司亦應投入更多資源於此專案。此過程即是設法分別使三位領導人的認知中（兩個「環 2」，以及本公司董事長的「環 4」），認為其他兩人將要參加，若自己不去，有損本身形象（這是「目 2」與「目 4」的考量），於是得以促成此一盛會。

	目	環	決	流	能	資
總體	1	1	1	1	1	1
任務	2	2	2	2	2	2
組織	3	3	3	3	3	3
領導	4	4	4	4	4	4
各級	5	5	5	5	5	5
基層	6	6	6	6	6	6

此一作為即是第二章中所談的以「靈活運用網絡關係」做為整合方法。

此一「事件行銷」規模盛大，所有媒體因此皆不敢忽視。A 君又提供資訊，使記者們都能了解雙方的意圖（媒體也算是任務環境的一份子，A 君的做法是影響其認知，在管理矩陣的術語中是「影響其『環 2』」，而做出合乎於雙方目的（兩個「目 2」）的報導（即記者們的決策：「決 2」）。

	目	環	決	流	能	資
總體	1	1	1	1	1	1
任務	2	2	2	2	2	2
組織	3	3	3	3	3	3
領導	4	4	4	4	4	4
各級	5	5	5	5	5	5
基層	6	6	6	6	6	6

專案順利完成後（A 君的任務目標「目 6」完成），董事長及公司目標（「目 4」及「目 3」）皆有所滿足或達成，A 君在公司內的前程（屬於他個人的「目 6」）當然也更為光明。

---

11. 公司與該家電連鎖體系建立合作與互信關係後，營業往來逐步提高。

此一專案，為公司創造了一些形象以及與該家電連鎖的互信（是公司無形資產「資 3」的增加），這些對公司未來的發展與獲利（「目 3」）都是極為正面的。

	目	環	決	流	能	資
總體	1	1	1	1	1	1
任務	2	2	2	2	2	2
組織	3	3	3	3	3	3
領導	4	4	4	4	4	4
各級	5	5	5	5	5	5
基層	6	6	6	6	6	6

案例二：創業家

管理行為或特性的描述	管理矩陣解析	管理矩陣圖示

1. 創業家B君。

B 君角色為機構領導人，在管理矩陣層級中屬於「4」。

---

2. 過去在出口貿易商工作，認識許多國外客戶以及國內的零組件供應商。

認識這些國外客戶與國內廠商，甚至建立了良好的關係與互信，代表他在前一工作上累積了一些無形的網絡資源（「資 4」），這些資源可以做為日後創業的基礎。

	目	環	決	流	能	資
總體	1	1	1	1	1	1
任務	2	2	2	2	2	2
組織	3	3	3	3	3	3
領導	4	4	4	4	4	4
各級	5	5	5	5	5	5
基層	6	6	6	6	6	6

---

3. 自己也有一些儲蓄。

所累積的資金，是一種有形資源（也是「資 4」）。

4. 大學同學的海外同學有一項與無線網路卡相關的技術發明，想回國創業。

與大學同學的關係是一項網絡資源（「資 4」），而「關係的關係」也是一種網絡資源（「資 4」）。

這位技術人才，如果帶回來的只是一項專利，則可視為「資源」或「資產」（因其此時尚未加入組織，故可視為待整合的對象：「資 2」），如果他還有能力可以繼續開發新產品，則表示帶來的是「知能」（「能 2」）。

	目	環	決	流	能	資
總體	1	1	1	1	1	1
任務	2	2	2	2	**2**	**2**
組織	3	3	3	3	3	3
領導	4	4	4	4	4	**4**
各級	5	5	5	5	5	5
基層	6	6	6	6	6	6

5. B 君對創業有一些理想，與這位海外技術人才深談後，認為其所提供的技術，如果經營得宜，可以有不錯的生存空間。

此一構想，深為另外二人所信服。

B 君提出了未來組織的使命（用自己的決策「決 4」，設計未來組織的「目 3」與「決 3」，甚至「流 3」），再用此一經營理念與使命吸引另外二位潛在的創業夥伴（在創業前，二人仍屬於組織外的任務環境，因此算是「2」。）他們認為本身所擁有的資源、能力可以在此新創組織有所發揮（這是他們的認知「環 2」中，認為「能 2」、「資 2」可以有所發揮），本身創業及獲利的目標也能達成（「目 2」受到「目 3」的吸引）。

	目	環	決	流	能	資
總體	1	1	1	1	1	1
任務	**2**	**2**	2	2	**2**	**2**
組織	**3**	3	**3**	**3**	3	3
領導	4	4	**4**	4	4	4
各級	5	5	5	5	5	5
基層	6	6	6	6	6	6

6. 三人對未來組織中的權責劃分與利益分配進行研商，並獲得共識。

從投資人的角色，三個人的利潤目標（創業家本人的「目 4」，以及另外兩人投資者角色的「目 2」，包括技術作價與股利政策等），以及從創業人員的角色目標（三個人的「目 4」或「目 5」，包括權責劃分與薪

	目	環	決	流	能	資
總體	1	1	1	1	1	1
任務	**2**	2	**2**	2	**2**	**2**
組織	**3**	3	**3**	3	**3**	**3**
領導	**4**	4	4	4	4	4
各級	**5**	5	5	5	5	5
基層	6	6	6	6	6	6

資水準等），皆整合在組織未來的章程與約定中（以「目3」、「決3」整合各個「目2」、「決2」、「目4」、「目5」）。唯有在整合後，各方資源才會有效投入（「資2」與「能2」轉換成組織的「資3」與「能3」）。

請注意：在組織成立前，他們的身分還是「組織外」的潛在整合對象，故屬於「2」；加入組織以後成為成員，則是「4」或「5」。

---

7. 三人合作創業，由B先生擔任負責人。

三人合作創業，如果在重大決策上享有相同的發言權，則表示有三位機構領導人（三個「4」）。萬一三人想法不同（三種不同的「目4」），則表示存在著潛在的衝突；如果另外兩人都願意聽B君的，表示B君是機構領導人（「4」），而另外兩位是重要幹部（「5」）。如果他們兩位的目標與想法（兩個「目5」）與B君一致（「目5」能配合「目4」），且對組織經營有共同的理念（大家都認同一個明確的「目3」），則合作成功的機會就大多了。

	目	環	決	流	能	資
總體	1	1	1	1	1	1
任務	2	2	2	2	2	2
組織	3	3	3	3	3	3
領導	4	4	4	4	4	4
各級	5	5	5	5	5	5
基層	6	6	6	6	6	6

8. 請B君原來工作的貿易商老闆也加入部分投資，但不參與經營。	由於這位貿易商老闆並不參與經營，因此身分應是「投資者」，是組織「任務環境」中的一員（可歸於「2」）。他的基本目的，或對組織的期望（「目2」）應是投資報酬。 如果他參與經營，表示組織中又多了一位機構領導人（「4」），可能使高階的目標（目4）更為複雜。 原來的老闆參與投資，有兩點涵意。第一，顯然B君的能力（「能4」）是受到肯定的；第二，他的參與表示本組織至少在開創初期，可以與原有的供應商、客戶（是任務環境「2」中的各種組織）正大光明地往來，而不會出現「網絡關係互斥」的現象。

	目	環	決	流	能	資
總體	1	1	1	1	1	1
任務	2	2	2	2	2	2
組織	3	3	3	3	3	3
領導	4	4	4	4	4	4
各級	5	5	5	5	5	5
基層	6	6	6	6	6	6

9. B君家族也投入部分股份。	家族關係或網絡資源是B君的無形資源（「資4」）。如果B君家族只是純粹投資者的身分，則可視為任務環境中的一部分（「2」），其目的（「目2」）也是為了投資利得而已。但萬一還有其他目的（例如在公司裡安插大量家族成員），則家族的目的或許會與組織目標相衝突（「目2」與「目3」相衝突）。屆時B君究竟應配合家族到什麼程度，犧牲組織目標到什麼程度（B君的「目4」究竟應配合家族的「目2」還是組織的「目3」），即是一大考驗。

	目	環	決	流	能	資
總體	1	1	1	1	1	1
任務	2	2	2	2	2	2
組織	3	3	3	3	3	3
領導	4	4	4	4	4	4
各級	5	5	5	5	5	5
基層	6	6	6	6	6	6

10. 請過去認識的供應商提供部分零組件。

B 君以過去建立的網絡資源（「資 4」）為基礎，獲得任務環境中供應商（「2」）的一些支持（「資 2」）。這些支援當然不是無償，必須要讓這些供應商感到有利可圖才成（組織要滿足供應商的「目 2」，才能從他們得到「資 2」）。

	目	環	決	流	能	資
總體	1	1	1	1	1	1
任務	2	2	2	2	2	2
組織	3	3	3	3	3	3
領導	4	4	4	4	4	4
各級	5	5	5	5	5	5
基層	6	6	6	6	6	6

11. 請過去的國外客戶介紹國外對此產品有興趣的客戶。

B 君以過去建立的網絡資源（「資 4」）為基礎，獲得任務環境中國外客戶（「2」）的一些支持，分享若干網絡資源（「資 2」）。將來 B 君的新創公司，若能滿足客戶（「2」）的目標（「目 2」獲得滿足），訂單才會源源而來（提供「資 2」給本公司）。

	目	環	決	流	能	資
總體	1	1	1	1	1	1
任務	2	2	2	2	2	2
組織	3	3	3	3	3	3
領導	4	4	4	4	4	4
各級	5	5	5	5	5	5
基層	6	6	6	6	6	6

12. 再透過其他朋友介紹，認識一些財團法人研究機構的技術研發人員加入新公司。

朋友的人際關係是一種無形資源（「資 4」），經由這些關係，強化本組織中人員的研發能力（「能 5」或「能 6」，如果是較基層的研究人員，則可歸於「6」）。新公司當然要滿足這些人才的需求（滿足「目 6」），才能吸引他們加入。

而公司的經營理念或經營模式（「目 3」、「決 3」與「流 3」），也是吸引他們加入的重要原因。

事實上，公司也是依據未來的策略（「目 3」、「決 3」與「流 3」），挑選合適的技術

	目	環	決	流	能	資
總體	1	1	1	1	1	1
任務	2	2	2	2	2	2
組織	3	3	3	3	3	3
領導	4	4	4	4	4	4
各級	5	5	5	5	5	5
基層	6	6	6	6	6	6

人才。易言之，明確的經營理念與策略，與人才、資源的加入，二者的關係互為因果。

---

13. 技術、人才、資金、客戶、供應商都漸趨到位後，公司開始運作。

外在資源都到位，接下來 B 君就該致力於產銷流程及管理程序的設計與分工了。其中，產銷流程即是「流 3」、「流 4」、「流 5」、「流 6」這些業務的運作方式與內容；管理程序則是 B 君的決策（決 4）為組織及其下各層級所設計的管理流程（流 3、流 4、流 5、流 6），這些管理流程將來又會影響從「決 4」到「決 6」的各種決策內容。

	目	環	決	流	能	資
總體	1	1	1	1	1	1
任務	2	2	2	2	2	2
組織	3	3	3	3	3	3
領導	4	4	4	4	4	4
各級	5	5	5	5	5	5
基層	6	6	6	6	6	6

---

14. 公司開始營運後，各種流程該如何設計，管理制度應如何建立，業績成長後應擴大規模還是運用外包，則有待進一步決策。

上下及各單位的流程設計與劃分（「流 3」以及「流 4」、「流 5」、「流 6」的設計與效率），決策體系的設計（「決 3」、「決 4」、「決 5」、「決 6」的劃分與確認），以及某些流程是自製或外包（本公司的「流 3」與外包商的「流 2」間的分工方式），則是創業者在公司可以初步存活後，應該開始考慮的課題。

	目	環	決	流	能	資
總體	1	1	1	1	1	1
任務	2	2	2	2	2	2
組織	3	3	3	3	3	3
領導	4	4	4	4	4	4
各級	5	5	5	5	5	5
基層	6	6	6	6	6	6

案例三：產品經理

管理行為或特性的描述	管理矩陣解析
1. 產品經理C君。	C君在職稱上是經理，但並未領導指揮其他人，故相當於基層人員，屬於管理矩陣中的層級「6」。 但產品經理既不銷售，又不從事產品研發，所扮演的角色主要是「整合」，因此雖非管理階層，但具有高度的管理功能。
2. 電子工程系畢業，又讀過企研所。	教育背景使其具備擔任產品經理所需的知能（「能6」）。
3. 公司業務人員從客戶取得規格要求，C君將此規格與研發單位、生產單位、採購單位協商。	業務人員亦為基層人員（屬於「6」），客戶是重要的任務環境成員，其目的（「目2」）之一是希望產品能滿足其規格要求。
4. 目的在準時交貨，滿足客戶，為公司創造利潤。	組織要求C君的目標（「目6」）是準時交貨。若客戶滿足，C君的目標、組織的目標（「目3」）就達到了（當客戶的「目2」達到後，C君的「目6」、組織的利潤目標「目3」就有可能達到）。
5. 研發單位認為重新設計此產品要三個月，而客戶希望三個月後即可開始交貨。	研發單位（其決策者在管理矩陣中應屬於「5」）由於能力（「能5」）或資源（「資5」）的限制，或本身部門目標的優先順序（「目5」），造成無法滿足客戶的交期目標（「目2」）。
6. 生產單位認為生產排程已十分擁擠，要挪出產能需要再等一陣。	生產單位（其決策者在管理矩陣中亦屬於「5」）由於產能或資源（「資5」）的限制，或本身部門目標的優先順序（「目5」），造成無法滿足潛在客戶的交期目標（「目2」）。
7. 業務人員認為此客戶十分重要，此次訂單雖然不大，但將來成長潛力很高。	業務人員（屬於組織層級「6」）的認知中（「環6」），認為如果能滿足此一客戶此次訂單的需求（滿足「目2」），則該客戶很可能在未來下單時，會優先考慮（「決2」）本公司，這對本公司而言是很重要的（能滿足本公司長期的「目3」，或從客戶得到資源的回饋——從「資2」流向「資3」）。

8. C君會同研發單位與業務人員，試著修改客戶要求的規格，並得到客戶認可。	C君整合本公司研發單位的技術能力（「能5」）與業務人員的溝通說服力（「能6」），改變客戶的規格要求（「決2」），並得到其認可（調整客戶的「目2」或改變客戶對規格要求的認知——「環2」）。
9. C君透過業務人員，與該客戶的研發單位認識，並建立互信，再從彼處了解客戶未來產品與技術的大致方向，以及本公司可能提供服務的機會。	經由業務人員的關係（可視為一種業務人員的網絡資源「資6」），建立本身與對方的關係（轉換成為本身的「資6」），了解客戶未來技術走向（是其未來的決策，也是「決2」之一），使本身對客戶的認知（本身的「環6」）更正確更深入。
10. C君向上級反映，指出此一客戶未來潛力可觀，本公司亦有機會創造長期業績。並爭取公司對本案之支持。	C君採取行動（「決6」），將本身對客戶未來方向（「決2」）的瞭解（「環6」），告訴長官（上一層是「5」，更上層是「4」），影響其認知（使「環5」或「環4」能與C君的「環6」漸趨一致），促使機構領導人（「4」）或部門主管（「5」）提高對本案的重視與支持（由於「環5」、「環4」這些屬於長官的「事實前提」改變，因而影響「決5」、「決4」的決策方向）。
11. 新規格會用到某一供應商的零組件。由於該供應商同時也提供另外一些關鍵零組件，因此對公司上級頗有影響力。	採用新規格這一決策（C君的決策「決6」），對某一重要供應商（也是任務環境中的一員，因此也屬於「2」）有利（可達到其「目2」），因而促使該供應商採取行動，影響本公司高層對本案的重視（希望供應商為了達到其獲利目標「目2」，而採取「決2」，即說服或影響本公司機構領導人的「決4」）。
12. C君透過該零組件供應商，影響公司高階人員，由該高階人員請生產單位設法將該訂單納入排程。	零件供應商的決策（「決2」）影響高階領導人的決策（「決4」），再影響生產單位的排程決策（「決5」），調整了生產的流程次序（「決5」改變了生產流程「流5」）。
13. 在研發設計、生產等單位全力配合下，及時完成此一訂單。	由於客戶所要求的規格可以讓步（調整「目2」或「決2」），研發設計的流程因而簡化（研發的「流5」改變），加上上述生產流程的改變（生產單位的「流5」），於是得以完成客戶需求（「目2」）。
14. 與該客戶建立良好的長期關係。	客戶目標達到後（「目2」達成），在其認知中加強了對本公司的正面印象（改變其「環2」），將來更可能會進行更多的採購（未來的「決2」），對本公司資源的獲得有所幫助（客戶的「資2」可能對本公司的「資3」有挹注效果）。

案例四：學生社團領導人

管理行為或特性的描述	管理矩陣解析
1. 某大學舞蹈社社長D君。	D君是機構領導者，在管理矩陣中屬於「4」。
2. 舞蹈社中又分國際標準舞、現代舞、民族舞蹈等組，各組設組長。	這些組長們在管理矩陣中屬於「5」。
3. 全社有社員二百餘人。	成員屬於「6」。
4. 每年舞蹈社最重要活動是學年結束前的「舞展」，展出三天。舞展成敗是本屆績效最重要的指標，也決定了次年新增社員的人數。	舞蹈社的機構目標（「目3」）很多，但最具體的是舉辦「年度舞展」，以及招收新社員（這兩項「目3」，彼此間也有因果關係）。 但可想見，D君做為機構領導者，也有其本身的目標（「目4」），例如：培養管理與領導能力、建立更廣的人際關係，或只是純粹對推廣舞蹈活動的理想。
5. 社團運作需要學校學務處、總務處支持；需要從外界募款；需要有水準的舞蹈老師來校擔任指導工作，更需要全體社員積極參與。	學務處與總務處的角色，部分是為學生社團制定規則的總體環境「1」，部分是社團資源來源（任務環境「2」）的一環。 募款來源、外界舞蹈老師、舞展觀衆，甚至社員的家長等，都是舞蹈社的任務環境，都可稱之為「2」。他們各有目標（「目2」），也有資源與能力（「資2」、「能2」），而他們的決策（「決2」）對舞蹈社的作為（「決3」）及目標達成（「目3」），當然也影響深遠。
6. D君在學年一開始即擬出一個規模與創意兼備的舞展計畫，並請各組組長、副組長共同參與。	「規模與創意兼備的舞展計畫」是D君規劃的結果（「決4」），同時也是舞蹈社本年度的機構使命（「目3」與「決3」），D君以此一使命做為爾後一切工作的起點。 邀請各組長與副組長（「5」）的用意在使他們的想法與期望（「目5」）能納入組織目標（「目3」）中。這也是整合各方目的與價值觀念（整合「目5」、「目4」、「目3」）的典型方式，易言之，即是設計一個大家都能接受的目標（「目3」），整合大家的共識與期望。

7. 為了避免大家「虎頭蛇尾」，乃在計畫完成後邀請校內媒體大力宣傳，並使各組領導階層公開對外做出承諾。	校內媒體屬於舞蹈社的任務環境，在管理矩陣層級中屬於「2」。D 君利用媒體資源（「資 2」），讓全體社員對本屆舞蹈社產生更高的期待（誘發某些社員的「目 6」），也為各組領導人在公開承諾的情況下強化了一些社會壓力（不願在大家面前顯得「虎頭蛇尾」，也算是一種心理需求的表現，因此也等於是加強了「目 5」）。
8. 請各組組長持此公開報導的舞展計畫，分別邀請名師擔任指導老師。	校外舞蹈名師不易敦請，但這些名師其實在價值觀念（「目 2」）上，也希望有機會指導真正有誠意學習的青年後進，D 君及該舞蹈社所提出的計畫（「決 3」），使他們認為（影響了他們的「環 2」）此一計畫頗能配合他們的想法，因而願意擔任指導老師（他們的「決 2」與此舞蹈社的「決 3」一致）。
9. 名師同意擔任指導老師後，再以「不可虧欠名師」為由，請學務處提供更多資源，請總務處提供更好的平時練習場地。	指導老師加入後，表示他們對今年的活動有所肯定。這些「肯定」以及他們的「聲望」，即轉化為舞蹈社的一項無形資產（「資 3」），D 君再憑此「資產」整合學務處與總務處的支持，在管理矩陣的術語上，即是將學校的「資 2」，轉化為舞蹈社的「資 3」。 學校裡社團很多，學務處與總務處在分配資源與關注時（「決 2」），也有其目的與價值觀（「目 2」）。相關人員希望在「名師」面前為學校建立好的名聲與關係（從舞蹈社觀點看，也是「目 2」），這些考量有助於這些單位做出對舞蹈社有利的決策。
10. 有名師指導、有好的場地，對年終舞展又有高度期望，全體社員士氣及參與率就提高。社員間的感情更好，而各分組間的良性競爭也逐漸形成。	這些有形無形資源齊備以後，社員的部分目標（「目 6」）即獲得滿足，因而使大家更努力排練或準備（「決 6」）。 各組之間的良性競爭，以及希望在名師面前有所表現等，也是社員們的目標或價值觀念之一（「目 6」）。這些想法的存在也有助於大家的付出與努力（「決 6」）。
11.「高度期望」、「高度認同感」、「社員感情」、「組間良性競爭」皆形成後，第二學期開始發動的社員對外募款活動也很成功。	高昂的士氣（是否有士氣，似乎也可算是基層成員的一種決策——「決 6」）有助大家對組織的認同（「目 6」認同組織的「目 3」），而此認同可提高對募款活動的努力（「決 6」），募款成功又提高了組織能運用的資源（「資 3」）。

	募款對象在管理矩陣中屬於舞蹈社的任務環境「2」。這些社員們（「6」）如何經由滿足這些募款對象的目標（「目 2」），讓他們採取捐款行動（「決 2」），在案例中並未觀察報導。
12. 以上資源皆到位後，再與各組組長及擔任幕僚的組員，共同精心設計從彩排到場地布置、服裝、前台、後台等各項作業細節。	在年度計畫（「目 3」、「決 3」）的指導下，社長 D 君、各組組長及幹部等制定決策（「決 4」、「決 5」），設計流程（「流 3」、「流 4」、「流 5」、「流 6」），再經由這些實際的營運流程（舞蹈演出、文宣活動等）創造價值，達到組織原先的目的（「目 3」）。 結果：大一的學弟妹們對舞蹈社產生更好的觀感（此次舞展影響了他們的想法「環 2」，認為加入舞蹈社能充分滿足其社團參與或演出的目標（「目 2」），因而更傾向於明年加入本社（「決 2」）。此外，由於過程中大家皆十分努力，展出亦極為成功，校外舞蹈名師也對本舞蹈社產生更好的觀感（影響了他們的「環 2」）。

案例五：理想中的中基層管理者

管理行為或特性的描述	管理矩陣解析
1. 理想的中基層管理者 E 君。	E 君既非機構領導人，亦非基層成員，故可視為「各級管理人員」，在管理矩陣層級中屬於「5」。
2. 知道自己負責的業務範圍、與組織內外他人的銜接。	其本身業務範圍是整體組織創價流程的一部分，由於本身層級屬於「5」，故其責任區是「流 5」。E 君了解其職責範圍（「流 5」）與上級責任區（「流 4」）、其他平行單位的業務責任區（也是「流 5」）、外界任務環境中供應商、經銷商等所負責業務（「流 2」）彼此的範圍與介面。由於其他平行單位在組織中也屬於「5」的層級，因此它們的業務責任範圍在管理矩陣中也稱為「流 5」。

3. 維持其進行的效率，達成預期效果或目標。	當事人 E 君採取正確的決策與行動（「決 5」），維持本身業務責任區（「流 5」）的效率，以達到上級賦予的目標，該目標是當事人決策的前提，也是努力的方向，在管理矩陣中相當於「目 5」。且其目標（「目 5」）能配合上級目標（「目 4」）與組織目標（「目 3」）。
4. 知道自己可以做哪些決策，各決策的可行方案。知道如何配合上級決策及現行組織政策。	知道本身所能決定，或應決定的決策有哪些（「決 5」共有哪些，有哪些方案），並能配合上級各種決策與行動（「決 4」）的方向，以及組織各種政策規範。由於「組織」在管理矩陣層級中屬「3」，因此這些屬於組織政策的規範在管理矩陣中稱為「決 3」。
5. 決策項目及方案皆有開創性，而非凡事請示，或推一步走一步。	用理性及創意確保本身決策廣度及抉擇（「決 5」）的品質。
6. 決策正確，能從各方掌握正確而關鍵的資料，並以理性為基礎，達到組織要求的目標。	其各種決策（「決 5」）是基於由環境的認知（「環 5」）所掌握到的政府與世界各種機構決策方向（「決 1」）、相關任務環境的決策方向（「決 2」）等等；而且在認知中（「環 5」）了解組織整體的機構目標與追求方向（「目 3」）。 這些也分別代表他在決策時的「事實前提」與「價值前提」。
7. 能鼓勵部屬努力達成目標、提出創意。	採取各種有效的決策與行動（「決 5」）影響部屬（在層級中屬於「6」）的各種決策與行動（「決 6」），使部屬的決策與行動，能達到此一中級管理者目標（「目 5」）、上級或機構領導人的目標（「目 4」），以及組織目標（「目 3」）。 也設計一些方法（「決 5」），讓部屬「6」在完成上級的「目 5」、「目 4」後，也能滿足其本身私人的目標或人生期望（「目 6」）。這是激勵的基本原則。
8. 能有效指導部屬，提升其能力，增加其見識。	採取有效的決策與行動（「決 5」），提升部屬的各種知能（「能 6」），以期當他們的能力（「能 6」）提升後，有助其決策與行動（「決 6」）的正確度、創意及速度。

9. 能與平行單位協調，妥協或堅持皆得其宜。	E 君憑著本身的知能（「能 5」），使其決策與行動（「決 5」）能有效整合其他平行單位的目標（「目 5」）、能力（「能 5」）、有形與無形資源（「資 5」）等，並使各平行單位的各種決策與行動（包括本身單位的「決 5」與其他平行單位的「決 5」）彼此一致而有效。
10. 能從平行單位、部屬、上司、組織整體，甚至外界獲得支持以完成使命。	E 君有能力（「能 5」）來整合其他平行單位的各種知識與能力（「能 5」）、有形與無形資源（「資 5」），部屬的知能（「能 6」）、部屬的資源（「資 6」），上級組織的能力（「能 4」、「能 3」）、上級及組織的資源（「資 4」、「資 3」），甚至外界供應商、客戶、有關機關的能力與資源（「能 2」、「資 2」）。
11. 能為上級及平行單位提供其需要的內部、客戶、競爭者、產業的相關資訊。	E 君有足夠的能力（「能 5」）、意願（「目 5」），將本身所掌握各種對事實的認知（「環 5」），轉移給上級、平行單位、部屬，使他們對各種事實的認知（「環 4」、「環 5」、「環 6」）也因而得以強化或更趨正確。

案例六：失敗的管理者

管理行為或特性的描述	管理矩陣解析
1. 失敗的管理者 F 君。	假設這位管理人員屬於中階（管理矩陣中第「5」級）。
2. 未能正確掌握本身的責任範圍。	未能明瞭本身在組織流程中的職責範圍（「流 5」），未能明瞭本身該做的決策（「決 5」）有哪些。有時該向上呈報的決策（「決 4」範圍），未向上呈報，而貿然決定，亦即越權。
3. 本身該做的決策未能及時定案。	決策（「決 5」）品質不佳（「及時」是決策品質指標之一）。
4. 決策時不知本身共有哪些選項。	能力與知識（「能 5」）不足，造成決策（「決 5」）品質不佳或考慮未周。

5. 決策未能與上級的決策相互配合。	本身決策（「決 5」）未能與上級決策（「決 4」）配合，甚至違反組織既定政策（「決 3」）。
6. 決策時，對外界資訊研判錯誤。	決策（「決 5」）進行過程，對所需的「事實前提」認知不足或不正確（「環 5」不足或不正確）。
7. 未能了解上級的目標。	在決策與行動時（採取「決 5」時），不能認知上級的目標（在他的認知「環 5」中，未納入上級目標「目 4」的考量）。
8. 決策時私心太重，未能顧及組織的長期利益。	在決策（「決 5」）的價值前提中，對私人目標（一部分的「目 5」）過於重視，甚至犧牲組織的長期目標（「目 3」）。
9. 對部屬未能有效指導與訓練。	未能採取有效行動（「決 5」），提升部屬（「6」）的知能（「能 6」）。 原因之一是本身缺乏能力進行訓練（「能 5」不足），可能是心中不重視部屬的成長（本身的「目 5」中，部屬成長對他並無價值），也可能是未能認知部屬的成長需要（「環 5」不足）。
10. 不了解部屬的需要與想法。	沒有能力（「能 5」不足）或沒有意願（「目 5」不及於此）注意部屬的目標與需求（「目 6」）。
11. 無法將各方意見與資訊納入決策過程。	沒有能力（「能 5」不足）在本身的認知中（「環 5」），納入上下內外的各種資訊認知（上級的認知是「環 4」、部屬所掌握的資訊是「環 6」、平行單位的是「環 5」；外界所掌握的是「環 1」與「環 2」）。
12. 無法與平行部門或外界相關單位協調配合。	本身在決策（「決 5」）過程中，未能考慮平行單位的決策（其他單位的「決 5」），也未考慮外界供應商、經銷商的決策（「決 2」），甚至未參考政府的相關規定與趨勢（「決 1」）。
13. 無法創造資源，凡事只能依賴上級指示與支援。	決策、行動以及所負責的流程（「決 5」、「流 5」），所需的有形無形資源（「資 5」），完全仰賴上級（由上級的「資 4」轉移而來），無法與組織內外其他單位或個人爭取或自行創造。

管理上的涵意

從以上幾個案例的解析，可以更了解管理矩陣的運用方法，以及如何運用管理矩陣及其中各欄位及編碼系統，以結構化地描述種種管理行為與現象。雖然在以後章節對管理矩陣及六大管理元素還有更多的討論，但在此已可以做出幾項觀察：

管理矩陣是周延有效的編碼系統

管理上許多細微的動作，如**認知的改變、流程與決策的劃分、各相關人士目標的掌握、利益結合、行動協調、成果分配等，都可以運用管理矩陣的編碼系統具體表達**。

整合是管理工作的核心

這些案例所描述的管理行為，都是企業日常生活中經常可以看到的，然而它們既不屬於行銷、人事，也不算是規劃、組織與控制；雖然對溝通或談判技巧有高度需求，但也並不等於溝通與談判。事實上，**所謂「管理」，本來就是這許多觀念、知識、技巧的綜合體，而「整合」是這些管理行為最佳的說明**。

以管理矩陣評估管理工作的品質

從這些案例中，尤其是兩位分屬成功與失敗的管理者E君與F君，已可勾勒出管理工作的內容，以及評價的標準。藉由管理矩陣，即可有系統地檢視本身或本身所領導的各級管理人員，在「管理」上究竟努力到什麼程度，以及在這許多面向中是否有偏頗或尚待加強之處。易言之，在不同產業、不同職位，所需要的管理作為或能力，並不全然相同。**管理當局可以用管理矩陣為架構，針對每位管理者的職位要求，設計管理能力發展的計畫，以及訂定評估管理能力的指標**。

管理工作的自我檢核

1. 本組織「總體環境」有哪些機構，其決策（「決 1」）可能對本組織的運作發生重大影響？
2. 本組織「任務環境」有哪些機構或個人，其決策（「決 2」）可能對本組織的運作發生重大影響？
3. 案例五描述一位「理想的中基層管理者」，案例六則描述一位「失敗的管理者」，並分別以管理矩陣進行詳細的分析。如果您身為一位「各級管理者」，將本身的管理工作與角色和這兩個案例逐項比對，可能會對自己產生哪些建設性的檢討與建議？易言之，有哪管理行為與特性，比較接近 E 君？哪些管理行為與特性比較接近 F 君？
4. 續上題，您的部屬如果也擔任管理角色，則他們與此二案例的比對結果如何？您應採取什麼行動，協助他們更接近「理想」？請試著在管理矩陣上表示您的各項行動，究竟是針對哪個「欄位」？預期將產生什麼樣的效果？

第4章

管理元素之陰陽表裡

六大管理元素可以從組織角度看，也可以從每位成員個人的角度看。前者是「陽面」，後者是「陰面」。「陽面」也相當於組織中的正式體系，而「陰面」則是非正式體系中的行動或思維。整合六大管理元素的陰面與陽面，使之平衡而調和，是管理者重要的工作。

本章重要主題

- 陰陽表裡
- 陰陽兩面管理元素之交流與轉換
- 對管理工作的涵意

關鍵詞

陰陽表裡 p.112
公私分際 p.112
前程規劃 p.116
例規 p.117
轉陰為陽 p.119
轉陽為陰 p.119
個人元素 p.123
組織文化 p.125
品德管理 p.125
調和陰陽 p.126
去私 p.127

一般管理學在討論規劃、組織，甚至決策時，多半假設管理者能全心全意配合組織目標來評估利弊、採取行動；然而在討論激勵方法或溝通領導時，又隱約假設組織中每個人其實都有自己的個人目標或人生方向。這兩種理論體系間似乎存在某些前提上的矛盾。至於高階管理人或管理團隊「公私」間的分際，在實務上十分重要，學理上卻又往往略而不談。

事實上，組織中每位成員在思維、決策與行動上，既是「組織人」，同時也是獨立的「個人」。絕大部分人當初加入組織，爲組織貢獻所能，無非也都是基於個人目的，或爲了滿足個人種種需求。個人目的或立場與所任職的組織不盡相同，這無可厚非，亦無需愧對。理性面對這個事實，並將其納入管理範圍，這才是更正面的做法。

第二章所舉的幾個案例中，業務代表A君、舞蹈社長D君全力以赴，完成組織使命，其努力難道與個人價值觀或人生目標無關嗎？萬一個人前程與組織目標發生衝突（例如：課業負擔與社團活動間的時間分配），應如何取捨？舞蹈社長D君在推薦「接班人」時，應從全社未來發展的角度來考量，還是從個人友情與關係來考量？業務代表A君能力強，如果經銷對象（大型家電連鎖體系）的負責人對他十分欣賞，想用更好的職位與待遇挖角，他應如何決定去留？創業家B君的公司投資人中包括家族成員，在家族利益與公司利益不一致時，他應如何抉擇？這些都是「個人與組織」或「公私分際」的課題。

陰陽表裡

「個人與組織」或「公私分際」的課題在組織中無所不在。爲了簡化說明，本書擬借用中華文化的「陰陽表裡」表達這個觀念。**「陽」與「表」代表與正式組織有關，或「公家」的事物。「陰」與「裡」則代表每個人的內心世界，或非正式體系中的行動或思維。除非走向極端，否則「陰陽表裡」並無道德的高下問題，只是代表不同的立場或觀點。**

如果某一組織只是由一個人所組成，則「組織」與「個人」完全合一，便沒有「公」、「私」的分野，也無「制度內」與「制度外」的差異，因而不會出現「陰陽」

的問題。然而，在眞實世界，此一極端現象不太可能存在。因爲，既然是「組織」，就必然有來自各方資源與心力的投入，每一個投入的主體，無論是機構還是個人，也都各自有其目的。整合這些人的個別目的或目標，本來就是管理上的重大挑戰。此外，當組織稍具規模，即必須建立制度，既有制度，就難免會有「制度外」的事務出現，這兩者之間的關係，也可以用「陰陽表裡」來比擬。

在華人社會的文化傳統中，「公私分際」本來即不甚分明，每個人在組織外的網絡關係相當複雜而多元，對制度的遵循通常也極有彈性，因此此一主題格外顯得重要。

六大管理元素中，以「目標體系或價值前提」在組織與個人間的差異或矛盾最爲明顯，也最重要，而其他幾大管理元素也分別都有其陰陽表裡的現象存在，茲分別說明如下。

表 4-1 ▶ 六大管理元素的陰陽表裡

管理元素	陽面（表）	陰面（裡）
目標與價值前提	組織績效、滿足顧客、市場占有率等目標。	個人生存、健康、財富、名望、權力、家庭幸福等個人目標。
環境認知與事實前提	正式管道所提供的資料或事實。	每位成員因個人背景、非正式組織，或外界網絡接觸而帶進組織的資訊或事實認知。
決策與行動	策略計畫、成長方向、廣告行銷等組織決策。	前程規劃、個人去留、是否要加入此一組織、願意投入多少個人資源於此一組織等個人抉擇。
創價流程	制式標準流程；組織正式規定的流程制度。	工作人員各自運用本身的方法去進行工作或「創價」；越級報告或越級指揮，甚至形成與組織正式規定完全不同，但又不見諸書面的「例規」。
能力與知識	屬於組織的知能。	屬於個人的知能。
有形與無形資源	屬於組織的資源。	屬於個人的資源。

目標與價值體系的陰陽

陽面目標與陰面目標共同指導組織成員的決策與行動

目標與價值體系是決策與行動的前提，易言之，決策方向及方案取捨，無不受到目標與價值體系的高度影響。影響決策的目標或價值前提可分爲兩大類：一是組織的，一是個人的。前者可稱爲組織的目標體系，後者可稱爲個人價值觀或個人目標。

在管理矩陣中，此一觀念就很容易表達。例如：就機構領導人而言，其目標（「目 4」）可以劃分爲兩部分，一部分延伸自組織目標（「目 3」），屬於「陽面」；另一部分是他自己本身的目標，可稱之爲「陰面」。同理，各級管理人員的「目 5」，也是一部分來自組織的「目 3」與機構領導人目標（「目 4」）的「陽面」，一部分則是他們自己個人「陰面」的目標。基層人員的「目 6」，情況也完全類似。

所謂「陽面」，指的是組織的績效、滿足顧客、成長、市場占有率等，而「陰面」則是個人的人生理想，或個人的生存、健康、財富、名望、權力、家庭幸福，甚至對全人類的關懷或宗教的靈性昇華等。

組織中任何人的任何決策，基本上都是爲了滿足「陰」、「陽」兩方面的目標而訂定的。

每個人的目標體系皆包含不同比例的陰陽成分

每個人在組織中的作爲，「陰陽」比重不盡相同，但極端值也不多見。所謂「極陽」是指全心全力爲組織奉獻，毫無私心，甚至置妻子兒女、社會人情或自身安全健康於不顧。所謂「極陰」正好相反：在組織中一切作爲皆在圖利自己，所有決策與行動前必須精打細算對本身的利弊得失。眞實世界中，具極端傾向的人爲數不多，大部分人都介於二者之間，只是程度上的差別而已。

環境認知與事實前提的陰陽

對環境的認知是決策與行動的另一類前提，決策者對環境的認知也高度影響決策方向。

正式的資訊管道

爲了影響部屬行爲，使其在決策與行動上能符合組織目標的要求，管理當局或上級管理者必須設法「告知」部屬某些事實資料或提供某些資訊，例如：公司未來經營的努力方向、公司內部的獎懲制度、公司與個人的未來發展前景、高階層的理念與行事風格、各部門的決策與行動，甚至產業與競爭者的動向等，並希望部屬能以這些環境認知與事實前提爲基礎，採取符合組織目標的行動。**這些由正式管道所提供的資料或事實，可稱之爲「環境認知與事實前提」的「陽面」**。

非正式的資訊管道

組織中每一個人，除了從組織的「官方管道」獲得許多資訊外，還有許多其他管道可以形成其對內外環境的認知，並根據這些認知進行決策與行動。再者，每個人在進入組織前各自都有其不同的教育背景與工作經驗，也擁有各自的社會網絡關係，這些都使每位成員對世界的認知呈現高度分歧。**這些由每位成員因個人背景、非正式組織或外界網絡接觸而帶進組織的資訊或事實認知，可稱爲「環境認知與事實前提」的「陰面」**。

兩種資訊管道的互補

此一元素方面的極端陰陽也不多。但實務上的確有些人就是「消息靈通」，資訊來源多元而豐富，雖然正確度不易查證，但這些消息明顯與正式管道所聽到的不同，兩者間或互相矛盾，或彼此互補。

從機構領導人到任何一位基層成員，其決策與行動所依據的事實前提通常都是綜合「陰陽」兩方面的結果。

決策與行動的陰陽

組織決策與個人抉擇

策略制定、供應商選擇、人事晉升，甚至權力布局等，都是管理者在組織中的重大決策。然而從其個人立場，比這些更重要的決策則是：是否還要留在這個組織中？或是他的人生究竟要有多少比率與此一組織結合在一起？

用本書的說法，**策略計畫、成長方向、廣告行銷等決策屬於「陽面」決策，其性質與組織未來發展有關；而個人去留則屬於「陰面」決策，是有關個人前程規劃、個人與組織關係的決策**。

個人前程規劃與去留抉擇為先決考量

「是否還要留在這個組織中？」此一決策在「位階」上高於其他所有的組織決策。因爲就整體的「人生目標體系」來看，所謂事業前程，或是否加入某一組織，都是屬於手段層面的決策。易言之，一個人想獲得溫飽、收入、社會肯定、名利，乃至於事業理想的達成，管道可能很多，加入某一組織並從組織中得到這些方面的滿足，只是許多可能的方法或手段之一而已。如果個人認爲加入其他組織將有更好的發展，或「心」已不在職位上，則其所負責的組織決策，品質與成效也就不必深究了。

個人去留、是否要加入此一組織、願意投入多少個人資源（人生、時間、知能、在外界所擁有的關係或聲望、資金）於此一組織等，這些「陰面」的決策，不僅較「陽面」決策優先考量，而且必然影響「陽面」決策的方向。

創價流程的陰陽

創價流程可分爲「營運流程」與「管理流程」，簡言之，前者是具體的產銷活動，後者是配合前者所形成的管理制度或程序，這些在第五章中都將有更詳細的說明。

營運流程的陽面與陰面

營運流程也有陰陽面的分野。例如：基層工作人員的工作是營運流程中直接「創造價值」的重要環節，其工作方法或處理問題的程序與行動中，合乎制式標準流程的部分，可視爲營運流程的「陽面」。**如果工作人員各自運用本身的方法進行工作或「創價」，則這些方法或流程可視爲營運流程的「陰面」**。例如：在零售連鎖店中，如果店員一切都盡量依規定進行問候、收費、處理存貨、安全檢查等工作，則表示「陽面」比率高；如果每家分店或每位店員在這些流程上各有各的做法，則表示「陰面」比率高。

在作業管理領域，相當大一部分的努力是在設計標準化的營運流程，以提高效率，並便於管控，這即是「化陰爲陽」的工作。以機器取代人工、以連續生產逐漸取代各自獨立的加工過程，目的也都在於減少人爲因素所造成的不確定性或差異。

管理流程的陽面與陰面

至於管理流程方面，當然也有「個人」與「組織」的差別存在。例如：在組織中有決策與授權制度，但往往有人越級報告或越級指揮，甚至形成**與組織正式規定完全不同，但又不見諸書面的「例規」。這些可稱爲管理流程的「陰面」，而組織正式規定的流程制度，則是管理流程的「陽面」**。

例如：會議與會議系統，是組織運作重要的管理流程之一。依「陽面」流程，重要資訊應在會議中交換，重要決策也應在會議中拍板定案，然而在許多組織中，正式會議場合向來風平浪靜，因爲一切不同觀點都已在會議前「協商完畢」。未能達到共識或協商未成功的，不會列入議程；能列入議程的，多半已經獲得共識或妥協，因而在正式會議中不會出現爭議或針鋒相對的場面。在此，「會議」是陽面的流程，「會前協商」則是陰面的流程。

陽面的管理流程，雖然比較缺乏彈性，但由於權責界定清楚，易於事後追蹤其責任歸屬，因此，大型組織通常比較強調陽面流程，以確保公司不致失控，其組織內部資訊的流通以及內控內稽的工作，多半都有明確的流程。不過，除了正式流程外，高階主管往往還有其他獲得類似資訊的管道與程序。這也表現出陰面與陽面互相補益或雙軌進行的情形。

流程之陰陽，過猶不及。有些組織缺乏書面化的制度，一切做法大部分依賴約定成俗的程序，但是，各人對各項程序究竟應如何，都有極高的詮釋權，既無一定的章法可循，也難以追究權責。另外一些組織則制度多如牛毛，一切照章行事，毫無彈性。前者表示管理流程的「陽氣不足」，後者則是「陽氣過盛」，各有所偏，這些在實務上都是常見的現象。

創立不久的中小企業，通常制度化程度不高，主要依賴非正式的陰面管理流程來運作，它們顯然需要強化制度以增加陽氣，否則不易因應未來組織的成長；歷史悠久的大型組織，一切按部就班，若不設法在重重規定中找出空隙，幾乎難以有所突破創新，此時「找出空隙」的做法即可視爲依賴非正式的陰面管理流程，來彌補陽氣過盛的問題。

能力與知識的陰陽

每位成員或多或少都會爲組織帶來一些能力與知識，也從組織或工作中獲得能力與知識的成長。另一方面，組織本身也會擁有許多屬於組織的知能或能耐，雖然也是由成員集體的知能所結合累積而成，但通常不會因個別成員的離職而有重大的減損。有關「屬於組織的能力」將在第七章再做進一步的討論。

組織應將成員的個人知能轉為組織知能

一群擁有豐富知能的人，其知識與能力未必會自然而然地轉化爲「組織整體的知能」，因此，個別能力的存在，並不等於組織整體的能力。在有些組織中，似乎人人都有不少能力與本事，但就是無法合在一起形成整體的力量，適足證明此一論點。從「陰陽表裡」觀點，屬於每位成員的個人知能可歸於陰面的知能，而屬於組織的知能則可歸爲陽面的知能。

從組織整體的立場，來自各方的成員，理想而言，應能爲組織帶來許多有價值的能力與知識，彼此匯集結合成屬於組織的獨特知能。這些獨特知能不僅能成爲組織競爭力的基礎，而且個別成員也無法輕易將這些屬於組織的知能「帶走」，即使帶走，也不會衝擊組織整體的能力基礎。甚至當組織擁有獨特的「知能」時，在組織中表現優異的個別成員，一旦離開本組織，其個人知能在其他組織也難以發揮。

此一「個別成員將知能帶進組織，形成組織整體知能」的過程，應可視爲「轉陰爲陽」的過程。

組織知能擴散至個別成員

從個別成員本身的角度，有時反而是希望從組織工作中「學」到一些知能，然後帶著這些「可隨身攜帶」的知能，在外界職場找到更好的發展機會。有些組織由於過去的努力，培養了不少人才，這些人才離職後到了其他機構都成爲十分傑出能幹的領導人物。**而原來的組織由於人才流失，本身又無法持續創造、培養屬於組織層面的知能，於是日趨衰落。此一現象，可視爲「轉陽爲陰」的過程。**

人才帶著知能在組織間移動，這是難以避免的。從管理當局的立場，必須設法不斷吸引組織所需要的人才與知能，加上組織內部累積、創新知能的機制與能力，使組織所擁有的知能，以及以這些知能爲基礎所建立的競爭力，可以生生不息。

有形與無形資源的陰陽

資源所有權的歸屬

組織通常擁有一些有形資產如現金、設備等，其所有權的行使應該都有一定的制度，而品牌、智財權等無形資產，其「所有權意識」在近年來也日益受到重視。然而像「形象」或「網絡關係」這些無形資產，究竟是屬於個人的，還是屬於組織的，則存在著相當模糊的空間。

屬於組織整體的社會形象或網絡關係是陽面的資源，屬於個人的則是陰面的資源。與前述的「知能」一樣，所有成員所擁有的無形資源，其總和並不等於組織整體的無形資源。欲將前者轉化爲後者，也需要投入一些功夫。

成果分配是正常的「轉陽為陰」

爲了吸引各種成員對組織投入知能或資源，必須在組織完成創價活動後，進行合理的成果分配。而成果分配的標的，大部分是組織所創造或交換而來的各種有形資源，例如：薪資、貨款、租金、利息、股利、分紅等。相關的成果分配過程，就是將屬於組織的陽面資源，轉變爲屬於個人所有的陰面資源。

此一轉陽爲陰的過程，是爲了回報各種成員對組織的貢獻，以確保組織之存續，因此是正常的「轉陽爲陰」之做法。

應防範不正常的「轉陽為陰」

從組織整體角度，當然希望個別成員能將自己的社會形象或外界的網絡關係帶到組織中，成爲組織經營的無形資產，幫助組織長期績效的達成。例如：運用個人關係，爲組織爭取外界的支援與合作，或運用個人形象，以提升組織形象等。**然而在實務上，卻常看到不少人藉著本身在組織的職銜地位，利用組織的形象或網絡關係，在外創造或建立屬於自已的形象或關係。**

在有形資源方面，觀念也相當類似。股東爲公司投入資金，供應商爲公司提供原料與零件，只要在公平而正常的交易條件下，這些資源的交換都可以視爲將各類成員（含股東等）的個人資源轉化爲組織資源。而供應商短交原料、客戶拖欠貨款，甚至大股東「掏空公司」的情形，這些都屬於不正常的「轉陽爲陰」過程。

與無形資源或能力知識相比，有形資源或有形資產的所有權範圍明確得多，因此「公」與「私」的分際應該十分清楚，也由於分際清楚，其「轉陽爲陰」的做法不僅有更明顯的倫理問題，也有更明確的法律規範存在。

總體環境與任務環境的陰陽

本章主要是從組織層次說明陰陽表裡的觀念，其實在總體環境與任務環境中也一樣有陰陽存在，茲擇要說明如下：

總體環境與任務環境目標體系的陰陽

「目 1」一方面是總體環境中各「規則制定者」的目標與價值前提，一方面也代表「世界」或「國家」的價值觀念取向。因此，所謂「目 1」的陽面，可以形容爲人類社會或全體國民在價值觀上展現出互爲「生命共同體」的「和諧」、「一致」以及「長期考量」。而「目 1」的陰面則表示人類社會中各自爲本身利益打算的氛圍。而「群」、「己」利益的適度平衡亦即是「目 1」陰面與陽面的協調與互補。

任務環境的「目 2」，其陽面表示產業中，包括互相競爭的廠商在內，在目標上雖有競爭，但基本上都願意維持產業秩序，共創未來的「產業文化」。而陰面的「目 2」則代表各機構追求自利的目標，其適度的存在不僅合理而且必要，但若「陰氣過盛」則會表現出不惜破壞產業整體生存空間的價值觀。

與組織內部一樣，陰面與陽面本來即同時存在。任何組織或個人爲求生存，在內心深處必然有自利的動機，這是人之天性，無可厚非。如何整合陰陽兩面，才是重點。

古代所稱的「大同世界」，即是期望有「聖人」出現，整合屬於總體環境的「目 1」。而從消費者保護、智財權，以致於產業秩序的維持，一部分作用也在於整合「目 2」的陰陽兩面，以防範個別廠商因爲本身的短期利益而犧牲整體產業的未來生存空間。

總體環境其他管理元素的陰陽

總體環境的「資 1」，其陽面表示世界上已爲人類社會有效掌握的資源，隨時可以納入各種產業的創價流程。陰面的「資 1」則表示人類社會或國家有「貨棄於地」的現象，於是存在許多並未與創價流程相連結的資源。

同理，「能 1」的陰面代表「野有遺賢」的現象，亦即社會上有許多並未參與創價活動的「知能」或有才能的人未能在創價流程中充分發揮。「決 1」的陰面是社會中普遍對「入世與否」的相關決策。「流 1」的陰面則是「自耕自食」之類完全「與世隔絕」的流程。

歷史上各種「盛世」代表陽氣較重，而崩散或頹廢的時代，則陰氣較重。用六大管理元素的陰陽表裡觀念，也可以進行分析比較。

陰陽兩面管理元素的交流與轉換

從以上陰陽表裡的分析，可以對組織與成員的關係產生更進一步的瞭解。而成員與組織之間在各個管理元素方面的交流與轉換，更是達成組織目標、滿足成員個人目標的重要途徑。

組織與成員在管理元素上的互動與交流關係

六大管理元素中，屬於組織的稱爲「陽面」，屬於個人的稱爲「陰面」。組織的六大管理元素全都是整合自個別成員所擁有的「陰面」元素，而組織所創造的各項元素，又分別流向個別成員而成爲成員個人所擁有的元素。

易言之，個別成員將本身所擁有的資源、知能、資訊等「陰面元素」，經由事業前程規劃等「陰面決策」，納入組織的「陽面流程」之中，爲了配合陽面的「目標」，犧牲了一部分本身行動的「陰面流程」。參與創價活動之後，再經由直接的成果分配過程或間接的「轉陽爲陰」過程（例如：增加個人知能或建立個人網絡關係等），又滿足了本身陰面的目標、充實了本身陰面的知能、資源與資訊（環境認知）等。

圖 4-1 ▶ 組織與成員在管理元素上的互動與交流關係

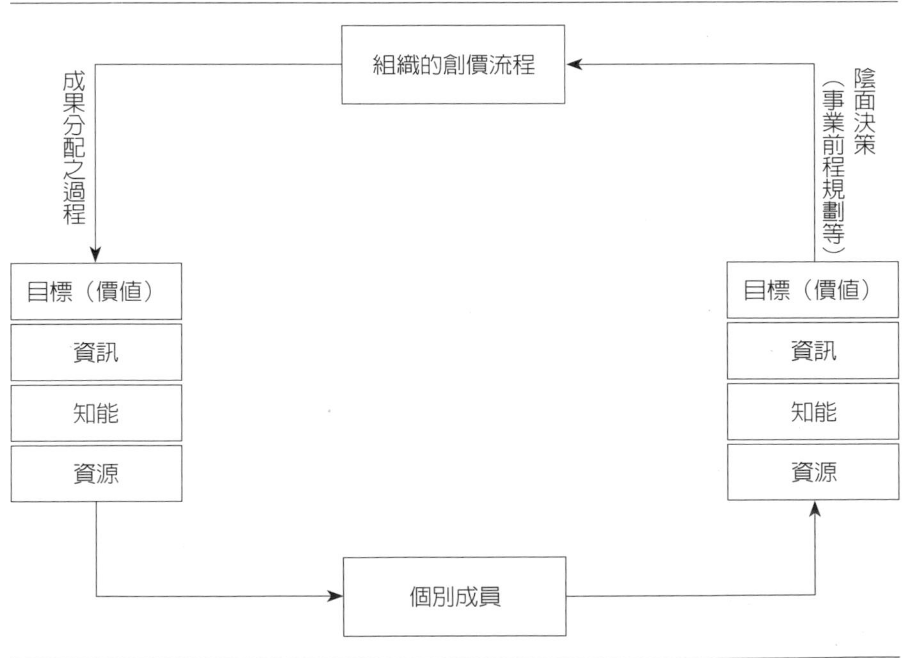

管理元素與「個人元素」

若從更超然的角度來看組織與個人，則純粹屬於個人陰面的「六大管理元素」也可以稱之爲「六大個人元素」。易言之，即使個人完全未擁有任何組織的成員身分，身爲一個「人」，也有其「人生目標與價值觀」、「對環境的認知與資訊」、「對如何求生或前程規劃的決策」、「行事或謀生（例如漁獵耕作）流程」、「謀生或生活知能」、「有形與無形資源」。而「正式組織」與個別的成員則是以對立的關係，基於互惠的原則，進行這些元素的交換。

此一觀點有幾項涵意：

1. 任何成員加入組織，既有犧牲，亦有所獲。是否值得，決定於其個人目標能被組織滿足之程度、組織創價流程之效率，以及此一成員之可以選擇的其他方案。
2. 「個人元素」的變化與其一生的事業密切相關。初入社會的年輕人，在加入任何組織之前，即擁有某些特定的個人元素，退休離開組織生活後，其個人元素也因其事業生涯而發生改變。易言之，在加入組織之前，必有其「價值觀」、「認知」、「知能」、「資源」等，而數十年事業起伏之後，這些也必然有所變化，對人生的看法有所不同、對世界的瞭解也不一樣、知能有增進也有折舊、財富或聲望等有形與無形資源更是大不相同。因此，從組織角度來看，是「管理元素」的吸收與運用；從個人角度來看，則是組織生活或對各種創價流程的參與，改變了其原有的各種個人元素。
3. 有關個人事業前程規劃的決策，從組織來看，謂之陰面之決策；從個人來看，則無所謂陰陽。如何在工作生涯中不斷充實本身的各項個人元素，在不同的組織或工作崗位上發揮本身的個人元素，其實是個人理應審愼思考的重要決策。易言之，在組織的創價過程中，經由貢獻知能、資源與資訊，以達到自己人生的目標、豐富自己的知能與資源，是事業前程規劃的核心。而從此一「個人觀點」來看，每個組織或每個職位，其實都是滿足其人生目標的工具而已。

對管理工作的涵意

從以上對管理元素之陰陽表裡的分析，可以得到幾項涵意。

對人性及管理應有更多關注

從三十六到七十二

管理問題不僅應考慮人性與組織的陽面，也應考慮陰面，以及兩者間的交互作用。以管理矩陣的術語說，這三十六個「欄位」，其實可增爲七十二個，因爲每個欄位都有其陽面與陰面，而且二者交互作用的結果，又會產生許多新的管理議題。例如：「總體環境」這一層中有政府主管機關，政府主管機關有其管理流程與法規制度（「流 2」）。能熟悉了解這些流程，對企業經營當然大有幫助。然而，如果能深入掌握這些流程的「陰面」，也就是實際運作的程序、時效要求、權責劃分，甚至承辦人員的決策流程等，其所能產生的效果與境界，則又大不相同。

表 4-2 ▶ 管理元素的陰陽表裡對管理工作的涵意

對管理的涵意	內容
對人性及管理應有更多的關注	從三十六到七十二欄，產生許多管理新議題； 對一切事務的陰面應有適度瞭解。
以組織文化規範陰陽比重	建立文化規範； 面對陰陽並存的事實才能落實品德管理。
調和與管理組織的陰陽	組織目標與個人目標的結合； 正式與非正式管理流程的互補； 將知能與資源轉陰為陽； 提升組織的整體知能，以因應知能之轉陽為陰； 經由合理的分配成果程序，將資源轉陽為陰。
去私是機構領導者最重要的修養	陰陽比重會上行下效； 機構領導人個人目標的滿足應經由組織目標的達成。

對一切事物的陰面應有適度了解

實務上有人建議，各級管理人員應對同仁的人生目標、家庭狀況等有所了解，認爲這樣可以在激勵領導方面更深入、更有重點。此做法即是建議管理人員了解（增加「環 5」的認知深度）同仁的個人想法與個人前程規劃（「目 6」與「決 6」的陰面），然後再依此一認知（「環 5」）進行有關人事領導方面的決策（「決 5」）。

從另一角度看，身爲部屬者，若能了解各級長官的人生目標、心理需求層次或現階段的個人努力方向，則對自己的努力方向或工作重點，必然能發揮一定的指導作用。

對於人性或陰面流程的存在，固然不可全然不知，但對其關注的程度也應有所節制。因爲從組織的生存定位，以及存在的正當性（第五章中將再進一步說明）來看，陽面目標的達成才是長期的首要之務。如果組織上下層級都投入過多的時間精神在建立私人情誼，或過度運用非正式管道蒐集資訊或推動政策，則可能忽略正式組織的長期目標與生存。易言之，對陰面的了解與運用，只能是「工具」，不宜喧賓奪主，取代陽面的工作與努力。

以組織文化規範陰陽比重

建立文化

正常組織不可能做到極端的「陽」，也不應放任成員的個人目標或考量凌駕組織目標。非正式的流程（管理流程的陰面）可以替代多少正式的制度，個人能享用多少原本應屬於組織的資源，在組織中所學到的知能，可以私下對外轉移到什麼程度等，都應有所規範，或建立組織文化以便上下級同仁有所遵循。

面對陰陽並存的事實才能落實品德管理

有了規範，許多組織倫理問題即可簡化，所謂「品德管理」也才可以落實。如果高階領導人不能坦然面對「陰」、「陽」兩面同時並存的現象，卻爲了創造在外界的形象，提出實務上難以落實的超高道德標準，結果徒然造成大家陽奉陰違，甚至使少數勇於突破道德要求的人更得其所哉而已。

調和與管理組織的陰陽

六大元素的陰陽兩面，是具體存在的事實，**高階領導者除了必須針對過度自私自利的行動加以規範與杜絕外，更應設法「調和陰陽」，使二者相輔相成，互相爲用**。

目標方面

成員有個人目標，組織有組織對每位成員的要求，二者原來並無交集。**結合組織目標與每位成員的個人目標，使大家在努力達成組織目標的過程中，同時滿足個人目標，即是極爲重要的管理作爲**。如果不承認大多數成員加入組織的主要目的是爲了滿足個人的種種欲望與需要，而一昧以組織使命、工作倫理爲訴求，結果未必能夠獲得大家內心的認同。反之，若能針對每個人所在乎的「利」（「目 6」或「目 5」中的陰面）而設計制度，使大家在「自利」的驅動下，促成組織整體目標（「目 3」）的達成，往往才是更實際的辦法。

管理流程方面

在管理流程方面，非正式流程與正式流程或制度間，可能互補，可能替代，也可能因爲前者的過度發達而妨礙了後者的正常運作。有經驗的管理者了解這些非正式流程無法全面禁絕，因此設法使這些「陰面」的管理流程與「陽面」流程盡量達到互補，例如：適度利用非正式管道的消息，彌補正式資訊管道的不足，但又不宜以小道消息取代正式的報表、報告或研究調查。此外，如果組織中大部分人都捨陽面流程不用，而大量依賴陰面流程，或許是顯示出這些正式流程不合時宜或不合情理。管理當局應參考這些由「草根」發展出來的流程，增刪或修改正式的流程。

知能方面

在能力與知識方面，「轉陰爲陽」當然是應該努力的方向，但有時「轉陽爲陰」（將公司中學到的知能帶到其他組織去）也未必沒有正面效果。如果離開組織的人都因爲曾在組織中學得一身好本事，而在外界有了更好的發展，將對仍留在組織中的成員產生激勵作用，不僅更願意努力學習，也會提高對組織的信心。而且由於人員出路良好，可以暢通升遷管道，進而提高新人進入組織的意願。如果這些離職員工後來在業界都成了「一方之霸」，也可以轉變爲組織的外部網絡資源。總之，組織是否擁有提升整體知能的能力才是關鍵，只要本身條件夠好，合理水準內的「轉陽爲陰」或許利大於弊。

資源方面

組織應建立合理的成果分配機制或程序，將創價流程產生的有形與無形資源，分配給對組織有貢獻的成員，以鼓勵其持續貢獻。

在無形資源如網絡關係等方面，各級主管利用公司資源創造本身資源是難以避免的事，但應設法讓他們將這些外部網絡資源，適度回饋給組織，使組織的無形資源可以不斷擴大。這即是將個人的「陰面」再度轉化爲組織「陽面」資源的方法。

正視組織中存在「陰陽表裡」的事實，加以調和轉化，產生正面的效果，這是管理上的大學問

「去私」是領導者最重要的修養

人性與組織同時具有陰面與陽面兩個面向，這是極其自然的現象。身爲領導者應接受並包容此一事實，然後在此一認識的基礎上，設法調和轉化，採取有效的行動。機構領導人本身面對「公私」課題時，必須有更嚴格的自我要求標準。

陰陽比重會上行下效

如果領導人本身私心極重，將組織的存在與運作視爲滿足一己之私的工具，甚至不惜犧牲組織長期利益以成全自己的目的，則組織中管理六大元素的「陽面」勢將全面瓦解。風行草偃，上下交征利的結果，組織不可能有長遠的未來。

換句話說，機構領導人的目標體系（「目 4」）中，如果認同組織目標（「目 3」）的成分高，而領導者個人利益（「目 4」的陰面）的比重少，則各級主管與成

員自然會盡量壓低其目標的陰面。反之，如果同仁感覺領導人的一切作爲是爲了私利，則同仁不可能相信他會依照大家對組織目標的達成程度來分配成果。如果同仁對領導者失去了此一信心，則大家對組織目標的投入當然了無興趣，對組織使命的熱情也不可能存在。

如果領導者能盡量促成正式資訊管道的暢通（減少「環4」、「環5」、「環6」間的溝通障礙），建立資訊透明、有話直說的組織文化，則小道消息或謠言就不會四處蔓延。領導者以完成組織使命爲職志，不會動輒考慮離開此一組織另謀高就（「決4」的陰面），同仁對組織才會產生長期承諾（「決5」、「決6」的陰面比重降低）。

雖然非正式的管理流程難以避免（「流4」的陰面），但卻不宜過分依賴它們，並應針對正式流程的不足，不斷追求修訂與建構（努力提升「流4」的陽面）。如此一來，正式與非正式的管理流程才能長期維持在相輔相成的水準，而不致產生矛盾。

總之，在六大管理元素中，**機構領導人都應力求無私無我，盡量發展「陽面」的部分，才可能使組織中的「陰」、「陽」兩面互相補益，不致出現「陰氣過盛」，而有礙組織長期的生存。這是爲何機構領導人的品德標準與要求必須高於常人的原因。**

機構領導人個人目標的滿足應經由組織目標的達成

機構領導人爲組織投入最多，依常理，他應有遠高於一般水準的個人目標，才願意做出超過一般水準的付出。易言之，有過人之志者，個人期望於人生者也必然愈高，眞正要做到完全去私也未合人性。**但身爲機構領導人，必須將個人目標建立在組織長期的成功上，因爲只要無私地爲組織付出，組織將來的成就即爲其個人的成就**。或是說，只要組織能發揮創價的效果，在成果分配時，自然能達到機構領導人的個人目標。如果爲了個人目標而犧牲組織目標，長久而言必然是得不償失的。

陰與陽之間，究竟是相生還是相剋，就在這一念之間。

管理工作的自我檢核

1. 您的人生目標，與組織賦予您所任職位的正式目標，分別為何？二者之間，有何「目標－手段」關係？你認為組織或上級應有哪些制度設計，才能使二者間有更好的配合或雙贏？
2. 比照上題，如果您有部屬，您對他的人生目標，或各種需求的追求與滿足，了解程度如何？在結合其人生目標與組織所賦予的目標（調和陰陽）上，目前組織制度是否尚有改進空間？身為直屬長官，針對此方面，您還可以採取哪些管理行動？
3. 您決策所需的資訊（環境認知與事實前提），有多少是來自正式管道？有多少是來自非正式管道？針對後者，是否有繼續開發消息管道的必要？非正式的資訊來源是否有必要逐漸正式化？
4. 組織的各項管理流程，書面化與制度化的程度如何？制度化以後，能維持的彈性空間有多少？「制度化」與「彈性」間的比重是否合理？
5. 外聘的「高手」帶進組織的知能或外界網絡關係，是否已與組織相結合？如果他們將來離開組織，這些「知能」與「無形資源」會隨之帶走，還是會有一大部仍然留在組織內？針對此事，組織在制度上是否有具體措施？

第5章

創價流程

組織存在的理由是爲社會創造價值，創造價值需要有創價流程。創價流程分爲營運流程與管理流程，前者類似直接創造價值的產銷活動，後者則是串連、協調、整合各種創價活動的管理制度或程序。

本章重要主題

- ▶ 產業價值鏈
- ▶ 組織附加價值的創造
- ▶ 營運流程
- ▶ 管理流程
- ▶ 創價流程與其他管理元素的關係

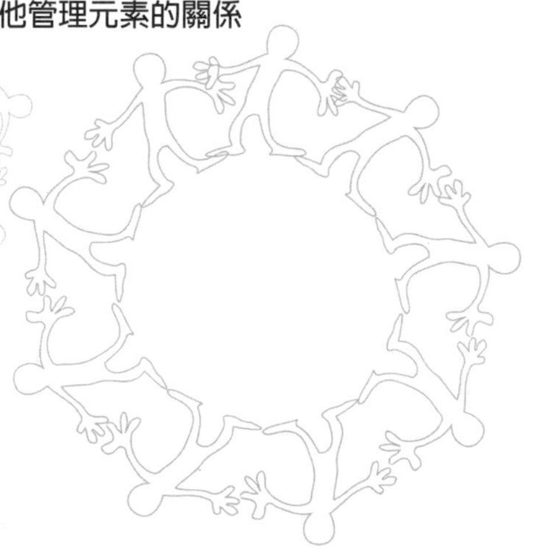

關鍵詞

產業價值鏈 p.132
價值創造 p.132
價值網 p.132
價值活動 p.133
經營模式 p.134
事業策略形態 p.134
營運流程 p.135
管理流程 p.135
次流程 p.136
組織正當性 p.138
核心能力 p.139
自製或外包 p.143

組織爲了生存，必須從外界取得生存所需的資源。在現代社會，取得資源的主要方法是經由交換，而交換的先決條件之一是：**組織能夠爲外界的交易對象創造價值**。對外而言，組織的創價流程與其對外換取生存資源的策略息息相關；對內而言，創價流程也影響了內部組織劃分以及效率的追求，進而影響組織成員的角色以及組織與成員間的交換關係。因此，價值創造以及組織內部創造價值的流程（簡稱創價流程）是組織生存發展極爲關鍵的工作。

本章共分五節，分別介紹組織所處的產業價值鏈、組織附加價值的創造、營運流程、管理流程，以及創價流程與其他管理元素間的關係。

產業價值鏈

圖 5-1 ▶ 汽車產業的價值鏈（部分舉例）

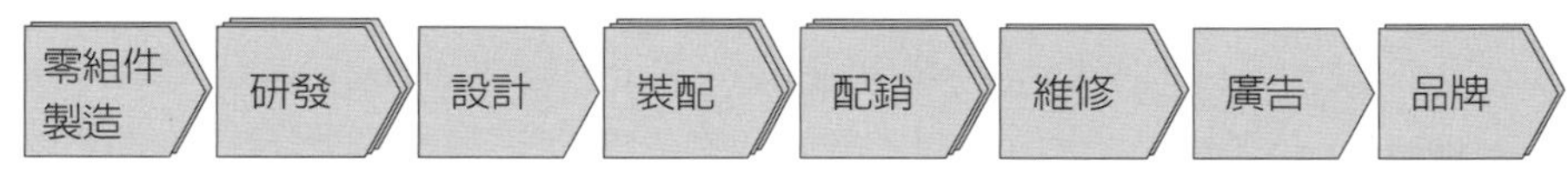

價值創造與價值網

組織存在是為了創造價值

人類要生存，就必須滿足本身的各種需要。**能滿足人類需要的一切有形無形事物皆有其價值，且可以成爲交換的標的**。人類有食衣住行育樂等方面的需要，因此食物、車輛、藝術品、大學教育等都有其價值，這些也可以稱爲「價值之載具」。例如：大家購買或使用一輛汽車，所在乎的不是汽車本身，而是汽車所帶來的價值或效用，包括「交通運輸」或「安全舒適」，或「私密性」與「身分象徵」等，而有形的車輛就是這些價值的「載具」。

產生或創造這些價值的過程即稱爲價值創造。組織存在的主要目的即是爲社會

創造價值。

價值活動

離群索居的隱士，為了生存，必須躬耕自食，耕作、漁獵、烹調、修繕房舍等皆親自為之，這些活動都可以稱為價值創造。在現代社會，這些價值創造過程都是經過切割後，分由不同的人或機構來負責，再經由交換，以滿足眾人的各種需要。**價值創造過程因而劃分或切割成許多單位，這些單位通常稱為「價值活動」**。

就以汽車產業來說，零組件製造、研發、設計、裝配、配銷、維修、廣告等都是重要且為大家所熟知的價值活動，合在一起即稱為價值鏈，其中各項價值活動都能為使用者創造某些價值。在這些價值活動中，有些主要是創造一些實體或客觀的價值，例如：裝配或產品設計；有些則在創造主觀的價值，例如：廣告、文宣，以及建立品牌形象等。最終產品或服務能提供給顧客的「總價值」，其實都是這些個別價值活動共同造成的，例如：一款汽車之所以吸引消費者，可能是因為「設計」得好，可能是「製造」過程帶來的良好品質，可能是「品牌」創造的高檔形象，也可能是因為「維修服務」的便利。各項價值活動降低或減省的成本，以及因成本較低所帶來的價格優勢，當然也是吸引顧客的重要因素。此外，有些產品價值是有效結合數種基本的價值活動而創造的（例如：研發與生產的密切配合所創造的價值），因此，此一「結合各種活動以創造顧客價值」的動作，也應視為一項重要的價值活動。每種品牌或車款，由於在各個價值活動上所強調的屬性不盡相同，因此呈現在廣大消費市場面前的特色或「差異化的基礎」就不太一樣，甚至出現根本的差異。組織應如何設計價值鏈並掌握重點，再經由此價值鏈所提供的價值，換取組織生存所需的資源，是策略層面極為重要的決策。

產業價值網內的合作與交易

任何單一組織都不可能自行負責從原料開採到售後服務的所有價值活動，因而必須借重相關產業的上下游廠商，分別從事這些價值創造的工作，然後再經由彼此間形形色色的合作與交易，共同完成最終的產品或服務。**為了提供最終產品或服務，由各自具備不同專長的組織或個人，分別從事若干價值活動，再經由各種合作或交易所形成的產業體系，即是該產業的「產業價值鏈」或「產業價值網」**。

「產業價值鏈」或「產業價值網」有三個主要元素：第一是各種能創造有形無形價值的價值活動；第二是提供這些價值活動的主體，即各種組織或個人；第三是這些組織或個人間的合作與交易。

組織內部價值活動的分工

組織內部的分工，也可以從價值鏈或價值網來看。組織通常會將其所提供或承擔的價值活動，劃分給組織的各個單位與個人。因此，基層員工的每項工作，其實都是整體產業價值網中的一環。易言之，從搬運貨箱到廣告看版的著色，每一項工作或任務都是「創造價值」這個大流程裡的小小一部分，都有其實質貢獻。從組織的角度看，**如何在產業價值網中找到自己有利且可以生存的空間，是策略問題；如何將這些價值活動有效地在組織內分工、整合，提升價值、降低成本，則是內部管理的問題**。這兩個層面的課題在實務上其實也是相輔相成，互相為用的。

經營模式與策略形貌

描述經營模式的方式

企業在產業價值網中的定位，以及創造價值並換取生存資源的方式，通常稱為「經營模式」（business model）。經營模式包括幾項內涵：企業生存於哪個產業價值網？誰是主要的服務對象？與哪些人共同合作創造價值？在產業價值網中，本企業負責哪些價值活動以及價值的創造？本企業創造價值的流程與方法為何？創價流程的特色何在？本企業憑什麼可以比其他同業更受到其他共生者和顧客的歡迎？用什麼方式，從誰可以獲得穩定的營收或其他形式的現金回報？

事業策略形態的構面

事實上，**描述企業事業策略形貌的幾項構面（亦稱為策略形態），也是從相同的角度思考**。例如：

1. 「產品線廣度與特色」是指企業所創造的價值，以及「價值之載具」；
2. 「目標市場區隔方式與選擇」是指「產出的服務對象」；有時也包括「共同

合作創造價值的共生者」；

3. 「垂直整合程度」反映企業在產業價值網，或產業整體創價流程中所負責的流程；
4. 「相對規模與規模經濟」與「競爭優勢」是指本身創價流程與其他競食者間規模與能力的比較，其間的差異可能表現在成本優勢及各種產品特色的來源上；
5. 「地理涵蓋範圍」是指創價流程的地理布局，以及因爲地理布局的緣故，對上述價值創造、服務對象的滿意所造成的影響，以及對共生者、競爭者、競爭優勢等所造成的影響。

一般而言，如果企業或任何組織，在本身創價流程上有獨到之處，造成服務對象與各個共生者對該企業的偏好或依賴，再加上產業價值網中，共生者多而競爭者少時，表示其生存空間相當廣闊，生存與發展都將享有更好的形勢。

總而言之，**策略管理所談的生存空間、組織定位、策略形貌等，都可以從產業價值鏈、產業價值網，以及組織本身的創價流程進行分析。**

表 5-1 ▶ 策略形態構面

1. 產品線廣度與特色
2. 目標市場區隔方式與選擇
3. 垂直整合程度之取決
4. 相對規模與規模經濟
5. 地理涵蓋範圍
6. 競爭優勢

創造組織的附加價值

營運流程與管理流程

企業或任何組織之所以能夠爲社會創造價值，是因爲擁有「創價流程」，而創價流程又可分爲「營運流程」（business process）與「管理流程」（management process）兩大類。

營運流程

所謂「營運流程」，是組織用以創價的實際經營活動。在製造業是指企業從採

表 5-2 ▶ 創價流程

創價流程	
營運流程	**管理流程**
用以創價的實際經營活動； 如：採購、研發、製造、裝配、銷售、廣告文案製作、儲運、售後服務等。	用以串連、銜接、整合各營運次流程； 如：規劃、協調、監督、稽核、計算薪酬、會議系統、決策程序等。

購、研發，一直到製造、銷售、售後服務等活動。在服務業雖然未必有「製造」、「儲運」等流程，但也都有其各自的經營流程，而主要的價值創造也都來自這些流程，或由流程再向下細分的「次流程」。例如：醫院裡醫師的各種醫療行爲，演藝事業的編導、表演，都是營運流程的價值活動或次流程。從更細微的角度看，機器運轉、設備維修、貨物搬運、向客戶收款、與外界簽約等，都是經營流程的一部分，也都可以視爲次流程。

「流程」與「次流程」之間僅有觀念上的區別，而不必有嚴格的定義。因爲從整體產業的營運流程開始，「流程」可以不斷細分，直到現場作業員操作時的動作，都可稱爲流程或次流程。中間究竟應分成幾級，自然不必深究。

管理流程

所謂「管理流程」的作用，即是將這些營運流程中個別獨立的價值活動或次流程，加以串連、銜接、整合，甚至將組織的創價流程賦予整體的生命力。企業組織的規劃、協調、監督、稽核、計算薪酬，以及各色各樣的會議系統與決策程序，都屬於管理流程。而在實務所稱的「制度」，其中有一大部分即是管理流程。

兩種流程的表裡關係

營運流程與管理流程二者在運作上有互爲表裡的關係，就像人體有骨骼肌肉系統，也有神經與意識系統，兩者互相爲用，相輔相成。如果只有管理流程而無良好的營運流程，則所有的管理制度、管理作爲都無所依附。就以醫院來說，即使建立了良好的管理制度，但若醫師的醫術水準低落，則至少在短期中，經營績效難以樂觀。相反的，即使大部分醫師的醫術、醫德俱佳，但缺乏良好的管理流程，也不可能發展出可以創造高附加價值的營運流程。企業也一樣，即使有好的技術、好的生產製程，甚至有能力高強的業務人員，如果缺乏適當的管理流程，這些個別的活動或次流程間也不易互相協調，形成步調一致且具有整體競爭力的營運流程。

創價流程的產出績效

創價水準應從顧客角度界定與衡量

創價流程的產出，可能是產品，可能是服務，可能是知識（例如：大學所提供的教育或以智財權表現的研發成果），也可能是具有「價值」的任何載具。然而價值是否存在，以及價值的高低，並非由組織本身自行決定，而是取決於服務對象的認知與感受。以管理矩陣來解析，創價流程的產出，必須要滿足「任務環境」中，「服務對象」的某些價值或目標（能滿足「目 2」），才算是眞正創造了價值。一般所了解的「品質」、「成本」、「服務」、「交貨速度」、「購買便利」、「形象」等，都是衡量產出價值的構面，**但它們的意義與水準，必須由服務對象詮釋與定義**。用通俗的話說，即是：「產品好不好，要顧客說了才算」。

實際交易成果表現創價績效

就營利機構而言，創造價值並非無償工作。因此，**任務環境中的服務對象感到滿意還不夠，它們還必須在滿意的同時，願意提供足量的資源與組織進行交換**。易言之，任務環境中的服務對象必須提供某些資源（「資 2」），挹注本組織（使這些資源轉變成「資 3」的一部分），使本組織可以將這些資源用於成果分配，以酬賞或回報在創價流程做出貢獻者。長期而言，從服務對象所獲得的資源可以使組織的運作生生不息，並經由資源的累積而日益成長。以商業用語來說，即是企業必須配合客戶的需求生產產品，顧客則以支付價款來表現對產品的滿意，組織在獲得這些交易而來的資源後，才能進行成果分配，以及後續的價值創造。

如果一項產品「叫好不叫座」，表示其所謂的「好」尚未能帶來合理的交易，或爲組織創造與外界交換資源的機會。必須在長期能爲組織帶進資源，其產出的價值或創價水準才眞正存在。

組織正當性與行動正當性

組織正當性建立在為社會創造價值上

有了產業價值網及組織創價流程的觀念，即可進一步探討組織的正當性。大規模的強盜集團或詐欺集團，當然也有生存問題與管理問題，它們也需要從外界獲得生存所需要的資源，也有規劃、領導、激勵和成果分配等課題。然而社會普遍認爲這些組織缺乏「正當性」（legitimacy）。

它們之所以缺乏正當性，是因爲在社會的產業價值鏈中，它們的「營運流程」並未爲社會創造、提供價值；它們的存在，不僅與食衣住行育樂或更廣義的福祉無關，而且還產生負面作用。由此可見，組織正當性的評估，可以藉由創價流程的觀念來思考。

然而「正當性」是個程度上的觀念。例如：有些所謂黑道組織，實際上可能並非以殺人放火爲業，而是自認爲有其社會功能存在。易言之，由於某些社會功能未能由正當的機構完成（例如：要求履行債務——簡稱討債，或某些地方的秩序維持），於是轉由它們負責。因此，它們也取得若干程度的社會正當性。反觀有些企業雖然是正式登記的上市公司，但主要利潤是來自獨占、聯合壟斷、設法用特殊的產品規格「套牢」顧客，或採用其他不合理的手法等，使獲利水準遠高於實際創造的價值水準，這樣一來，此組織的社會正當性就難免受到質疑。

成果分配比例也會影響正當性

組織的正當性與其所創造的價值密切相關，也與其所得到的成果分配水準有關。如果組織獲得的成果分配或資源，與其爲社會創造的價值相當，代表有足夠的正當性；如果創造的價值少，而得到的成果多，則表示正當性不足。如果創造的價值多，而得到的成果少，則表示有受到其他正當性不足的組織「剝削」的可能。

組織正當性可以被塑造

有些產業或組織，其「正當性」的水準可以經由對社會價值觀的影響而加以塑造或提升。例如：軍火產業、博奕（賭博）產業，甚至某些宗教組織、政治團體，在社會普遍的形象中，有時對其正當性是相當保留的。因此這些組織為了證明其創價流程所創造的「價值」，確實有益於世道人心或世界和平，必須積極說服社會接受其正當性的存在。也就是說，要努力影響社會的價值觀（「目 1」），或影響社會與政府機關的認知（「環 1」），希望在規則制定上（「決 1」）對本產業或本組織採取更正面的態度，進而影響直接服務對象的觀感，包括價值觀（「目 2」）的改變與認知的改變（「環 2」），使之更認同本組織的目標（使其價值觀「目 2」更認同本組織的「目 3」）。

創價水準與成果分配影響行動的正當性

與組織正當性相似的是行動的正當性。從理性觀點分析，成員加入組織，主要就是為了參與組織的創價流程，然後從組織創造的價值中（多半是經由與外界的交易過程），得到本身應得的成果分配。**每位成員從組織中所得到的，應與其在組織創價流程中創造的價值，或做出的貢獻成比例**。如果大家的付出或貢獻，與獲得的成果分配不成比例，表示不合乎公平原則，或「正當性」較低。若有人進一步做出損害組織利益以圖利自己的行為，則表示此一行為根本失去了其「正當性」。

公私比例影響管理決策的正當性

管理者或管理階層經常在制定決策，也在設計管理流程、運作管理流程。這些決策或流程設計，如果不是為了改善組織的創價流程，而是為了直接或間接地圖利自己，則表示沒有正當性。**地位愈高，愈有能力在制度面做決策的人，愈有偏離正當性的潛在空間**，因而也更要防範本身「陰面」目標在決策或行事中的作用。

總之，組織內外都有「公私之辨」，從創價流程即可以檢驗組織與管理行動的正當性水準。

創價來源與核心能力

創價流程的每個環節，都可能是企業創造價值的來源，只是創造的價值高低不同而已。

營運流程中的價値創造

在營運流程中，技術研發、製程效率、品牌、通路等，都是大家熟知的創價來源。事實上，其他如採購、運儲，甚至「收款」，在某些特殊的經營環境下，或透過刻意的策略設計，也都可能成爲重要的創價來源。

管理流程中的價値創造

管理流程當然也會創造價值。

經由某些流程，將各單位的資訊連結在一起，或將行動一致化，或將各個不同單位或各個成員的知能與資源，與組織的創價流程相結合，或從外界學習吸收新的知能，或確保上級的意志可以落實到基層的行動等，都是**管理流程的作用，不僅能創造價值，而且也可能是組織核心能力的主要所在**。一般談到的管理工作，都可以表現在管理流程上。例如：外部資源的爭取、重要關係的維持、對外與合作組織的溝通配合、內部各單位間更有效的協調、生產流程的效率提升、成本降低等，都屬於管理流程的一環。

如果組織缺乏適當的管理流程，或在管理流程上無所升級，而只是表面抄襲模仿他人的「低成本」或「差異化」策略，則不僅效果難以實現，而且還可能出現「畫虎不成」的風險。易言之，顯露在外的策略行動，必須要有適切的管理流程，甚或設計管理流程的能力加以配合，策略的構想才可能落實。

管理流程也可以成為競爭優勢

某些製造業，雖然名義上歸屬於「高科技產業」，但事實上主要設備及技術都購自國外。因此就純技術面來看，這種公司在營運上應該並無獨到之處。然而深入觀察發現，這些成功的高科技廠商最與眾不同的，其實在於從接單到產銷配合，一直到協力廠管理等各種管理流程，以及這些管理流程所創造的獨特附加價值。有些經營十分成功的企業，每天點點滴滴在進行「改善」，也大多是在管理流程上追求進步。

流程的獨特性是組織核心能力的基礎

無論是營運流程或是管理流程，如果創造價值的過程與方式公開而透明，則這些流程特色，不久後就很容易被其他同業甚至競爭者所學習，而失去其獨特性。因此**如何保護這些流程的「竅門」，使外人看不透或看不懂，或至少學不來，是管理極爲重要的任務**。

有些流程，由於本身性質的關係，不易做到「內隱」或「保密」，因此任何廠商在此方面的任何創新做法，在一段時間後很快就成爲產業的標準程序，因此不太可能成爲長期競爭力的來源。例如：自外界引進的管理資訊系統或企業資源規劃（ERP）等，如果一切只是依賴外界軟體公司或顧問公司所提供的系統，而未加入組織本身獨特的管理程序與方法，則此一系統能帶來的優勢，必然難以持久。

企業的「核心能力」，指的是在營運流程或管理流程中，內隱而不易被外界了解、學習、複製的一些程序或動作，且能爲企業的整體創價流程創造獨特的附加價値者。許多企業，其策略的設計，即是以這些核心能力爲基礎，以維持長期生存與發展的空間。

營運流程

六大層級的營運流程

產業的整體營運流程中，有本企業或直接競爭者所負責的部分，也有其他上下游同業所負責的部分；而在企業中，又可將營運流程劃分至各組織單位，而最後執行流程、創造價值的，多半有賴最基層的成員。

在管理矩陣中，此一觀念是很容易表現的。

總體環境與任務環境的營運流程

「總體環境」的創價流程（「流 1」）包括世界上各種廣義的經濟活動；「任務環境」的創價流程（「流 2」）是本企業所處產業價值網中所有的活動與流程，也包

括最終消費者的消費流程。

理想上，機構的經營者或策略領導人（「4」），甚至各級管理人員，都應該時常關注從「流 1」到「流 6」的所有創價流程。在總體環境的「流 1」方面，應時時瞭解世界上各個產業的發展，以及其他產業的發展對本產業可能產生的影響，甚至應注意其他產業有無進行多角化的機會。在任務環境的「流 2」層次，經營者要隨時掌握產業上下游的動態、客戶需求的消長變化與趨勢、重要資源的供需、主要共生者與競爭者的發展方向等。重要零組件的供應商或代工廠，其創價流程雖然屬於任務環境的「流 2」而非本身的「流 3」，但它們的流程（包括效率及創造的價值等）也應在本企業的密切關注範圍內。同理，任務環境的客戶，若為機構用戶或下游廠商，則應設法了解其創價流程內涵，分析尚有哪些可以相互配合之處；客戶若為最終消費者，則其消費流程與本企業息息相關，因此也應有所了解。

組織平台與組織內部的營運流程

「組織平台」的營運流程（「流 3」）是本企業負責的全部流程；「機構領導」、「各級管理」、「基層成員」的營運流程（「流 4」、「流 5」、「流 6」）則是各級管理者及成員關注或負責的流程。

組織平台層次的營運流程（「流 3」）就是本企業所負責的價值活動。這些價值活動，或依功能，或依地區，或依產品，再劃分到各個單位，由各級管理來負責，形成了許多互有水平或垂直關係的「次流程」，亦即「流 5」。而在每個單位中，

表 5-3 ▶ 六大層級的營運流程

層級	營運流程內容
總體環境	世界上廣義的經濟活動：從資源開採到食衣住行育樂的滿足。
任務環境	本企業所屬產業中所有活動與流程：從原料生產到顧客的消費流程。
組織平台	本組織所負責的創價流程：產銷、研發、服務等。
機構領導人	觀照內外的營運流程，必要時亦親自從事重大的銷售、採購、簽約等創價活動。
各級管理者	觀照所負責的次流程，亦即組織營運流程依功能、產品、市場、地區劃分後的次流程，必要時亦親自從事部分重要的創價活動。
基層成員	執行所負責的創價活動或工作。

又將這些營運流程逐級分給基層成員，分別進行價值創造的工作。而每位基層成員所負責完成的部分或次流程，在管理矩陣中即是「流 6」。

理論上，機構領導人是不須親自負責執行營運流程的，但無論企業規模大小，都難免有些營運流程需要機構領導人親自從事，例如一些重大的銷售、採購或簽約，這些工作形成了整體營運流程中被分到「流 4」的一部分。事實上，機構領導人雖不親身執行各項流程，但必須對組織所有的流程「負責」，包括全面的觀照與最終績效的承擔，因此，「流 4」的管理流程應照顧到與組織整體的「流 3」，包括營運流程與管理流程在內。

同理，各級管理人員（「5」）針對其所負責的次流程，雖未必需要親自執行，但也要對該次流程的最終績效，承擔所有責任。

營運流程的相關重大決策

與營運流程有關的重大決策，包括自製或外包的決策、專用流程與共用流程的取決，次流程串連與劃分方式的決策、核心能力的決策、流程彈性與效率的取決等。這些決策似乎僅與組織平台的營運流程（「流 3」）有關，但事實上由於每個階層與每個單位的營運流程都是組織整體流程的一部分，因此這些決策其實與「流 4」、「流 5」、「流 6」都有關聯。

「自製或外包」的決策

所謂「自製或外包」的決策，是指究竟**哪些流程（或次流程）應由本組織負責，哪些流程應由任務環境中其他互補廠商負責**。例如：「產品配送」是創價流程之一部分，我們可以將之納入組織流程（「流 3」），也可以由任務環境中的組織負責，將此一流程劃分到「流 2」。有些企業本身只掌握品牌與行銷，而將生產甚至產品設計交由其他廠商負責；有些企業則專心從事製造而沒有自有品牌；有些企業自行生產部分產品，同時又從其他同業進貨，以強化本身的產品線廣度。這些都屬於「自製或外包」決策的變化。

專用流程與共用流程的取決

當組織進行相關多角化時，有些價值活動或次流程可以供不同事業部共用，也可以切割後分屬各事業單位。究竟如何取決，這是一項與組織設計、權責劃分有關的決策。各個營運流程的次流程間，由於本質使然，彼此間存在著先後銜接的次序關係。例如：「銷售」、「生產」、「研發」等次流程，彼此當然有前後呼應的連結關係，而當企業進行相關多角化時（如多產品，但也可能是多顧客、多地區），究竟應該為個別產品分別提供專屬次流程（如研發），以提高彈性與配合度，還是由各產品共用研發或銷售等流程，以獲得規模經濟、範疇經濟等綜效。此一流程劃分與歸屬的課題，當然也可以用組織設計的觀念架構思考。

核心能力的決策

組織必須決定在其負責的流程或各種次流程中，有哪些是與衆不同，因而可以產生競爭優勢者。理想中，流程的每一段在創造價值方面都有獨到之處，但實際上，由於組織資源與人力有限，如何選擇重點，集中力量，是不得不思考的問題。例如，「因採購規模而來的原料成本低廉」、「因設計能力而來的產品外形創新」、「因維修站密集而來的服務便利性」、「因製造設備新穎而來的品質穩定」等，都是各個次流程能可能創造的優勢，在不同產業中還會有無窮的變化。如何依據本身條件、競爭者定位及顧客需求，以決定核心能力的所在，是策略上的重點抉擇。而這些核心能力在整體創價流程中，究竟為服務對象創造了哪些價值（品質穩定、品質特色、成本、服務、交貨等），各類型的服務對象對這些價值究竟「在乎」到什麼程度，也是策略面重要的考量。

彈性程度的取決

此一決策係指**組織內部各種流程或次流程間，甚至與外界合作機構的流程間，究竟應密切銜接以追求效率，或是維持彈性以便因應任務環境的不確定性**。例如：配合客戶的需求規格，特別設計機器設備或訂貨系統，固然可以提高效率，但也難免犧牲一些彈性；零件廠與裝配廠的半成品，若實施「零存貨」，可以降低成本，但萬一某一製程發生延誤，則會出現停工待料的風險。至於在不影響流程彈性的前提下，設法不斷改進效率，當然是管理當局平日就應努力的方向。

科技對營運流程的影響

營運流程的形貌，是管理者可以設計的標的，然而在長期上，幾乎所有產業的營運流程都會受到科技進步的影響，甚至可以說，科技的進步與應用決定了營運流程的模式。在此，所謂科技則包括了生產技術、運輸技術以及資訊與通訊科技等。

自從工業革命以來，**大量的生產及自動化技術，不斷衝擊各個產業的營運流程；資本密集、技術密集、快速而大規模生產等，改變了產品行銷的方法以及地理涵蓋範圍，改變了產業的競爭基礎，也改變了管理重點**。運輸技術以及資訊與通訊科技，降低了地理距離的限制、提升了溝通速度，因而對產業的形貌與經營模式，也產生類似的影響。如何因應趨勢，配合並運用新科技，調整未來的營運流程，也是重大的管理課題。

管理流程

管理流程與營運流程的關係

營運流程中，各個次流程的設計、串連、協調、監控等必須依賴一系列的決策才能達成。為了提升決策效率，管理者將這些決策或決策的進行方式「程式化」後，形成各式各樣的「管理流程」。

管理流程旨在協助營運流程

前文指出，外部資源的爭取、重要關係的維持、對外與合作組織的溝通配合、內部各單位間更有效的協調，或將各個不同單位或各個成員的知能與資源，與組織的創價流程相結合，或從外界學習吸收新的知能，或確保上級的意志可以落實到基層的行動上等，這些都是管理流程的作用。管理流程是協助營運流程發揮作用的手段，其效果是否良好，對整體組織的價值創造影響甚鉅，因此也是創價流程極重要的部分。

管理流程與營運流程的結合程度依產業而不同

某些產業中的價值活動，其管理流程與創價流程是很容易劃分的，例如：醫院裡，醫師的專業診斷或治療，屬於很明確而專業的「營運流程」，不致與醫院的管理流程混爲一談。同樣地，學校裡教師的授課、實驗室所進行的品質測試，也極易與組織的管理流程區別。然而在某些產業，如服務業的基層管理工作，或銷售體系的運作等，營運流程與管理流程間的差別，可能並不明顯，有時甚至是互相交錯在一起的。例如：百貨業銷售人員的「現場銷售」，是其營運流程的一環。從表面看，現場銷售的「動作」不外乎「展示、說明、促銷、收款」等部分，十分單純，前後可能只需十分鐘而已。但爲了這「十分鐘」的營運流程，事先的人員訓練與編組、獎金制度的設計、賣場的陳設、動線規劃等相關「管理流程」卻可能極爲複雜，而且在那十分鐘的「營運流程」中，可能處處都表現出這些管理流程所意圖達到的效果。

各種管理流程的「定規化」程度不同

由於產業性質或流程性質，各種管理流程或次流程的「結構化」或「定規化」程度不同。例如：第二章的案例中，舞蹈社長D君所負責的管理流程，從招收社員到策劃舞展、洽租場地，一直到會計報帳等，雖然有些可以發揮創意，但基本上歷年的流程內容都差不多。業務代表A並非管理人員，其主要負責的銷售工作是公司「營運流程」的一環，但在第二章案例中他所發揮的穿針引線、整合內外各方的角色，則可視爲事先無法規劃、每案不同，而必須充滿創意的「管理流程」。

管理流程必須配合科技創新與組織規模

現代社會，科技一日千里，科技創新當然是組織重要的創價來源，然而「管理流程」所能創造的價值也隨時代進步而日益重要。**在知識經濟時代，專業分工程度愈高，各種專業的流程或次流程（分別爲營運流程的一部分）愈需要各式各樣的管理流程加以協調整合。**

此外，當組織規模愈大，經營環境所面對的不確定性愈高，則所需要的協調與監督就愈需要細緻的設計，而所謂的「協調監督」即是管理流程中極重要的部分。許多中小企業在成長過程中，很快就遇到瓶頸，原因未必是資金的限制，而是因爲管理流程無法配合規模與業務的成長。

六大層級的管理流程

在管理矩陣架構中，「總體環境」與「任務環境」屬於外在的宏觀環境，而自「組織平台」以降，則屬於微觀層面。「總體環境」與「任務環境」的每個組織，固然也有微觀層面的「管理流程」（例如：政府主管機關、大客戶或競爭者的政策制定程序或內部管理流程），但爲了簡化說明，本書此處不討論其內部管理流程。

「總體環境」爲「規則制定者」，除了制定各種法律規章（屬「決 1」），也必須設計一些管理流程，以利於各項政策運作，亦即針對規則制定對象設計流程，以規範後者的決策與行動。此即爲「流 1」。例如：「金融管理委員會」決定開放銀行經營證券業務，或決定績效不彰的上市公司要「轉上櫃」等，都是「決 1」。而如何申請開放，在怎樣的情況下如何進行「櫃轉市」，則是「流 1」。前者是政策決定，後者是政策推行的方法或程序。

「任務環境」雖非「規則制定者」，但其中各機構也可能制定一些正式的管理

表 5-4 ▶ 六大層級的管理流程

層級	管理流程內容
總體環境	總體環境中每一機構皆有其內部管理流程，亦針對其規則制定的對象設計流程，以規範後者的決策與行動。
任務環境	任務環境中每一機構皆有其內部管理流程。
組織平台	組織內部資訊流通方式、決策形成程序、績效評估與考核程序、會議系統、新產品上市程序、策略規劃流程等。
機構領導人	制定策略、組織分工、任用、控制等，一方面需要配合組織平台既有的管理流程，一方面需要機構領導人自己設計及運用管理流程來處理或進行。
各級管理者	配合組織平台的管理流程，設計其所負責單位的管理流程，以與上級的流程整合、整合平行單位、整合內部知能與資源。
基層成員	知識密集與高度賦權的組織，基層成員亦有其管理流程。

流程，以規範及管理與其他機構的互動方式，例如：大型製造商制定的「供應商審核程序」。此外，各行各業都可能發展出一些約定成俗的市場交易規範，這些非正式的管理流程，亦屬於「流 2」。

屬於組織平台的管理流程

組織平台（「3」）中就有許多流程，例如：資訊的流通方式、決策的形成程序、績效評估與考核程序、會議系統，甚至新產品上市程序等。需要強調的是：**管理流程的「決策形成程序」，與「決策」不同**。前者是有關「此一決策由誰提供資訊、由誰參與決策、在什麼情況下進行決策、何時從事決策、由誰提出此項決策的必要性」等，後者則主要強調在方案間的抉擇。其中，組織策略制定程序當然是十分重要的管理流程。

「資訊流通方式」是指組織中由哪些單位產生資訊、資訊如何流通、如何儲存、誰有資格掌握某些資訊，以及在決策時，決策者或決策群體可經由何種程序得到哪些相關資訊。

「會議系統」是組織中各種會議的時程、決策項目、決策方式（合議制或是由主席裁決）、決策如何連結行動，以及各種會議間的關係與位階。

又如「新產品上市」，也必然有其管理流程。從消費行爲調查到「策劃」產品試銷、「安排」量產，這些流程或「次流程」間必須環環相扣，也必須時時改進。對許多企業而言，這些管理流程，不僅可以「創造價值」，也是核心能力的重要來源。

大型跨國企業在「中長期規劃程序」的管理流程中，詳細區分規劃工作的各個大階段與小階段，明訂各階段的「期限日」和「主要登場人物」，包括在某一階段由誰決策、誰負責執行、應諮詢誰、應告知誰等。只要「照表操課」，規劃程序及計畫書即可及時完成。這些是管理流程的預期效果。

請注意，**「策劃產品試銷」、「安排量產」與「試銷」、「量產」不同。前者的重點爲「策劃」與「安排」，因此屬於管理流程；後者是實際的「銷」與「產」，屬於營運流程**。就試銷而言，進行過程中，往往「策劃」的動作與實際「銷售」的動作是交互進行，或互相調適的，亦即前文所稱營運流程與管理流程差別不明顯的意思。

通常組織愈成熟，這些管理流程就愈完備。流程設計固然也是一種決策，但管理流程本身卻也影響了其他經營決策（例如：應如何面對競爭者的價格競爭）的取向與品質。

機構領導人的管理流程

在機構領導人（「4」）的層級，他必須決定整個組織流程的範疇（制定策略計畫），整合組織的流程並決定流程切割的方式（組織分工），安排各「次流程」的負責人（任用），設定各「次流程」的目標，以及評估與獎懲辦法（控制）。而這些「制定策略」、「組織分工」、「任用」、「控制」等，一方面需要配合組織平台既有的管理流程，一方面也需要機構領導人自己設計及運用管理流程來處理或進行。機構領導者除了必須針對這些要項有所決策，也負責這些管理流程的設計與控管。

例如：針對「控制」一事，機構領導人需要某些管理流程以確保整體機構的營運流程與管理流程（「流 3」）可以依原訂計畫進行，同時也需要一些管理流程了解下級各單位的流程運作情形。

當然在此所稱的管理流程設計及運用，在實際運作上還需要領導團隊成員及幕僚人員的協助，而不是由機構領導人單槍匹馬來推動與執行這些工作。

各級管理者的管理流程

各級管理（「5」）所負責的管理流程視其所領導的單位性質而定。他可能負責一個「自給自足」的次流程（事業部），或是一個權責與其他單位共享的次流程（功能部門），使得其內、外部整合的比重不同。前者主要是對部門內整合，比較容易藉由次部門間共同的目標，以合作的方式達成整合。後者主要是對部門外整合，但其他部門各有其目標，整合方法與對內整合就完全不同。

各單位的管理流程中，當然有一大部分是爲了配合組織（「3」）的管理流程而衍生的。例如，如果公司每月舉行一次業務檢討會，則各部門爲了參加這次會議，本身也會有會前的業務會報，而爲了業務會報及公司的業務檢討會，部門下又有各種資料蒐集分析等動作。這些都屬於整體組織管理流程的一部分，但負責的層級各自不同而已。前述高階層（「4」）在規劃、控制、資訊掌控等方面的管理流程，劃分到各單位後，情況也完全一樣。

簡言之，即是配合組織平台的管理流程，設計其所負責單位的管理流程，以整合上級的流程、平行單位、內部知能與資源。

基層成員的管理流程

基層成員（「6」）所負責的流程通常較單純，傳統上不太需要內部整合，但若其流程對外介面較多時，還是需要外部整合。例如：案例中的業務代表A君，即主動推展一些內外整合的工作。

在知識型的組織，或高度賦權的組織，基層人員不僅知能水準較高，而且也必須負擔更多判斷與決策的責任。因此，其整合的角色以及所負責的管理流程也與管理階層頗爲類似。

管理流程在各單位間的權責歸屬

稍具規模的組織，各種管理流程爲數衆多，必須明確劃分這些流程在各單位間的權責歸屬。例如：同時有若干個事業部時，「媒體關係經營」或「法律顧問延聘」等流程，究竟應集中辦理還是分權至各事業單位？類似的流程在各單位間「分」、「合」的程度應如何？又例如：集團總部的稽核流程，與事業單位本身的稽核流程，彼此間應如何合作？如何互相勾稽？這些都需要精心設計。這些都屬於組織設計的範疇，將在第十三章再分析探討。

管理流程的表現形式

正式管理流程

各種規章制度、標準作業程序（SOP, Standard Operating Procedure）、排程（scheduling）、控管，甚至資訊系統，都是管理流程的表現形式。

由於管理流程的存在，組織的決策與行動才能有所規範，決策與行動的結果也才能在預期中，而各單位或各個成員的協調，也需要管理流程的指導。

管理當局必須針對策略與管理的需要，不斷檢討改進這些流程或制度，而組織上下是否依這些流程或制度進行工作，也是必須查核與追蹤的項目。

非正式管理流程

第四章所討論的「陰面管理流程」，或許多非正式的管理流程，並未表現在書面或制度上，而是存在於組織中相關人員的認知與行事方法上。管理者應注意其存在，並盡量了解其內涵，以及這些隱性流程對正式流程乃至經營績效所產生的正負面影響。

組織有時也可以運用一些「陰面管理流程」推動某些任務，亦即刻意將正式流程或制度放在一邊，而以「非正式」的方式進行比較需要彈性與自由度的工作。例如：有些組織為了解決某些經營問題，成立專案小組。專案小組雖然有明確的任務，但過程應如何進行則完全放任成員自行設計，也可以在進行過程中隨機應變。由於進行方式可以自由發揮，往往可以打破傳統的思維模式或溝通管道，而提出具高度創意的解決方案。這可以形容為：設計並運用「陽面」的管理流程（設立專案小組經過正式程序，其「自由度」也是正式認可的），保障並鼓勵「陰面」管理流程的運作（例如：鼓勵成員利用非正式管道蒐集各種資訊與意見），使成員得以全力發揮，然後再將其成果回饋至「陽面」。

影響管理流程的因素

營運流程的串連與複雜度

管理流程的作用是設計、串連、協調並監控營運流程，因此其形式與內容當然深受營運流程影響。

有些組織的營運流程，次流程為數眾多，而彼此又存在著串連或密切連動的關係；比起另外一些營運流程短、業務單純的組織，管理流程所需的複雜度與協調監控功能當然大不相同。

經營環境的不確定程度

對經營環境變動快、不確定因素較多的組織而言，維持合理的彈性十分重要，

管理流程較難以「定規化」，而良好的默契以及由成員視情況自行發展的「陰面管理流程」便能發揮更大的作用。

▶科技對管理流程的影響

管理流程與科技的相互配合

爲了配合生產技術、運輸技術以及資訊科技與通訊科技的進步，管理流程也不得不做出根本改變。近年來，資訊與通訊科技對管理流程的影響尤爲明顯。事實上，藉由引進或更新管理資訊系統，而推動管理流程的調整，是組織變革中常見的方法。**因此，各級管理人員在管理資訊系統的設計過程中，必須有高度的參與，才能將組織或組織營運流程所需要的管理流程，融入新的管理資訊系統當中。**

管理流程與科技的相互替代

營運流程的科技運用，對管理流程不但有相互調適的必要，也具有某些程度的替代。科技進步一方面迫使組織必須迅速調整管理流程，一方面科技成熟使得各家同業在技術上日趨接近，所以競爭優勢必須更加依賴較具獨特性與內隱性的管理流程。

例如：在產品及製程皆未標準化的工廠，欲使其生產流程順暢，發揮效率，所需要的「管理流程」必然是十分複雜的。各種單據、看板、存貨的維持、次流程間的協調，都需要投入相當多的管理人力與時間。然而，工廠開始應用電腦資訊系統後，這些流程即大幅簡化，這表示資訊科技取代了一部分管理流程，並使管理流程內涵發生質變。這時，誰最能快速引進資訊科技並調整其管理流程，誰就能在競爭優勢上爭取到若干先機。

而自動化生產也取代了許多過去由管理流程所扮演的角色。想像如果有間「無人工廠」，從原料加工到產品完成都完全自動化進行，工廠中不需要工人，也不太需要管理人員，這表示創價的「營運流程」依然存在，但生產技術已經大幅替代管理或管理流程的角色。

事實上，資訊系統及製程技術的改進，主要目的之一即是希望以穩定而較能掌控的硬體設備與技術，取代不確性與成本都較高的管理流程。這是過去百年以來，產業中十分清楚的趨勢。

管理上的涵意

此一趨勢，對經營管理有幾項涵意：

1. 應配合科技進步，及時調整相關的管理流程；
2. 自動化所取代的部分，不易成爲競爭優勢的來源，因爲只有內隱性高的管理流程，才能眞正創造組織或企業的獨特競爭優勢；
3. 研究發展的創新與整合、客製化的行銷或服務，以及不易被自動化機器設備取代的服務業或服務工作，才是管理流程可以大爲著力與發揮之處，而且也可能是組織未來不可替代的競爭優勢所在。

創價流程與其他管理元素的關係

管理矩陣的六大管理元素，彼此間存在著極爲密切的互動關係，在運作時也互相影響，相輔相成。創價流程與其他管理元素關係密切，與策略、整合、組織設計等也高度互動。

經營策略與營運流程

營運流程反映策略定位

組織在任務環境或產業價值鏈中，創價流程的定位，創價過程與所創價值的獨特性，即反映經營策略大部分的形貌。這是經營策略與創價流程（尤其是營運流程）間的關聯。

制定策略需要管理流程

制定未來的經營策略，需要經過精心設計的管理流程。尤其是事業單位複雜的大型組織，上級總體策略的構想與各個事業單位的策略如何結合、各事業單位間綜效的創意發想與落實執行、資源分配、目標與預算的展開、策略績效的控制等，都應有周延的管理流程才能順利推動、確定權責，並藉由管理流程規範組織行動與累積經驗。

小型企業可以用「陰面」或相當非正式的流程制定策略。然而，當業務漸趨複雜、人員眾多、專業分歧後，就需要更正式的流程制定策略，以及執行策略的構想。

營運流程與其他管理元素

營運流程中，**產銷科技或資訊科技的改變，都需要其他各大管理元素的配合，**新的生產方式或生產科技，往往改變各單位的目標重點，所需負責的決策與管理流程不同，所需要的知能也完全不一樣。例如：從前的「貨運業」，接單、派車、車輛管理、駕駛員的管控等，都需要一些複雜的管理流程；而現代的「物流業」，由於可以利用電腦系統進行排程，甚至與客戶端連線，並利用條碼隨時查詢每項運送物件目前所在位置，因而營運流程完全不同。再加上衛星定位系統可以掌握車輛、無線通訊系統可以指揮駕駛員，管控流程也因此起了革命性的變化。至於現代物流業的組織分工方式、員工所需的知能，當然與傳統貨運業不同。

知能與資源

知能與資源必須與創價流程結合

組織的競爭優勢常需建立在組織整體的知能上。而**所謂組織整體知能，簡言之，即是各個成員的知能加上組織的創價流程**。成員的個人知能必須與創價流程結合，才不會因少數個人的離職而導致組織失去整體競爭力；而所有成員的知能，也要有效納入創價流程，整體競爭力才會出現。這是「能力與知識」這一管理元素與創價流程的關係。

知能與資源需要流程來管理

組織成員知識與能力的培養與獲得，必須要有相對應的各種流程；知能的「載具」——各級成員的吸收、延聘、選用，當然也需要管理流程來處理；組織知能的創新，以及新科技、新知識如何有效運用到創價流程中，也需要管理流程來推動。

有形與無形資源是另一項管理元素。這些資源的取得、保護、分配，也需要設計流程來執行。

目標

創價流程的產出，需要設計具體的指標，例如品質、成本、速度等，以確保創價流程的努力方向及產出合於任務環境的要求。易言之，相關的目標體系制定與衡量，有助於創價流程的有效性。

組織各級正式目標的制定，以及各層級間目標的展開，都應有管理流程來運作；而前期設計或組織現有的流程，也會影響後來對各項目標的相對重視程度。例如：績效評估與獎懲的流程，會影響組織成員對多元目標相對重要性的認知。

環境認知與資訊管理

從高階開始的各級成員，決策時所需的資訊（或環境認知），需要組織的各種管理流程提供。因此資訊流程、控制與稽核流程、環境偵測流程，都會影響相關人員對環境的認知。

設計良好的流程可以協助各階層人員在決策時，得到及時而正確的資訊，亦即提升決策所需「環境認知與事實前提」的品質。

決策

決策與管理流程的替代關係

管理流程可以部分取代管理決策，因爲管理流程是一連串有先後邏輯關係的決策，經過程式化的結果。有了流程，管理者就不必凡事重新權衡利弊，檢討可行方案，因而可以提升管理效率。

管理流程可能影響決策方向

現存的管理流程會影響決策方向，決策也受限於組織現有的流程。新成立的組織常感到本身制度化程度不足，而歷史悠久的大型組織，卻又往往因爲制度太多而使其動彈不得。後者即是因爲現存的「管理流程」太多太雜，幾乎任何決策都會與某些現有或過去建立的流程相抵觸。

現有流程是否影響有效決策？是否不合時宜？流程是否能將決策必須考慮的各方觀點、資訊以及行動配合等納入決策過程？流程是否合乎決策的時效要求？是否互相矛盾而令大家無所適從？這些都是管理當局應時常檢討的。

運用流程影響決策方向，也是常見的現象。例如：在會議過程以「程序問題」阻撓法案通過，或在法律訴訟中質疑程序，以影響判決時效等，都是常見的方法。這種方式是否恰當？政治與法律的手法是否能應用在企業管理上？這些當然還有許多討論的空間。

管理流程

「管理流程」本身也需要「管理流程」來管理。

任何組織中所有的管理流程，當然不可能完美，而且經管環境變遷、組織規模與策略的調整，都使現有的管理流程有重新檢討與不斷創新的必要。因此，組織顯然需要一些管理流程以檢視、檢討、修正現有的管理流程，並設計新的流程。

整合

「整合對象與標的」與創價流程互相影響

創價流程是整合組織內外資源與知能的所在，因此整合與創價流程當然互相為用。強而有力的機構領導人或組織的創業者是組織創價流程的設計者，較不致受限於現有流程，因此，通常是一邊物色選擇可能的內外整合對象，評估其可能提供的知能與資源後，再逐漸形成創價流程。而組織的中基層主管，由於本身的任務已受到組織創價流程的限制與設定，因此必須先考慮其所負責的創價流程需要，選擇整合對象，或設計整合方式。

與外界整合對象在流程上的銜接

廣義的整合也包括設法滿足任務環境中服務對象的需求。而這些服務對象或顧客，本身也有其創價流程。因此，組織創價流程的設計、流程產出的績效指標與比重（效率、彈性、品質、速度等的相對重要性），以及彼此間流程如何有效銜接，都應考慮服務對象創價流程的需要。換言之，也就是整合組織間的創價流程。

我們會在第十一章中介紹整合的方法與機制，屆時還會再深入討論創價流程與整合的關係。

組織設計

營運流程影響組織設計，而組織設計又會影響各種管理流程。

營運流程中，各個次流程的串連、並連等情形，影響了組織設計，而營運流程中的科技或自動化程度，也影響組織分工的方法。不同的組織分工或所謂組織結構，就應有不同的管理流程加以配合。其中最簡單的原則是：前後密切相關而又互動頻繁的次流程，在組織上應歸屬於同一權責範圍，以簡化次流程間的溝通協調成本。

例如：一家在國內產銷電子產品的公司，為了擴大經營規模，在東南亞某國也投資營運，在該國有生產基地，也有自有品牌的行銷。此時，組織設計可有兩種基本選擇方向，方案一是讓派駐該國的總經理，全權指揮當地的產銷工作，並對當地的經營績效負責；方案二是位居該國的生產單位向國內母公司的生產副總報告，該國的行銷單位則向國內母公司的行銷副總負責，派在該國的總經理只負責協調對外聯繫工作。

此二方案的選擇，考慮因素當然很多，其中相當重要的一項就是：在該國的生產流程，究竟是與當地行銷流程的銜接關係比較密切，還是與國內生產流程的關係比較密切？如果是前者，組織結構應傾向方案一，如果是後者，則應傾向方案二。而在不同的方案或組織結構下，單位內外的資訊流程、協調方法、績效評估流程等都會出現極大的差異。有關組織設計的觀念，將在本書第十三章中再行討論。

表 5-5 ▶ 創價流程與其他管理元素之間的關係

管理元素及其他	關係
經營策略與創價流程	營運流程反映策略定位； 制定策略需要管理流程。
營運流程與其他管理元素	營運流程中的科技運用影響其他管理元素的內涵。
知能與資源	知能與資源必須與創價流程結合； 知能與資源需要流程來管理。
目標	創價流程需要具體目標的引導與評量； 目標的展開需要流程來運作； 流程設計影響對目標的重視程度。
環境認知與資訊管理	資訊的流程影響決策者對環境的認知。
決策	決策與管理流程存在替代關係； 管理流程可能影響決策方向。
管理流程	需要管理流程進行管理流程的檢討與創新。
整合	「整合對象與標的」與創價流程互相影響； 設法與外界整合對象在流程上銜接。
組織設計	營運流程影響組織設計； 組織設計影響管理流程。

管理工作的自我檢核

1. 如何描述本組織的創價流程？本組織的服務對象為何選擇我們？本組織所創造的價值為何？有何特色？這些特色是基於本組織的哪些核心能力？
2. 本組織有哪些重要的管理流程？這些管理流程是否能有效串連、協調、監控分屬於各單位的各種價值活動？
3. 機構領導者及各級管理人員，是否對本組織目前的各種管理流程擁有一定程度的了解與熟悉？並因為熟悉這些流程，而可以靈活運用流程來進行決策與推動行動？
4. 本組織的管理流程有何獨到之處？與競爭優勢的形成有何關係？
5. 針對未來產業科技的進步、產業結構的改變、顧客需要求的不同，本組織的營運流程可能會朝什麼方向變化？對核心能力的要求以及競爭重點有何異動？為因應這些變化，管理流程有哪些需要及早調整之處？
6. 本組織有無適當的管理流程，持續對於所有管理流程的進步與精緻化有所著力？

第6章

有形及無形資源

組織創價流程的基本作用即是「資源的轉換」，因此，資源的取得、利用、創造、升級並維持適度彈性與互賴程度等，都是十分重要的管理工作，而資源與經營策略以及競爭優勢也極有關係。

本章重要主題

- 有形資源與無形資源
- 與資源有關的管理議題
- 資源與其他管理元素間的關係

關鍵詞

資源轉換 p.162
人身依附 p.164
資源不可分割 p.164
取得資源的時機 p.165
選擇權 p.167
創造資源 p.167
資源專用程度 p.169
資源流動性 p.169
資源來源的依賴程度 p.169
不對稱關係 p.170
資源基礎 p.170
資源的相生與互斥 p.176

資源是屬於組織的有形或無形資產，在創價流程中發揮作用，以創造價值。在六大管理元素中，「資源」是相對具體的觀念，即使是無形資源，其存在及作用在經營過程中也都十分明顯。以最簡化的說法，第五章所介紹的創價流程，也可以描述成「資源轉換」的流程，而**組織則是資源轉換的機構，其功能即在結合各方的有形與無形資源，創造出更有價值的資源**。而任何組織與其任務環境間的交易或合作，也都是資源的交換，例如：投資人投入資金，獲得股權及未來經營的成果；顧客付出金錢購買產品；供應商提供原料獲得價款等等，這些都是交易，而這些交易的標的（資金、產品、原料）都是資源的形式。

本章共分三節，分別介紹有形資源與無形資源的內容與意義、與資源有關的幾項重要管理議題，以及資源與其他管理元素間的關係。

圖 6-1 ▶ 組織流程的作用是資源轉換與創造

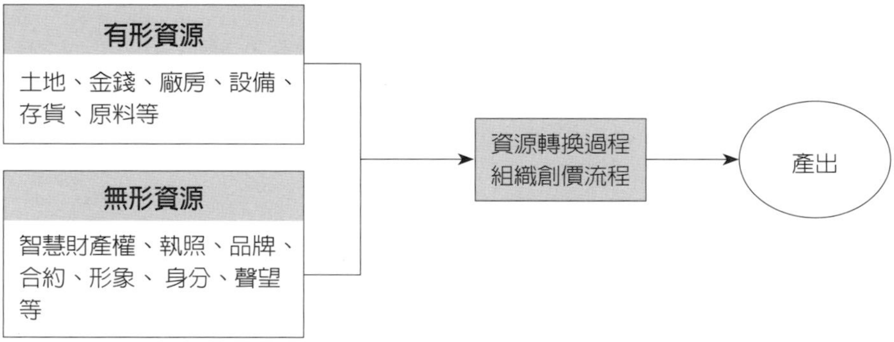

有形資源與無形資源

有形資源

有形資源的意義

土地、金錢、廠房、設備、存貨、原料這些顯示在資產負債表上的有形資產，從經營管理的觀點，只要具有爲交易對象直接或間接創造價值的潛力，都算是有形資源。換言之，資源的存在是爲了創造價值，並進而使組織對外的各種合作關係或交易關係能夠生生不息，因此，**做爲資源的先決條件是：可以經由創價流程實現其爲交易對象創造價值的潛力**。一塊位於深山的土地，或深埋地底，未知成分的礦石，若無法認定或評估創造價值的潛力，充其量只是個「物體」，卻未必是一項資源。

總體環境中有形資源的轉換與限制

個別組織所能運用的有形資源，受限於世界的資源總量，管理矩陣中屬於總體環境的資源（「資 1」），即代表了世界中所有可能的實體資源總量。人類生存在地球上，最基本的工作即是經由各種方式（包括「流 1」以及各種產業中的「流 2」），將這些資源（「資 1」）經由各種流程轉換，用於滿足人類的基本需要（「目 1」）。資源有限而慾望無窮，於是不得不努力改善生產方法。然而，人類的科技與知能（「能 1」）雖然日新月異，但地球所能提供的天然資源以及生態環境，終將成爲所有組織與人類社會整體的成長上限。此一事實雖已超過個別管理者所能影響的範圍，但大家對此一大環境的趨勢能有所體認，進而重視環保與資源精省的生產方式或產品設計方式，也勢將成爲未來企業界努力的方向。

無形資源

智慧財產權、執照、品牌、合約、形象、身分、聲望等都是無形資源，政府所授予的特許權，甚至廣播電視業的頻道，也都可以視爲可以創造價值的無形資源。合作對象或交易對象對本組織的信任、人際間以及組織間長期建立的關係，也是無形資源。

與有形資源的情況相同，無形資源方面也應該是具有創造價值潛力者才能視爲資源。例如：一些未能發揮作用的專利權，或與事業經營沒有關連的社會網絡關係，其創造與維持都需要付出一些成本，但若對組織缺乏創造價值的潛力，則難以稱得上是資源。

表 6-1 ▶ 有形資源與無形資源

有形資源	無形資源
土地	智慧財產權
金錢	執照
廠房	品牌
設備	合約
存貨	形象
原料等	身分
	聲望等

資源的所有權與人身依附

資源所有權的歸屬與資源性質有關

資源所有權的歸屬是一項值得重視的課題。有人認爲，私有財產制度是現代市場經濟的先決條件，意指唯有當政府或社會制度承認並保護資源或財產的所有權時，財富累積與支配個人所得等才有意義，在此基礎上，交易、市場機能、利潤機制等才能有效運作。

在人類社會中，有形資源的所有權制度已行之有年，爭議不大，而無形資源的所有權，例如智財權、商標權等則日益重要，法律保障也日趨周延，因而影響了企業的經營。**而關係、形象、聲望以及身分（例如身爲某位重要人物的親屬）則有高度的「人身依附」**，擁有這些無形資源者，即使身爲組織核心成員，組織也未必能確保這些無形資源可以納入組織的所有權範圍。第四章所談到的「資源的陰面」即在提醒管理當局注意這些資源的歸屬問題。

無形資源與知能的分野

有些管理理論認爲，「能力與知識」也是一種資源。「知能」與高度人身依附的無形資源，在本質上固然有其相似之處，但本書認爲，「知能」與「資源」所發揮的作用不盡相同。以「決策」爲例，不論是知能或資源的多寡有無，皆可能影響決策者可以選擇的「方案」，但是，知能還可能影響到決策的「品質」。因此，「能力與知識」不宜與一般的資源相提並論，而應列爲另一項獨立的管理元素。

此外，如前所述，近年來在各方努力下，智財權、商標權等無形資源的「計價」，以及計價後的所有權歸屬，已經產生相當高的共識與原則，因此未來漸漸可以運用有形資源的方式來管理或交易。而高度人身依附的知能，在知識自由流通、人員自由流動的時代，管理方式尚難與有形資源的管理互相參照。

資源不可分割與資源閒置促使組織成長

有些組織所掌握的資源，由於難以分割或尚未充分利用，而促使組織不得不走

向成長，以期充分利用這些多餘的有形或無形資源。

例如：企業爲了追求專業化與生產效率，建造大規模的廠房後，發現產能閒置甚多，且多餘廠房又出租不易，爲了充分利用產能，而積極開發新產品或外銷市場。在無形資源方面，例如：建立品牌形象需達一定門檻，然而等到擁有良好品牌形象後，又開始感到產品線太單薄，似乎未能充分利用此一品牌形象，於是試圖在此一品牌下，再推出更多產品。

產品線增加後，有些互補資源（例如檢驗設備）又顯得不足，等到補足互補資源，又發覺另外一些資源出現閒置現象。許多組織的持續成長，便是在此一循環下進行的。

資源的相關管理議題

資源的獲取

廣義的交易是取得資源的主要管道

在現代社會，獲得資源的最主要管道爲交易與交換，包括購買、合作、僱用、借貸、投資等在內，這些是所謂「廣義的交易」。從組織觀點來看，任務環境中爲數眾多的成員或機構，是本組織交換資源的對象。例如；資金提供者、產品購買者、原料及設備供應商、提供經銷服務的各級通路商、提供各項周邊服務的廣告代理商、會計師、律師等等，都爲組織提供各式各樣的有形或無形資源，有了這些資源，組織才能順利運作。因此，**如何選擇合作或交易對象，並以合理的條件獲得其所提供的資源，是管理當局的重要工作項目。**

取得資源的時機十分重要

各項資源，無論有形無形，都會因爲供需的起伏，而在價格或爲取得該項資源而必須付出的代價上，出現波動。掌握外界的供需趨勢，針對組織未來發展需要「逢低買進」，往往是致勝的關鍵。例如：過去許多營建業的成功，即因爲在土地價格飆漲前即採購大量土地，因而取得後續經營的優勢。有些廠商在某些技術尚未成熟前，即開始與從事此方面研發的機構建立聯盟關係或介入投資，其用意與期望的效果也極爲類似。

回顧許多產業中各個企業成敗的歷史後發現，是否能**及早取得未來發展所需要的關鍵資源**是日後經營績效高下的主要原因之一。這部分當然可以歸因爲「運氣」，但對未來重要資源供需情況的預測，也極爲重要。因爲組織及早努力爭取未來才需要的資源，也可能因爲該項資源並未成爲關鍵，或根本供過於求，而導致資源錯誤配置。

領先取得關鍵資源者，應該進一步設法**創造其他同業或潛在競爭者取得相同資源的「障礙」**，以確保本身所擁有資源的長期價值。例如：在取得執照前，全力爭取執照的自由開放，自己取得執照後，則開始鼓吹限制執照數目的必要性。

當然，所謂「時機」也不限於「及早」或「領先」。有時雖然很早取得關鍵資源，但由於其他條件尚未成熟，擁有此一資源也無法發揮作用，徒然犧牲經營彈性以及

表 6-2 ▶ 與資源有關的管理議題

議題	內容
獲取資源	經由交易取得資源； 取得資源的時機十分重要； 廣種薄收以降低風險。
保護資源	從倉儲管理到專利權申請等。
創造資源	組織層次的資源創造； 成員層次的資源創造。
資源必須匯入創價流程	設計流程以發揮資源的創價潛力。
彈性水準的取決	資源寬裕程度； 資源專用程度的取決； 組織資源的形式與流動性； 資源配置的分散程度； 對特定資源來源的依賴程度。
資源與策略制定	以現有資源為基礎的策略思維； 資源與策略間的動態關係。
資源與成果分配	資源是分配成果的主要形式之一； 與其它管理元素兼有互相替代的作用。

積壓資源成本而已。換言之，**取得資源時機之「巧」，往往比時機之「早」更爲重要。**

廣種薄收以降低風險

由於未來不確定性高，因此對未來所需的資源也不宜過於集中，甚至孤注一擲。爲了減少風險，可以針對各種可能成爲關鍵資源的「生產要素」，進行某一程度的投資、瞭解，或建立初步關係，以利掌握。這麼做的目的在於，當情勢漸趨明朗時，可以比對手更快速地取得這些重要資源。此做法俗語稱爲「廣種薄收」，學理上稱爲「購買一項選擇權（option）」，亦即**先付出少量代價，以取得未來可以擁有這些資源的機會或權利。**

資源的保護

除了取得資源，保護有形與無形資源，避免流失或遭到濫用，當然也是管理工作的一環。

從倉儲管理、工廠保全到申請專利權，都屬於此一範圍。在此雖然討論篇幅不多，並不表示此項工作重要性不高。而是因爲其專業分歧，已遠超過作者知識範圍，讀者應參考其他相關專門著作。

資源的創造

除了對外交換以取得資源，組織中**各級人員針對任務需要而從事的資源創造也十分重要。**

組織層次的資源創造

各級人員群策群力，可以直接或間接爲組織創造資源，例如技術研發、廠房整建、建立聲譽、創造形象、建構網絡等，都是組織層面的資源創造工作。而組織的創價流程本身，除了爲顧客或服務對象創造價值，也有相當大一部分努力是投注在重要資源的創造上。

個別成員的資源創造

個別的成員或管理人員，如果達成任務所需資源皆來自組織或上級（所有「資6」皆來自相關的「資5」，所有「資5」皆來自上級的「資4」或組織的「資3」），表示此一組織的運作缺乏開創性。所謂「開創性」是指各級人員都能如第二章案例中的業務代表A君或產品經理C君，能積極主動找到來自任務環境或各級人員的潛在或閒置資源（屬於「資2」、「資3」、「資4」等的時間、關係、形象等），加以結合運用，有效達成使命。

「創造資源」或發掘具潛在價值的閒置資源，是一項非常重要的工作，也是本書所稱「整合」工作中極重要的一環，同時是各級人員能對組織發揮貢獻，創造本身附加價值的正確方向。

資源必須匯入創價流程

資源必須具有創造價值的潛力，然而「具有潛力」與「實現潛力」間尚有一段距離。因此，將這些有形與無形資源有效匯入組織的創價流程，是重要的管理工作。

閒置的設備與廠房、未充分運用的資金、過多的存貨、未發生作用的智財權或社會關係與形象等，都代表這些具有創造價值潛力的資源並未有效匯入組織的創價流程。而如何配合任務的要求，發掘這些閒置但可動用的資源，並**設計流程有效運用這些資源，是管理工作中極爲重要的課題**。

彈性水準的取決

企業經營除了追求效率，也應注意維持彈性，而資源的彈性水準是一項需要考量的重要決策。

資源寬裕程度

維持彈性的方法之一是保留某一程度的資源寬裕。例如上述的設備、廠房、資金、存貨等，如果要全力追求效率或成果，就應將組織所能掌握的這些資源全部都投入創價流程，若有未能有效納入創價流程者，就應盡量減少持有，以降低成本。然而，如此一來可能會犧牲經營彈性，萬一臨時發生預期外的狀況，由於缺乏備用資源，或許會出現極嚴重的後果。

資源專用程度的取決

組織可以購買專門用途的機器設備，將廠房建造設計得符合某些專門的用途，以追求效率的提升，或配合特定客戶的要求。反之，也可以維持若干彈性，以期適應環境的不確定性。在無形資源或品牌形象方面，也有專用程度的取決，組織可以將品牌塑造成僅適用於某一特定類型產品的形象，也可以維持彈性，以備將來多角化經營時，可以充分發揮原有品牌形象的優勢。

資源專用程度代表「效率」與「彈性」間的取捨。

組織資源的形式與流動性

組織資源呈現的形式以及流動性也會影響其彈性。例如：現金是最具彈性的資源呈現方式或保存方式，流動性也最大。將現金轉換爲各種其他的資源形式，如土地、廠房或原材料，彈性與流動性就降低了。然而具高度彈性或流動性的現金，卻也是最缺乏生產力的資源形式，因此，在資源生產力與資源彈性兩端間，如何取捨，也是一項重要決策。

資源配置的分散程度

爲了避免風險或盡快掌握機會，組織可能會將資源布局在不同地區或不同產業。然而分散代表力量不易集中，因此也必須有所抉擇。

對特定資源來源的依賴程度

對特定的資源來源究竟應依賴到什麼程度，或設法分散到什麼程度，這些會影響經營的彈性。客戶、投資機構、零組件供應商、金融機構等，都屬於組織的資源來源，分別爲組織提供不同資源。組織若過於依賴單一客戶，或過於依賴單一零組件供應商，都有風險，也可能因爲過於依賴單一來源而失去調整的彈性。但依賴單一來源，也可能進一步發展成對方與我方的「相互依賴」，而來源分散（例如客戶分散或供應商分散）將使本身在對方架構中的重要性降低。取捨之間並無絕對標準。

在「相互依賴」的關係中，由於我方也可能因合作失敗而蒙受損失，因而也隱含我方對此項合作或整合的重視，可以提高對方對我方的信任。反之，若合作失敗對我方毫無風險，反而會引起對方的戒心。不過，**在與資源來源的互賴關係中，若能刻意創造並維持對我方有利的「不對稱關係」，也是組織努力的方向**。例如：在合作的過程中，雖然彼此互相依賴，如果合作失敗或整合不成時，對方所受傷害將比我方更深，則呈現一種對我方較爲有利的不對稱關係。

資源與策略制定

以現有資源為基礎的策略思維

策略制定是一項極爲複雜的管理工作。策略思考可以從外界環境機會的發掘開始，或從本身所掌握的知能開始。當然，也可以從組織擁有的資源開始。換句話說，環繞著本身所擁有的有形與無形資源，思考組織憑著這些資源能有些什麼作爲，以及以這些資源爲基礎，可以建立及發揮哪些競爭優勢，也是形成策略的方法之一。

實務上，的確有不少企業在成立之初，就是因爲擁有某些專利技術，或某塊土地，甚至某個網絡關係，再來思考「有了這些我們能做什麼生意？」。而現有企業是否應快速成長，應否多角化進入新事業等策略決策，除了必須檢討本身能力，組織所能掌握或獲得的資源特性與總量，也是關鍵考量。

策略思維能以本身擁有的資源爲出發點，相對而言，比較踏實而不致天馬行空、難以實施。但應注意，若過於環繞著現有資源，策略思考的開創性或許會受到限制。

資源與策略間的動態關係

策略制定者固然可以從現有資源來進行策略思考，但也可以反過來，從未來環境的機會、本身的策略願景出發，思考當前應加強哪些方面的資源或知能。在此一思維方式下，即可更有系統、有方向地進行前述「潛在資源之發掘」、「資源之創造」、「資源之交易」等做法。

事實上，大部分組織剛開始都是以小量的資源與知能，在較簡單的創價流程中創造價值以後，再設法吸引更多也更多元的資源與知能。有了這些新的資源與知能，即可從事較複雜的創價活動，在任務環境中的生存空間也愈來愈寬廣。在此一動態的成長過程中，「資源」指導了未來策略的取向，策略構想也指導了取得資源與創造資源的重點，這可說是資源與策略間的動態關係。

資源與成果分配

組織不僅應重視外界資源的取得與運用，在成果分配過程中，資源也扮演著重要的角色。

資源是分配成果的主要形式之一

成員參與組織，所期望得到的，可能有許多形式。目標認同、知能成長、資源取得等都是。

某些非營利的志願性組織，其成員之參與主要是因爲高度認同組織的使命，之所以不計酬勞的投入，是希望經由組織使命或目標之達成，來實現個人的人生價值。因此，「目標」可視爲其「成果分配」的主要內容。此外，有些人參與組織是爲了提升本身的知能水準，因此，只要因參與組織工作而獲得知能成長，即願意繼續投入組織，對這些成員而言，「知能」是其「成果分配」的主要形式。

然而對絕大部分成員而言，有形資源，如薪資、分紅等，是期望中最主要的成果分配方式之一。當然，組織所創造的無形資源，如聲望與社會關係等，也是成果分配的形式。

與其他管理元素間有互相替代的作用

由於成果分配的形式很多，因此彼此間也必然存在著互相替代的關係。例如：知能的成長機會可以替代一部分有形資源的待遇；對組織目標高度認同時，則待遇與知能成長機會稍差亦可以接受。

資源與其他管理元素的關係

有形與無形資源與其他管理元素間的關係可以分析如下。

目標與價值前提

「目標與價值前提」與資源是互相影響的。

目標決定資源的主觀價值

目標水準與目標所設定的方向，會影響資源的價值，例如：在某一目標或策略方向之下，某廠房是極具有價值的，然而，一旦目標改變，該廠房就無法發揮作用，帶給組織的價值也因而大幅降低。智財權、品牌形象等，也可能有類似的情況。

表 6-3 ▶ 有形與無形資源與其他管理元素間的關係

管理元素及其他	關係
目標與價值前提	目標決定資源的主觀價值； 資源總量影響目標水準； 成員個人目標的滿足有賴組織資源的分配。
環境認知與事實前提	資源的主觀價值受環境認知的影響； 資源多寡影響環境認知。
決策與行動	組織資源的質與量影響決策方向； 過去決策塑造了組織現在擁有的資源。
創價流程	創價流程的基本作用即是「資源轉換」； 資源必須依賴管理流程才能注入營運流程。
能力與知識	擁有知能方能善用資源； 良好知能有助於資源創造與水準提升。
資源間的相生與互斥	不同資源間的互補相生； 不同資源間的互斥。

資源總量影響目標水準

組織所掌握的資源總量，也會影響目標水準的高低，以及決策者的風險偏好。有時因爲擁有的資源增加，參與決策者的企圖心或「心量」也會提升，有豐富的資源做後盾，行事的謹慎程度也會隨之降低，更勇於冒險。但也有另一種可能，有時資源豐富者，「其心多懶」，反而喪失了積極與主動的精神。

成員個人目標的滿足有賴組織資源的分配

激勵成員、吸引投資人的過程，在本質上即是藉由分享某些屬於組織的「資源」，以達到他們的個人目標，並促使他們採取有利於組織目標的行動。易言之，「資源」是整合機構目標，以及本組織內外人士「陰面」目標的重要媒介。組織所支付的薪資、貨款、股息，都是「資源」的一種形式，而「支付」動作或所謂「成果分配」，則是希望能滿足員工、供應商、投資人的某些「目標」，因而使他們願意投入工作、提供原料、提供資金，以完成組織的「目標」。而他們是否在乎這些「資源」，則與他們的價值選擇有關；他們的行動是否有助於達成本組織目標，則與他們的能力、在創價流程中的角色，以及組織目標的內容有關。

環境認知與事實前提

「環境認知與事實前提」反映了決策者或決策當局的主觀認知中，組織內外的現況，以及他們所「認爲」的未來發展趨勢。這方面的論述，將在第十章中再進一步說明。

資源的主觀價值受環境認知的影響

在決策者認知中，**資源在環境中的稀少性，影響了資源的主觀價值**。例如：在「報禁」開放前，許多人認爲報社執照是極有價值的一項資源，不但可以做爲策略運作的基礎，而且也有極高的市場交易價格，然而此一「價值」其實是基於社會對其「稀少性」的認知。當此一環境認知發生實質改變，執照的價值必然隨之調整。事實上，**許多交易標的（例如股票）就是因爲買賣雙方的主觀認知中，對該項標的未來前景**

有不同的預期，才會發生交易。易言之，即是買方看漲，賣方看跌，交易發生時，雙方都認爲對自己有利，才可能產生交易行爲。此一現象也反映出「認知影響資源價值」的過程。

資源多寡影響環境認知

資源豐富的組織，領導人所關注的範圍，比起資源稀少的組織，當然格局不同。理由是資源豐富，未來的發展舞台必須更爲開闊，才能滿足這些資源提供者的期望，因此環境認知的範圍當然就更廣了。

決策與行動

組織資源的質與量影響決策方向

如前述，資源水準會影響目標水準、風險偏好、環境認知，因此決策方向自然也會受到組織資源左右。目前的資源布局情況，容易促使決策者以充分發揮現有資源的角度來考量，因而很可能出現環繞著核心資源「聚焦」的趨勢。同一產業中，各家企業發展的方向與結果不同，往往是肇因於當初所擁有的獨特資源不同，然後各家分別以充分發揮資源效果爲著眼點而成長，因而若干年後呈現出完全不同、彼此也難以互相模仿的經營形態。

過去的決策塑造了組織現在擁有的資源

任何一個組織，其當前所擁有資源的質與量也非自然而形成的，而是過去許多決策的結果。例如：創業股東的選擇、股票是否應公開上市、目標客戶群的抉擇、機器設備的購買、專利權的申請，甚至形象的創造維持等，這些都是與資源創造或累積有關的決策。亦即，**過去這些決策與行動塑造了組織現有的資源基礎**。

換句話說，組織當前擁有的資源性質與資源水準，是過去一連串決策所造成的。而未來決策與行動的方向，也深受當前所擁有資源質與量的影響。

創價流程

創價流程的基本作用即是「資源轉換」，因此創價流程與資源間的關係極爲密切，自不待言。

而各種有形無形資源的取得、保護、運用，也都需要設計各種創價流程或次流程才能進行。換句話說，資源必須依賴管理流程才能注入營運流程。

能力與知識

能力與知識可能屬於組織中個別成員，也可能屬於組織整體。無論哪一種形式，**「能力與知識」與資源之間，皆有互補效果**。

擁有知能方能善用資源

有些組織資源雖多，但若無能力善加運用，資源也等於閒置；資源少，但能力強，則可以彌補資源不足的缺憾。當我們比較一下衝勁十足的新創企業和疲態畢露的大型組織，即可證明此一現象。

而擁有足量資源，也會使組織的能力得以發揮；有豐富資源的組織，也更容易聘用能力高強的各級員工，這也說明了知能與資源的互補關係。

良好知能有助資源的創造與水準的提升

絕大部分形式的資源，都有逐漸「折舊」的可能，也有持續升級強化的空間。究竟是快速折舊，還是升級強化，取決於組織或相關人士的「能力」。例如：人際網絡是一種無形資源，「經營得法」，即可維持日益密切的互利共生關係，否則即漸行漸遠，甚至反目成仇。技術能力高，可以自行將外購的標準機器設備整修改裝，使之成爲獨特的競爭力來源；技術能力低落者，由於維修保養或操作無方，再好的機器也可能在短時間內即不得不報廢。土地的增值，也未必全都仰仗外界的景氣，本身致力於周邊環境的經營、地目的變更等，也可以增加土地資源的價值。

如何運用組織知能來提升資源的價值，是管理上日漸受到重視的課題。

資源的相生與互斥

組織擁有或需要的資源，類型很多，各種資源又可能有不同的來源。這些不同的資源內容，或同一類資源的不同來源間，有時存在著「相生」或「互斥」的關係。

不同資源的互補相生

所謂「相生」表示當擁有的某些資源較多時，將更容易吸引到其他資源。最通俗的例子是「愈有錢的人愈容易借到錢」。同理，資金雄厚可以更容易吸引技術的提供者或土地賣主；聲望愈高者，更容易建立更多的網絡關係；產品的品牌形象不只是一項吸引消費者的無形資源，有時品牌形象良好，在資本市場上也有加分效果。如何利用現有資源創造更多資源，或整合其他人的資源，這些無論在個人層面或組織層面，都是極為關鍵的。

不同資源的互斥

所謂「互斥」表示，當擁有某些資源時，即無法同時擁有另一些資源；或從某一來源獲得特定資源，則不能從另一來源取得類似的資源。例如：擁有某一業務的執照則不能同時擁有另外一種業務的執照（例如過去的美國電信產業，市話業者即不得經營長途及國際電話）；組織既有的網絡關係，會限制組織建立其它某些新的網絡關係。後者如：為了取得某一技術而與某企業結盟，即不能與其競爭者結盟，而「結盟關係」即是一種無形的資源。

有時，在「規則」上，同一組織無法擁有幾項互斥的資源，但如果能有所突破，則可以創造與眾不同的獨特優勢。例如：依照規定，電信業者擁有某區執照則不能同時持有另外一區執照，但若能間接得到兩種執照，競爭上必然大為有利。在技術來源方面，若能同時與不同來源結盟；或在人際關係上，若能與兩個敵對陣營同時交好，則其中皆可產生相當大的運作空間。當然，這些手法可能涉及的道德或法律風險，也不可輕忽。

管理工作的自我檢核

1. 本組織最重要的有形與無形資源有哪些？它們對本組織的創價流程有何關鍵作用？
2. 本組織有哪些管理流程，針對上述的重要或關鍵資源進行取得、維護、創造、整合？
3. 如果您是中基層管理人員，請問組織有哪些尚未充分利用的有形無形資源，可以協助你更有效地達成任務？
4. 請問本組織的策略發展方向，與目前擁有資源的質與量有何關係？策略是否充分發揮了資源的潛力？應盡快增加哪些資源，以提升策略的彈性？

第 7 章

能力與知識

管理功能的發揮以及所能產生的貢獻，與知能水準息息相關。從結構面的知識、行爲面的知能、觀念上的知識與資訊處理能力，一直到組織知能的累積與創新，都影響了管理與組織的長期績效。

本章重要主題

- 有關知識與能力的基本觀念
- 管理知能
- 個人層面的管理能力
- 知識與資訊的處理能力（KIPA）
- 組織層面的知能
- 與能力及知識有關的管理議題
- 與各管理元素間的互動關係

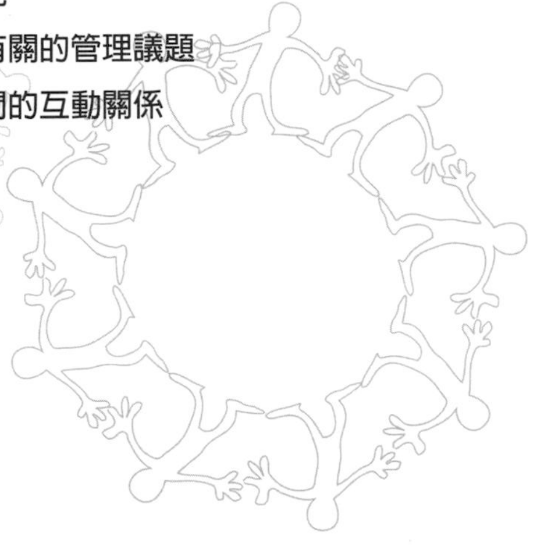

關鍵詞

知識與資訊處理能力 p.180
變項間的因果關係網 p.180
知識體系 p.183
外顯知識 p.184
內隱知識 p.184
互補知識 p.184
觀念能力 p.192
轉換能力 p.193
資訊搜尋及篩選能力 p.195
輸入輸出的能力 p.196
組織記憶與知識庫 p.199
知識管理 p.203

整體組織或組織中個人所擁有的能力與知識，是組織創造獨特價值的重要來源。這些**能力與知識的質與量，影響了組織創價流程產出的水準**。

本章共七節。第一節與第二節分別介紹與知識和能力有關的基本觀念，以及管理知能的意義。第三節至第五節分別說明屬於個人層面與組織層面的知能，其中第四節特別介紹作者認為對管理者極為重要的「知識與資訊處理能力」。第六節指出與知能有關的管理決策，第七節則分析知能與其他管理元素間的關係。

知識與能力的基本觀念

知識的意義

知識即是「變項及變項間的因果關係網」

「知識」最簡單的意義即是「變項及變項間的因果關係網」。

例如：「價格上漲則需求下跌」是經濟學知識中的一環，其中「價格」是一個「變項」，「需求」是另一個變項，前者上漲時後者會下跌，則代表兩者間的因果關係。「服用某些藥物，身體會產生某些反應」、「建材的組合方式與施工方法，會影響建築物抗震的強度」也都是知識的形式；其中，「藥物類型」、「藥物劑量」、「建材的組合方式」、「施工方法」都是「因變項」，「身體產生反應」、「建築物抗震的強度」則是「應變項」，它們之間的影響方向或程度，則代表了其間的「因果關係」。

進一步說明知識內涵

除了此一最簡化的意義外，「知識」應更進一步包括這些變項的定義、變項的可能水準與選項、觀察與衡量變項的方法、因果關係的強弱變化、形成因果關係的理由、因果關係的適用情況，以及各種變項演進與變化的規則等。茲說明如下。

「變項定義」是指對「價格」、「需求」、「施工方法」、「抗震強度」這些變項意義的明確瞭解，「變項可能水準」是指價格、需求高低或劑量多寡的可能變化範圍（何謂「貴」，何謂「高」），「變項的選項」是指「共有哪些可能的藥物」、「共有哪些可能的施工方法」。

「觀察與衡量變項的方法」是指，除了要瞭解「藥物劑量」、「身體反應」、「抗震強度」等意義，還要知道如何客觀地觀察與衡量這些變項。理想上，所有擁有這些知識基礎的人，都可以用同樣的方法，對這些「劑量」、「強度」、「需求」、「價格」、「反應」得到類似或相同的觀察與衡量結果。

「因果關係的強弱變化」代表「價格上漲多少，則需求下跌多少」、「藥物劑量增減到什麼程度，身體反應會發生什麼現象」這種因果關係的本質，包括了方向與強度。

「形成因果關係的理由」則是試圖用一些更基本、更爲大家所瞭解與接受的「因果關係」，解釋某個特定的因果關係。例如：要解釋「價格上漲則需求下跌」這一個因果關係，理由可能包括「消費者購買力有其總量上限」，以及「邊際效用遞減」等觀念。而「購買力」、「上限」、「效用」、「邊際效用」、「遞減」等又是一些「變項」，它們也各有其定義，也有相關的因果關係存在。通常應該用一些已掌握或已瞭解的因果關係，來解釋一些更複雜的因果關係。每個人對各種事務的瞭解程度，會受到每個人過去所掌握的相關基礎知識豐富程度影響而有不同。

「因果關係的適用情況」是指「在不同的情況下，此一因果關係有何變化」。例如：「價格上漲則需求下跌」的程度，可能與產品性質有關。一般而言，需求會因價格上漲而下跌，但若是民生必需品，需求下跌幅度則較小；若是某些奢侈品，價格愈高反而需求愈強。在這些例子中，「產品性質」本身也是一個變項，因爲此變項的作用，價格與需求間會呈現不同強度，甚至方向相反的關係（這種變項在學術上稱爲「調節變項」）。此外，例如藥物劑量對身體的影響程度，會因年齡、體重而不同；施工方法對建築物抗震強度的影響程度，會因建築物高度而有所不同。這些都說明了變項間的關係因調節變項的存在而發生變化。在任何知識領域，諸如此類的實例不勝枚舉。

任何知識領域皆由複雜的因果關係網構成

然而在任何知識領域，所謂知識，都不只是一兩個簡單的因果關係而已。由於有關的變項爲數極多，彼此間因果關係十分複雜，往往是原因之前還有原因，結果之後還有結果。而且任何變項的變化，都可能是許多變項所造成的，同時每個變項又可能影響爲數眾多的其他變項。易言之，任何變項（例如：價格水準或品牌形象的高低）都可能既是影響其他變項的「因變項」，也是被影響的「應變項」，同時也是影響某些因果關係的「調節變項」。

任何知識領域都是一個錯綜複雜的體系，涵蓋由無數相關的「因變項」、「應變項」、「調節變項」交織而成的因果關係網，以及形成這些因果關係背後的種種道理或理由。而以上所談到的「變項定義」、「變項水準與選項」、「觀察與衡量變項的方法」等當然也包括在內。

知識的累積與創新

因此所謂累積知識，即是不斷地發掘、定義新變項，發現或驗證新因果關係與調節關係，以及力求對變項與關係更精進的觀察衡量。知識創新則是在目前已瞭解的因果關係網之外，發現新變項、新關係或新的定義與衡量方法。從小到大，每個人每天都在進行這種知識的累積與創新，方式可能是讀書，可能是觀察吸收他人的經驗，也可能是從自己的實踐行動中驗證反省。而「學術研究」的過程，本質上其實也完全一樣，但在過程中更精緻周延，在體系上更能整理出一套完整的「理論架構」。而學術的著作與發表也加速了人類社會在知識方面的累積與交流。

表 7-1 ▶ 知識的意義與舉例

意義	舉例
變項及其間因果關係網	「廣告金額」、「價格」等會影響「產品需求」。
變項的定義	何謂「廣告金額」、「價格」、「需求」？
變項的可能水準與選項	共有幾種「廣告金額」水準？共有幾種可能的「價格」？
觀察與衡量變項的方法	「需求高低」如何衡量？
因果關係的強弱變化	每增加十萬元「廣告金額」，對「需求」有何影響？「價格」每降價一元，對「需求」有何影響？
形成因果關係的理由	何以見得增加廣告會提高需求？何以見得降低價格會增加需求？提高價格會降低需求？
因果關係的適用情況	何種產品或顧客，對價格比較敏感？何種產品或顧客，廣告作用比較大？

實用知識

理論與實用的分野是程度問題也是階段問題

有些知識或學問屬於上游的學術思想或純粹理論，短期間未必能在任何產業中發生直接的創價作用。**有些知識則能對創價流程產生直接作用或貢獻，可稱為實用知識**。然而現在的純粹理論，不久後可能逐漸發展成實用知識，而許多現有的實用知識，也是奠基於學術理論，或是由過去的學術理論演進而來。例如：前述「形成因果關係的理由」往往需要藉助於學術理論深入解釋，而許多運用這些知識的人，雖然知道因果關係的存在，卻是「知其然而不知其所以然」。因此，嚴格而言，某一知識是否「實用」，並非絕對。

診斷性實用知識

在實用知識中，依性質又可大略分為「診斷性」與「行動性」兩種。**所謂「診斷性實用知識」是指藉著知識體系所呈現的因果關係網，我們可以從結果或表面現象推斷出形成此一結果的原因**。例如：醫師憑其專業訓練，可以從各種身體狀況的檢驗結果，推測患者的致病原因；經濟學家可以從各種經濟指標分析國家經濟不振背後的理由；大地工程師可以從地質鑽探結果，瞭解基地的地質結構等。這些都是「診斷性實用知識」的運用。

行動性實用知識

所謂「行動性實用知識」是指知識擁有者可以從知識的因果關係網中，知道如果採取什麼行動，將會發生什麼效果。例如：醫師可以針對病情，選擇合適的治療方法，達到預期的治療效果；經濟學家可以建議政府，為了經濟的穩定發展，當前應採用何種經濟政策。

無論是「診斷性」或是「行動性」，都是個人以其所擁有知識體系中的因果關係網為基礎，直接或間接地運用在某些創價流程中。每個人所掌握知識體系的正確程度與周延程度不同，因此，各人「診斷」或「行動」的功力就有高下，效果也不一樣。

外顯知識與內隱知識

兩種知識的意義

有些知識極易用明確的文字或語言表達，有些則不易言傳，必須運用許多隱喻形容，也需要學習者的長期觀察與反思後，才能慢慢體會與內化。前者通稱爲外顯知識，後者則爲內隱知識。

外顯或內隱程度因人而異

雖然「外顯或內隱」是對知識的描述，但事實上，**同一項知識對不同的人而言，外顯或內隱的程度可能完全不同**。有些人感到十分「內隱」難懂的知識，對有些人卻可能感到淺顯易懂。原因是後者對此一專題或專業有關的知識體系，包括因果關係網、變項定義等，已相當熟悉，接觸到新觀念時可以很快將之納入原有知識體系，因而出現「一點即通」或「觸類旁通」的效果。另外有些人在此一知識領域中，過去所知道的因果關係與變項很少，面對新的知識內容，當然感到吸收困難。

互補知識與學習效果

在學習新知識的過程中，學習者原先已擁有的知識，包括對變項的存在、意義、前後因果關係等的瞭解，若對學習新知識有幫助者，稱爲「互補知識」。**互補知識愈多愈深入，學習的效果就愈好**，感覺知識「不可言傳」的程度也愈低。因此，年紀輕時即建立良好而廣博的知識基礎，對未來一生知識的成長與學習，會產生「舉一反三」的加乘作用。

知識創新與累積的過程

許多知識都是多年以來，前人在實踐或嘗試錯誤的過程中累積而得。這些由經驗（或觀察別人的經驗）所產生的知識，一開始時，由於缺乏現成的架構、名詞、變項定義等藉以相互溝通，因此「內隱」程度必然較高。然而，隨著文明發展，社會逐漸形成或累積了許多「互補知識」，以及對這些因果關係及變項定義等的共同觀念與架構，這些知識的「外顯」程度因此提高。於是，更多知識可以用文字記錄傳承，知識的擴散、累積、創新得以加速進行。

換言之，知識創新與累積的循環過程是：從實際解決問題的過程產生新的內隱知識，再利用隱喻、示範、互動教學的方式逐漸擴散，等到略有架構與系統後，再書於文字，試圖與社會原有知識體系相連結，進而成爲人類社會共同擁有外顯知識的一部分。外顯知識經由教育系統，提升社會普遍的知識水準與解決問題的能力，然而在解決問題的過程中，又再度體驗出內隱的新知識。此一循環使人類社會所累積的外顯知識以及解決問題的能力生生不息，不斷地向上提升。

能力

創價流程中的工作，有些可以完全依賴知識，有些則還需要能力。所謂能力，有些只與體能或肌肉技巧有關，有些則需要知識配合，甚至「活用知識」本身，也是一種能力。

基於對知能需要程度的不同，「非管理面」的工作大致可以分爲三類：

純體能的工作

這一類工作者需要有某種水準以上的體力、肌力、眼力或神經肌肉的協調等。生產線勞工、運動選手以及體力勞動者，其能力與潛在貢獻雖然與「知識」也有若干關連，但其體能是絕對不可或缺的。

音樂演奏、繪圖、舞蹈，甚至語言表達等，這些也都屬於廣義「純體能」的範圍。

純粹研判或決策性質的工作

財務報表分析、經濟情勢分析、證券分析等，其主要貢獻來自個人擁有的知識，其「能力」的表現即爲能否活學活用知識，亦即能否運用知識快速連結複雜的資料，將現象與知識結構的變項、因果關係等道理相結合，並依據道理或創意做出研判或決定。

純粹的學術研究，也屬於此一類的工作。

需要同時結合體能與研判的工作

現代社會中大部分工作，或所謂知識工作，皆屬於這一類，只是對二者要求的比重不同。例如：外科醫師進行外科手術時，一方面需要專業知識爲基礎，一方面對眼力、肌力、體力等要求也甚高。中醫師若無科學儀器協助診斷，則藉由「望聞問切」瞭解病情，也需要上述兩種能力的結合。此外，工程研發、產品維修，甚至上課教學等工作也都屬於此類。

無論哪一種能力，其發展都需要長期的實作或操練才能養成。有關體能方面自不待言，而第二類與第三類工作所需的知能，不僅必須經過練習才能結合知識與行動（包括診斷），**而且最好在邊做邊學的過程中，有高手「師父」在旁擔任教練，隨時回饋，依其表現適時指導，能力才可能較快成長。**

以上雖是描述人類知識進步的途徑，但也是個別組織在知識管理方面可以努力的方向。

管理知能

前節所談，僅著眼於非管理面的知能，因爲這些非管理面的知能，對人類社會的進步以及組織的創價流程都十分重要，做爲管理者，對知能應有普遍性的瞭解。

管理領域內的知能，內容也極豐富，而且還應包括對以上所稱「非管理面知能」的管理在內。管理知能大致可分爲結構面的知識以及程序面的知能兩種。至於更「內在」與「人身依附」的知能，留待第三節與第四節討論。

結構面的管理知識

依前節所述，知識是許多**「變項及變項間的因果關係」，加上「變項定義」、「變項水準與選項」、「觀察與衡量變項的方法」、「形成因果關係的理由」、「影響因果關係的調節變項」**等所形成的體系。管理知識自然也不出此一定義的範圍。

所有管理知識皆可表現為變項的因果關係網

在行銷、生產、財務、人事，乃至於策略設計與組織結構等主題方面，內容豐富，博大精深。然而略爲分析後可以發現，這些內容其實都是在介紹各領域或主題相關的變項、變項定義與衡量、變項間的因果關係、形成因果關係的理由、調節變項的影響與作用等。學習這些企管理論或知識，**如果能運用本章介紹的「知識的意義」（因果關係網等）來解析，對學習效果甚至對知識內容的融會貫通，應可發揮良好的正面作用，提高學習的效率**。

對知識廣度與深度的需求

愈到組織高層，愈能體會與企業經營有關的「因果關係網」的複雜性與多元性。例如：在思考或處理行銷問題時，影響或被影響的變項往往遠超過「行銷」領域的範疇。同理，各個領域中的變項也都有類似的關係與現象，如果只專注於某一知識領域的變項或知識，極可能出現見樹不見林，或以偏概全的結果。高階領導者的知識基礎必須多元且廣博，並需有能力與修養，以廣泛吸納各方的資訊與見解，理由即是與其決策責任範圍有關的變項極多，所需要知道的因果關係網也必須十分廣博才行。

學術研究講求「單點深入」，個別學者在研究時所關心的變項與因果關係不宜過多，才有「深入」的可能。而管理者所需接觸的變項則是廣而不深，才能做到全

表 7-2 ▶ 管理知能

內容	說明
結構面的管理知識	管理知識皆可表現為變項的因果關係網； 對知識廣度與深度的需求，學術界與實務界極為不同； 管理知識應藉助其他社會科學的思想與成果。
程序面的管理知能	不斷蒐集資訊與採取行動的動態過程； 管理知識的變項關係複雜且衡量不易； 管理教育應注重啓發思想能力，而非套用理論。
產業與科技相關知識的必要性	管理知能的運用必須依賴產業與科技的互補知識； 資訊完整更能發揮知能的效用； 知能水準有助資訊的取得與認知。

面觀照。這是管理學術與管理實務二者的基本矛盾所在。

管理知識應藉助其他社會科學的思想與成果

企業管理領域中有關變項或因果關係背後的道理，往往與其他社會科學的知識不易明確區分，甚至難免會借用到其他知識領域中早已存在的理論。因此，**學習管理知識時，也應對其他社會科學的基本觀念有所涉獵，尤其應學習其推理的方法或「形成因果關係的理由」**，方有助於建立廣博的知識基礎與邏輯思考的能力。

多年前本書作者即指出，其他社會科學與管理學的關係類似「上下游」關係。各種社會科學提供深入而嚴謹的知識或變項關係，而管理學則「整合」各種上游的學問，以處理下游的實際問題。由是觀之，**不僅管理的本質是整合，管理學本身也是整合理論與實務、整合各種社會科學精華的產物。**

程序面的管理知能

管理工作並非體力勞動性質，也不能依賴純粹的思考與研判等知識的運用。實務上，管理工作既需要深入的理性分析，也需要行爲方面的表現。兩者結合程度之密切，以及對知識廣度以及行爲面技巧的要求水準，遠超過前述如「外科醫師」的工作。

不斷蒐集資訊與採取行動的動態過程

程序面的管理知能與前述實用知識相似，可分爲「診斷性」與「行動性」兩種。以學理中的結構面知識爲基礎，從財務資料、現場訪視，以及各方意見中，歸納出問題的癥結，這需要診斷性的程序面管理知能。瞭解問題癥結後，再從結構面知識的因果關係網中，找出適當變項，設計具體方案，採取有效行動，這需要的是行動性的程序面管理知能。**無論是診斷性或是行動性，在進行這些工作時，當事人是以一種極爲動態的方式，不斷蒐集資訊，不斷形成下一步的診斷問題或可行方案，然後依這些診斷問題或可行方案的內容與需要，進一步蒐集資料驗證。因此，結構面知識是程序面知能的基礎，而後者則是前者的動態運用。**

變項關係複雜且衡量不易

管理行動不是科學研究，不僅牽涉的變項多，而且有關變項的認定與衡量，也缺乏客觀的科學方法。例如：大家可以從學理知道，激勵方法的選擇必須考慮當事人的「心理需求層次」，在結構面知識體系中，二者的因果關係尚屬明確，背後的道理也極有說服力。然而在眞實世界中，當面對一位有血有肉，有生命有感情的同仁時，管理者實在很難界定他現階段的「心理需求」究竟屬於哪一層次。人事管理方面雖然也發展出不少問卷量表，但一個人內心深處的狀態，並不易精確衡量或捉摸。這是實務上有關「變項水準」衡量的困難。其他如消費者心理、經銷商的意圖、競爭者動向等，都是重要的決策考慮變項，但也都不易衡量或預測。

此外，還有一些是「變項複雜性」所產生的困難。眞實世界中，因果關係複雜，相關的變項爲數眾多且各別影響強度不明，使「套用理論」這件事極爲不易，即使可以勉強套用某一理論，理論中所產生的解決辦法，也未必合於實際的複雜情境。

對管理教育的涵意

與其他學科或知識領域相比，管理學的結構面知識（或學理中所提出的因果關係網等）與實用上所需的程序面知能，存在著較大的距離。而且由於相關的變項多，因此所有的管理學術理論都有其適用範圍的限制，因此，**在學習管理知識時，不宜直接「套用」其「理論架構」或「結論」，而應深入探究其因果關係、立論依據，尤其是學理形成過程中的推論方法。**

此一事實，對管理教育的內涵，以及管理人員的培養等各方面，都具有重大的涵意。

產業與科技的相關知識

管理知能的運用必須依賴產業與科技的互補知識

由於管理工作必須與實際現象及問題密切結合，因此身爲管理者，也需要擁有某一水準以上的產業相關知識，甚至是專業知識，而且有時它們也是運用管理知能時必需的互補知識。

例如：化工業的經理，即使沒有化工或化學背景，但至少要擁有某些程度的化工知識，包括對各種化學原料與加工製程的瞭解。易言之，他必須對產業科技的相關變項與因果關係，有某一程度的掌握。同理，在百貨量販業、旅遊餐飲業等，雖然沒有牽涉太多科技，但經理人對其行業的消費行爲、競爭法則、經營手法與相關法令的關係等也必須瞭解。**這些都不屬於管理知能的範圍，但與這些有關的變項、衡量、因果關係網等，卻是擔任這些產業的管理工作所不可或缺的。**

對事實的認知與因果關係的掌握

至於產業中的事實資料，例如：科技趨勢、各家同業當前競爭的狀態等，這些與「因果關係」無直接關連的「知識」，對決策當然也很重要。但在本書管理矩陣架構中，這些係屬於「環境認知與事實前提」，不屬於本章所稱的「知識」。在第十章中還會指出，即使是個人擁有或知道的「因果關係」，也是廣義「認知」的一部分。

從決策過程來看，決策者對「事實的認知」與「因果關係的掌握」是有互動關係的。對事實認知愈完整正確，「知能」愈能發揮作用；而對因果關係或知識的深入理解，不僅可以協助決策者研判資訊的正確度，也可以對攸關的資訊或環境變化產生更敏銳的感知能力。

個人層面的管理能力

相對於結構面知識，管理的程序面知能較爲內隱，也更難教導傳授。而更不易以言語形容的，是與個人有關的能力。這些能力卻往往是這些程序知能的基礎，從成功的管理者或領導人身上，很容易發覺這些能力的存在，但其中某些能力應如何培養，或究竟能否刻意培養，卻仍無定論。

限於篇幅，本書不擬針對這些能力一一深入解說，只能簡單列舉。所列舉的能力項目很多，而就任何管理者而言，事實上也無法齊備俱全，但求不出現重大缺憾即可。

基本能力

體能、健康、情緒管理能力、學習能力、記憶力、閱讀理解能力、數字運用能力、語文運用與表達能力（包括外語或方言）、創意、敏銳體察外界環境變化、果決、自信，甚至群眾魅力與能夠創造別人信任感的能力等，都是常被提到的基本能力。這些是**比較「純粹」的能力**，與「結構面知識」未必有直接關連，也相當獨立於當事人的「目標與價值前提」之外。

有些基本能力與個人「目標與價值前提」有關，可以視爲一種價值觀，也可以視爲從個人價值延伸出來的能力。例如：全力求勝的意志力、積極奮鬥的魄力與精神、負責的態度與習慣、坦然接受失敗的胸襟等，固然是人生價值觀的一環，但其貫徹也需要許多基本的管理能力。

人際能力

與人際互動有關的能力包括：溝通技巧的運用、體認他人內心價值觀與好惡、瞭解自己和別人的需求、掌握別人的心理需求層次所在、整合各方目標與價值觀等。

其中所謂**「溝通」**，應不只是講與聽而已。講話時必須得體，意思明確而不致傷及對方感覺，甚至可以創造聽者的好感與信任；聽時則必須能隨時整理出對方發言要點，並瞭解其言外之意。

「瞭解」並冷靜面對自己的情緒起伏以及內心深處的欲求與疑懼，不僅有助自己情緒的掌控，也是人際能力的基礎。

而**「整合各方目標與價值觀」**更是重要的管理作爲，這部分將在第十一章中再進一步介紹。

觀念能力

分析因果關係時所需要的嚴謹邏輯推理能力、處理複雜變項關係時所需要的系統觀念、結合抽象理論與實際問題的能力、規劃所需的圖像思考能力、安排行動順序的能力等，都屬於管理上所談的觀念能力。

觀念能力的範圍甚廣，以下只能舉例說明。

結合抽象理論與實際問題的能力

這是指面對實際問題時，能從過去經驗或結構面知識中歸納出與當前問題相類似的地方，然後將這些知識，以及自己或別人的經驗，靈活運用在解決問題的過程中。缺乏這種能力的人，即使經驗再豐富、學識再淵博，處理實際問題的能力也不易提升。

圖像思考能力

擁有這種能力的人，在進行規劃時，可以針對不同的方案，即時在腦海中從事模擬推演（類似動態電影畫面），及早發覺方案執行時可能的缺失。於是，規劃時即可及時修正，因而提升規劃的效率與品質。嚴重缺乏此一能力者，不易從書面規劃中想像將來進行時的現場狀況，許多原本可以及早發現的問題，就必須等真正行動開始，或問題發生後，才能進行事後的調整補救。

安排行動順序的能力

此一能力是指在腦海中有能力將未來許多該做的事，依其邏輯關係，排列出合理的先後順序。除了要能掌握亟待突破的瓶頸所在，也能因應情勢變遷，機動調整排程方式。

「作業研究」或「作業管理」所介紹的「計畫評核術」（PERT）或「要徑法」（CPM），都是這類排程工作的應用工具。

知識與資訊的處理能力（KIPA）

以上所列各項管理知能，其深層有一共同的根源，而此一更核心的能力，本書稱爲「知識與資訊的處理能力」（Knowledge and Information Processing Ability, KIPA）。其中又可分爲「轉換」、「資訊搜尋及篩選」與「輸入輸出」三部分，而三者間又互相爲用，相輔相成。

轉換能力

所謂「轉換」，是指對知識、資訊，以及對所觀察到的事物，進行**「編碼、解碼、演繹、歸納、類化、聯想、抽象化、隱喻與類比、組合排序、觀念與資訊的驗證」等動作**的能力。

編碼、詮釋與思想體系

自然科學與數理科學對名詞的定義較爲嚴謹，有其共同的名詞定義，以及編碼、解碼的系統與知識架構，學習者只要依循一定的學習途徑，即可掌握該領域的架構與知識軌跡，因此每一個人不太需要對各種觀念賦予獨特的意義或是自行發展詮釋的方法。易言之，在這些學科中，只要用功讀書，自然能掌握大家所共同認知的知識架構與意義。

然而社會現象與組織現象極爲複雜，各種學科，從歷史學、經濟學、社會學到

表 7-3 ▶ 知識與資訊的處理能力

能力分類	能力內涵
轉換能力	編碼、解碼、演繹、歸納、類化、聯想、抽象化、隱喻與類比、組合排序、觀念與資訊驗證等。
資訊搜尋及篩選能力	快速整理及歸類資訊。
輸入輸出的能力	在其「轉換」機制下，有效聽、讀、說、寫的能力。

心理學，當然還有管理學，都從不同的角度切入，試圖解釋這些複雜的社會現象或人類行為，並形成各種不同的理論。實際參與社會或組織活動的個人（例如好學深思的企業家、生活經驗豐富的長者，甚至每個普通人），也會從經驗中發展出自己的「理論」，或對各種因果關係的解釋。這些「理論」，或許有獨到之處，但也是各執一偏。事實上，即使是經由嚴謹的研究過程發展出來的社會科學理論，也都有以管窺豹的傾向。我們必須加以整合或融會貫通，才能對各種社會現象有更完整的認識。但是各個「理論」所使用的編碼與解碼系統互異，形容類似觀念的名詞不同，對於變項間關係的觀點也各異其趣，因而形成整合上的困難。**因此，為了簡化各種理論與實務現象的溝通與結合，每位管理者都需要建立起某種屬於自己的思想體系，**以吸收、整合與說明這些現象或因果關係。

易言之，每個人心中都有一套系統，將所觀察到的事實現象、所學過的抽象觀念、自己思考所形成的種種因果關係等，經由此一系統連結在一起。接著，經由此一系統，**才能將各種想法與觀念有效累積，並針對互相矛盾的觀念與現象加以比對與驗證**。然後，再將所累積的思想內涵，與面對的決策情境或行動結合，甚至建構出新的知識或因果關係。此即運用編碼系統進行知識與資訊轉換的過程。

從演繹到觀念驗證

除了編碼解碼，其他所謂演繹、歸納、類化、聯想、抽象化、隱喻與類比，則是產生觀念、驗證觀念、指導行動方向的手段。

例如，我們從理論或經驗中知道了許多「結構面的知識」，包括人的心理需求特質、組織結構對人事政策的限制、策略與人力資源的相互關係等等。一旦被問及：在某一特定情境下，究竟應該採取何種分紅制度？這時，就必須將這些理論上多元而複雜的因果關係，應用到既定的情境中，此時所需的即是決策者邏輯上的**「演繹」**能力。

如果我們探訪了許多企業，發現各家在分紅制度上各有不同，各有優缺點，則如何依據這些經驗與觀察，歸納出原則，以供決策時的參考，這種做法，需要的是邏輯上的**「歸納」**與**「類化」**的能力。

從表面似乎全無相關的現象或做法，引發出具有創意的解決方案或找出共同的原則，則是**「聯想」**與**「類比」**的能力。例如從歷史上朝代的更替，聯想到大型組織高階領導人的內心世界；以職業運動的勞資關係統理機制，歸結出各種企業分紅制度的優劣等。

此例中，何謂「心理需求特質」，何謂「組織結構」、「人事政策」與「分紅制度」，又何謂「策略」，這些即是「編碼」問題。至於仔細觀察某一企業的組織運作方式後，能否指出其特性，並將其組織結構進行歸類，則是**「解碼」**問題。同理，與一群消費者深度座談後，能否歸納出他們有哪些意見與哪些消費行爲理論的變項關係相呼應，也是「解碼」問題。一起觀察組織，或一起參加消費者座談的人，對所見所聞會產生不同深度或不同方向的詮釋。除了因爲各人所擁有的結構面知識總量不同，主要就是因爲每個人在編碼架構及解碼能力的差別所造成。

當確切掌握觀念的意義後，還必須針對不同來源的觀念與資訊，不斷進行**「驗證」**。察覺矛盾時，則試著發展出更高層的架構或更深層的道理，以整合不同的觀念，然後再將之吸納至本身的思想體系中。

以上所談的是「KIPA」中的「轉換」。**良好而有效的「轉換」系統，不僅有助於管理知能的累積，也可以使思想系統在廣度與深度方面不斷進步。**

資訊搜尋及篩選能力

快速整理及歸類資訊

資訊爆炸時代，每個人每天所接觸的資訊都十分豐富。社會關係複雜的高階經理人，在組織內外經由書面、口頭、正式或非正式管道所能獲得的資訊更是數量龐大，要全部記憶下來，幾乎不可能。但具有「資訊搜尋及篩選能力」的人，就可以在接觸資訊的當下，**立時感受到此項特定的「資訊」，對本身某項決策有何「涵意」，或此項資訊與過去已擁有的資訊間，是否相互一致或是矛盾**。然後，在腦海中即時進行資訊或資料的比對、驗證、累積、強化。而對決策無關，或相對重要性不高，又無爭議性的資訊，則可以快速略過。

擁有這種能力的人，可以快速地從書面資料找到所需的數字或字句，也可以從會議或對談的過程中掌握重點，一方面在本身的記憶庫裡形成更完整周延的資料體系，另一方面也可以找出矛盾與疑點，要求澄清或提出進一步的疑問，進行驗證。

互補知識與觀念架構是必要條件

前述能力的先決條件之一是，必須對主題有關的互補知識有深度的瞭解，方可即時進行有意義的比對、驗證及累積，進而收舉一反三之效；先決條件之二是，需要對相關主題有一完整合理的觀念架構與分類系統，才能在第一時間將所接收的訊息加以歸類整理。

輸入輸出的能力

「KIPA」的另一項是「輸入輸出」，包括在「轉換」機制下，有效聽、讀、說、寫的能力。

此處所說的聽、讀、說、寫，不只是單純的溝通技巧而已，而是以「KIPA」為基礎，強化這些輸入輸出的功能。

傾聽與閱讀

傾聽與閱讀都是重要的知識與資訊「輸入」機制。聽覺正常的人都能聽，但有些人就是會「聽進去」多些，或理解程度高一些。**原因是他在聽的過程中，可以很快地進行編碼與解碼的工作，然後將所聽到的與本身原有的架構或知識體系相結合，並獲得更多的意義與啓發**。聽完之後，不僅可以提出更深刻的問題，而且在知識體系中所增加的，可能還超過剛才講話的人所欲傳達的內容，而出現所謂「舉一反三」的效果。反之，同樣的內容，有些人就會「聽不懂」，或只能吸收一小部分，或無法整理出發言的重點。兩者不同就在於各自的「知識與資訊的處理能力」高下有別。

這在「讀」上也相同。有些人能很快從文字吸收到文章的重要觀點；有些人逐字詳讀，卻不得要領。書上畫滿線條，細看之下，卻發現畫線的部分其實並不完全是文章的主要意見。

表達能力

在語言表達上，「KIPA」也扮演了關鍵角色。有人可以**言簡意賅地說明自己的**

想法及其背後的理由，或歸納摘要他人言論的要點，有些人能夠將一篇文章的主要內容，在短短幾分鐘內交代得清清楚楚；有些人則無法用自己的話表達一些比較複雜的概念，或身爲主席而無法綜合各人發言的內容。造成其間差別的原因，不是單純的「口才」而已，而是語言背後的思維模式與觀念能力。

KIPA 在管理上的作用

掌握問題核心並釐清關鍵事實

愈高階的管理者，愈需要面對大量資訊，處理高度複雜的問題。「知識與資訊的處理能力」**可以幫助管理者快速掌握問題核心，提出一針見血的問題，追根究柢，在簡要的對話中釐清事實，歸納出每一個階段的結論。**

KIPA 可以包容並整合討論過程中各方重要的資訊與意見，可以知道如何驗證這些資訊與意見的正確程度，淘汰其中不正確或與主題無關者，然後結合各方有意義的看法，促使共識的達成。

會議主持與領導風格

會議是組織重要的資訊交流與決策機制，會議品質與組織績效關係極爲密切。如果會議出現議而不決，決而不行，發言盈庭卻未有效驗證或歸納各種資訊或意見的現象時，其原因之一是主持者在 KIPA 上尙待加強。實務上有些中高階管理人員，由於 KIPA 欠佳，無法在現場吸收整合各方分歧的意見與複雜的資訊，不得不運用職位的權威，阻絕大家意見的交流，並以專斷的方式進行會議與決策。因此，**表面上看到的專權或獨裁式領導風格，背後其實與其 KIPA 水準，或一般所謂的「理路清晰程度」有關。**

過去數十年來，大部分的管理理論都主張應加強授權、重視各級人員意見。然而在執行上若有障礙，主要原因或許並非主管的人格特質，而是受到其 KIPA 的限制。事實上，即使高階主管和顏悅色，誠心願意聆聽各方意見，但在聆聽後卻始終未能有效整合，甚至無法理解各方意見異同，或整理出各方的意見重點，則這種意見溝通與交流也是難以發揮效果的。

強化 KIPA，才是提升整體管理水準的關鍵。

KIPA 有助學習效率的提升

擁有 KIPA，才能從觀察與對話中學習，並將所學的經驗有效地吸納入本身的知識體系之中。事實上，高階主管擁有許多資訊與知識的來源管道，如果他在提問、驗證、吸收、整合等方面能力高超，吸收新知的管道應該是很多的，未必需要眞的進行全面而深入的閱讀，以其地位與所擁有的互補知識，隨時請教專家即可。

而且，即使只是單純的讀書，強大的「KIPA」也有助於從文字吸收新知的效率。

組織層面的知能

本節雖然以組織層面的管理知能爲主，但許多觀念與做法，其實也可以應用到專業或非管理面的知能方面。

屬於組織的管理知能與屬於個人的管理知能，二者不盡相同。每位管理人員的知能水準加總，當然與整體組織的知能有關。但在某些組織，卻發現每一位「個人」都很強，但這些高手所組成的企業或組織，整體知能的水準卻不高。不斷設法提升組織整體的知能水準，是管理當局重要的工作。

營運流程與管理流程是組織知能所在

流程表現並儲存組織知能

組織層面的能力與知識，其實絕大部分都表現在各種營運流程與管理流程裡。針對何種情況，何時應由哪些單位提供資訊，哪些單位如何執行，誰來確保品質、驗收成果等，都是流程的一部分。歷代管理者不斷思考改進流程的運作方式，並在執行時全力落實，此舉即是在建立與強化組織知能的基本途徑。人員的選訓用、決策程序，以及下述知識資料庫的建立等，其實都可以包含在管理流程裡。

流程改造或業務創新是提升組織知能的重要途徑

隨著企業規模提升以及策略升級（例如更高難度與高品質的產品、要求水準更高的客戶、更廣的地理涵蓋範圍），組織必須在各種流程方面進行升級動作。這一方面是因應新策略的需要，一方面也是管理當局藉機強化組織知能的有效途徑。即使規模與策略不變，有時也應利用大規模的新產品開發、新制度或資訊系統的導入，動員組織全員，並經由這些動員，活化、深化管理流程，促進單位間知能的交流，並進而提升組織整體知能。

換言之，有雄心的機構領導人，常會刻意尋找一些略為超過目前組織能力的業務，**為內部創造壓力與知能成長機會**，並希望經由承接這些高難度業務，在營運流程與管理流程上進行跳躍式的升級。

組織記憶與知識庫

人的記憶力有高下，組織亦然。缺乏記憶力的組織不易累積經驗，知識總量因而難以成長。增加組織記憶力的方法有以下幾種。

決策資料的保存與記錄

組織每次決策所形成的政策或規定、決策所依據的資料、不同角度論辯的過程與重點等，都應系統化地歸類整理。此一檔案不僅可供後來者瞭解組織過去的決策歷程與推理過程，也可供當事人事後參考與檢討。時至今日，還有許多大型組織並未從事此種記錄，結果一切經驗都深藏在決策者的腦海裡，不容檢視，也不能與組織中其他人分享。不做記錄，一方面固然可以節省若干行政成本，一方面也可以**規避決策的責任**，但卻不利於組織記憶與知識累積。

記錄解決問題的經驗與重要的互動內容

制度設計應設法將組織成員每天解決問題的經驗，系統化地記錄下來，最好還能儲存於電腦資料庫中，便於其他人的檢索與參考。例如：機器維修、經銷商往來、協力廠管理、工程設計等工作，類似問題常常重複發生，若能記錄下來，成為組織知識記憶的一部分，不僅可以加速未來類似問題的解決效率，也可以成爲新人訓練的現成教材。**而且，更高階的人員也可以針對這些解決問題的記錄，檢討內部相關政策或決策過程的品質，或設計出更好的解決辦法。**

實務上，「師徒制」的新人訓練過程中，如果能**將新人（學徒）對訓練人員（師父）提問所做的筆記，整理後上網**，不僅可以考核教學雙方的努力程度，以及「師父」所教內容的正確程度，也可以藉機建立屬於組織的知識庫。

利於知識創造與學習的組織文化

開放溝通的組織文化

在權威領導下，一切創新必須仰賴高階層的英明程度，然而即使領導人眞的極爲英明，長期下來，知識創新的質與量都難以達到理想境界。

因此組織應有開放溝通以及容許意見充分表達的文化，各級主管也應有容許下級犯錯的雅量，並鼓勵提出與現狀不同的想法與觀念，才能培養組織成員創新的意願與能力，以及不受階級限制，互相辯證，實事求是的習慣。

鼓勵多管閒事

各平行單位之間，也不宜有各掃門前雪的風氣。各級主管應鼓勵大家「多管閒事」，即使不屬於本單位的責任區，大家也願意提出建設性的意見，甚至批判性的看法，然後才能做到意見與資訊的充分交流，逐漸提高屬於組織的知能存量。

有時，主管可以刻意拋出議題，請各單位從各自的角度蒐集資料，分析討論，試圖解決一些並不迫切的問題。就像軍事演習一樣，這麼做也是提升組織活力，改進組織文化的方法。

有些學者甚至建議，高階管理者可以刻意模糊單位間的權責劃分，或者不下達明確的指令，然後藉著這些潛在的矛盾與模糊，激發大家的創意以及參與意願。

機構領導人本身對「學習」與「知識」的態度是關鍵

機構領導者以身作則，提升組織內分享與學習知識的意願，也十分重要。高階領導階層若以身教表示對知識及學習的重視，並設法運用新知，以提升創價流程的內涵，則對同仁的知識學習與創新動機，必然能產生高度正面效果。若機構領導人本身從不學習新知，追求自我成長，甚至對「知識」或組織內部知能的累積工作，表現出輕視的態度，則組織知能是不可能走向創新與成長的。

組織的 KIPA

個人有「知識與資訊的處理能力」，組織也有類似的能力。

編碼與解碼

在「編碼」與「解碼」方面，如果**組織成員對許多觀念都擁有共同的語彙**，雖有多元的知識背景與創意方向，但因爲**有共同的思想架構**，長期共事與溝通的結果，形成多元但有高度默契的文化，因而可以提高組織內編碼與解碼的效率。這即是組織層面 KIPA 的一環。

驗證資料與整合意見

在驗證資料與整合意見方面，組織成員或各級主管若有共同或類似的邏輯模式，不僅在討論時，大家可以分擔主席的角色，而且各級會議的結論，也可以有效銜接，不致出現太大的歧異。

這些可視爲組織的 KIPA。但顯然機構領導人及各級管理人員的個人 KIPA，是組織 KIPA 存在的先決條件。

與知能有關的管理議題

選訓具有知能潛力的成員

本章主題是知能，然而「人」是知能最重要的「載具」，因此與人力資源管理關係十分密切。

配合未來策略方向及早培育人才

組織所擁有的知能總量，深受成員的知能素質影響。人才固然可以從外界禮聘或挖角，但在人數上及文化適應方面，自行培養人才當然最爲首要。針對未來發展策略的知能需求，及早選用及培養人才，是與組織知能有關的第一要務。如果企業準備在未來進行多角化或跨國經營，當然也**應針對未來策略需要，及早培養內部人才**。許多企業遇見機會卻未能有效掌握，出現「看得著而吃不著」的困境，主要原因即是本身未及早培養這些屬於組織的知能，以快速結合外界的機會。

KIPA 應為選拔人才及培訓的重點

選訓未來的高階管理人才時，前述「KIPA」的水準及其進步潛力，應是重要的評估指標。因爲，未來領導人的「KIPA」高，組織整體的決策水準才可能快速升級，全員的知能也才可以匯整成爲組織的知能。

管理者應及早構思未來團隊，以因應個人升遷

選用人才並非僅是整體組織的工作。各級管理人員爲了因應本身未來的升遷機

表 7-4 ▶ 與知能有關的管理議題

管理議題	說明
選訓具有知能潛力的成員	配合未來策略方向及早培育人才； KIPA 應為選拔人才及培訓的重點； 管理者應及早構思未來團隊以因應個人升遷。
知識的吸收、轉移、擴散、創新與累積	知能管理需要制度化； 專案任務小組是密集提升人員知能的方法之一。
將知能納入創價流程	知能為組織優勢的重要來源； 知能影響策略選擇； 策略指導未來知能成長方向。
知能用途專屬程度的取決	知能的專用程度與彈性程度應有所取捨。
知能所有權的歸屬問題	轉換個人知能為組織知能； 知能與人才的適量流失，或有助於創造網絡資源。
保護組織專屬的知能	在組織設計上將知能切割，以保護專屬知能； 保護效果應與在整合成本進行整體考量。

會，也應及早在相關部門物色人才，建立關係與互信。這樣一來，**若升遷到需要獨當一面的職位時，即可快速成立具跨部門專業又有默契的團隊**。反之，若管理人員在升遷或接任新職後，全無「班底」可以協助，便顯示出對事業前程規劃尚有不周之處。

知識的吸收、轉移、擴散、創新與累積

知識管理需要制度化

有制度、有方法地自外界吸收知識，轉移至組織其他成員，然後在擴散與應用知識的過程中，努力從事知識的創新，再將學習與創新所得的知識系統化地累積，是知識管理的基本流程，其中自然有許多值得關注的決策。

企業界的研究發展單位，主要工作是研發科技，但組織的每個單位，每項流程，其實都有知識的含量在內。因此，整體知識的創新，以及創新或改進後的知識如何與創價流程結合，也需要專人的關注與推動。

專案任務小組是密集提升人員知能的方法

將各部門具有發展潛力的優秀人才，**組成跨部門任務小組，針對組織策略面的問題進行專案研究，這也是促進部門知識交流與創新最具成本效益的途徑**。這種做法不僅可以深入檢驗小組成員的發展潛力，提升他們在組織中的能見度，也能擴大視野與格局，更可協助他們及早建立內部的網絡關係，有助於在未來發揮整合功能。

將知能納入創價流程

知能為組織優勢的重要來源

管理當局應設法將組織或成員所擁有的知能與組織的創價流程相結合，並力求以這些知能爲基礎，創造組織獨特的競爭優勢。企業經營策略上的競爭優勢，無論

是技術、製造、通路開發與管理、原料採購、品牌建立等，無一不與組織的知能密切相關，或是以某些獨特的知能爲基礎。

知能與策略選擇

機構領導人也可以「以知能爲基礎」，思考未來的策略發展方向。與第六章在討論資源時相似，策略制定過程中，可以從檢視組織所掌握或所擁有的知能開始，並以充分發揮這些知能爲前提，設計或調整組織的創價流程。**在外界環境存在高度不確定性時，最踏實的做法之一，即是努力充實組織本身的知能水準，提升創價流程的獨特性，然後靜待環境的選擇。**

當然，組織也可以針對未來策略構想的需要，重點式地創造知能或自外界取得知能。

知能用途專屬程度的取決

組織的知能，可以在政策上導向於專屬某一產業、某一地區，或配合特定顧客的需要，設計知能成長的方向。然而也可以犧牲部分「專用」或「專屬」的程度，追求知能可以運用範圍的彈性與靈活度。這方面的觀念，與第六章所討論的有形與無形資源的彈性，分析角度十分相近。

知能所有權的歸屬問題

知能的「轉陰為陽」

從組織的立場，應該是希望成員從外界爲組織帶進知能，而且成員在組織任職期間所創造的知能，也應歸組織所有。制度及法律如何保障組織對知能的所有權，也是管理當局應注意的。

知能與人才的適量流失或有助網絡資源的創造

然而專屬知能的外流或擴散，有時卻有「失之東隅，收之桑榆」的效果。例如：

以研究發展爲主的財團法人，技術人員離職後固然帶走一些智慧財產，但人員來來去去，也擴大了該組織與業界技術合作的網絡關係。同理，專業防毒軟體的廠商，離職工程師帶著豐富的資訊安全產業技術與知識，投效任務環境的「互補廠商」（生產其他資訊安全軟硬體如防火牆等的廠商），影響了「互補廠商」的技術取向，等於是間接爲原來的公司拓展業務範圍。

有時候，從更遠、更廣的角度來看知能所有權，或許能有一些不同的策略涵意。

保護組織專屬的知能

利用組織設計將知能切割，以保護專屬知能

組織的獨特知能可能因人員流動或從供應商及客戶端逐漸外洩。因此，除了必須持續創新，以維持知能上的競爭優勢，還必須致力保護這些知能，以減緩外洩速度。「保密防諜」當然不可忽視，但更具有創意的方法，**例如：設法以特殊的「切割方式」，將屬於組織的知能在單位間切割成若干個互補的部分**。由於「切割方式」與眾不同，除非「全員跳槽」，否則即使單一成員離職，在其他機構也不易找到互補合作的對象。或設計特殊而專用的設備，使員工知能與這些設備的特性結合，換了其他設備則完全無法發揮。如此一來，不但離開的員工在外難以展現其知能，客戶或供應商也不易向競爭者轉述本組織賴以創造獨特優勢的做法。

將研發工作劃分在不同部門，或運用「獨門」的電腦軟體從事設計或研發工作，或以自行開發的製造流程，發揮產銷配合的能力等，這些都是可行的具體做法。

保護的效果與再整合成本的整體考量

爲了保護組織的知能，切割業務或單位，固然有其一定的效果，但組織劃分以後，必然出現協調的必要，以及「再整合」的課題。**切割以後的「再整合成本」是否值得，需要權衡**。有關組織單位劃分以及「再整合成本」的觀念，本書在第十三章中還會再討論。

與各管理元素的互動關係

能力與知識和其他管理元素的關係可分析如下。

目標與價值前提

目標水準應與知能總量相配合

知能高低與目標有相對的關係。當目標愈高，愈顯得能力不足；目標低時，知能則相對綽綽有餘。訂定目標應配合組織所掌握的知能水準。 無論對組織或是對個人，「目標過高，能力不足以配合」，幾乎是大部分失敗的根本原因。**量力而爲，失敗的機率自然降低**。從整合的觀點，究竟要扮演多麼積極或核心的角色，必須考慮本身所擁有的知能水準。知能不足，則不應勉強負責太多的整合角色，有時寧願降低本身目標水準，接受其他人的整合也是不錯的選項。用通俗的說法，即是「能

表 7-5 ▶ 能力與知識和其他管理元素之間的關係

管理元素及其他	關係
目標與價值前提	目標水準應與知能總量相配合； 策略雄心亦應配合組織能力； 開放心態有助知能的吸收與成長
創價流程	組織整體的知能儲存於創價流程中，而知能的獲得與創新，也都需要管理流程處理。
環境認知與事實前提	知能水準有助於資訊的詮釋與掌握； 人際能力有助於資訊的取得。
決策與行動	決策必須依賴決策者所瞭解的「因果關係網」，以及觀念能力、KIPA 等應用。
有形與無形資源	知能愈高，愈能善用資源； 組織應致力於將知能轉化為易於管理的資源； 資源豐富者易於忽略知能成長。
創造知識的知能	KIPA 有助於管理知識的學習與創新。

力不足就不要強出頭」的意思。

策略雄心亦應配合組織能力

有些學者極力主張「策略雄心」，其實有**「策略雄心」並不等同於好高騖遠、貿然行事，而是經常設定「略爲」超過目前能力水準的目標，勉力而爲，然後在一次又一次合理且富挑戰性的考驗下，逐漸提升組織整體的能力。**

開放心態有助知能的吸收與成長

出自內心的謙虛與開放態度，可以使人更願意傾聽與吸收來自各方的意見。年長位高者尤其應注意其成就所帶來的心態是否會成爲其知能成長的障礙。

創價流程

組織整體的知能係儲存於創價流程。營運流程與管理流程不斷精進，表示組織知能水準的提升。而知能的獲得，無論是人才選用或是外界知識的吸收擴散，也都需要管理流程來處理。

環境認知與事實前提

知能水準有助資訊的詮釋與掌握

能否從多重而矛盾的資訊中認知到眞實世界，這取決於所擁有的能力與知識。**知識愈深愈廣，愈能從資訊中整理出事實的眞相，或正確地詮釋資訊。**而專業知能是否能發揮，亦與其所擁有的事實資訊有關。知識與資訊相互結合，才能產生作用。而對環境變化的敏感度，或所謂「見樹見林」、「見微知著」的能力，都與「KIPA」密切相關。

人際能力有助於資訊的取得

人際能力與溝通能力等，亦有助於接近資訊來源，或獲得有價值的關鍵資訊。

察言觀色或從他人的人際互動、行爲語言中獲得內隱訊息的能力，也與廣義的人際能力有關。

決策與行動

決策品質係以決策者所擁有的知能爲基礎。所有的決策，都必須依賴決策者所瞭解的「因果關係網」，以及觀念能力、KIPA 等的應用。

有形與無形資源

知能與資源的互補關係

知能強大的組織可以更有效地運用有限的資源，彌補資源不足的缺憾；資源豐富者可以彌補能力不足，而且也可以利用資源自外界爭取到更多人才，或自外購買知識與技術。

例如：技術專利等智財權是一種無形資源，擁有技術知能與創意的研發人員代表「知能」。企業若從外界獲得許多有用的專利授權，必然有利研發人員發揮知能；而高水準的研發人員更能充分發揮組織所擁有的技術專利。當產業科技近乎成熟，擁有專利智財權的多寡，可能比研發創意更重要；若產業科技尚在萌芽階段，創意與知能將更有發揮空間。換言之，資源與知能間也存有替代性，而且在不同環境下有不同的效果。

組織應致力將知能轉化為易於管理的資源

「知能」具有高度的「人身依附」特性，其穩定度較低，因此若從組織的立場，有必要將這些屬於成員的知能，盡量經由書面化或文件化，成爲屬於組織所擁有的知識庫，以便於保存、清點、傳承，以及主張權利。而前人所留下來的知識庫，又有助於後來者知識的增長。這些過程都代表知能與資源間互相轉換的關係。

資源豐富者易於忽略知能的成長

歷史悠久，過去累積資源豐富的組織，由於長期有恃無恐，難免忽視組織知能的成長。這是組織走向老化的重要特徵之一。成功企業的領導人，對此趨勢不可不及早防範。

創造知識的知能

本章開宗明義指出，知識代表變項間的因果關係網，此一知識體系可以不斷擴大延伸。就個人或組織而言，所擁有的知識體系或因果關係網愈大，知識所發揮的力量也愈大。然而，增加知識、培養能力，則需要另一層面的知能。各種領域的研究方法與思想方法，主要目的即在探討這些方面的知能。

創造知能的知能愈強，則前述「保護組織專屬知能」的必要性即愈低。換言之，當組織擁有較高的自我創新能力，則即使現有知能略有外溢，亦不致嚴重損及組織的競爭力。

在管理學方面，本章所介紹的 KIPA，對知識創新應有相當大的幫助，若再輔以正確的態度，每個人都可以在工作上不斷地學習並創造知識。

管理工作的自我檢核

1. 您曾否試圖將書本上的知識，以「變項間因果關係網」的方式整理表達？每次閱聽到一項新的知識，能不能將之與原來已知道的因果關係網聯結在一起？或找出它們的矛盾之處？
2. 請試著分析自己、同仁、長官等，觀察各人在分析同一事件時的思考程序。各人的思考程序有何異同？別人的思考程序有何可以學習參考的地方？
3. 本章列出許多管理者所需的能力。請自我檢視，並評估應該加強之處？
4. 接續上題，您的部屬在哪些管理能力上應有所加強？
5. 請逐項觀察「KIPA」所談的觀念。您周圍的人，KIPA 水準如何？有何可以學習參考之處？
6. 貴組織對新知識的取得、累積、擴散、創新等，做法如何？有何具體的流程進行這些工作？
7. 貴組織的競爭優勢與組織所掌握的知能有何關係？配合未來策略發展的需要，貴組織對「組織知能」的充實與成長，已進行了哪些工作？

第8章

決策與行動

管理者不僅需要制定決策，採取行動，也必須設法影響組織中其他人的決策與行動。決策受到價值前提與事實前提的影響，也必須與組織內外各種決策互相配合。在未能進行完全理性決策的情境下，如何在複雜的組織中推動決策，十分重要。

本章重要主題

- 決策的基本觀念
- 決策的類型
- 決策間的關係
- 決策的分工與授權
- 決策的有限理性
- 整合導向的決策程序
- 從管理矩陣探討提高決策品質的方法

關鍵詞

有限理性 p.215
典範轉移 p.217
「目標—手段」關係 p.222
授權 p.225
主管參與深度 p.225
目標間的取捨 p.233
目標缺口 p.237
前提驗證 p.239
應變計畫 p.240
標竿學習 p.241
策略形態分析法 p.242
決策的「存量」 p.242

決策的基本觀念

決策與行動的關係

決策與行動是一體兩面。組織的價值創造必須經由具體的行動才能完成，行動則必須有明確的決策來指導。任何行動背後皆隱含一系列的決策，可能經由精心策劃，也可能只是依循慣例。另一方面，決策也必須付諸行動，如果只有決策而無行動，或決策缺乏行動的涵意，決策將永遠只是一些心中的想法或期望，不會對任何事物產生改變或發生作用。

決策間的相互影響

組織內外皆為決策主體

並非只有管理者或管理當局才有「決策」的權責與需要。事實上，**組織內外每一個人都是決策與行動的主體，都擁有自己的決策體系與程序。從管理者的角度，「決策」還不只是本身對某些方案的抉擇而已，更重要的是，「決定」如何影響組織內外其他人的決策。**

人人皆試圖影響他人的決策

更深一層看，組織內外其他人也同時在試圖影響彼此的決策，例如：政府主管機關有關產業政策的決策，目的是希望影響企業界的策略方向；企業在新產品促銷方法上的決策，是希望影響客戶的採購決策；主管對分紅制度的決策，用意在影響員工對工作努力程度的決策；員工在工作上的許多決策與行動，則是希望影響長官對其升遷與薪酬的決策。

過去的決策影響現在的決策與行動

在組織中，並不是每一次遇到問題時，都會重新診斷分析、界定目標、發展方案、比較評估並選擇方案。因爲除了完全新創的組織，否則必然存在著許多「先例」、規定與既定政策，以及存在於管理流程與組織結構的各種決策程序。**這些「過去的」決策結果，都會影響當前決策的方向。**

因此，組織甚至整個現代社會，其實是一個龐大的決策體系。

決策的前提

決策環境：目標、事實認知、上級決策

決策過程必須配合目標以及對事實的認知，如果是管理者，還必須配合上級的決策。這些所謂的目標、事實認知、上級決策等，即構成了決策者的決策環境或決策前提。

易言之，任何決策都必須考慮這些因素，甚至是不知不覺地在這些因素所設定的範圍內進行的。

價值前提與事實前提

決策者在面臨特定決策時，價值前提與事實前提在決策過程中具有關鍵作用，兩者都高度影響了決策方向。而組織或下級管理者也希望經由影響成員的這兩大前提，進而影響他們的決策與行動方向。

在管理矩陣中，「目標與價值前提」以及「環境認知與事實前提」之所以重要，也是基於它們在決策過程中的角色。

理性決策的程序

從問題分析到方案選擇

理性決策的基本程序，即是針對目標，比較方案的利弊，然後做出選擇。

然而目標通常不只一項，爲何在此時必須針對特定目標，進行決策、採取行動，也需要更進一步的探究。因此，**決策前往往需要分析問題，了解當前或可預見的未來，哪些目標的達成可能會出現問題，進而確認進行決策的必要性。然後，探究這些問題背後的原因何在，以及爲了解決這些問題，應採取哪些行動最有效果**。此外，採取行動的成本，當然也應在選擇決策方案時加以考量。有時解決問題的成本太高，則寧可暫時讓問題繼續存在，等待更有利的時機再採取行動。

有些決策的成本效益表現於多種構面，因此在決策前最好能詳細列出評估標準與加權比重，提高形式上的「理性」程度。例如：不同的方案在品質、成本、交貨、人員士氣、客戶關係，以及經營風險等可能都表現出不同的成本效益，因此必須分項評估，以便衡量個別方案在每個「構面」的利弊得失，再依據各「構面」的相對重要性，進行整體評估比較。

因果關係網是理性決策的基礎

第七章所談的結構面知識與「因果關係網」，對理性決策極有幫助。從此一層次看管理決策，其程序與其他專業的決策十分類似。例如：醫師依據各種診斷方法與數據，找出病患的病因，然後決定如何用藥或治療等，即是以其醫學知識的「因果關係網」爲基礎，進行理性決策的過程。在管理決策方面，任何決策當然不能脫離理性決策的主軸，但實務上則複雜得多。

圖 8-1 ▶ 理性決策的程序與問題分析

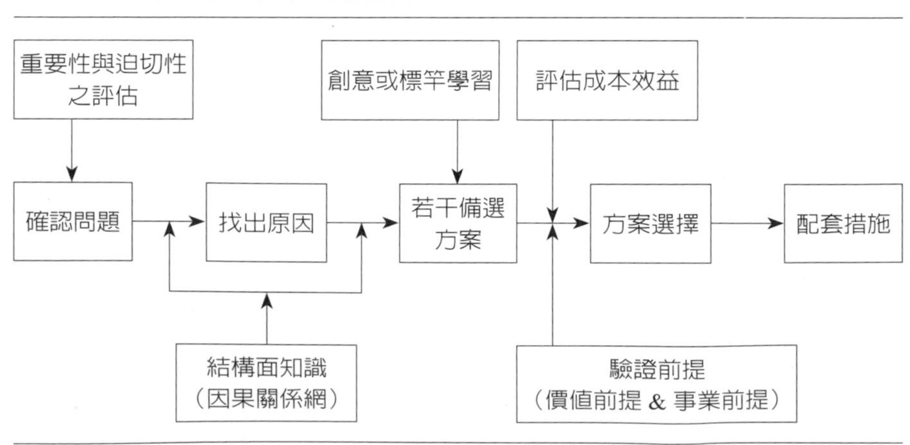

決策的類型

決策的類型——依理性程度分

影響決策理性程度的多重因素

有些決策的目標單一而清楚，有些則涉及多重而模糊的目標；有些決策已有明確的方案可供選擇，有些則尚待構思與創意；有些決策，相關的決策項目十分清楚，決策後的配套措施也很明確；有些則必須且戰且走，誰也不知道決策會有哪些後續發展；有些決策甚至連當事人都還不知道此一決策的存在或必要性。

有些決策的利弊得失可以精密計算與客觀衡量，有些則全靠主觀判斷；有些決策的相關「利害關係人」十分明顯，有些決策則完全不知誰會對此一決策有意見，或誰會受此一決策結果所影響。以上這些都是界定決策理性程度的構面，本章還會針對此一議題再行探討。

愈高階的決策愈難達到客觀理性

理性決策的極致，即爲所謂的「完全理性」，其決策結果可獲致「最佳解」。**然而，在社會科學領域中，幾乎所有的決策都屬「有限理性」。一般而言，愈近於高階層的決策，其「理性程度」就愈低**。營利機構由於市場機制及利潤目標的存在，簡化了許多決策的過程與考量，使理性程度得以大幅提高；而非營利組織或政治機構，由於缺乏有效率的市場機制及績效標準，欲達到理性決策，就更加困難。

決策的類型——依陰陽立場分

陰陽兩面的決策並存

任何決策者，除了組織中的角色，也是一個獨立存活的個體。在其人生與事業前程規劃中，應爲此一組織投入多少，應爲其家庭、健康、個人興趣等保留多少，是第四章指出的「陰面」決策。從組織職位與任務角度思考的決策，則是「陽面」的決策。

陰面決策亦有助於陽面目標的達成

陰陽兩面的決策，彼此間有極密切的互動關係。**從高階管理者的觀點，有時也應試圖影響或考慮同仁陰面的決策，以確保或提升其對組織的投入；組織間建立或評估彼此的網絡關係時，也不宜忽略其他機構中，各級決策者的這些陰面或個人層次的決策。**

決策的類型——依影響對象分

本章開宗明義即指出，管理決策中很重要的部分，是爲了影響組織內外其他人的決策。這些預期的影響對象，大致上可以分爲組織外與組織內。組織外又可再分爲總體環境與任務環境；組織內則包括上級、下級與平行單位。基本上，**決策影響對象的分類與管理矩陣中的「六大層級」是完全相對應的。**

任務環境與策略決策

任務環境包括客戶、供應商、資金提供者，甚至競爭者在內。組織有許多決策，主要目的是試圖影響顧客的決策，希望他們能增加對本企業產品的採購，或增加對本企業品牌的忠誠度。有些決策則是希望影響大眾投資人、機構投資人，或金融機構的決策；有些則是希望影響供應商或競爭者的決策。傳統上依「功能」劃分的決策，包括行銷、財務、採購，以及一部分的人事、生產等，其實即是依其決策影響對象而劃分的。

策略決策與這些功能領域的決策，層次又不相同。**策略決策中，有相當大的部分是「選擇本組織意圖影響的對象」**，例如：「目標市場的區隔與選擇」，簡單來說，即是因為任務環境中同時存在著許多不同的客層或市場區隔，各客層的決策受我們影響的程度可能不同。所謂「選擇目標市場」就是要選擇一些容易被我們影響的，或本身較缺乏選擇空間的客戶。當組織決定改變大部分「意圖影響的對象」，即服務不同的客戶，與不同性質的供應商及技術來源合作，資金也來自完全不同的機構或投資人而來時，則表示在策略上進行了「典範轉移」。因為其任務環境已與過去截然不同，各個功能領域的決策方向，也必然完全改觀。

總體環境

總體環境包括：本國與外國政府，以及有權力制定遊戲規則的機構。企業有許多決策與行動即是針對它們，並企圖影響它們的決策。「企業與政府」或「公共關係」領域中，有不少篇幅即在探討此方面的議題。

理想的總體環境，應支持企業在任務環境中自由競爭。反之，**在一失去活力的總體經營環境中，企業成敗繫於政府的政策、稅制、能否獲得執照、一項法院判決，甚至是公平交易委員會對「獨占」的定義與詮釋**。此時，企業「策略」或決策的對象將集中於總體環境的規則制定者。至於任務環境的顧客滿足、競爭情勢，以及本身創價流程的價值，反而減少了關注。

若真到了以「遊戲規則的遊戲」為經營重點的時代，現有的市場經濟制度，甚至私有財產制度都必須重新檢討了。

內部各級人員

機構領導人對內建立制度與流程、塑造組織文化與領導風格，企圖影響的是組織內成員的決策與行動；各級成員的各種資料簡報、協商會談、橫向聯繫，甚至合縱連橫的整合行動，所希望影響的是平行單位以及上級的決策。

策略決策與管理決策

當影響對象是組織以外的機構，稱為機構層面的決策，或策略決策；當影響對象是組織內的成員者，稱為管理決策。管理決策又可分為規劃、組織、任用、領導、控制等。機構面的策略決策與內部管理決策間，互動關係十分密切，必須彼此呼應配合。

過去認爲，只有高階領導人才需要處理對外關係，或影響外界機構的決策，但在開放系統的時代，幾乎每位成員都或多或少分擔了若干影響外界決策的決策責任。

決策的類型——依影響標的分

管理矩陣中六大層級的六大管理元素，都是可能的影響標的。有些決策意圖影響的標的是對方的「目標與價值前提」，有些則是「環境認知與事實前提」，餘次類推。

例如：高階層在員工雇用與訓練方面的決策，意圖影響的標的是成員的知能水準（管理矩陣中的「能 6」）；部門主管對機構領導者的簡報，意圖影響的是對方的某些事實認知（「環 4」）；機構對立法機構的遊說，意圖影響的是總體環境的決策（「決 1」）。從決策主體的觀點，「簡報」的內容與方式、「遊說」的對象與訴求重點等，都是其決策與行動的一環。

決策的類型——依決策性質分

組織或個人的決策與行動變化萬千，依其性質做出分類極不容易。但針對不同的管理元素，其相關的決策卻尚有脈絡可循。

目標與價值前提

針對「目標與價值前提」的決策包括「灌輸」、「傳達」、「滿足」、「制衡」、「分化」、「整合」等。其中「分化」是指，將目標劃分成若干次級目標再分給不同的單位或個人；而「整合」是指，在不同對象的目標或價值觀念間，尋求共識。

環境認知與事實前提

這方面的決策包括「溝通」、「傳達」、「操弄」、「監控」等。簡言之，「操弄」即是選擇性報導；「監控」是長期而系統化地蒐集相關資訊，或系統化關注與情蒐其他人行爲。

決策與行動

與「決策」有關的決策，如決策的「分工」、「授權」、「時機」等。本章以下將逐一說明。

創價流程

包括營運流程的「定位」、「所創價值的定義與衡量」、流程的「劃分」、「銜接」、「匯集」、「搭配」等。

能力與知識

包括知能的「創新」、「獲得」、「培養」、「累積」、「交流」、「切割」等。這些在第七章中已討論過。

有形與無形資源

與「知能」相當類似，但還應包括「保管」、「維修」等。

決策的類型——依主動程度分

被動因應的決策

有些決策是配合上級決策的「手段」，有些則是其他平行單位決策「配套措施」的一環，有些則是「依上級規定辦理」的作爲。對於這些決策，決策者不得不進行決策、採取行動，因此主動程度不高。

有些決策則是應部屬要求而必須進行的。例如：當上級缺乏明確政策指示，下級單位即無法採取進一步行動，因而上級必須及時有所決定，這種也屬於被動性較高的決策。

然而，有許多決策是可做可不做的決策，如果不主動發起，也可以暫時不必理會，拖延一陣也未必會出現立即的負面效果。

應主動進行具前瞻性的決策

積極前瞻的主管通常會主動找出重要的、具有潛在時效性的議題，在困難或爭議出現前即採取行動，先行解決。位居高位者，由於決策自由度大，更應主動「決定」哪些決策是需要優先處理的，並藉此帶動組織的活力，提升大家的「問題意識」，加快進步的速度。

「決定」該優先去做哪些「決定」，也是一種重要的決策。

表 8-1 ▶ 決策的類型

決策分類的方法	說明
依理性程度分	目標明確程度、資訊掌握程度、方案具體程度不同，均會影響決策的理性程度； 社會科學領域中，幾乎所有的決策都是「有限理性」； 愈高階的決策，愈不易達到理性程度。
依陰陽立場分	有關於個人人生規劃的決策，有關於組織的決策； 二者可能互相矛盾，也可能相輔相成。
依影響對象分	決策影響對象包括組織內外，相當於管理矩陣的六大層級； 對外的決策與「策略」有關，對內的決策與「管理」有關。
依影響標的分	組織內外的「六大元素」，都是可能的影響標的。
依決策性質分	六大管理元素可使決策有所脈絡可循。
依主動程度分	有些決策是被動的； 積極主動的決策值得鼓勵。

決策間的關係

組織是複雜的決策體系，在此一體系中，每位成員都有自己的決策與行動。**如何使他們的決策與行動能互相協調一致，集中力量以達成組織長期的生存與成長目標**，而不是眾說紛紜、各行其是，這是管理者極重要的任務。 此外，現代社會中的組織，必須與其他組織互動與合作，組織的運作與行動也需建立一定的規範。易言之，各組織間的決策與行動也必須有某種程度的協調與配合。

組織內部決策間的配合

組織內高階層的決策，必須經由其下各級單位或人員去落實執行。在執行過程中，各級人員也必須進行一些決策。**高階層的決策塑造了下級單位的「決策環境」或「決策前提」，而後者的決策與行動方向則應與前者相互呼應。**

平行單位間的決策與行動，當然也需要互相協調配合。

欲達到此一境界，有幾種可能的方法。這些方法在觀念上雖略有不同，但實務上卻是高度互補的。

策略指導功能政策的取向

這是策略管理中常提到的觀念。策略的決策層次高，雖是由組織高層負責決策，但是行銷、財務、生產等功能政策必須與之配合。什麼樣的策略，大致應有什麼樣的功能政策配合，在策略管理中已有一些原則與邏輯。這些原則與邏輯的目的即是協助企業內部上下階層決策的配合，以及各單位間行動的一致。在管理矩陣中，即是組織策略「決 3」，或高層策略決策「決 4」，指導了各部門的決策「決 5」。

表 8-2 ▶ 決策間的關係

決策間的關係	方法
組織內部決策間的配合	1. 策略指導功能政策的取向； 2. 層級間「目標 - 手段」關係的建立； 3. 透過建立管理流程、組織文化、共同價值、共同溝通的語言與思想架構及共同的環境認知，使各級人員的決策能相互協調一致； 4. 選用成員時應重視責任感與忠誠度； 5. 平行單位決策配合程度的強化：上級制定公平合理的遊戲規則、互相配合工作的追蹤列管。
組織與外部決策間的配合	**總體環境：** 組織決策與總體環境的各項政策是互相影響、互相配合的。 **任務環境：** 1. 服務對象：服務對象或客戶的決策方向，是本組織意圖影響的對象，而他們的決策與想法，當然也是本組織決策的前提； 2. 合作者：本組織與其決策、行動間的配合，十分重要； 3. 競爭者：本組織與競爭者的決策，彼此間形成二元或多元的對局與互動關係。

層級間「目標－手段」關係的建立

上級針對自己的目標，發展出可以達成目標的手段，再將這些手段設定為下級單位的目標，並將下級目標的達成程度，與其獎懲結合。例如：行銷副總有一銷售目標，他可以將該目標依地區別與產品別，劃分到其下每一位地區市場負責人與產品線負責人身上，而每位地區市場負責人再將這些目標劃分到各個業務人員身上。在管理矩陣中，即是：高階為了影響基層成員的決策與行動（使「決 6」能配合「決 5」），於是依據「決 5」的方向，為相關各級主管設定目標（「目 5」，請注意，這是「陽面」目標）。於是，各級主管依據這些目標（各自的「目 5」），進行本身的決策與行動（各自的「決 5」）。在這些決策與行動（「決 5」）中，有一部分是為部屬設立更具體的目標（「目 6」），使這些基層人員可以採取合乎上級期望的決策與行動（「決 6」）。

除此之外，各級主管還必須設計獎懲制度（也是「決 4」或「決 5」的一部分），讓成員了解（塑造他們認知的內容，即「環 6」），如果決策與行動能配合上級的「決 4」、「決 5」，他們自己的某些目標（「目 6」，屬於「陰面」目標）即可達到。

此例說明了管理矩陣中，「決策與行動」和「目標」、「環境認知」間的交互作用，以及目標的「陰陽」兩面在決策與組織行動中的角色。

管理流程的設計與建立

組織中，貫穿各層級、各單位的管理流程包括：各級決策的制定與先後關係，以及行動與成果的管控等，目的即在規範各級的決策與行動，以確保彼此的協調與配合。表現在管理矩陣中，即是屬於各級的管理流程：「流 4」、「流 5」、「流 6」。

組織文化與共同價值的建立

「目標與價值前提」是決策的重要依據，**如果組織內分屬不同單位的各級成員有共同或類似的價值觀，決策方向將更容易一致**。在管理矩陣中，即是：設法將各級的價值觀念趨向一致（「目 4」、「目 5」、「目 6」相近），因而使各級決策（「決 5」、「決 6」）能密切配合上級的「決 4」。

共同的溝通語言與思想架構

第七章介紹的屬於組織層面的「知識與資訊的處理能力」（KIPA），可以提升組織內部成員的默契與共識。當彼此思維方式接近時，即不用嚴格的規定與流程以確保大家行動一致，而且也可以維持組織應變的彈性。

創造共同的環境認知

經由組織文化或資訊系統，使組織上下各層級間，以及各單位間資訊充分交流而暢通，因而有極為接近的「環境認知」。做決策時，由於「事實前提」相近，各級人員決策的結果自然容易相互協調一致。

選用成員時應重視責任感與忠誠度

選用人員時，應注意考核其責任感與忠誠度。簡言之，如果其目標（「目 6」）的「陰面」過重，不將上級交辦事項列為優先，時時只想到自己的私利，或隨時打算另謀高就（「決 6」的陰面），當然無法配合上級的決策與要求。

平行單位決策配合程度的強化

組織在分工後，平行單位間仍然存在著互相依賴與互相配合的需要。為了促進平行單位間的決策與行動配合，除了上述各項方法之外，更應特別注意以下事項：

1. **上級制定的遊戲規則應公平合理**：在平行單位間決策的配合方面，略需強調的是，上級設定的遊戲規則必須公平合理，以免因各單位的「目 5」（包括陽面與陰面）間存在衝突，而造成決策（各個單位的「決 5」）間的不配合，甚至力量的抵銷。
2. **單位間互相配合的工作亦應追蹤列管**：平行單位間並無互相統屬關係，通常亦無市場機制的運作（如內部轉撥計價）。短期內偶而互相支援問題不大，但若為了配合其他單位而長期犧牲對本身任務的關注，這是不可能的。因此，若高階層認為某些「平行單位決策與行動的配合」十分重要，則應將之列入追蹤考核範圍。納入評估考核後，互相配合的意願自然會大幅提高。

組織高階層若希望其決策方向能有效地在組織中落實執行，以上這些都是極有效果的手段。

組織與外部決策間的配合

以上所談都屬於組織內部決策的配合。事實上，組織與外部的決策配合也十分重要。

與總體環境規則制定者的決策互動

對任何組織而言，**一般所謂的「環境」，其實都是指這些環境中有關機構或規則制定者的「決策」或「決策結果」**。例如：政府的產業政策、租稅政策、利率政策、環保政策、勞工政策，以及一般法規等，都是有關機關「決策」的結果，這些決策即構成了企業經營的總體環境。企業或個別組織在這些政策的規範下，制定本身的決策，即代表組織決策（「決 3」）或機構領導人的決策（「決 4」）配合了總體環境的決策（「決 1」）。國際組織或外國政府的情況也完全一樣，本國企業在業務上若必須與他國組織互動，決策上也必須相配合。

此外，**個別企業或組織也可能影響總體環境**。國內外各級政府或某些國際組織，位階固然較高，但身為規範制定者，設計遊戲規則時也不能一意孤行，必須考慮其「轄下」各個組織不同的立場與需要，並據以設計規範以及法令政策。易言之，這些法令政策（「決 1」）的終極目的應是創造公平的永續經營環境、合理分配資源與成果的機制，以使國家或世界整體的創價流程（「流 1」）得以順利運行，進而使人類的各種生存目標（「目 1」）得以達成，因此不得不考慮民間機構的想法。政治遊說，甚至關說，只是一種影響方式而已，人民（包括各種機構）還可以經由選舉、媒體、民意調查等影響這些規則制定者。

政治遊說的正當性，取決於所希望影響的決策方向（「決 1」）是否能配合國家或世界的倫理道德觀念（是否與「目 1」相合），或只是配合個別組織的目標（「目 3」或「目 4」），而犧牲了總體利益（「目 1」）。

總之，組織決策（「決 3」）與總體環境的各種政策（「決 1」）是互相影響、互相配合的。

與任務環境中各成員的決策配合

在任務環境中，從特定組織的立場來看，成員大約可分爲三類：服務對象、合作者以及競爭者。

服務對象或客戶的決策方向，是本組織意圖影響的對象，而他們的決策或想法（例如：客戶的採購政策「決 2」），當然也是本組織決策的前提。合作對象包括供應商與經銷商等，本組織與他們的決策與行動間的配合，十分重要，自不待言。

至於與競爭者的決策或彼此未來的決策間，則形成二元或多元的對局關係。易言之，**與一家或多家競爭者間，彼此在決策上的猜測、迴避、操弄、欺敵、聯手，或正面衝突等等，都是大家在決策與行動上互相運作的方式**，也是商場上屢見不鮮的。這些也代表了本組織的策略決策（「決 3」）與任務環境中各個機構或個人的策略決策（「決 2」）間複雜的互動關係。

決策的分工與授權

組織是多元而複雜的決策體系，上下層級之間，除了決策方面的銜接配合，決策的分工與授權也是管理的重要課題。

主管參與深度因決策而異

決策重要性與主管參與深度

決策後果的重要性或嚴重性，是「大事」與「小事」間主要的差別。位階愈高，愈應掌握大事，小事則不必事必躬親。然而何者爲大事，何者爲小事，這也是一項決策，也就是通常所說的「授權的決策」。

事實上，將某些決策劃分爲大事或小事，長官只負責大事的這種做法，並不完全合乎實際。因爲，即使是授權出去的「小事」，主管也不宜完全不管，而應保留對此項決策「頭尾」的掌握。易言之，**小事也應有政策指導，事後則有績效考核**。

主管對較重要的決策應有更多的參與，甚至親自參與工作的執行。此一觀念即是決策參與的深度問題。換句話說，**從確認問題、構思方案、衡量利弊、選擇方案、擬定執行計畫，一直到實際執行與事後評估，可以完全由主管自行處理，也可以將其中一部分開放給大家參與，也可以將其中一些交由部屬執行**。主管可以訂出原則，維持執行上的彈性，也可以嚴格要求部屬依原訂的具體計畫執行。主管管得愈多，表示參與的深度愈深。

例如：主管可以針對某方面的議題，請各單位廣泛討論後，提出目前面臨的問題、構思解決方案，集體進行規劃後再分頭執行；也可以聽取各方意見後，自己再行決定；也可以提出目標方向與若干原則，請部屬依據原則去做，但在執行上可以保持高度的彈性。

「小事」亦應有管理作為

即使是小事，前述的「事前有政策指導，事後有績效考核」還是不可或缺。「政策指導」在此爲廣義觀點，包括：組織的各種流程，以及類似工作過去的慣例等，而「績效考核」可能是納入正式管理流程處理，也可能只是一句簡單的口頭報告而已。實務上發現，許多組織所遭遇的危機，有不少是「小事」所累積或衍生而成的。對這些爲數眾多的「小事」，高階人員應「事必躬親」到什麼程度？「遙控」到什麼程度？以及如何運用制度來管理？這實爲相當複雜的課題。在此只能做原則性的提醒而已。

雖然對各種決策參與深度不同，但決策執行時，多半還是必須由各級部屬分別負責進行。進行過程與成果的追蹤管控，也應配合決策參與深度以及決策的重要程度有所設計。

「權責下授程度」的界定

「權責下授程度」與「主管決策參與」是兩個相對的觀念，主管決策參與得愈少，則表示權責下授的程度就愈高。以下將應用六大管理元素來分析權責下授的問題。

授權即是「整合」角色的分享程度

本書認爲管理工作的核心是整合，整合的標的基本上是六大元素。就某一特定任務而言，**組織任何一個層級都可能扮演若干「整合」的角色，而各層級分享的「整合角色」比重，即是授權問題**。

機構領導人如果決定（「決 4」）某一任務所需整合的內容（目標應如何決定、事實前提如何蒐集研判、決策權力、流程設計、資源與知能調度等），皆由其本身負責，此即表示他完全沒有授權。如果在六大管理元素中，有某些整合工作由部屬負責，則表示有一部分授權。有些任務，從目標設定，一直到資源調度、人員（知能的載具）派遣，都由某基層人員（「6」）負責，則表示是高度授權。易言之，從完全不授權到高度授權間，程度上的差異即表現在六大管理元素究竟是經由誰的決策（從「決 4」到「決 6」都有可能，而「決 5」在實際組織中又可能再劃分爲若干層級）來整合。

決策前提的來源影響授權程度

「目標與價值前提」、「環境認知與事實前提」是影響決策的兩大重要前提。長官在授權過程中，如果對授權對象（部屬）的這些前提，給予極大的彈性空間，表示授權程度高；如果**對目標或環境前提界定得十分清楚**，使得部屬只能在狹小的範圍內選擇方案，則表示授權程度低。

同理，如果長官將決策權保留給自己，但決策前提卻深受部屬影響（允許部屬對目標及環境研判提出意見，而且也採納這些意見），則表示決策過程尚稱開放，與「完全不授權」並不相同。

國家產業政策的指導強度亦反映權責下授程度

我們也可以用同樣的分析方法檢視政府的產業政策或獎勵措施。如果政府政策（總體環境中的「決 1」）運用租稅，鼓勵企業朝某些方向投資（以「決 1」影響企業的目標與價值前提「目 3」，以「決 1」調度國家資源「資 1」，做爲獎勵的籌碼），或指出某些地區或產業具有高度的發展潛力（以「決 1」影響企業的環境認知與事實前提「環 3」），使企業在這些前提下，做出某些投資決策（「決 3」或「決 4」），則表示政府負責了部分的整合工作。在高度計畫經濟的國家，這些整合工作或決策的權責，幾乎全都集中於政府（「決 1」），個別企業在目標、環境前提、資源與知能的調度方面，都處於被動或從屬的地位。

權責下授程度的取決

針對不同決策，權責下授程度當然不同。而權責下授程度的取決，也可以從六大管理元素來探討。

目標與價值前提

如果此一決策與組織的生存發展密切相關（與「目 3」關係密切），則高階參與程度應較高，不宜過多授權；當決策牽涉的價值觀分歧，甚至決策取向主要屬於價值判斷時，亦應由高階人員處理。反之則較可以授權。

環境認知與事實前提

如果此一決策所需的事實資料不足或內容分歧，或未來發展方向不易確定時，應由高階人員進行研判，故授權程度不宜過高。若基層主管由於接近決策或問題發生現場，因而掌握更多與決策有關的資訊，則應由對這些「環境認知」最了解的人負責決策，或對決策做更深入的參與。

表 8-3 ▶ 何時應提高授權程度

六大管理元素	提高授權程度的時機
目標與價值前提	決策成敗對組織目標達成影響不大，牽涉的價值觀念不分歧。
環境認知與事實前提	大家對未來的環境認知有相當高的共識。
決策與行動	與其他決策的關聯度不高，但時效要求高。
創價流程	非關鍵性的創價流程。
能力與知識	決策所需知能不高，或授權對象能力已具勝任水準。
有形與無形資源資	決策所需調度的資源有限。

決策與行動

如果決策的結果與其他決策的方向關連密切，甚至有「牽一髮動全身」的性質，當然應由高階負責決定。若決策結果的影響範圍只及於某一單位或某一地區，則應授權由該業務範圍相關人員決定。當決策時效性很重要時，亦應授權由行動現場人員當機立斷，以掌握時效。

創價流程

如果決策與關鍵價值活動有關，或可能影響主要創價流程的產出品質與水準，則宜由高階決定，不宜授權。

能力與知識

每一項決策都需要決策的知能。哪個階層的主管最能掌握決策所需的知能，就應對決策擔負起更大的責任。簡言之，針對該決策，誰的「學問大」，誰就負責決策，「官」之大小未必是重要考量。

有形與無形資源

決策時所需調度的資源愈多，由於決策錯誤可能損失的資源就愈多，因此愈應由高階人員負責。

換句話說，**如果決策成敗對組織目標達成的影響不大，所牽涉的價值觀念不分歧，大家對未來的環境認知有相當高的共識，與其他決策的關連度不高而時效要求高，在創價流程中與競爭力關係不大，決策所需調度的資源有限，而決策所需的知能不高，或授權對象能力已具勝任水準時，在這些情況下，則授權程度可以提高。**

中基層主管對六大管理元素自由掌握的程度愈高，表示被授權的程度愈高，愈能彈性適應決策情境，發揮創意的空間也愈大。

實務上，同樣的實際情境經由各個因素分析的個別結果，方向未必一致，因此究竟應授權到什麼程度，仍需要許多主觀的綜合判斷。

授權對象的選擇

授權對象

上述授權程度是一項重要決策，然而**「授權給誰」，學問更大**。有些跨部門的工作，究竟應由哪個單位負責，本來即有高度彈性。主管下授權責時，必須考量潛在授權對象的單位目標、個人價值觀念、知能與資訊的掌握等。

可從六大管理元素來考量

有些潛在授權對象的價值觀與高階層比較接近；有些授權對象在能力上或許更能勝任；有些對象掌握的資訊較爲充分完整；有些對象則可能更能從組織整體大局考量；有些對象能力高，決策錯誤的風險低；有些對象潛力高，賦予重責後更能成長，但失誤的風險也高。取捨之間，有時也有相當困難度。

這方面的決策結果，其實也反映高階主管本身的人格特質、價值偏好、長短期考量，甚至對公私目標間的相對重視程度。

中階主管的積極角色

授權是程度問題。實務上，完全授權或完全不授權的情況其實並不常見，絕大部分的決策都落在兩個極端之間。因此，中階管理人員在決策與行動的過程中，如何扮演起承轉合的角色便十分重要。

簡言之，**中階主管必須詮釋上級意志、掌握基層資訊、構思或發起具體決策，以整合上下間，以及平行單位間的各種管理元素**。

上下層級的整合

組織上下間的整合十分重要。從中級主管的立場看，他的上級與下級，在許多議題上，「目標」、「環境認知」等都不盡相同，「資源」、「知能」等也未必能靈活流用，雙方決策當然也不可能自動合理銜接。在開放系統時代，組織各級人員都有自己的想法、知能與資訊來源，因此**身爲中階管理者，不宜完全被動地秉承上**

意，反而應該發揮整合上下的作用，甚至提出具有創意的方案，做爲整合上下層級各項管理元素的機制。

平行單位的協調

與平行單位間的協調配合方面，當各單位出現不同看法或立場，過去比較依賴上級單位的裁決。但現代企業經營環境變化快，上級主管的裁決往往緩不濟急，而且各單位業務的專業性高，上級未也必擁有足夠的知能或資訊，做出合理的判斷。因此，由**各中階單位主動提出可以整合各方的方案**，有其積極正面的作用。

權責下授後的高階角色

中級管理者有此認識及能力後，機構領導者或較高階的主管，就應增加授權程度，只對重要的前提、限制條件以及目標等有所提示，不必注意細節，以提升中階管理單位的創意空間，並在整合目標、資源等管理元素上，扮演更積極的角色。

中階管理者或單位提出方案後，若未合理想，高階可以再針對其前提與推理可能不足之處進行建議與指導。這種做法將比一開始即由高階直接提出具體方案，效果更佳。

被授權者的行為規範

從被授權者的觀點，做法上也有些應注意的事項。

明瞭本身可以決策的範圍

被授權者必須**明瞭本身可以決策的範圍，以及這些決策與其他決策間的關係**。在管理矩陣上，即是了解本身（假設是中級主管）掌管的決策（「決 5」）有哪些，與上級的決策（「決 4」）如何劃分，如何銜接；與其他平行單位的決策（「決 5」）如何劃分，如何配合。

瞭解上級賦予本單位的目標

被授權進行整合工作的中階管理人員，應知道本單位被期望達成的目標爲何

（「目 5」），上級目標（「目 4」）爲何，甚至上級目標的「陰面」或上級個人的價值偏好，也應考慮在內，然後將這些納爲本身決策的前提。

適時回報進度與成果

在決策與行動進行至某一階段時，**應將進度、成果、重要抉擇等，主動回報給上級**，成爲其認知（「環 4」）的一部分。如此方可幫助長官了解目標達成進度，藉以檢討授權決策，並據以改善上級決策（「決 4」）的品質。

至於回報的方式及頻率，則必須視長官的習慣及雙方默契而定。

決策的有限理性

決策過程當然愈合乎理性愈好，然而在較複雜的管理決策情境中，理性的程度往往受到限制。因爲許多決策的目標與價值前提分歧而不明確、資訊不充分、所能掌握的方案其實也相當有限。以下即從幾大管理元素的角度分析這些決策在理性程度上受到限制的原因。管理者若能針對這些原因，設法改善，應可提升決策的理性程度。

表 8-4 ▶ 決策理性程度的限制因素——依六大管理元素分

管理元素	限制因素
目標與價值前提	目標多重難以衡量，加上有些隱性的價值與利益，事先不易察覺，往往是決策結果出來後才產生反彈聲浪。
環境認知與事實前提	對環境認知分歧，事實前提不明，組織內外已存在的資訊又無法充分流通並匯進決策過程，決策效果將大受影響。
決策與行動	決策間的複雜關係完全明朗化之前，將使決策的理性程度受限。
創價流程	程序與規章也會影響決策的理性程度。
能力與知識	若決策參與者衆多，大家對於因果關係的預測或認定莫衷一是，或群體決策中參與者各自的 KIPA 水準不一，都將使決策的理性程度受限。
有形與無形資源	資源的品質或可以創造價值的潛力難以評估。

目標與價值前提

目標多重且難以衡量

針對單一可衡量的目標，決策應比較容易符合理性。然而眞實世界中的決策，**其意圖滿足的目標卻往往是多重、來自不同人或立場、難以精確衡量的，而且各個目標的相對比重也難以權衡**，不易轉換到同一個構面上。

例如：某些決策除了要達成利潤目標，還必須同時考慮勞工權益、消費者保障、環保要求、公司長期形象。這些多重目標間當然存在著「取捨」（trade-off）的關係，但彼此間替換比率應該是多少，卻難以列出公式。為了勞工權益，可以犧牲多少消費者權益？為了公司長期形象，可以犧牲多少短期利潤？為了達到某一項目標，組織願意負擔多少風險或潛在的損失？這些都不是能用數學公式表達的。

而且，這些目標背後還代表了不同利益團體的觀點與堅持。決策過程中，各利益團體或目標在組織內部都有「代言人」，而每位參與決策者或支持某些主張的代言人，各自可能還有「陰面」的個人目標或價值觀。這些都使決策無法依理性的理想進行。

隱性的價值與利益，事先不易察覺

更無奈的是，負責決策的人或單位，有時對於「本決策共牽涉到哪些價值，共有多少關心此案的利益團體存在」都不甚清楚，通常要等到決策結果出來後，才冒出一堆「反彈」聲浪，使理性決策的過程幾乎不可能實現。

環境認知與事實前提

事實前提不易驗證

決策必須依據環境認知與事實前提。然而，對許多決策來說，事實前提並不明朗，而大家對環境的認知極為分歧，同時也無法驗證各種說法的眞實性，而與未來有關的事實前提，更難用理性預測其未來實現的機率。

價值觀與陰面目標的作用

每個人心中潛在的價值觀，往往造成對各種內外資訊的選擇性認知，立場不同或形成內心「陰面」目標，加上彼此缺乏互信基礎，這些都形成組織溝通以及大家對環境認知的障礙。

對環境認知分歧，事實前提不明，組織內外已存在的資訊又無法充分流通並匯進決策的過程，決策效果自然大受影響。

決策與行動

構思可行方案並非易事

決策過程的重點之一是方案選擇。然而，在某些決策中，**「共有哪些可行方案」卻是未知數**。事實上，如下文將說明的，「構思及設計方案」才是重點，而傳統上理性決策所建議的過程（先設定明確目標，再據以選擇方案），在實務上卻是很難得看到的現象。

決策體系與既有決策的干擾

組織是一個複雜的決策體系，與當前決策有關的既有決策或政策可能已經很多，此一決策也可能與其他單位或上級的某些決策有關連。**在這些決策間的複雜關係完全明朗化前，決策的理性程度也是很有限的。**

創價流程

決策並非獨立存在，亦非有權者在掌握相當資料後，即可拍板定案。在略有制度與規模的組織中，必然有現存的決策程序與規章。**這些程序與規章也會影響決策的理性程度。**

例如：組織的管理流程「規定」，某項決策必須經由某個會議通過後才能執行，而該會議的成員、開會時間等，卻未必與當前此一決策的時效配合。決策的時機不同，或參與會議人員的改變，都會左右決策的方向與結果。此即組織的管理流程對決策理性程度的影響。

能力與知識

因果關係不明

第七章指出，表現知識的方式之一，就是變項間的因果關係網。這些因果關係網涵蓋面愈廣、變項的衡量方法愈清楚、因果關係愈正確，表示知識愈有潛在的價值。然而實質上，決策者所掌握的知識或事物間的因果關係，卻是十分有限，甚至是難以驗證的。**決策參與者若人數較多，大家對因果關係的預測或認定，更是莫衷一是。決策者知識的有限性也影響了決策的理性程度**。

KIPA 水準不一

此外，尚有知識與資訊的處理能力（KIPA）。決策者對資訊的吸收與詮釋能力、將各別資訊有效連結以產生更具價值資訊的能力、結合客觀資訊與理論上的因果關係的能力等，每人高下不同。這方面的能力不足，自然影響決策結果或理性程度。**群體決策過程中，如果參與者各自的「KIPA」水準不一**，往往會出現言不及義，討論過程海闊天空，各方資訊與意見無法融合匯聚的情形，這當然也會降低決策品質以及理性程度。

有形與無形資源

無論是企業的策略選擇或是個別管理人員的管理決策，「量力而爲」或依本身所擁有的資源水準來採取行動，都是重要的決策原則。**然而目前所擁有的資源究竟在未來行動上能發揮多少作用，能在創價流程中產生多少價值，卻是相當主觀而不易衡量的**。

在無形資源方面，「品牌」究竟對新產品之引進能有多少幫助、過去所建立的「人際關係」究竟能產生多少影響等，經常是決策的重要前提，而這些都難以在事前精確評估，因而也影響了決策的理性程度。

針對決策有限理性的對策

以上從六大管理元素所分析的決策問題，或所謂決策過程中理性程度的限制，在任何組織中都是普遍存在的現象。既然知道這些潛在問題存在，就應針對它們進行改善。即使效果僅能限於局部，對決策品質也會有所幫助。

善用研究調查

針對內外環境認知方面，組織應**盡量利用客觀、系統化的研究調查**，就重大決策攸關的事實前提進行驗證。許多市場調查、消費行爲研究、產業分析、組織士氣調查或顧客滿意度調查等，都是爲了改善此方面的決策理性程度。

改善管理流程

組織應持續修正改進管理流程，減少不合理的管理流程對決策程序的負面作用；並試圖更嚴謹地運用「策略指導功能政策」之類的做法，以提升決策的理性程度。

建立開放的組織文化

經由良好的組織文化，使上下或平行單位間，意見與資訊的溝通可以暢通無阻，並經由不斷的對話，建立決策群體的默契以及共同的「KIPA」，這些也都是可以努力的方向。

在群體決策或會議過程中，應建立知無不言、言必有物，以及鼓勵不同意見的文化。而且所有與會人員都應培養發言精簡、注意聆聽、用心思考的能力與習慣，加上有效的會議主持方法，才能透過群體的力量，澄清目標、驗證資訊、找出瓶頸，並提出有創意的方案。

表 8-5 ▶ 如何提升決策理性

如何提升決策理性
善用研究調查
改善管理流程
建立開放的組織文化
經由訓練提升觀念能力及 KIPA

「組織」或制度的存在，可以因資訊來源與思考角度的多元化，經由博採眾議或集思廣益的過程

而改善個人決策的理性程度，然而若處理不善，也可能出現群體決策的盲點（group blind 或 groupthink），而降低了決策的理性程度。

經由訓練提升觀念能力及 KIPA

組織應利用管理知識方面的進修與個案研討等，提高知能運用方面的理性程度。第七章所談的，從「編碼」到「驗證」、「整合」等方面的能力，皆可以經由個案研討的訓練改善提升。

整合導向的決策程序

在討論過有關決策的一些基本觀念，並指出理性決策的困難後，接下來將針對決策程序進行較深入的分析與介紹。

管理者爲何需要做決策？理由很簡單，必然是目標（包括陽面的組織目標與陰面的個人目標）未能達到理想水準，或預計未來可能無法達到理想水準，**形成了所謂的目標「缺口」（gap），因此需要採取行動。要行動則必須有所抉擇，因而產生決策的需要。**

形成目標缺口的可能原因

目標未能達成的原因，大部分與六大管理元素在六大層級間的矛盾，以及六大元素間的矛盾有關。

個別管理元素在六大層級間出現矛盾

1. 目標的矛盾，例如：國家產業政策與本組織的發展方向不一致、顧客的需求與本組織目標相互矛盾、各單位所追求的目標不一致。
2. 對環境認知的矛盾，例如：本組織的環境認知與其他組織的認知有落差、各單位對產業未來前景看法不同。
3. 決策的矛盾，例如：重要零組件供應商決定向下整合，因而與本組織的採購

表 8-6 ▶ 整合導向的決策程序

程序	說明
察覺目標缺口	原因在於：六大層級間的矛盾、六大元素間的矛盾。
以具體備選方案起始	針對問題，及早提出若干具體備選方案； 就具體方案進行前提的推導與驗證； 可避免討論空泛的理念，又可形成應變計畫。
形成方案	追根究柢找出原因，針對原因提出辦法； 系統化地驗證各備選方案的前提； 標竿學習，參考前人經驗； 依學理找出決策構面，進行排列組合。
與政策的互動	注意人與制度的互動； 尊重政策但也勿忘修改政策。
有時需要見機而作	情況不明，只好摸著石頭過河； 必須有全盤構想指導，有清楚的邏輯以見機調整。

政策出現矛盾，或生產部門與研發部門行動未能協調。

4. 創價流程的矛盾，例如：各單位間管理流程重複或不銜接、顧客不滿意創價流程的產出等。
5. 知能的矛盾，例如：本組織的技術能力大幅落後於同業、某些單位能力不足等。
6. 資源的矛盾：例如：組織的資源對外不具吸引力、組織無法從外部有效獲得各種資源、各單位對資源的競爭過於激烈等。

六大管理元素間未能搭配或相互矛盾

這方面當然也是出現問題的原因。例如：

1. 目標水準要求太高，組織知能或所擁有的資源無法配合。
2. 目標訂定不明，造成各單位決策無法協調。
3. 組織所擁有的資訊不足或落後，影響決策品質。
4. 決策時機受到現有管理流程的干擾或限制。
5. 組織分工後，造成營運流程與目標不能配合。
6. 組織的知能或資源不足，使得創價流程無法順利運作。

經營管理的潛在問題與困難成千上萬，分類方法很多，無法詳細列舉。從六大元素及其間的矛盾著手，只是其中一種分類方式而已。

總而言之，管理者的決策就是，在分析這些問題的相對重要性與迫切性以後，找出背後的原因，採取有效行動。處理方法也無非是從此六大著手，針對相關的對象與標的，加以有效整合。

以具體備選方案為決策的起始點

前文指出，決策的作用在處理六大元素間的矛盾或不一致，或六大元素在六大層級間的不一致，前者與「標的」有關，後者與「對象」有關。因此，我們可以視決策爲一項整合的重要方法，也就是**經由決策整合各個對象與標的**。然而，可能的整合對象往往很多，不同對象的六大元素又極其複雜，**如果要事先進行全面分析、瞭解，再據以擬定及選擇方案，幾乎是不可能的任務。**

備選方案與前提驗證

基於此一認識，本書建議針對複雜的決策，**起始點應是具體的備選方案，並以若干具體的備選方案爲基礎，驗證各個方案的價值前提、事實前提，以及各方對因果關係的主張**。而「找出前提」、「驗證前提」都是整合動作的一部分。

換句話說，不同方案其實是建立在不同的假設前提以及因果關係的推理上。提出具體方案後，決策者或決策團隊即可運用邏輯推理，找出各個方案的攸關因素及背後的各種前提以及所相信的因果關係。在此一過程中，各方的目標、價值取向、信念等都會自然浮現。若對本身能力、競爭者反應等的認知（都屬於「環境認知與事實前提」的一部分）有所不同，則亦可經由邏輯推演的過程，發現其間差異所在。目標或價值觀間的差異，可以依賴妥協或裁決。對事實前提與因果關係認知不同，可以運用客觀的資料調查研究或依賴主觀的研判。然後，**決策者或決策團隊在這些「整合後」的前提下，再試圖修正方案，或結合幾個方案形成一個大家都能接受的決策。**

從具體備選方案開始的優點

在此所介紹的方法或程序，有以下幾項優點：

1. **避免參與決策者就空泛的理念，或與決策無關的資料進行發言**，這些不僅無助於決策，而且可能橫生枝節。許多會議中，發言盈庭而言不及義，最後依然議而不決，即是因爲備選方案出現太晚之故。
2. **避免參與決策者以追求完美的標準，審視解決方案**，自己卻無法提出另一個完整的備選方案。在本書建議的程序下，任何人若對現有的幾個備選方案不滿，則應提出一個新的備選方案，以供大家分析其各項前提及可行性。任何人都不宜從「超然」的立場，一昧批評，卻未能提出自己認爲更可行的方案。
3. **有系統地將各項爭議置於檯面上公開討論或研究**，包括目標、風險偏好不同、對環境認知的不同等，即使最後是由主席裁決，也可明確知道此一抉擇是建立在哪些重要或特定的假設前提上。
4. 實務上眞正可行的方案其實爲數有限，先設計出幾個可行而具有完整配套措施的備選方案，再從分析並比較這幾個備選方案著手，如此可以**大幅提升決策效率**。
5. 明確列出方案的決策前提，並經公開討論後，各單位在執行時，即可密切注意及追蹤這些重要前提的可能發展，組織才可能**隨著情勢或各種前提假設的變化，機動調整行動方向**。
6. 此程序可進一步發展出若干完整可行的**「應變計畫」**（contingency plan），分別因應不同的未來情境。萬一決策定案時所設想的環境前提未能實現，仍可以轉換至另一應變計畫，而不至於措手不及。

實施成功的先決條件

此一決策程序成功的先決條件是：決策參與者有能力提出具有創意而且相對完整、具體的備選方案，在驗證前提的過程中，也能配合前提的改變，而修正方案的內容。

當然，開放的組織文化以及推導前提的邏輯能力也不可少，雖然這兩項對所有方式的決策程序都不可或缺。

方案的形成方式

方案形成需要高度創意及足量的資訊，也必須對問題與行動的因果關係有所掌握。形成方案的途徑甚多，在此僅建議幾個思考角度。

追根究柢

這是從表面的問題開始，不斷追究其形成的原因，利用決策者或參與幕僚對因果關係的認識，**找出原因以及原因背後的原因，並發掘根本瓶頸所在**。實務上，這些瓶頸可能是某項分工方法的不當，可能是權責劃分不清，也可能是政府主管機關某個不合時宜的法令。在推測原因的過程中，當然也需要持續蒐集資料，以驗證各種假設與論點。找出原因後，再運用因果關係的邏輯，思考究竟哪些可控制因素（或變項）的改變，可以解決問題或改善目前的情況。此過程的前半，所需的是「診斷性程序知能」，後半則需要「行動性程序知能」。

運用此方法時，還需要決定「解決問題的深度」。因爲從表面的問題或現象找出背後可能的原因後，會發現這些原因背後，往往還有更深層或更根本的原因，最後甚至或許會連結到組織策略、領導人的能力、人性的內涵甚至人類社會的基本結構。在這一連串的因果關係鏈中，決策者究竟應針對環節中的哪個部分著手，亦即是在表面或根本尋求解決辦法？此一決定與其所擁有的能力、權力、個人理想等都有關係，也與各個解決辦法的成本與時效有關。

標竿學習

相關產業中，其他先進國家或先進企業，通常過去也遭遇過類似問題，在管理上也做過不少嘗試。決策者或決策團隊在比對問題性質、組織規模、法規環境等後，即可以從這些做法中，獲得許多有價值的靈感。

依學理找出相關的「決策構面」

學理上必然針對當前有關議題加以分析討論。決策者可依學理中各個決策構面下的可能選項，針對目前問題，設法**「排列組合」出較爲周延的方案**。例如：行銷管理的學理中，對行銷組合的各個決策構面（如四個「P」：產品、定價、通路、促銷）共有多少可能的變化與選擇，都有詳細說明。這些變化以及變化後的各種組合方式，都是方案構想的來源。又如事業策略，「產品線廣度與特色」、「目標市場區隔方式與選擇」、「垂直整合程度的取決」、「相對規模與規模經濟」、「地理涵蓋範圍」、「競爭優勢」等，也都是很重要的基本構面，從這些構面的變化與組合中，可以產生無數的可能方案。有了方案，下一步的驗證就有明確的標的。此種思考與分析策略的方式，是作者所提出「策略形態分析法」的一部分。

決策與政策

「針對問題，找出原因，選擇行動」，可視爲單一決策的過程。然而組織過去的決策使得當前任何決策都不能只從「單一決策」的角度思考。

長年累積的政策形成複雜的決策環境

組織過去的決策，對目前及未來的決策有所影響，或形成指導與限制者，可簡稱爲政策。政策存在的目的，是使組織的各個決策在時間上有延續性，跨部門的行動也能有一致性。

這些政策可能並非現在的機構領導人所決定，而是過去各「世代」決策累積的結果。在管理矩陣中，是位於「決 3」的欄位，屬於「組織平台」的層級。**現存或過去留下來的政策，在觀念上類似決策的「存量」，而當下的決策，則有些像決策的「流量」**。

政策可簡化決策過程及提高決策品質

組織中層級複雜，決策者眾多，若無正式的書面政策指導各方決策，授權將十分困難，且各單位間決策與行動方向不易一致。**如果缺乏政策指導，各級人員不是各行其是，就是動輒得咎。各級人員爲了規避責任，勢必凡事向上請示，恭請高階裁決**。如此一來，不僅高階領導人會因事必躬親而忙得不可開交，甚至會延誤決策時機。而且，一人決策，考慮亦難以周延。

再者，一貫的政策有助於組織累積競爭力與資源（含對外形象）。在一些基業長青的組織中，政策的持續往往超越領導人的任期。而前述「策略指導政策的取向」則是希望經由此一過程，有系統地檢視及調整組織政策，**使組織各單位決策能互相呼應，而且在長期中相對穩定**。

良好而合理的政策可以簡化決策過程，提高決策品質。組織漸具規模後，逐步釐清各種決策原則，訂爲書面政策，這是極爲必要的。

所有高階決策是人與制度互動的結果

組織是決策的體系，決策不僅需與上級及平行單位的決策相配合，也因爲既定政策的存在，而必須與過去的決策相配合或銜接。易言之，現有決策勢必受到過去決策的限制。事實上，所有組織的高階決策，都是「人」與「制度」互動的結果。**過去的政策可能也經過全面考量、深思熟慮的過程**，若機構領導人只針對眼前情勢，決策時未將制度納入考量，將可能因思考角度的偏頗而產生一些風險。

政策與時空環境的落差應隨時檢討改進

現存的政策在決策當時的時空環境與目前未必相同，時至今日，各種環境前提、條件前提、目標前提都可能發生重大改變，因此決策者常會感到現有政策不合時宜，必須修訂，否則在這些政策限制下，無法做出合理的決策。於是，「修法」成爲大型組織持續進行的工作。**找出現有政策的關鍵瓶頸，設法突破或修正，也是一項重要決策**。

政策繁多過時將成為組織包袱

經由現階段決策辛苦形成的政策，將來也可能會被後來者視爲不合時宜，或成爲未來追求成長與績效的障礙。因此，大型組織常常不得不在此一「除舊布新」的循環中努力掙扎。**歷史悠久、規模龐大的組織，「列祖列宗」所留傳下來的「條條框框」，甚至可能使組織陷入動彈不得的窘境**。加上每一項既存政策都牽涉或多或少的利益與立場，使組織變革更爲困難。新創的中小企業，制度闕如，決策即更富有彈性，原因在於此。

「政策詮釋權」是最重要的正式職權之一

在權力運作上，掌握「政策詮釋權」是一項極為關鍵的動作。「決 3」是過去留下來，屬於組織整體，而非特定人士的。然而誰能夠擁有政策詮釋權，誰就可以將「列祖列宗」納入權力聯盟的一環，對本身決策推動與目標達成可以產生不少正面效果。

動態的決策過程

「見機而作」的意義與運用時機

當決策所面對的情勢十分不確定，無法針對未來提出完整的「備選方案」時，就不得不採用「見機而作」的方法，使組織行動逐步有所進展。

當產業環境或競爭者的動作十分難以預測，或企業及產業的未來前景幾乎全繫於政府政策的一念之間時，則前面所提到的幾種方案形成方式似乎都不太適用。因為未來發展充滿不確定性，當前可以採取行動的空間極為有限，決策者所能做的就是找出關鍵問題，然後就可行的部分，向前推進一小步。行動後情況會明朗一些，然後再思考下一步的方向。所謂「見機而作」，或「摸著石頭過河」即是此意。

全盤構想與布局指導「見機而作」

「見機而作」並不表示心中缺乏全盤的構想。反之，**心中要有一個具有彈性的決策架構。一開始只採取風險小可行性高的行動，在行動中試圖蒐集更深入的資料，驗證某些前提，修正某些想法，然後再向前邁進一小步。易言之，「布局」是極重要的，就像圍棋中的「快棋」，下子雖快，心中卻早已成竹在胸，只是配合對手的棋路，一邊動態地修正自己的布局，同時也依布局快速採取行動。**

決策邏輯必須清楚

見機而作的過程中，**決策者必須對自己布局的邏輯十分清楚**，可以依據每次行動所得到的回饋（如對手的回應方法），對原先布局的構想進行驗證，再依驗證結果，修正布局。此一方式，相當於前述「策略形態分析法」的「加速版」：每次行動後，立即驗證前提，並修正未來希望達成的「形貌」。

「見機而作」可能要從小事著手

大型組織的決策必須**分層負責**。在分權制度中，通常是由高層人員負責層次較高的決策，並訂出指導原則或政策，其他層次較低的決策，則由各級主管分別負責。然而，在以上所談的動態決策過程中，何謂「大事」，何謂「小事」，往往極不易分辨。某些善於運用此種方法的高階主管，常對看似枝微末節的「作業面」工作投入很多時間精神，但事實上，或許此一工作正是可能改變全局的關鍵行動。高階人員親自執行，全力以赴，用意正是掌握重點，以推動其心中的策略布局。例如：領導人避談未來策略，卻投入時間精神於某項中階管理人員的人事案；或對某一策略聯盟對象的股權結構十分有興趣。事後可能證明，這些「小事」才是眞正的關鍵，只要能充分掌握，爾後的策略發展即可順理成章地進行。

然而，實務上看到許多「只管小事」的領導人，他們究竟是否眞的如此深謀遠慮，或只是重視日常小事而忽略重大決策，外人其實也不易研判。

從管理矩陣談提升決策品質

「決策與行動」是管理工作的核心。從以上的分析以及管理矩陣的架構，可以進一步探討管理者在決策時應注意的事項，以及提高決策品質的方法。

認識本身的決策空間與權責範圍

本身決策權責

任何一位管理者的最基本要求，就是應該清楚了解本身必須負責的決策項目、潛在可能的決策項目、每個決策的可能備選方案、利弊得失與適用狀況等。雖然決策時不可能完全理性，但應努力朝向理性的境界邁進。

與其他人決策的介面與配合

組織是決策體系，決策責任已劃分至各單位或不同的人員。因此決策者也應了解本身與上下層級、平行單位，以及組織外的決策者，在決策項目的分工以及彼此間必要的配合。簡言之，**對自己該做的決策應有所擔當，對別人管轄的範圍則應注意不要越界，並在決策過程中盡量與其他上下、平行、內外的決策相配合，或尋求決策間的一致性。**

結合政策與流程，以確保時間軸的連貫性

個別決策必須配合既有的政策與流程。面對當前的決策，一方面應思考其與現

表 8-7 ▶ 提高決策品質的方法

方法	說明
認識本身的決策空間與權責範圍	認識本身決策權責，以及與上下平行人員決策的介面與配合。
結合政策與流程，以確保時間軸的連貫	決策應考量現有政策，並將重大決策與管理流程結合。
注意檢視決策的前提	檢視本身的決策前提； 檢視其他人的決策前提； 若有爭議應訴諸理性的前提驗證與邏輯推理。
強化環境認知與事實前提的深度與廣度	加強研究調查與數字管理。
提升決策所需的知能	必須對因果關係有所掌握； 知識與資訊的處理能力（KIPA）為重要關鍵； 防範「知識障」的負面作用。
決策與行動應掌握有利時機	當我方條件最好，而各方在認知、目標與想法上也最有利於我方時，再進行決策或採取行動。
創造良好決策環境，以利落實執行	執行不佳多肇因於六大管理元素上的缺陷； 從改善六大管理元素著手，提升執行力。
成立小型聯盟有助決策推動	先整合一部分人，再擴大整合對象。
避免地位差異影響決策創意	地位愈高者應「少講」、「後講」，以免影響其他人的發言意願與創意。

有政策與流程的關聯，盡量予以配合；一方面也要因應現階段重大決策的需要，設計新流程，包括追蹤管控的制度，方可使決策得以在組織內落實執行，甚至成爲新「政策」，有效影響組織後續的相關行動。

類似的觀點已經在前文中討論「決策與政策」，以及在第五章中討論「管理流程」時說明。

注意檢視決策的前提

檢視本身的決策前提

「目標與價值前提」、「環境認知與事實前提」是影響決策方向的重要因素。**決策時應注意檢視本身的這些前提，並驗證其正確性以及與決策間的邏輯關係**。針對自己「陰面」的目標或價值前提，也應時時反省檢視，了解其存在對決策方向的影響程度。

檢視其他人的決策前提

其他人（上下、內外及平行單位）的某些決策與本身的決策有互動關係，也影響本身決策的有效性。因此，若有可能，也應探討他們的各項決策前提，以增加對他們決策的深度了解，甚至可以預測他們未來決策的方向。

訴諸理性的前提驗證可以化解爭議

幾乎所有的爭議或歧見，皆起因於各方或雙方在價值前提或事實前提上的差異，或對因果關係認知的不同。如果會議主持人或有不同意見的各方，**都能經由理性的邏輯分析，找出造成結論差異的關鍵前提，以及對因果關係的信念，然後進行較深入的分析，則爭議可以更理性**，且因指出可疑的前提假設，而具有更高的建設性。若前提無法驗證，至少也可以使各方知道採取某一方案的前提假設何在，以及邏輯推理爲何，而不必全依權力大小解決爭議。此一程序及其優點，在第十一章介紹「整合」時，還會再深入討論。

強化環境認知與事實前提的深度與廣度

研究調查、群體決策、廣開言路、多方查證等，都可以強化決策者對事實前提認知的正確性與廣度，也是提高決策品質的重要途徑。

提升決策所需的知能

因果關係的掌握及 KIPA

能力與知識是決策品質的基礎。**管理者對決策有關的變項及其「因果關係網」應有一定程度的掌握**，即使本身並非這方面的專家，至少也應有良好的「KIPA」，以吸收體會決策過程中多元的知識與資訊，以及它們之間複雜的邏輯關係，如此方能發揮集思廣益與博採眾議的效果。

防範「知識障」的負面作用

如果決策者本身是此一領域的專家，則尤應避免「文人相輕」的自我意識造成對其他人不同意見甚至創意的心理抗拒。**居上位者潛意識中的這種「知識障」，以及行爲表現出來對他人意見的輕視，是降低群體決策效果的常見原因。**

對當前議題的專業擁有高深的學識，但是 KIPA 及觀念能力不高的人，在主持會議時，經常無法以開放的態度博採眾議。此一問題與現象，在實務界是十分常見的。

決策與行動應掌握有利時機

有利時機的意義

決策與行動需要「能力與知識」、「有形與無形資源」的支持，也需要外界、上級、平行單位等在決策與行動上的配合，而他們的決策與行動又深受其價值前提與環境認知的影響。不過，我方的知能與資源，以及其他人的各種前提，其實也在不斷地演進變化。因此，所謂掌握有利時機，即是等這些都發展到最有利的時候才採取行動。換言之，**當我方知能最強、資源最豐富，而各方在認知、目標與想法上也最有利於我方時，再進行決策或採取行動，往往事情會進行得更爲順利**。所謂決策的有利時機，即是指時機既不太早亦不太晚，當「目」、「環」、「能」、「資」等情勢最理想時，即是最佳的決策與行動時刻。

在經營策略的行動上，也是要在本組織條件最好、任務環境的成員最需要我們合作或提供服務時「切入」，整合的效果最能顯現。

拖延也是推動決策的方式

猶豫不決是決策的缺點，然而經驗豐富的決策者有時也會善用此道。因爲某些決策的時機尚未成熟，太早讓大家關心，或許不易得到共識。不如等到組織內相關人員的疑慮漸輕，或心理認知失調降低，或出現其他讓大家更關心的議題時，再設法「輕騎過關」。

這也是前述「見機而作」的表現方式。

創造良好決策環境以利落實執行

執行不佳多肇因於六大不良

決策者通常不會親自執行決策，而必須依賴組織各個層級的單位與成員。如果決策不能落實執行，可能的原因如下：成員的行動與努力，未與成員個人目標的達成相結合（目標與價值前提）；執行能力不足（能力與知識）；決策所需的資訊不足（環境認知）；難以納入現有的工作流程（創價流程）；或是與現有政策相牴觸，因而窒礙難行（既有政策與當前決策矛盾）。高階管理當局若能就這些方面，爲組織或各級成員創造或提供良好的環境，組織的執行力就會提高。

提升執行力的方法

事實上，所謂「執行」也是一連串的小決策構成的。執行者在執行過程中，會不斷遭遇新的情境或阻礙，如果他能在上述所謂良好決策環境中運作，自然能隨機

應變，「見招拆招」，主動克服困難，完成上級交付的使命。易言之，如果能注意以下各項環節，則組織的執行力必可大幅提升。

1. 爲同仁提供明確的目標；
2. 將目標的達成與個人的需求與目標相結合；
3. 提供足夠的決策資訊；
4. 提供明確的政策指導與決策分工；
5. 設計合理而與其他單位互相銜接的流程；
6. 培養足夠的能力與知識；
7. 提供決策與行動所需的有形與無形資源；

總之，六大管理元素是診斷組織、改善管理的重要切入點。

成立小型聯盟有助於決策推動

先整合一部分，再擴大整合對象

各級的管理決策，都與「整合」有關。整合牽涉各方的目標、立場，也需要各方在資源與知能上的參與及支持。如果整合對象的範圍很廣，阻礙或許很多。有效的決策者常用的方法是**先整合一部分重要人士**，結合他們的目標與資源，形成某種實質「聯盟」，**再以此一聯盟爲核心，進行更大範圍的整合**。

針對議題，發掘潛在結盟對象，再逐步將各方目標、價值觀、資源、影響力等進行結合，是管理者經常要處理的工作。

妥協不可避免

成立小型聯盟的過程中，決策者難免會爲了配合聯盟內其他成員的要求，而犧牲一些本身原先的目標，但這也是不得不然的結果。有關整合與決策的觀念，在第十一章中還會再討論。

避免地位差異影響決策創意

會議或群體決策是重要的決策方式。**參與決策者在職位或社會地位上的不同，可能會影響發言的方向與創意的水準**。例如：居下位者由於擔心意見不同而「開罪」上級，因而語多保留，甚至爲了「揣摩上意」而刻意附和。這些都會降低創意的水準，乃至於決策的品質。因此，地位愈高者，愈應「少講」、「後講」，使參與者在「猜不到長官底牌」的情況下，盡情地發揮、充分討論，如此或許較爲耗時費事，但對決策方案的廣博周延以及同仁知能的成長，都會產生極爲正面的幫助。

本書所建議的「整合導向的決策程序」，雖然是以提出具體之備選方案爲起始點，**但最先提出備選方案者卻不應是高級長官**，其理由也在於此。

管理工作的自我檢核

1. 在貴組織的重大決策經驗中，哪些因素影響了決策的「理性程度」？決策者曾運用什麼方法處理這個問題？效果如何？
2. 貴組織曾經運用什麼方法影響內外各方的決策與行動？您本人過去是否也曾經試圖影響其他人的決策？運用哪些方法？效果如何？
3. 上下及平行單位在決策與行動上的配合十分重要，貴組織運用哪些方法促進各方決策的配合？您本人曾經用過什麼方法促進各方決策的配合？效果如何？若效果未能完全合於理想，理由何在？
4. 如果您在組織中尚有上級主管，請問他的授權風格與方法如何？您們之間是否有高度默契？雙方未來應怎樣做才能提高授權默契？
5. 承上題，如果您有部屬，請問您的授權風格與方法如何？您們之間是否有高度默契？雙方未來應怎樣做才能提高授權默契？
6. 在您的經驗中，自己或其他主管在決策時，其程序與本章中的「整合導向的決策程序」是否類似？若未能如此，原因何在？是否有更好的決策模式？
7. 貴組織中有哪些既定的政策，其存在可以簡化決策過程、提高決策品質？有哪些政策已形成目前決策時的困擾？尚未修正的理由為何？
8. 請反思您自己的決策風格？還有哪些可以改進之處？

第9章

目標與價值前提

組織有正式目標，內外成員有個人目標與價值觀念，目標是管理者必須整合的標的，也指導了決策與行動。組織內的目標體系與組織的使命與文化相輔相成，而將整合對象的個人目標與組織的正式目標相結合，是管理者的重要工作。

本章重要主題

- ▶ 組織目標與使命
- ▶ 個人的目標與價值觀
- ▶ 目標與價值前提與決策的關係
- ▶ 六大層級間目標的矛盾
- ▶ 整合目標與價值前提的方法
- ▶ 管理涵意

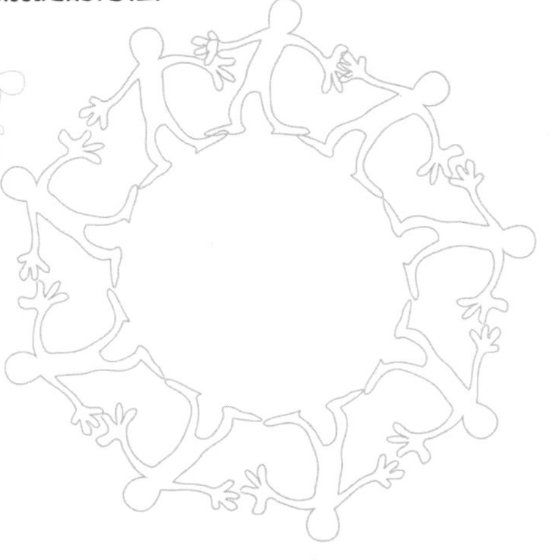

關鍵詞

組織使命 p.258
價值觀 p.259
心理需求層次 p.260
激勵方法 p.263
多元限制條件 p.265
責任歸屬 p.265
指標與權重 p.267
層級間目標的矛盾 p.268
賦權 p.273
組織認同 p.275
承諾 p.275
組織記憶 p.281

「目標與價值前提」是管理元素中重要的一環，不僅影響各層級的決策方向，其所表現的「陰面」與「陽面」的交互作用，對組織長期的績效與成敗也關係重大。本章前三節將分別介紹組織目標、個人目標，以及目標與價值前提與決策間的關係。第四節指出六大層級間，由於立場與角度不同，彼此目標間的矛盾，是各級管理者必須不斷採取整合行動的根本原因。第五節則介紹一些整合目標與價值前提的方法；第六節針對本章內容提出一些管理上的涵意。

組織目標與使命

組織若欲順利運作，就必須有「陽面」的具體目標，以指導組織成員的決策與行動，同時也需要有某些形式的使命來整合各方多元而複雜，屬於個人「陰面」的目標與價值觀念，以建立成員對組織的認同。

多重的組織正式目標

多重目標可避免注意力的偏頗

對營利組織而言，除了生存與成長，追求利潤當然是極為重要的目標。然而，在實際運作上，只強調利潤目標不僅不夠，或許也是不恰當的。因為組織如果只重視短期利潤，可能會誤導努力的方向，甚至使大家忽視組織長期的生存與發展。因此，**除了利潤，還需對市場占有率、成長、創新、形象、生產力、能力培養、資源獲得、新市場開發等，訂出平衡而具體的多重目標。**

追求平衡發展

此一做法的核心觀念即是「平衡」。組織的運作必須平衡發展，不宜為了任何單一目標而犧牲其他目標，也不能為了短期表現而犧牲長期能力的建立與資源創造。而且在制定多重目標的過程中，可以藉機讓管理階層有機會深入思考，在這些所謂「利潤」、「成長」、「能力培養」與「創新」等之間，以及長期與短期之間，究竟應維持何種「平衡」關係或相對比重。

在協商目標比重的過程中獲致共識

在目標制定過程中，高階決策人員應經由充分的意見交換甚至爭議，深入檢視、反省、整合彼此對未來的各種看法，以及各種與目標相關的前提假設。而協商目標比重的過程，也是有關人員交流意見與資訊，並進而獲致共識的良好機會。

機構領導階層訂出多元而具體的目標，對各單位的資源分配及行動方向才有明確的指導作用。

組織目標的內涵

從「投入」、「產出」到「分配」的過程皆可訂定目標

通常最被重視的「利潤」目標，只是代表組織系統最後成果分配的一部分。其實，從投入到產出，以及成果分配，每個階段皆可訂定目標。多重的組織目標也可以依此方式分類。因此可分爲「與資源獲得及能力培養有關者」、「與內部行動及效率有關者」、「與資源分配有關者」、「與成果分配有關者」，以及「與外部環境各種成員的預期行動有關者」等。當然，有許多目標都同時包含一種以上的本質。

所謂**「與資源獲得及能力培養有關者」**是指組織希望在未來某一段期間內，在資金、技術、知能、品牌形象等方面能掌握或提高至怎樣的境界。

所謂**「與內部行動及效率有關者」**是指在營運流程與管理流程方面，哪些單位或哪些人員應該在什麼時候採取什麼行動，而這些行動的時效與成本效益應達到什麼樣的指標水準。

所謂**「與資源分配有關者」**是指組織所掌握的人力、財力、借款能力、外部關係等，將依什麼原則、依什麼比例分配到各項業務、單位、次流程或地區市場等。

所謂**「與成果分配有關者」**是指在努力過一段時間後，組織所創造的成果在大小股東、經營階層、一般成員等之間，如何分配。這類「與成果分配有關的目標」，也必須追求平衡，如果任何一方分配到的成果過高，則有可能犧牲其他人的

表 9-1 ▶ 多重目標的類型與內容

類型	內容
與資源獲得及能力培養有關者	未來在資金、技術、知能、品牌形象等方面能掌握或提高至怎樣的境界。
與內部行動及效率有關者	營運流程與管理流程方面，哪些單位或哪些人員應該在什麼時候採取什麼行動，及其時效與成本效益水準。
與資源分配有關者	組織所掌握的人力、財力、借款能力、外部關係等，將如何分配到各項業務、單位、次流程或地區市場等。
與成果分配有關者	組織所創造的成果在大小股東、經營階層，以及一般成員等之間，如何分配。
外部環境中各種成員的預期行動	總體環境與任務環境中，與本組織有關的客戶、供應商、同業、主管機關等，所採取某些對本組織有利的行動。

利益；而如果任一方所獲得的成果分配過低，則無法構成足量的誘因，換取其長期的投入與貢獻。

所謂**「外部環境中各種成員的預期行動」**是指總體環境與任務環境中，與本組織有關的客戶、供應商、競爭同業、主管機關等，所採取某些對本組織有利的行動。例如：「市場占有率達到百分之十五」的目標，表示希望客戶們能採取「購買本公司產品」的行動，其行動的「累積總量」可以到達該一水準。而「外資持股比例到達百分之三十」是希望外資法人能採取「投資本公司股票」的行動；「成立金融控股公司」，則是希望政府主管機關能同意本公司採取此一做法（主管機關的「同意」也代表一種行動），而且其他互補的金融機構股東與管理階層在「決策」上，也願意共襄盛舉或互相合併。

多重目標間的「目標－手段」關係

這些多重目標間又存在著複雜的「目標－手段」關係。簡言之，內部行動與外部行動的目的，是為組織取得更多的資源。有了更多的資源，才能分配成果，而當可能獲得成果分配時，內外各方才會願意採取本組織所期望的行動。任何組織的運作，其實也可以從此一循環關係來看。**在此一循環中，「外部環境中各種成員的有利行動」尤其重要**。如果組織內的作為無法影響外界，促其採取有利於本組織的行動，則組織長期勢難與外界進行有利的交易或合作，甚至在資源獲得上發生障礙。

當資源無法自外界源源而來時，即使組織不分崩離析，成員的凝聚力也會大幅降低。

組織目標的分化

將組織目標層層劃分至組織層級的各單位

欲落實整體組織的目標，必須將這些目標再劃分爲各級單位的目標，並一直往下細分到各個工作小組，甚至於個別成員的目標。在管理矩陣中，機構領導人的目標（「目 4」）應與組織層次的目標（「目 3」）極爲接近（理論上機構負責人對機構的目標負完全責任），「目 4」再將其正式目標，劃分到轄下各單位的目標（「目 5」），再分到各個成員的目標（「目 6」）。

組織各層級間的「目標－手段」關係

高階的目標與其下屬單位的目標，應該存在著「目標－手段」的關係。例如：欲達成利潤的目標，可以經由「銷貨增加」與「成本降低」兩大手段；其中「銷貨增加」就成爲某些單位（可能是銷售單位）的目標。「銷貨增加」的手段又可劃分爲新產品的開發及原有產品的深耕兩個手段，然後再分到更下一層，成爲更下級單位的目標。從高層目標逐級劃分爲組織各層級、各單位的目標，已是企業界相當成熟的做法。但實質上，針對某一特定目標，如何找出重要手段，又如何劃歸至各個擁有權責的相關單位，不僅必須對業務的性質與內容十分了解，有時也需要水準以上的創意，這也是「分化」與「劃分」的不同。前者是以創意爲基礎，思考如何「切割」這些目標，後者是將「切割」後的目標，分派給各個負責單位。

目標分化與組織設計相互影響

組織目標的分化以及「目標－手段」間的連結，與組織結構極有關係。不同的組織結構或組織設計，會在根本上影響目標的分化方式；而組織設計的方法，也會因對各項目標的相對重視程度而不同。第十三章談到組織設計時，我們再深入討論。

目標劃分不清可能促成創意產生

目標在組織中劃分得過於清楚，有時反而會發生負面效果。因爲目標劃分清楚，可能造成各單位間可以完全獨立作業，甚至「老死不相往來」，這將會抑制組織綜效或創意的產生。如果各單位間能保持某種程度的目標模糊甚至衝突，迫使**各個相關單位爲了本身目標的達成，不得不與其他單位溝通協調，仔細思考或爭辯究竟哪種做法才對組織整體目標有所助益，或設法以更具創意的方法解決各單位間的目標衝突**。此一刻意設計的做法，雖然影響決策時效，但有可能出現單位間的綜效，或上級原先未曾想過的創意。

組織使命的作用

使命未必能指導策略方向

組織使命往往是一些近乎空洞的文字，至多只能拆解爲「本組織是爲哪些對象，提供什麼服務或價值」而已。用管理矩陣的說法，即是本組織創價流程的產出，希望爲任務環境中的哪些對象帶來哪些價值或滿足，這些其實已在策略形貌中有所描述了。而「組織使命」一詞往往較爲籠統，意義也隨人自由詮釋，對策略或決策其實並無太大的指導作用。因此，特別凸顯「組織使命」，以做爲策略或規劃的起點，實際作用十分有限。

使命是整合組織內外的重要工具

然而，從管理與整合的角度來看，有時組織使命卻有相當大的作用。簡言之，組織使命可做爲一項整合組織內外的工具，如果運用得法，不僅能創造或強化組織的正當性，並且可以用極具「陽面」的共同價值，結合各方「陰面」的個人目標。

易言之，機構領導人或創辦者必須在內外成員或潛在成員的心目中，「塑造」一個值得終身奉獻、值得長期投入的組織使命或組織形象，並使大家相信，經由此一組織使命，各人都能實現自己的理念與夢想。

使命對非營利組織尤其重要

非營利組織、各種社團、政黨等，基本上皆非為了追求利潤而成立，但捐贈者、參與者、領導幹部與基層志工等，之所以加入此一組織，其實也有其各自的目標。為了結合這些個人目標分歧的廣義參與者，必須提出具有高度號召力的理想，甚至響亮的口號，做為整合各方的工具。當大家的個人目標都「整合」在此一偉大的理想或使命下之後，組織才能整合各個參與者的資源與能力，順利運作。

營利組織已有利潤機制存在，前述的多重目標體系也對資源分配、組織行動，以及對外關係等做了說明，而且「策略形態」的構面也更具體地呈現了「使命」應有的內容，但為了整合（包括組織內外及一般社會大眾的支持），「使命」依然還有其正面作用。在高度多角化的企業，由於創價流程不只一個，彼此也未必有共同性，因此更**需要有一籠統而具有正面意義的「使命」，做為整合內外價值理念，並強調組織正當性的工具**。

使命應籠統，以利各方自行詮釋

由於必須整合為數眾多的潛在成員與資源提供者的個人目標及價值觀念，**組織使命就不得不用詞籠統，讓每個人可以從字面解釋中「各取所需」**，而且使命的內容在字面上也必須盡量表現出組織的正當性，以顯示本組織為社會「創價流程」所創造的潛在貢獻。

從「整合」的角度與作用看，崇高宏偉的使命與樂觀的策略遠景，也是激勵員工或創造同仁向心力的有效工具。

個人的目標與價值觀

當談到個人層次的目標與價值觀時，其內容與上述組織的各種目標幾乎是完全不同的。管理者很重要的一項工作即是整合這兩種目標，也就是設法整合本書第四章所稱目標的「陰面」與「陽面」。

人心不同，各如其面。**組織中眾人的想法、人生目標、價值觀，以及希望從參**

與組織中所得到的，都不相同。成員間的個人目標會互相衝突，個人目標也會與組織的目標相衝突。化解這些潛在的衝突，並進而整合出休戚與共的立場，是管理功能存在的主要原因。

價值觀與心理需求層次

個人的價值觀

簡言之，**價值觀是指當事人對「是非好惡」的認定，也反映出他的人生理想與方向**。在任何決策情境中，決策者的價值觀或價值取向，必然影響決策的方向。例如：一項重大的投資案，在一切事實資料都經過詳盡評估後，最後決定的因素還是高階層的風險偏好。其他層級的決策者也一樣，例如：各部門爭取資源或面對爭議時，面對負責裁決的高階主管，當事人應否將所知資訊毫無保留地向上級說明，還是略有選擇性，藉以影響上級的研判？是否可以為了單位短期的績效表現，而犧牲對長期目標的投入？與上級意見不同時，應否據理力爭，犯顏直諫？基層人員應否為了本身前程，將心力投入於長官的私人事務，甚至犧牲對組織任務的關注？應否為了更好的工作機會，而斷然離開照顧自己多年的長官與組織？這些最後都取決於個人價值觀念。

與個人價值觀有關的項目包括：**心理需求的結構與層次、人格、態度、動機、人生目標、風險偏好、潛意識的自我形象、人文關懷程度等**。而與管理較有關係的，應該還包括：**成就動機高低、是否盡忠職守、態度的開放程度、是否有虛心學習的精神、挑戰困難與承擔責任的意願、願意與人分享的程度、對權威與服從的態度（對上級權威願意接受到什麼程度，認為部屬對權威應接受到什麼程度）、「自私程度」（公義與私利的分野或取捨）、積極進取的程度，以及認為在人生中，「事業」、「家庭」以及其他各方面應分別占有多少比重等**各種想法。

有關此方面人性的分析，在心理學及其他行為科學，甚至哲學等，都已經累積了極為豐富的研究成果與看法，本書不擬深入討論，事實上也遠超過作者的專業知識範圍。

心理需求層次

「心理需求層次」理論將人的需求分為生理需求、安全需求、社會需求、自尊需求、自我實現需求等，這是管理學常引用的人性假設。此一理論認為，這幾類心理需求是行為動因，並認為它們之間基本上存在著先後的層級關係。換言之，當低層次的需求，如生理需求或基本的溫飽尚未滿足時，當事人對高層次的需求如社會地位等不會太在乎，也不會為了高層次的需求而努力；然而當低層次的需求滿足時，如果還是運用金錢等工具做為誘因，也未必能產生激勵效果。

類似「心理需求層次」的理論或研究很多，讀者可以參考其他管理學或組織行為學的內容。**總之，每個人人生中所追求的東西都不一樣，期望從組織的參與中得到的也不一樣**。有人愛錢，有人愛權，有人希望得到社會肯定，有人在乎工作環境的和諧氣氛，有人則與世無爭，只想過太平日子。而且，個人心中所在乎的，也會隨著人生階段以及職位、際遇、健康等情境而有所不同。從激勵理論中，大家都知道，如果以其所「在乎」的事物做為誘因，有可能使一個人做事時有如脫胎換骨，士氣如虹。

心理需求層次應隨地位而提升

機構領導人的心理需求層次應該高於一般組織成員。如果只在乎物質的報酬與享受，而缺乏更高層次的成就動機與人生理想，充其量只能成為一位成功的「生意人」，而無法成為能夠整合各方，並運用事業以「成就」各方的「企業家」。年輕而低階者，為求溫飽，人生境界或許不容易提升，但是地位較高而衣食無缺者，人生所追求者即應朝向「成就」、「服務」、「自我實現」這些層次，不應停留在物質導向的錢與權的追逐上。

這些只是本章所說的，「個人目標與價值觀」影響「決策與行動」的部分過程。

人員價值觀對管理的涵意

略有組織生活經驗者都知道，每個人的基本價值觀念、人生目標，以及對組織及工作的態度，對其工作績效以及社交處世等，影響極爲重大。此一事實對管理而言有幾項涵意。

基本價值觀是用人的重要指標

選用人員時，應注意以上這些基本價值觀；升遷時，更應視爲重要指標。然而，所謂「知人知面不知心」，無論是新進人員或即將升遷的職位候選人，多少都會刻意掩飾內心世界，而不易被外人察覺或看穿。

應重視價值觀念之灌輸

應適度對組織成員進行價值灌輸，運用組織文化、獎懲制度或群體影響力，漸漸改善成員的心態與人生觀。當然，此一方法的先決條件是，組織中大部分人的態度或想法是正確的。若相當高比率的成員在價值觀或個人目標上都有問題，群體力量能不「污染」新人已是難能可貴。

因勢利導以結合陰陽

運用整合組織目標與個人目標的方法，**設法使二者相輔相成而不互相抵銷。**事實上，許多人事管理、激勵獎懲等制度，都屬於此範疇，亦即坦然接受人性中「陰面」存在的事實，然後因勢利導，利用大家追求私利的心理，完成組織的任務與目標。古時，儒家與法家的主要差別即在於此。簡言之，儒家致力於降低人性中「陰面」的成分，法家則利用陰面的存在，影響成員行動的方向。

價值觀與心理需求在策略上的運用

「個人目標與價值觀」的觀念，不僅可以用在人事管理或內部激勵制度，也可以在策略上從事更廣的應用。

策略方向的預測

從管理矩陣來看，管理工作欲整合的對象包括組織內外與上下層級。**而外部總體環境及任務環境中的各個機構，內部也有機構領導人與各級成員，這些人也都有**

心理需求層次及個人目標與價值觀。例如：競爭者或潛在的合作對象，其「策略雄心」或風險偏好，與該領導者的心理需求層次密切相關。欲分析其策略意圖，則心理層面的相關資訊將極有參考價值。

配合及滿足相關人士的個人目標與價值觀

總體環境與任務環境中，各機構與組織內，無論上級主管、機構領導人，甚至承辦人員，也都有其個人目標與價值觀念。其「陰面」目標以及這些陰面的個人目標與正式組織目標結合的程度，都會影響決策，進而影響本組織的生存發展。若能將這些屬於個人的部分，納入分析了解的範圍，並予以靈活運用，必能產生一定的效果。任何一位需要整合內外資源或目標的成員或主管，對於這些也不可輕忽。

如果可以比照「選擇激勵方法」，以細緻的思維邏輯，處理組織內外的人際互動以及彼此多方面目標的配合，整合工作必然更為順利。

管理者對本身價值觀的自省

在決策的取捨過程中自我檢視

管理者的自省也是不可忽視的一環。**管理者除了必須了解組織內外其他人的個人目標與價值觀念，也必須在不斷面對各種取捨兩難的決策時，藉機對自己的人生目標與價值觀念進行檢視**。我們自己究竟有多自私？有多勇敢？面對困難抉擇時，會犧牲誰的利益？這些平時其實極難評估，唯有眞正「臨事」時，才有自我反省的機會，才有機會自問「這是我要的『我』嗎？」。能勇於面對眞正的自我，才有持續改進，追求更高境界的空間。

深刻自省後，才能了解自己的私心，或「陰面目標」的影響有多大。此一反省對高階領導尤其重要。如果一位機構領導人私心過重，難免會被他人察覺而加以利用，長期未必能合於人生的眞正目標。而且，個人私心或陰面目標愈少，愈能「天下爲公」，能整合的對象就愈多，事業上可能獲致的成就也愈高。

因此，職位低下，安心做「小丈夫」者，或可順其自然追求本身的個人目標，並在別人的整合體系下滿足個人目標。而地位愈高，權力愈大者，愈需要「去私」，因其意圖整合的範圍大，懷有鴻圖大志者應不計小利。在此要特別指出，心懷「鴻圖大志」的「大丈夫」們，並非沒有個人目標，而是人生境界不同，希望滿足更高的成就動機而已。

澄清本身目標，以提升決策理性

管理者的個人價值觀、人生目標，以及它們對決策的影響，當事人通常並非了然於心，而是不知不覺中，經由對資訊的選擇性認知、對方案形成的自我設限、對組織目標的選擇性詮釋等，間接影響了決策方向。在評估方案的利弊得失時，個人目標及其相對比重，更可能直接影響評估指標及權重，進而影響方案的選擇。因此，管理者對本身人生價值與目標認識愈清楚，愈能降低「非理性因素」的干擾效果。而且對本身的價值取捨思考得愈清楚，事後「後悔」的機會就愈低。

總而言之，**若決策者能清楚明白本身對各項價值的輕重取捨標準，又能盡量克制自己的私心，即能提升決策理性，而且在決策時，無論對人對事都能果決地處理必要的犧牲割捨，不致舉棋不定或猶豫不決，事後的惋惜與悔恨也可以降至最低。此事對愈高階者，尤其重要。**

前述所謂「了解分析內外上下其他人的個人目標」，並非本書創見，其實許多人都在徹底執行。**而「自省」這一部分，則是本書特別希望提醒，甚至大力呼籲者。**

目標和價值前提與決策的關係

目標指導決策與行動

通常組織都會賦予各個單位主管或成員一些具體的目標，甚至包括衡量目標達成程度的指標。因此，理論上大家都會根據目標制定決策。然而，由於以下幾項因素，此一目標與決策間的關係並非如此單純。

對多重目標的認知未必完整

組織目標是多重的，而且有些並未見諸文字，有時「上級」與「上上級」所指示的目標也未必完全一致。因此，在實務上，每位成員或各級主管是從其認知（管理矩陣中的「環 5」與「環 6」）的組織目標或目標組合中形成「組織究竟要什麼」的印象。而升遷標準、獎懲依據、組織願景、外界報導等，都可以是這些認知的來源。至於各成員對組織目標的認知，是否被其他人所「操弄」，還不包括在此一範圍。

陰面目標的作用

決策者本身，以及與決策有關的上級、上上級、平行單位、外部機構，除了正式目標之外，也還有不少**「陰面」的目標或價值觀**。這些屬於許多個人的目標，彼此間或許存在矛盾，但對當前決策都有若干影響，使得任何決策的「目標與價值前提」形成一組極爲複雜的「多元限制條件」。

個人價值觀會影響組織目標的詮釋

個人價值觀會詮釋個人所認知的組織目標，也影響他的選擇，也就是說，「組織目標組合」其實是個人價值觀或個人目標的函數。許多人依據個人目標的需要，選擇性地接受組織目標，而決策方向主要也是針對個人目標的取向。例如：公司雖有多重的組織目標，但只有某些組織目標（如「銷售業績」）設有績效考核，或與個別成員的獎懲相連結，於是大部分人自然只重視這些與本身獎懲有關的組織目標，難免就會忽視其他目標（如「顧客關係」）。

這些潛在問題未必有簡單而放諸四海皆準的解決辦法。但若能認識它們的存在，提高對潛在問題的警覺，對構思解決辦法亦應有所助益。

以「責任歸屬」指導組織目標與決策方向

欲使各級成員與主管在決策時能配合組織目標的要求，除了讓他們對目標能有更明確的掌握，確定責任歸屬也是不可或缺的。

決策結果必須與決策者個人得失連結

所謂責任歸屬即是在制度設計上，**使某位決策者的決策結果，影響他個人目標的達成程度，或對其個人認爲有價値的事物，有所增減**。當此一制度或關係不存在時，即表示沒有責任歸屬。

例如：業務人員若能達到業務目標，則給予獎金，未達目標則不給予獎金。其中，「業務目標」是組織所要求的目標，「獎金」是個人所追求的目標，或「認爲有價値的事物」；如果業務人員眞的很「在乎」獎金，獎金的發放標準又與業務目標的達成程度有合理的連結，則表示此一「責任歸屬」的循環是完整的；如果業務人員不在乎獎金，或獎金比重甚低，無關痛癢，則表示他很可能不會努力開拓業務，因爲努力與否，與其「個人目標」無關，亦即責任並未確實歸屬。

此一道理毫不複雜。但在組織或社會中，卻有許多決策者，其決策是否正確，決策結果如何，往往與個人目標的達成與否，完全沒有關係。有人聲稱「一切後果本人負責」，但事實上不論後果如何，都不會影響到他個人目標的達成，他個人在乎或追求的「價値」，例如所得或地位，也不會因而有所增減。這種「負責」，其實並非實質的責任歸屬。在某些組織，有些基層人員生產力低落仍可長期任職，甚至「大過不犯，小過不斷」而安然無事，原因即是他們對升遷早無所求，基本權益又受到高度保障，「個人目標」的達成幾乎不受任何因素影響，因而談不上「責任歸屬」，長官對他們也無能爲力。此方面有幾項挑戰：

1. 挑戰之一：他在乎什麼？

   從管理的角度，這方面的重要工作之一是了解他眞正「在乎」的是什麼，是金錢？升遷？肯定？還是自我實現的機會？這都必須仔細分析。

2. 挑戰之二：結果是他能影響的嗎？

   「歸屬責任」的另一項挑戰是：組織目標達成水準，或呈現出來的績效結果，究竟與當事人的決策與努力有多少關係。因此需要**設計制度，以期達到權責分明。也就是說，設法使決策者清楚地認知到：當他的決策或行動結果有利於組織目標達成時，則可同時達成他自己的個人目標**；否則，不僅無法達到個人目標，還要受到懲罰（對其追求的價値或目標採取負面做法）。銷售成績當然與業務人員的努力有關，但也與產品品牌形象、競爭者行爲、景氣起伏有關，業務人員其實只能對銷售成績負起一部分責任，或只有一部分功勞。因此，如何精確衡量眞正能「歸屬」的責任，不僅需要更細緻的方法，而且與組織設計、分工體系也大有關係。

3. 挑戰之三：責任歸屬與創意間如何取決？

本章曾指出，「目標劃分不清可能促成創意產生」，表示各單位或成員間目標維持某一程度的模糊性，可以經由少量衝突產生良性的互動與創意。由此可見，過分明確的責任歸屬或許會影響創意產生或降低組織整體的「問題意識」。因此，如何決定責任與目標的明確程度，也是一項挑戰。

組織目標達成率與個人決策或努力程度間的函數關係，也必須仔細思考。

責任歸屬的觀念亦可適用其他對象

權責的明確歸屬，是結合組織目標與個人決策及努力程度的必要途徑，這不只是針對內部員工而已。推而廣之，同樣的道理與方法也適用於組織外部環境的成員。例如：若我們希望任務環境中的顧客、供應商，甚至總體環境中的規則制定者，能採取合乎本組織目標的決策與行動，則在分配成果或創價流程的產出方式與內容，也要盡量配合對方的個人目標或組織目標才對。

多重目標的落實執行

多重目標應分別訂定具體的指標與權重

由於組織期望於每個單位或每位成員的目標相當多元，因此在制度上可以嘗試將這些目標轉換爲具體的評估指標，並明訂每項指標的衡量方法與權重。一個基層業務單位最後出現的指標可能高達十幾項，每項各有衡量方法、權重，以及最低的要求水準。

訂定權重的過程是整合價値觀的有效程序

訂定結果通常是一張表格，做爲日後評估的工具。**表格本身未必有何特殊之處，但在爲每個單位訂定此一「表格」的過程中，若能利用這個機會，讓上級、單位主**

管以及單位同仁有機會針對這些可能的「多重目標」以及相對重要性，進行溝通及確認，則這個過程本身即相當有價值。對各項指標的權重與衡量方法，各人的認知或偏好不盡相同，也反映了各自的價值觀念。因此，此項管理工作的進行，也相當於一次各方目標與價值的「整合」。

六大層級間目標的矛盾

管理矩陣的六大層級，從總體環境的各機構到每個組織的成員，如果價值觀念與目標都一致或接近（從「目 1」到「目 6」內容都極爲接近），則幾乎已達到「世界大同」的理想。**事實上，這些層級間，或每個層級內，在目標上都充滿了矛盾，這些矛盾造成人間的紛紛擾擾，也是各級管理人員「整合」角色永遠不會消失的主要原因之一。**

本書是從整合的觀點討論管理，所涵蓋的對象範圍包括組織內外，因此論及目標

表 9-2 ▶ 六大層級目標的矛盾

矛盾類型	說明
組織與任務環境間	組織與競爭者、共生者、顧客與投資機構等，在目標上存在矛盾； 組織的策略作為具有整合任務環境中各機構目標的作用。
任務環境中各個合作者間	資金提供者、經銷商、其他週邊服務提供者或顧客等，彼此在分配成果或分配資源方面，也存在矛盾，組織必須有所取捨。
組織目標與機構領導人目標間	機構領導人只是一位「代理人」，其個人所追求的目標與組織目標或許存在相當大的差異。
各級單位間以及部門與整體組織間	部門分化帶來彼此目標矛盾； 個別目標與整體組織間的目標矛盾。
派系與組織間	派系出現必有矛盾； 派系存在會造成效忠對象分歧。
任務環境與組織成員間	顧客、投資人、供應商等所形成的任務環境，其目標與組織成員有時相輔相成，有時卻是互相矛盾的。
總體環境及其變化所形成的矛盾	總體環境中的價值變遷造成組織成員的想法改變； 機構及管理作為的正當性受到總體環境影響。

與價值觀時，並不限於組織內部員工，還包括組織與外界環境及相關機構間的關係。

組織與任務環境間的矛盾

就任何特定組織而言，任務環境中有競食者、共生者以及服務對象，服務對象或顧客也可以包括在廣義的共生者之中。

組織與競爭者、共生者、顧客、投資機構間的矛盾

在相同的地理涵蓋範圍、類似的市場區隔中，競爭相同的生存空間，提供類似產品給相同顧客的**競爭者**，彼此的目標當然存在著高度矛盾。而組織與**共生者或互補者**間，例如零件廠與裝配廠之間，或 OEM 廠商與品牌商之間，雖然在許多場合屬於聯合陣線，一致對外，但在分配成果時或在議價過程中，立場卻又是矛盾的。

企業雖然力求服務**顧客**，但在價格、品質與服務水準的期望上，雙方目標通常也不一致。從特定組織觀點，外界的投資機構或主要投資的家族，是資金的提供者，因此也是任務環境的一份子。它們之間的潛在矛盾與利益衝突，也十分常見。

大部分策略作為是在整合與任務環境成員的目標矛盾

顧客關係、協力廠關係、投資人關係，甚至家族企業的問題，以本章觀點，都可以從層級間「目標與價值前提」的矛盾與整合加以分析觀察。而組織的策略作爲除了選擇與改變「整合對象」，作用也在整合任務環境中各機構的目標。例如：「差異化」是希望經由產品或服務的特色滿足顧客的目標；「向後整合」是將提供零組件的單位，在立場上、目標上與裝配單位整合爲一體；「上市上櫃」是希望更多的外部投資人在目標上與本企業相結合，因而投入資金成爲股東。

任務環境中各個合作者間的矛盾

就特定組織而言，資金提供者、經銷商、其他週邊服務提供者，甚至顧客等，都有合作共生的關係，它們之間**在分配成果或分配資源方面，也存在矛盾**。例如：爲了因應機構投資人對獲利率的期望，而削減經銷商的利潤，即表現出投資人與經

銷商間的目標矛盾；以宅配取代部分的零售點鋪貨，則表現出運輸業務提供者與零售商間的目標矛盾。因此，組織的策略選擇，其實也就是在這些相互矛盾的目標間取捨。

組織目標與機構領導人目標間的矛盾

機構領導人也是「代理人」

機構領導人對機構成敗負完全責任，因此，理論上其目標應與組織目標幾乎完全一致。**然而，機構領導人本身也只是一位「代理人」，其個人所追求的目標與組織目標或許存在相當大的差異**。實務上有許多例子反映出這些差異的存在，以及對組織運作產生的作用。

可能出現的矛盾

領導人與組織間可能出現的矛盾包括：組織追求成長，究竟是爲了更多的利潤，或只是領導人好大喜功，希望組織成長能爲自己帶來更多的影響力與社會地位？選擇多角化發展方向時，是否將其個人的專長或潛在發揮空間視爲關鍵的考量因素？升遷幹部時，究竟考慮其未來對組織的潛在貢獻，還是對自己的忠誠度？是否爲了塑造本身在媒體上的形象，而一昧追求短期利潤，甚至犧牲組織的長期發展？是否利用組織的地位與資源，創造自己外界的網絡關係？

這些都是常見的目標矛盾。至於利用職權，圖利某些外部機構，甚至「掏空公司」等非法作爲，對組織目標尚不只是矛盾，而是造成具體的嚴重損害。

各級單位間以及部門與整體組織間的目標矛盾

部門分化帶來彼此目標矛盾

組織成長後，勢必成立部門，以分擔所增加的工作，而組織目標也會隨之劃分至各單位。**由於各單位績效指標的方向不同，立場不同，目標當然也可能彼此衝**

突。例如：研發單位希望培養公司長期的技術優勢，主張盡量提高自行研發設計的比重，但行銷單位則希望快速交貨，而設計的品質必須成熟而穩定。雙方都有道理，也未存有私心，但目標間的衝突矛盾是極爲明顯的。

個別部門與整體組織間的目標矛盾

部門間的目標不一致，也表示各部門所追求的，與組織整體目標間存有差距。易言之，各部門在決策時，往往更重視「本部門」的立場與利益（包括績效的顯現，或所獲得的資源分配），而未必將整體組織的目標做爲首要考量。以「人才流用」爲例：優秀人才究竟應留在部門爲部門績效而努力，還是人才「歸公」，將他們交由上級派任到對組織整體而言更合適的單位？又如：某項業務應否配合整體考量，劃歸至其他單位，還是留在本單位以壯大聲勢與影響力？這類矛盾在許多組織中幾乎俯拾皆是。

如果組織分工方式不佳，或前述的「責任歸屬」不明，或單位間流程銜接過於複雜時，部門間的目標矛盾更容易顯現。事實上，**組織設計的用意之一，即是希望降低分工後部門間目標的矛盾程度。**

派系與組織的目標矛盾

派系出現必有矛盾

管理矩陣中「各級管理」這個層級代表了除機構領導人之外的所有各級主管。這些主管或主要人員有時會因爲某些原因而組成非正式的「派系」，並在派系中交流資訊，互通聲息，互相援引。**派系之間，目標當然有矛盾，派系目標與組織整體目標，當然也不一致。**此方面的道理，與前述各單位間的問題，其實十分接近。與派系有關的其他議題，將在第十二章中再行討論。

由於「派系」已脫離「單位」，只談人際網絡的結合，因此亦可反映出各級管理者與機構領導人間目標的矛盾。易言之，各個派系的目標，固然彼此未能一致，而派系目標與機構領導人目標間、派系目標與整體組織目標間，都可能存在著各種矛盾。

效忠對象分歧

通常談到的「忠誠」問題，也可以在此一架構中討論。如果「組織目標」、「機構領導人目標」、「各級管理者目標」都呈現高度一致，則不可能出現派系（整個組織就是一「派」），也沒有忠誠議題。只有目標不一致時，才會探討一位組織中的幹部，究竟是忠於組織？忠於所屬單位？忠於所屬派系？還是只「忠於自己」？

任務環境與組織成員目標間的矛盾

由顧客、投資人、供應商等所形成的任務環境，其目標與組織中的成員，有時相輔相成，有時卻是互相矛盾的。

企業爲了提高顧客滿意水準，而要求員工增加服務時數，這樣一來卻犧牲了員工的休閒時間，此即說明了雙方目標的不一致。

上市公司的投資者，近年來漸漸由散戶轉變爲機構投資人，這些機構投資人在任務環境中的角色日益重要。機構投資人有本身的組織目標，負責「操盤」的人員在本身組織中，也有必須面對的壓力與績效要求。因此，爲了達成目標，這些機構投資人往往更重視短期的現金收益，甚至忽視了被投資組織的長期發展，而組織長期發展或繼續投資或許更符合員工利益。

總體環境及其變化所形成的矛盾

總體環境中的價值變遷造成組織成員的想法改變

在管理矩陣中，「總體環境」的「目標與價值前提」可能包括各種國家目標，但更基本的是整體人類的文化價值觀念。**這些社會價值觀，隨著科技進步、知識普及、傳播與通訊發達而不斷改變，這些改變自然也影響了全人類以及組織中每位成員的想法。**在管理矩陣中的說法是：總體環境的目標與價值（陰面的「目 1」），影響了組織成員的目標與價值（「目 6」）。

例如近年來，許多知識型組織日益重視的「賦權」、「參與」；專業人員對特定組織的忠誠度日漸降低，甚至數十年前「Y 理論」說法的興起等，都與總體環境的社會價值改變有關。

機構及管理作為的正當性受到總體環境影響

組織或企業目標的正當性，以及各種管理措施的正當性，也因總體環境不同而有不同的界定。例如，以現代化行銷方法「經營」宗教事業，是否合宜？究竟企業應專注追求利潤，還是應在追求利潤之餘，兼顧社會責任？組織在分配成果時，對投資人、高階幹部、基層勞工的重視程度，排序應該如何？對環境保護或消費者保障應付出多少代價？這些都深受總體環境中文化價值的影響。組織或企業在做法上，若與這些文化價值矛盾，都可能爲組織帶來嚴重的問題。**組織高階層或機構領導人的重要任務之一，即是設法掌握社會文化價值的脈動，了解主流趨勢，並在策略及經營方法上及早因應。**

總體環境內的分歧

世界各國間，或不同的文化、宗教、政治信仰、社會階層間，價值觀或追求的目標也頗不相同，彼此間甚至存有嚴重的衝突與矛盾。如此複雜的總體價值環境（「目 1」），若希望深入掌握了解，亦非易事。但從管理的角度，至少應能了解它們的存在以及對組織的潛在影響。

整合目標與價值前提的方法

從本章的介紹，可知組織內外的目標與價值觀極爲多元而複雜。管理者在決策時必須了解甚至試圖整合這些目標與價值觀。

包容、妥協與創意

包容各方目標

組織的運作需要組織內外各種人員與機構的投入與合作。如果組織目標能包容更多人員或機構的目標，組織能結合運用的資源與知能就愈多，成功的機會也愈大。而對它們的了解與尊重更是基本的要求。

妥協、退讓與公平分配成果

各方目標或在成果分配的預期上，必然存在潛在的衝突與矛盾，因此，如何折衝妥協，如何考慮多方利益與目標，也是重要的管理功能。在任務進行過程中，位居中央的管理者，應不斷「說服」各方犧牲部分自身的利益與目標，以達成整體目標。當然，在整體目標達成後，管理者又必須從事公平或至少是大家能接受的成果分配，這才是合作或組織長期存續的先決條件。

具創意的方案是整合關鍵

在包容與妥協的過程中，創意也是必要的。**具有創意的方案，可以使各方感覺自身所犧牲的部分，主觀上並不重要，但所得到的卻極有價值**。如果人人都有這種感覺，位居中央的整合者即可「得道多助」，組織或整合者所負責的任務即可獲得來自各方更多的潛在資源。

而掌握潮流，讓各種決策都能配合總體環境中社會文化價值觀念的演進趨勢，這也是不可忽視的。

儒家、法家兩種整合途徑

組織中，「陽面」的正式目標與「陰面」個人目標的衝突與調和，是管理工作的重點。古時儒家與法家皆曾各自提出解決辦法。

儒家的方法

儒家主張經由教育以及文化的薰陶，改變組織成員內心的狀態，使其盡量做到「去私」，或減少「陰面」的作用，甚至做到全心全意為組織（或領導者）盡忠。這與現代管理所談到的組織文化、組織承諾等相似。

法家的方法

「賞罰二柄」則是法家觀點，認為這是君王所能掌握運用的兩大工具，其作用在結合個人目標與組織（或領導者）目標。能達到組織目標者，就予以獎賞；不能達到組織目標，或損害組織目標者，就予以懲罰。道理十分簡單，但在實際運作上，某位成員現階段應做些什麼才能達到組織目標？目標達成程度如何衡量？他目前在乎哪些誘因？目標達成程度與誘因大小間應有何種對應關係？諸如此類的問題卻極不易精確量度落實。再加上許多人員或單位必須同時照顧到若干個多元的目標，這些目標間的比重，也不容易拿捏。

高階應更重視個人價值觀對組織目標的認同

「儒」、「法」的觀念與方法當然是相輔相成的。**但「儒」的方法在高階層應相對更為重要**，因為位居愈高層者，成就動機應更高，所能分享的組織成就也愈多。而且，若其私心過重，對組織的潛在危害也愈大。

依本書定義，所謂「公」即是個人價值觀與目標對組織目標有高度認同，因此「目標的陰陽兩面」相去不大，決策與行動可以高度配合組織目標的期望。所謂「私」即是個人目標與組織目標相背離，或內心的價值觀並不認同組織目標。組織的中高階層，權責範圍較為廣泛，裁量空間較為寬廣，而決策的影響也較為長遠，其表現不易於短期內有效衡量與監控。因此，**對中高階層而言，組織認同與承諾，以及對品德方面較高的要求標準更有其必要**。反之，對基層工作人員的品德要求當然不可缺少，但明確的工作規範，以及公平合理的賞罰制度可能更合乎實際。

有些機構領導人，其個人私心早為大家所洞悉，卻仍強力要求基層人員提高品德水準以及對組織的投入與承諾，而又不捨得重賞有重大貢獻的員工。在這種組織中，各級目標的整合以及績效之達成必然困難重重。

組織文化

組織內部共享的價值觀

組織文化的意義之一即是組織上下共享的價值觀。在管理矩陣中，若組織、領導人、各級管理者，一直到基層成員的價值觀（從「目 3」到「目 6」）都高度一致，由於各人做決策時的價值前提相近，決策與做法也能協調一致，則表示組織文化相當明確，而且也發揮了具體的作用。

觀察組織文化的構面

組織文化可以從以下這些層面來觀察：大家對公私分際是否清楚、團隊中是否有相似的思考風格、上下成員或平行單位間意見開放的程度、人與人之間以及部門之間是否願意主動互相支援協助、對組織的未來是否有共同願景、能否忍受短期績效或貢獻的起伏、人際關係的穩定與長遠程度、各方（員工、股東、顧客）成果優先分配的原則、強調群體或個人的績效表現、重視成員的忠誠抑或貢獻、溝通時是否可以就事論事或必須考慮人際關係的圓融、是否容許挑戰權威、是否鼓勵創新而容許失敗等。

組織文化、社會壓力與個人行為的關係

雖然個人較深層的人生價值不易改變，**但強而有力的組織文化卻還是能影響一些組織中的行爲**。以「企業倫理」爲例，一般而言，成年人的道德水準其實已相當定型而不易改變，但如果在組織文化中格外強調某些觀念，例如：公私分際或守法態度等，則個人在行事時，因爲感受到「社會壓力」，行爲上多少會比較注意檢點。而如果組織文化表現出來的是「無所謂」，則個人在行動時就更爲我行我素了。

君子之德風——領導者的行為塑造組織文化

組織文化固然是長期形成的，高階領導人的行事作風，以及決策與行爲所反映的價值觀念，卻高度影響組織文化的傾向。有時單位主管更替後，可能數月之間組

織文化即與過去完全不同，無論改變方向如何，都顯示領導人行事風格對組織文化的影響力。

組織需要故事或具體事蹟，以形容組織文化

「價值觀」不易用語言文字明確描繪形容，因此組織需要一些**具體的故事或事蹟**，以描述本組織允許或鼓勵哪些行爲或想法，哪些又是大家應該避免的。這些長期普遍流傳於組織內的故事，加上大家每天看到的決策過程，是組織成員詮釋組織文化眞正內涵的重要基礎。

有了一致的組織文化，各級人員的目標與價值前提當然就更容易整合。

多重目標項目與權重的溝通與設計

前文中曾討論，針對多重目標，**由上下相關各方參與，共同制定各工作單位，甚至個別成員績效評分表的過程，也是整合各方目標與價值的方法**。例如：大學教師的「教學」、「研究」、「服務」三者，都是評估教師的指標。如果大學內部的教師、行政領導階層、在校學生、畢業校友，甚至未來的「用人單位」，能充分溝通，

表 9-3 ▶ 整合目標與價值前提的方法

方法	說明
包容、妥協與創意	包容各方目標； 妥協、退讓與公平分配成果； 具創意的方案是整合關鍵。
儒家、法家兩種整合途徑	儒家的方法：教育以及文化的薰陶； 法家的方法：賞與罰； 高階本身應更重視個人價值觀對組織目標的認同。
組織文化	建立組織內部共享的價值觀； 組織文化創造社會壓力進而影響行為； 領導者行為塑造組織文化； 以故事或具體事蹟形容組織文化。
多重目標項目與權重的溝通與設計	各方參與，以共同制定各工作單位，甚至個別成員的績效評分標準。
成員選用與價值塑造	慎選成員； 有時必須徹底「換血」。

仔細研討此三者的意義、細項的指標與權重，以及各指標的衡量方法，並針對這些指標與大學「使命」與「創價流程」的關係，訂出評估表格，過程中必然會浮現各方在許多價值觀上的差異。主事者若能讓這些分歧的價值觀充分表達，努力整合其間的差異，則社會、學生、大學教師，以及教育主管機關等，對於與大學相關的價值觀，或大學設立的目標，必能產生更深一層的了解與共識。

成員選用與價值塑造

每個人的價值觀念，自幼開始即逐漸養成，深植心中，不易改變。因此，爲了使組織各成員的基本價值觀互相接近，至少不產生明顯矛盾，正本清源之道即爲愼選成員。而如果組織文化已根深蒂固，改革不易，往往只有徹底「換血」，或自外引進新的高層團隊，才能鏟除積習，調整組織的想法與觀念。選人與換人，是塑造組織文化與人員價值觀的最後手段。

管理涵意

以上從各種角度分析與組織管理有關的目標與價值前提的觀念。這些觀念可以進一步引伸出以下各種管理上的涵意。

利潤與其他目標間的平衡

利潤是營利組織的核心目標

市場機制與私有財產權是現代社會制度的重要前提。在這些前提下，「追求利潤」是營利機構的核心目標，甚至是社會責任。利潤水準代表本組織創價流程的效率，以及流程的產出對社會所產生的價值與貢獻。因此，任何營利組織如果利潤未達合理水準，即反映其未能有效利用人類社會的資源與知能，或不善於整合各方的資源與目標。因此，利潤可以說是整體組織經營的成績單。

不同衡量方法下，利潤意義不同

利潤的衡量方法很多，每項衡量方法代表不同的意義，也指引了不同的努力方向。

例如：「銷貨毛利」是一種利潤表達方式，銷貨毛利高表示對目標客戶所提供的價值高，客戶願意以更高的價格支付，因此銷貨毛利比較高。

「利潤金額」代表經營主體在某一期間內，運用資源的效率，當然也包括滿足客戶的能力。除了有效率地運用資源，企業也可以利用交換股票的購併方式，快速提高總利潤金額；如果法令許可，也可以用股票分紅取代員工獎金，以減少費用支出的方式提高利潤金額。

「股東權益報酬率」（Return on Equity, ROE）代表爲原來股東運用資金的效率，是股東眞正關心的指標。交換股票的購併或股票分紅所提高的利潤金額，由於被增加的股權稀釋，因此未必對「ROE」產生正面作用。

總之，不同的利潤衡量方式，代表不同的意義，也反映出不同整合對象的利益。即使在「利潤目標」項下，各種型式的利潤目標如何取得平衡，也是要深入思考的。

表 9-4 ▶ 目標與價值前提的管理涵意

管理涵意	內容
利潤與其他目標間的平衡	利潤是營利組織的核心目標； 利潤在不同衡量方法下有不同意義； 其他非利潤的目標也不可忽視（多重目標相當於一組限制條件）； 多重目標的觀念與整合適用於組織各階層。
使命與文化	「柔性」管理不可或缺，但長期仍以「剛性」目標為主； 組織記憶是使命與文化能否發揮作用的先決條件； 組織文化可成為策略工具。
目標的落實與陰陽結合	目標與其他管理元素互相結合； 管理者應主動分享成果。
社會倫理為企業倫理的基礎	強調領導人「自省能力」以及「去私」倫理的重要性； 企業倫理水準與當時社會倫理標準關係密切。

其他目標不可忽視——多重目標相當於一組限制條件

關心組織或為組織提供資源者，不只是出資股東而已。從內部員工到外界的服務對象與合作者、規則制定者，以及整體社會，各方對組織經營都有一些期望。身為整合的中心，組織必須設法滿足各方期望，以獲得各方對組織的繼續投入。這些形成了利潤以外的種種目標。

在創價流程的過程中，除了最後的產出以及各種資源的投入，各種階段與層面也需要納入組織應關注或追求的目標。

本章將組織目標分為「與資源獲得及能力培養有關者」、「與內部行動及效率有關者」、「與資源分配有關者」、「與成果分配有關者」，即涵蓋上述多元的目標體系。

由於目標項目龐雜，關心這些目標的人與機構亦為數眾多，目標間往往又存在著互相牽制，甚至互相矛盾的關係，因此在實際運作上，任何一項目標，包括利潤目標在內，都無法朝「最大化」的方向前進，因而形成各項目標間互相妥協的結果。易言之，**這些目標共同形成「一組限制條件」，能滿足各方提出的「最低要求標準」，即已十分不易。要如何在這些互相牽制、互相矛盾的目標組合中，找出可行方案，是管理者「整合」角色所在。**

多重目標的觀念與整合適用於組織各階層

以上分析似乎是以整體組織或組織機構領導人的觀點思考，事實上，各級管理者也都面臨著多重而衝突的目標。上級的要求、下級的激勵、其他單位的協調、組織外部人士與機構的聯繫等，都表現出不同的目標方向。在滿足上級以利潤、成本、成長為主的目標時，過程中也需要考慮其他方面目標的平衡。

管理的「整合」工作，有相當高比重在於此。

使命與文化

柔性管理層面不可或缺的從屬地位

如果前述的各種目標在性質上屬於「剛性」目標，則組織使命與組織文化即屬於「柔性」目標。組織內外人員與機構的決策與行動，不僅受剛性目標影響，也受柔性目標或價值觀念的影響。因此，設法經由組織使命，塑造出值得大家投入或合作的組織、建立組織文化以潛移默化成員的價值前提與行為，都是不可忽視的管理工作。

然而「剛性」「柔性」兩者，也有主從之分。組織長期生存當然以「剛性」目標為主。由於許多產業流程十分複雜，策略運用亦不便合盤托出，因此有不少對成功企業或領導人的報導，僅聚焦於組織使命與組織文化的柔性層面，使得某些讀者對管理工作的「主從」形成倒置的印象。這是閱讀這類報導時應稍加注意的。

易言之，組織使命與組織文化不可或缺，但也只是管理工作的一部分，而且也未必是最核心的部分。

組織記憶是關鍵

使命與文化最重要的作用之一，是希望成員能從更長期的觀點參與組織，或「接受」組織的整合，而不是凡事斤斤計較，在短期中即要求組織做出「公平」的成果分配或利益分配決策。

如果各方都能從長期觀點思考，則可以達到互相協調、互相忍讓，以利整體目標的達成。然而從對人性的了解可知，短期的妥協、配合乃至於犧牲，並非無條件的，而是希望在更長期中得到合理的回報。換言之，若大家都能從長期著眼，則可以減少協商的成本與時間，提高組織運作與整合的效率，以擴大日後可用以分配的資源。而分配成果也採用「長期累計」的做法，使各方在不同時間點的「取予」，在「結算」後能達到公平合理。

以上過程，成功的關鍵前提是「組織記憶」。組織在制度或文化上必須「記得」過去曾為組織做出貢獻的人，並表現在爾後的成果分配上。若組織缺乏記憶，成員也知道組織缺乏記憶，則每個人在每次做出貢獻或退讓前，必然精打細算，提出條件。因爲他們知道在該組織中，此時若不要求具體回報，所有的努力與奉獻到頭來都只是「白工」，或「爲他人做嫁衣裳」而已。

組織記憶是使命與文化能否發揮作用的先決條件。

組織文化可以成為策略工具

從經營策略角度，組織使命與組織文化也可以做爲策略工具。例如：組織如果爲了生存發展，必須獲得某些方面的資源，而爲了得到對方認同，有時不得不調整本身的組織使命。

又例如，某一企業過去在技術與關鍵零組件方面，一向依賴美資企業，因此自身組織文化必須顯現「美式」作風，包括溝通方式與領導風格。後來由於產業環境變化，主要的合作對象改爲日資企業，此時組織文化也必須大幅調整爲「日式」文化與作風，其目的在使策略聯盟或合作雙方能因文化近似而提升合作的效果。

改變文化的過程有時頗爲「痛苦」，但爲了策略上的生存，也不得不然。這也顯示出「組織文化」在策略運用上的工具性質。

落實目標與陰陽結合

目標與其他管理元素

目標必須與管理元素中的其他項目：決策、流程、資源的取得與分配、知能成長方向等相結合，才能落實目標中的理想與期望，此觀念不待贅言。

組織內外各層級人員，都有其陰面與陽面的目標。試圖整合各方的管理者，在本身的決策與行動上，必須從「如何結合各方個人目標與組織目標」的方向著眼思考。此觀點在本章中已說明，在此僅是再度提醒。

主動分享成果

在管理行動上，要「結合陰陽」，必須掌握主動。換言之，成功的主管，應在對方提出要求前，提前發掘對方需要，主動提出足以激勵對方的資源。若等整合的對象（例如員工）開口要求，即使成果能依期望分配給予，效果也必然大打折扣。

所謂「善體人意」，即是在員工、供應商、客戶等整合對象提出「需求」，甚至感知到本身需求前，即體認其潛在需求，主動「分享成果」。這些「成果」的形式，可能是職位調動，可能是提名他角逐外界某個獎項，可能是參與某項訓練計畫，可能是分享某些重要資訊，也可能是爲顧客在產品上做出一些令其驚喜的改善。

及早感受或發掘整合對象的潛在需求，並在適當的時機予以滿足，是整合工作的重點。

社會倫理為企業倫理的基礎

本章及本書其他章節中，皆曾強調領導人「自省能力」以及「去私」等倫理觀念的重要。然而，企業倫理水準與當時的社會倫理標準關係密切。當整體社會對倫理不予重視，或缺乏記憶力時，企業倫理的水準勢必難以提升。

如果社會極端健忘，只欽羨有錢有勢者現有的地位與財富，而不在乎其過去獲得這些財富的手段。這種「不問手段，只問結果」的社會價值觀，是鼓勵有權勢者不顧倫理、甘冒風險，以獲得不當名利的根本原因。這種社會價值觀若無法剷除，再多的呼籲也是徒然。

「總體環境」中的政治領袖與世界領袖，其「整合」的功能之一即是，經由教育或示範，導正人類社會的價值觀念，並強化社會集體的記憶。「君子之德風，小人之德草，草上之風必偃」，即是此意。

管理工作的自我檢核

1. 請問貴組織中用以指導具體行動資源分配的組織目標為何？使命為何？組織目標與使命是否一致？您認為兩者之間的差距是何種原因造成的？
2. 您對於貴組織成員的個人目標與價值觀瞭解嗎？您會如何利用組織目標的達成，間接達成組織成員的目標？
3. 您是否常常「自省」本身的價值觀及目標？當您的個人目標或價值觀與組織目標不一致時，您如何處理？
4. 貴組織是否存在「派系」？這些「派系」分別以誰為首（核心人物）？這些「派系」是否嚴重影響到組織目標的達成？您認為應如何改善這個情況？
5. 貴組織的組織文化為何？在什麼樣的情況下，您會著重於柔性管理？為什麼？

第10章

環境認知與事實前提

決策者對環境的認知形成決策的事實前提。這些都會影響決策方向與品質。對環境的認知應包括管理矩陣中的各個欄位，而資訊的深度、廣度，以及資訊的流通與驗證也都影響了決策。

本章重要主題

- 事實前提的意義及環境認知的來源
- 環境認知的涵蓋範圍
- 事實前提的獲得與驗證
- 影響與操弄
- 管理上的涵意

關鍵詞

互補資訊 p.288
對認知的認知 p.291
資訊系統 p.292
行銷研究 p.293
內部控制 p.293
組織氣候調查 p.293
影響決策的關鍵前題 p.295
操弄 p.296
遊說 p.297
三十六計 p.298
越級面談 p.302
資訊保防 p.303

嚴格說來，我們周遭的世界，其實只存在於我們的認知中，而這些認知的內容影響了我們的決策與行動。本章前三節討論環境認知的意義、範圍，以及獲得與驗證事實前提的方法。第四節指出資訊或環境認知對決策的影響。第五節則提出一些與環境認知與資訊運用有關的管理建議。

事實前提的意義及環境認知的來源

在決策過程中，影響決策方向與決策品質的重要因素，除了決策者的價值選擇或目標取向，以及對因果關係的邏輯思維之外，還有環境認知與事實前提。組織內外所有的事物，甚至包括自己在內，都屬於決策者認知的範圍。

決策之事實前提

在任何決策過程中，除了前章所介紹的價值前提，另外一項重要依 據就是事實前提。在不同的事實前提下，即使目標相同，所運用的邏輯思維也相同，但決策的方向與結果可能大異其趣。**決策時的參考數據、上級界定的政策方向、本身能運用的資源究竟有多少、對未來經營環境的展望等，都屬於決策時的事實前提。**

在第八章中已指出驗證決策前提的重要性，本章中則更進一步說明「決策」、

表 10-1 ▶ 事實前提的意義及環境認知的來源

意義及來源	說明
決策之事實前提	決策的參考數據、上級界定的政策方向、所能運用的資源總量、對未來經營環境的展望等。
與決策有關的外部環境	政府政策、產業趨勢、競爭者動向等。
與決策有關的內部環境	組織制度與文化、內部政策與例規、組織的權力結構、上級的授權程度、領導風格等。
對環境的主觀認知	事實前提主要來自主觀的環境認知； 每項環境認知的可驗證程度不同； 互補資訊與知能水準影響判斷與解讀； 環境認知能力與水準是競爭力來源。

表 10-2 ▶ 驗證事實前提──簡單範例

決策	決策準則	備選方案	各方案之事實前提	前提之驗證
任用人員	任用外文能力較強者	方案一：張三 方案二：李四	方案一：張三外文能力較強。 方案二：李四外文能力較強。	可以用口試、筆試，或查驗在校成績的方式來驗證哪一個方案的前提比較正確，即選擇哪一個方案。
產品上市	技術成熟可以量產時上市	方案一：今年 方案二：明年	方案一：今年六月以前可以研發成功。 方案二：今年六月以前無法研發成功。	以技術評估或進度追蹤的方式來驗證哪一個方案的前提比較正確，即選擇哪一個方案。

「備選方案」、「事實前提」與「前提驗證」之間的關係。表 10-2 以簡單的範例來說明這些觀念之間的關聯。在實務上，任何決策的「決策準則」都是多重的，因而有關的事實前提也必然十分複雜，同一方案各個前提的「正確程度」也未必一致。因此除了邏輯推理與客觀的驗證程序之外，決策時的主觀研判還是必要的。

與決策有關的內外環境

組織外部的環境因素

存在於組織外，而可能影響決策的環境因素包括：產業趨勢、競爭者動向、顧客需求變化、政治與經濟情勢、政府政策、社會脈動，法令規定，甚至世界資源、人口消長、科技發展方向等。若以管理矩陣觀察，這些環境因素皆可重新編碼為總體環境及任務環境的六大管理元素。

組織內部的環境因素

組織內部的環境因素包括：組織制度與文化、上級的授權程度與領導風格、內部政策與例規、組織的權力結構等。這些環境因素在管理矩陣中，也就是組織平台、高階領導、各級管理、基層人員的六大管理元素。

其實，這些都只是舉例說明而已。決策者周圍一切存在的現象或事實，和決策與行動有關，或在決策與行動前必須參考者，皆可屬於廣義的內外環境。

環境認知影響決策方向與品質

對產業資訊不熟悉，或初進入組織的新人，往往在決策時備感困難，決策結果亦不甚理想，主要原因並非其知能不足，而是對決策所需的內外環境資訊，未能深入了解與掌握所致。**而許多決策在事後發現錯誤，原因也是由於決策時對有關的事實前提，認知上有所不足或有所偏差。**

對環境的主觀認知

認知的主觀成分大

上述各項內外環境因素，當然有其客觀的存在，但真正能影響決策方向的，卻都是決策者「主觀認知的環境」。易言之，客觀存在的環境因素未必能影響決策，主觀的「環境認知」才能構成決策時真正的「事實前提」。因此，即使在同一產業環境中，不同的決策者，由於對各項因素的認知或詮釋不同，所決定的方向也因而不同。

環境認知的可驗證程度不同

有些認知是可以客觀驗證的，有些則否。前者如「某種材料究竟能承擔多少重量」、「某品牌的市占率是多少」、「公司某項規定是什麼」等，常出現於決策分析過程，雖然未必經過驗證，但它們是可以被客觀驗證的。至於不能驗證或難以驗證的認知，包括「競爭者未來的動向」、「此技術研發在一年內成功的機率」、「老闆的風險偏好」、「政府某政策的走向」等，雖然對相關決策具有關鍵影響，但至少在決策時卻無從客觀驗證。

互補資訊與知能水準影響判斷與解讀

對情勢的判斷或對事實認知的驗證能力，各人高下不同。知識的深度與廣度、過去的經驗，以及資訊來源的正確度，都影響了主觀認知與客觀真實的距離，而且價值觀或目標等也會造成對環境資訊的選擇性認知。組織中許多制度與努力，其作用是試圖使決策者對內外環境認知的「主觀性」降低，而能以更客觀或更接近眞實的環境認知，做爲決策的事實前提。

環境認知能力與水準是競爭力來源

能客觀而正確地認知環境，也是競爭優勢來源。例如：企業若能掌握消費者偏好，則更有可能及早推出具有市場潛力的產品；若能掌握世界科技走向，本身研發的重點即可更爲正確。 有些企業家過去的成功，主要原因是「眼光獨到」。所謂眼光獨到即是對環境變化的走向嗅覺敏銳，可以從極爲有限的資訊中感受到未來的機會，或生產要素的供需起伏。

環境認知的涵蓋範圍

管理矩陣中的七十二欄

在管理矩陣每一層級的決策者，環境認知範圍都可能包括六大層級的每一項管理元素。如果再加上陰面與陽面的區別，總共可能有七十二類與決策有關的環境認知，這些環境認知在某些決策過程中會成爲重要的事實前提。以下即以一位中級主管（管理矩陣中的第五級）的角度，分析認知範圍。簡言之，從「目 1」到「資 1」，從「目 2」到「資 2」，一直到「目 6」到「資 6」，都經過這位中級主管的認知體系（「環 5」），影響了他的決策與行動（「決 5」）。決策者所認知的「世界」，固然是管理矩陣中的一欄（如「環 5」），而整個管理矩陣卻也正是「環境認知」的觀念體系，使決策者得以有系統地理解其所面對的內外環境（從「目 1」到「資 6」）。這是管理矩陣應用的獨特價值之一。

對外部環境的認知——以中級主管觀點為例

總體環境

中階管理者（「5」）對總體環境（「1」）當然應有若干程度的了解。例如：世界或國家層次的文化價值觀走向（「目 1」）、世界與國家層次的政策與法規（「決 1」）、各產業的結構與變化（「流 1」）、知識與科技的存量與流量（「能 1」）、各種資源的存量與運用情形（「資 1」），以及法治環境、政治氛圍、國際關係、國際組織等等，雖然不可能有人能全盤了解整個世界，但任何一位管理者對這些都會有某些認知，這些認知的正確程度各人不同，但多少都會影響到他的決策方向。

任務環境

在任務環境方面也相同。顧客、供應商、投資者，以及其他同一產業中的上下游機構、競爭者、周邊組織等的「目標與價值前提」、「環境認知與事實前提」，一直到「有形與無形資源」，都屬於他的環境認知範圍，也都經由「環 5」的認知機制，影響到當事人的決策。

在此再度強調，**總體環境與任務環境在管理矩陣中大部分是抽象的機構，然而事實上每個機構（無論是政府單位或是供應商、競爭者）都是由所轄各級單位及人員所組成。因此，在分析經銷商或往來銀行時，理論上，分析與了解的對象還必須包括各相關機構的領導人、各級管理者，甚至承辦人。**

對組織、上級、平行單位與部屬的認知

組織平台

對任何層級的管理者而言，其組織（「3」）的使命、目標、文化價值、現行政策與流程對當前決策的規範與限制、組織所擁有的知能與資源條件等，當然都應在認知範圍內。

上級及其他

管理者對其上級（及上上級）、平行單位的目標、任務、決策權責範圍、知能、外界關係等，應盡量有完整而正確的認知與了解。

所領導的部門部屬（「6」），有哪些想法、有哪些期望（「目 6」）、能力（「能 6」）等，當然也是與某些決策有關的環境認知範圍。

對這些了解得愈深入、愈正確，本身決策的品質也必然愈高。

對本身的認知以及對認知的認知

管理矩陣的這些「欄位」中，比較需要進一步解釋或強調的是「對本身的認知」與「對認知的認知」。

對本身的認知

「知己」是重要而容易疏忽的認知標的。自己有哪些人生目標、上級賦予哪些任務目標、自己決策的權責範圍何在、自己能力與知識的優缺點爲何、自己掌握哪些有形無形的資源等，不僅應有所了解，也必須經常反省檢討。管理矩陣的架構將屬於自己的種種管理元素，也視爲一種「環境」或認知對象。因爲，它們的存在以及決策者本身對它的認知，都會影響到決策結果。

深入地了解自己，是一件極不容易的事。這無論對管理者，或對任何一個人來說，都是如此。

對認知的認知

這是指管理矩陣上「『環5』對『環4』的認知」，或「『環5』對『環6』的認知」。也就是「當事人認爲長官對這世界的認知是什麼」、「當事人認爲各級同仁對這世界的認知是什麼」，以及「當事人認爲政府主管機關對這世界的認知是什麼」等。換言之，別人對環境的認知，也是我們所認知環境的標的之一。對別人認知的認知，也是「知彼」的一環，當然會影響本身決策的方向與品質。「知己」「知彼」，決策品質才會改善。

陰陽兩面的認知

六大管理元素的陰面

本書第四章提出陰面與陽面的說法，此一觀念應用在「環境認知」中表示，**決策者不僅應了解各個對象陽面的目標、決策、流程等，也應將其陰面的目標、決策、流程納入認知範圍**。

從顯性的行為或現象推測隱性的內涵

所謂「聽其言，觀其行」即表示，公開宣稱的組織目標、個人努力方向、流程設計等，只是影響決策與行動的部分因素，我們必須從對方的具體決策與行動中，推測其管理元素的各種「陰面」或實質成分。例如：某人公私分明到什麼程度、組織在升遷人員時對忠誠與貢獻的相對重視程度、管理程序可以彈性調整的上限何在等，這些都不會以口頭明說，更不可能見諸書面，但卻可從過去的決策過程進行推測與掌握。

管理矩陣中所稱的「七十二欄」，即表示對每件事（欄位）的了解，都應包括「陰」與「陽」兩個部分。

事實前提的獲得與驗證

「對環境的認知」將成爲影響決策方向的「事實前提」，因此對這些認知或相關資訊的蒐集、獲得與驗證十分重要。

資訊系統

此處所謂資訊系統並非僅指狹義的電腦資訊系統，而是**包括組織對內外環境資訊的蒐集與分析的正式機制**。

表 10-3 ▶ 事實前提與決策資訊的來源

資訊來源	說明
資訊系統	蒐集外界資訊的正式機制：如行銷研究； 蒐集內部資訊的正式機制：如組織內部控制、績效回饋與評估、成本與財務分析等。
其他資訊來源	親臨現場； 消息網絡。
全員皆為商情員	全員分擔蒐集資訊的工作； 書面紀錄是基本動作。

蒐集外界資訊的正式機制

在外界環境認知方面，最爲人熟知，也最常見的管道或工具是**行銷研究與市場調查**。這些是運用科學方法了解市場需求、消費行爲、競爭動向等環境資訊的做法。較有規模的企業，也設有專門單位**針對國內外產業趨勢、政府政策、科技發展等進行偵測與分析**。

蒐集內部資訊的正式機制

財務報表、**成本與財務分析**、**組織的內部控制**、**績效回饋與評估**等，目的也在協助管理當局了解情勢，使其對內外環境產生更深入、更確實的認知。近年日漸普及的管理資訊系統（MIS）、顧客關係管理（CRM）、企業資源規劃（ERP）等，基本作用也無非是配合決策需要，提供及時的資訊，以強化內外環境認知，使決策時能掌握更具時效、更正確的事實前提。

在績效管理與內部控制方面，如果被管控的對象本身目標十分明確、流程相當獨立，且成果不受其他人的干擾，則只需掌握其最終目標的達成程度即可。否則就必須針對其決策及執行過程，掌握較爲動態的資訊。對這些資訊的認知，可以協助管理當局及時要求當事人修正行動方向。

針對組織內部成員的**士氣調查**、**組織氣候調查**、**員工滿意度調查**等，則是系統化了解內部人員與組織現況的管道。這些調查結果可以做爲組織變革或制度設計的參考。

其他資訊來源

正式資訊系統極有價值，但其所能提供者絕大多數爲抽象的數據，與實況難免存有差距；而正式研究或資訊系統的設計邏輯，與決策者的思考方式也未必全然相符。因此，其他更直接的資訊來源也不宜忽視。

親臨現場

主管偶爾到現場察訪，除了可以對基層人員產生激勵與警惕作用，在察訪過程中，有時也會聽到、看到一些正式系統無法提供的重要資訊。尤其，中高階主管在能力與知識，以及經驗方面，必有獨到之處，親臨現場觀察各項流程運作，可能產生更多的體會與感受。

消息網絡

機構領導人或一般高階主管，由於在組織內外網絡關係複雜，憑其地位又能直接接觸到任務環境或總體環境中的重要人物，加上雙方私人情誼的助力，因此多半「消息靈通」，這些當然也會成爲決策資訊的重要來源。

古時有些皇帝爲了能掌握基層民情，了解各級官員的勤惰操守，往往在正式管道之外，另行「布建」耳目。現代大企業中，這些「小道消息網」應運用到什麼程度，會不會因過於依賴耳目而危及正式組織的運作，則是見仁見智。

全員皆為商情員

全員分擔蒐集資訊的工作

大型組織，尤其是大型跨國組織中，各級人員每天都會接觸到不少外界人士，並從這些互動中很自然地獲得一些有價值的一手資訊。這些分散在各人印象中的片段消息，未必對個人有實際作用，而且不久後即會淡忘。有些日本商社很早就了解資訊累積與整合後所產生的潛在價值，因此要求全員每日將各種見聞以書面紀錄回傳後送。總部有專人將這些來自各方龐雜而片段的資料，加以分類整理研判，因此往往能掌握甚至預測各產業的全面動態。**此一以資訊為基礎的競爭優勢，即是建立在此種商情蒐集制度上**。而且，為了提升書面記錄效率，各商社甚至發展出本身專用的速記符號，這也可算是一種「編碼系統」。

書面紀錄是基本動作

有些組織連重要會議或出國參訪都未留有書面紀錄，或在會議紀錄中只記錄簡單的結論而未記錄決策過程與各方意見，再加上「檔案管理」不佳，常遺失重要文件。這些組織相較於全員皆為商情員的商社，資訊的掌握程度當然有天壤之別。

事實前提的驗證與檢討

每人每天能獲得的消息或資訊為數眾多，但是這些消息或資訊未必正確，因此驗證與檢討十分重要。

關鍵前提應經由多方查證

針對關鍵資訊，進行多方查證，甚至進行正式研究或科學驗證，當然有其必要。本書第八章所談到的決策方式——先提出具體方案再找出前提、驗證前提的程序，也可以**協助找出影響決策的關鍵前提或關鍵資訊為何，並深入研究這些前提或資訊**。

知識與資訊處理能力有助於資訊的驗證與解讀

第七章所提到的「知識與資訊處理能力」（KIPA），則可以協助決策者，就有限的資料分析，研判各項資訊的真實程度，並歸納出對環境實況更正確的認知。

在群體決策過程中，如果主持人能運用「從方案找出前提」的決策程序，並擁有適當水準的「KIPA」，再加上參與者對議題有良好的知能，則不難從各方不同的觀點，整理出對決策選擇具有關鍵性的事實前提。知道關鍵事實前提何在，後續的驗證工作即可掌握重點，深入進行。

以上所提出的幾項**蒐集資訊、認知環境的管道，彼此間是相輔相成且有累加效果的。而驗證資訊的科學方法與邏輯思維更能確保資訊的正確度**，大幅提升決策結果的品質與決策過程的效率。

影響與操弄

運用環境認知以影響他人決策的事實前提，進而影響其決策與行動的方向，是管理上十分重要而普遍的做法。

影響部屬的環境認知

每位成員皆為決策者

組織的每位成員，無論是否擔任管理職務，都有自行決策的空間。決策範圍除了與任務內容有關的「陽面」決策，也包括是否繼續留在本組織、是否全心投入、是否真心聽命於上級指揮等「陰面」決策在內。

環境認知是決策的事實前提

不論是哪種決策，決策方向都會受到事實前提的影響。組織內各式各樣的規定、訓練、宣導，主要目的都在影響或塑造成員的環境認知與事實前提，而組織內所看到的種種現象、高階主管的言論、作爲、決策風格等，也會不斷經由詮釋，日積月累地形成成員的認知內涵。

藉由認知的塑造影響決策方向

組織高階層，或各級管理人員，**希望屬下成員採取怎樣的行動，就應設法讓他們有怎樣的環境認知**。當成員擁有的環境認知，以及決策所需的事實前提與高階期望相近時，授權或分權才有可能。

易言之，如果成員的事實前提以及前章所介紹的價值前提，能合於高階的理想，則實施授權與分權時，決策與行動的結果，也不會與高階的預期方向相去太遠，策略或任務的落實執行，成功機率也大爲提高。

影響任務環境與總體環境中成員的認知

廣告、文宣、公關、遊說

廣告的基本作用即是希望透過媒體，創造顧客對企業或產品的正面形象，這就是刻意對任務環境中「顧客」的認知做出影響。

其他各種文宣、公關、遊說等活動，目的也在試圖影響任務環境與總體環境的上下游同業、社區、政府機關等對本組織的認知，並進而希望他們未來能做有利於本組織的決策。

社交活動中的溝通

更進一步觀察，許多社交活動的溝通內容，一部分是蒐集資訊（強化本身對環境的認知），一部分即是努力影響其他人的認知。當認知內容累積到某一程度，不僅會影響決策的方向，甚至也會影響決策者基本的價值取向。

資訊流通與透明化程度的取決

組織上下，除了希望有組織文化之類的工具以整合大家的價值觀念，共同的環境認知也十分重要。因此理論上應鼓勵上下之間、部門之間，大家將本身擁有的**資訊盡量與其他同仁分享，以改善內部溝通與決策的效率，提高分層負責的可行性。然而，保護業務機密的考量、各級管理人員權力基礎的維持等各種因素，都會限制組織中資訊流通與透明化的程度。**

機構領導階層如果認爲部門間或上下級之間，資訊的充分流通有助於組織目標的達成，則應設計制度，鼓勵或要求大家配合組織需要，進行必要的資訊分享。易言之，這也是需要運用「管理流程」來推動的。

操弄與欺瞞

以錯誤資訊影響他人的認知

所謂「影響其他人對內外環境的認知」，若做得過分或別有用心，則可能出現操弄與欺瞞的行為。例如：過度包裝美化、選擇性報導，甚至提供不實訊息等，其用意無非是希望依自己的意思，改變對方的環境認知，並進而影響其決策的方向與結果。

這些資訊的操弄，可能表現在組織內非正式消息網中的「謠言」，可能是不實廣告，也可能表現在政治人物對媒體的操控。競爭策略的運用中，也有人試圖放出風聲或足以造成其他人錯誤解讀的訊息，以誘使競爭者採取錯誤或有利於我方的策略方向。

「三十六計」的資訊操弄

古代所謂「三十六計」，如「聲東擊西」、「圍魏救趙」、「暗渡陳倉」、「調虎離山」、「欲擒故縱」、「金蟬脫殼」、「偷樑換柱」等，無非是利用資訊的操弄與欺瞞，以誤導敵方決策。這些就是本章所說的：「影響對方的環境認知，改變其決策時的事實前提，因而做出有利我方的決策」。

倫理問題與信用維護

資訊的操弄、欺瞞、選擇性報導等，當然都有程度上的倫理問題，運用時不可不慎思。提供不正確的資訊，誤導他人認知或決策，固然可以獲利於一時，但若運用頻率太高，長期難免破壞本身的信用及形象。因此，操弄與欺瞞是不宜輕易採取的行動。自古以來，即有人不斷提醒，「信用」或他人的信任，是交易與合作的基礎。當一個人所提供資訊的可信度常受到質疑，無論在組織內外，都無法扮演好「整合者」的角色。

防人之心不可無，前文所談的資訊驗證方法以及資訊驗證的能力，是避免本身因遭受操弄欺瞞而蒙受損失的不二法門。

管理上的涵意

各級決策者是否能充分掌握決策所需的資訊，是影響決策品質的重要因素。所謂**「上情下達，下情上達」**是最基本的管理要求，內外情勢的掌控，也是機構領導人必須投入心力的工作。這些方面的成效，對組織規模的成長也有深遠影響。因為，若高階層無法掌控內外情勢與資訊，基層又缺乏正確而完整的「事實前提」時，組織便難以及時採取正確的行動，順利運作，也就到達組織規模的上限。每個組織由於這方面能力不同，規模上限自然也不同。

除此之外，本章所提到的環境認知與事實前提的觀念，對管理有以下幾項涵意。

表 10-4 ▶ 「環境認知與事實前提」觀念的管理涵意

管理涵意	說明
管理者個人	察納雅言、廣開言路； 針對部屬與上級的決策需要，分享資訊； 強化本身知識與資訊的處理能力（KIPA）。
制度的建立與運用	分權程度取決於，哪個層級對該決策所需的事實前提最瞭解，或最能及時掌握； 授權必須影響或提供相關決策前提； 系統化的「越級面談」； 組織的編碼系統有助內部溝通； 書面化與制度化有助記錄及分析； 資訊保防； 運用正式研究以驗證關鍵前提。
中階管理者承上啓下的功能	詮釋與整合資訊； 慎防個人觀點造成資訊傳達的扭曲。
動態時代的環境認知	應經常反省經驗是否過時； 檢討組織平台中各項管理元素的事實前提。
資訊及對內外環境認知的邊際成本與效益	資訊有成本，因此未必多多益善； 對陰面資訊的掌握更應有所節制。

與管理者個人有關者

這裡又可以分爲態度、行爲及知能三個部分。

在態度方面

在態度方面，**「察納雅言」**當然是一項重點。愈有權力的人愈應態度謙和，才能聽到眞話，而且要發自內心地尊重他人，才能有開放的心態吸收可能與自己原先意見對立的各種想法。如果對自己所不認同的意見，心存抗拒，甚至形之於色，自然會斷絕「言路」，而且導致部屬只願意選擇報導長官喜歡聽的消息。久而久之，高階決策所能掌握的內外環境認知難免偏頗。此外，配合本身價值偏好，選擇性吸收與自己想法接近的意見與資訊，對「逆耳」的話，聽而不聞，也是人之通病。居高位者不可不防。

此外，主持會議或聽取部屬意見時，應盡量克制，**勿將本身對某些意見的好惡表現於神情態度**，以免部屬爲了揣摩上意，而扭曲對資訊的報導。易言之，若欲對資訊有更完整客觀的了解，就不宜因本身的態度而侷限了不同觀點資訊的傳達。

在行為與做法方面

在行爲或做法上，應注意資訊的分享。有許多未見諸文字的外部資訊，極具關鍵性與時效性，主要是經由人際互動而流通。高階人員往往可以運用社會地位與網絡關係，獲得中階主管無從得知的資訊，而這些資訊又極有可能是中階主管決策時的關鍵前提。因此，在會議或群體決策過程中，設法將這些資訊或環境認知分享予各相關主管，是高階十分重要的任務。有了充分的資訊，才能進行授權，各級主管也才有機會發展管理能力。有不少高階管理人，平日大嘆部屬決策能力不足，無法放心授權，不得不事必躬親，甚至出現上忙下閒的現象。解決此一問題，應從「目標與價值前提」的灌輸與要求、知能培訓，以及「環境認知與事實前提」的分享著手，而最後一項是最常被忽視的。此外，重要資訊不宜只聽一面之詞，必須多方驗證，這也是眾所周知，但在實務上卻經常未能切實做到的重要事項。

「資訊分享」不只是由上而下的單向流動，當事人**對上級所需的資訊，若能見機蒐集，適時提供，也是十分重要的做法**。因此，各級人員應設法從上級思考與決策的角度，體認長官此時正在思考什麼決策、需要哪些資訊，而本身在工作或對外接觸中是否可以獲得這些資訊。在適當時機提供重要可靠的資訊，也是身為部屬不可忽略的任務。

在知能方面

知能方面，應培養並運用「知識與資訊的處理能力」（KIPA），從有限資訊中進行分析驗證。而當接受到一項訊息時，也應不斷思考，此一資訊對哪些職權範圍內的決策有何涵意？如此方可利用「知能」、「環境認知」、「決策」三者間的互動關係，不斷強化決策者對三者的運用與掌握能力。

社會現有的知識體系（例如各種社會科學學問），以及各種知識領域的推理過程，對建立思想架構、強化思辨方法，都幫助極大。擁有這些思想架構與思辨方法，即可將各種零碎的資訊與意見，有條理地分類「歸檔」，與個人原有的互補知識相結合，不僅可以對資訊產生新意義，應用時也更能針對當前問題，快速從腦中資料庫蒐尋摘取相關資訊。因此，**讀書或求知過程中，若能嘗試建立自己的觀念架構，對思考、決策，以及後續的學習，都是極有助益的**。本書介紹的「管理矩陣」，即是一個簡明有效的觀念架構。

與制度的建立與運用有關者

與制度有關者又可分為授權與分權、編碼系統與書面化、資訊保防，以及正式研究的運用等。

分權程度的取決

組織的授權與分權程度，應視組織中哪個層級對該決策所需的「事實前提」最了解或最能及時掌握。一般而言，在穩定的經營環境中，高階層對全面情況最為了解，因此許多決策由中央決定即可；然而，當經營環境變化迅速，不確定性高時，接近現場的中基層人員，有時反而更能掌握最新狀況，並及時予以回應。簡言之，誰對決策所需要的「環境認知」愈能充分掌握，誰就應有更多的決策權。**分析每項決策可能需要的事實前提，以及誰最能及時掌握這些事實前提，這是決定分權程度**

的第一步。

授權必須涵蓋決策前提

高階無法事必躬親，因而對某些工作或決策必須授權。授權並不意味著高階可以完全不管，而是設法適度影響這些將被授權者的「價值前提」，並提供其所應知道的「事實前提」（包括組織現有的政策與目標要求），然後希望他們在這些前提下，加上本身由於接近問題發生地點而能掌握的事實前提，做出及時、正確而又合乎上級意向的決策。

換言之，「授權」不只是授予決策權力而已，與決策相關的「事實前提」、「關鍵資訊」等，也必須一併授予。從另一個角度看來，事實前提與關鍵資訊也是「權力基礎」的一環，因此，告知這些資訊也是「授予權力」的方式。反過來說，**如果授予決策權而不提供關鍵資訊，對授權對象以及組織績效都可能造成嚴重的負面後果。**

系統化的「越級面談」

下情不能上達，是大型組織中常見的問題。爲了避免組織層級阻礙上級了解「下下級」的情況與意見，可以嘗試以**系統化的定期「越級面談」方式**，在不影響正式職權的前提下，讓指揮鏈中未直接統屬的人員有直接向上溝通的機會。例如：總經理越過副總，與副總轄下的經理進行一對一的面談；副總則越過經理，與經理轄下的副理或組長進行一對一的面談等。由於是正式定期舉辦，次數亦不頻繁，效果遠優於「門戶開放政策」，負面作用也比較不易出現。

組織的編碼系統

所謂編碼系統是指，**組織中對各種觀念或事物的用詞用語，應有某種共識**。有了共識，組織內部在溝通時即不容易出現誤會，溝通或資訊傳遞的效率也會因而提高。第七章所談的「組織共同的 KIPA」，當然也會對資訊流通與驗證大有幫助。

書面化與制度化

書面化是制度化的第一步。決策時的推理過程、所參考的數據及來源，以及評估各方案時，對各種事實前提的假設與推論等，如果能有書面紀錄，對事實前提或資訊的運用必然更為精確。事後也可進行回顧，以提升組織或各個決策者在驗證前提、以及由事實前提推論至具體決策方案的能力。比書面化更進一步的是檔案化，或運用電腦系統將相關資訊，包括上述「人人擔任商情員」所蒐集到的情報整理歸檔，如此也可以有效增進組織整體對環境認知的記憶廣度與深度。

資訊保防

資訊保防工作，其重要性自不待言。如果競爭對手，甚至策略伙伴，擁有「人人擔任商情員」的習慣與能力，則本組織在此一方面更應注意。

正式研究的運用

在此值得一提的是為驗證事實前提所進行的**正式研究**。許多組織不常運用研究協助決策，其原因未必是費用問題，而是**決策思維缺乏「列出具體方案，找出各方案的關鍵前提，再加以驗證」的習慣或能力，因而不知如何找出具關鍵影響力，但有待驗證的重要事實前提**。另一方面，雖然有許多機構（例如政府機關）經常從事許多研究調查，資料與數據極為豐富，但未必與特定決策有所連結，導致一旦面對特定政策時，往往找不到合適的資料來支持。這些都是未能運用由「方案的前提」到「事實前提的驗證」思維方法的結果。

中階管理者承上啓下的功能

數十年前曾有學者預測，當電腦資訊系統發達以後，中階管理人員的角色將大幅縮減，所餘者僅為員工士氣管理的工作而已。事實上，資訊系統普及的確會影響各級人員的角色，但在「資訊」這部分，當經營環境變化無常且因素複雜時，中級管理者在資訊方面承上啓下的功能卻有增無減，而且此一功能是否有效發揮，也影響了組織整體的績效。

資訊的詮釋與整合

高階領導人日理萬機，未必能親自了解基層的細節與意見，而基層人員對某些議題或許十分深入，但其認知範圍通常十分狹窄而片面，因此「下情上達」與「上情下達」的工作勢必依賴中級主管，**爲上下雙方「詮釋」彼此對環境的認知，或做爲雙方溝通的橋樑。能幹的中階管理人還可以更進一步「整合」上下的資訊與意見，提出更有創意且爲上下雙方皆能接受的方案。**

除非電腦系統可以將組織可能產生的所有資訊，以及所有可能需要的資訊，都經由系統分析而完整「編碼」及連結，否則資訊或各種對環境的認知，還是需要人類智慧與判斷加以詮釋與整合。

慎防個人觀點造成資訊傳達的扭曲

中階管理者要能發揮承上啓下的功能，除了在態度、行爲、知能上應盡量合乎前述要求外，也應**注意防範其「陰面」目標在此一過程中產生負面的作用**。實務上，中階管理者爲了自身考量而扭曲資訊的傳遞，「欺上瞞下」以獲得自己的利益，或「挾資訊以自重」，也是時有所聞的。

動態時代中的環境認知

決策依據認知，然而在快速變動的時代，許多現有的「認知」卻是不合時宜的。以過時的認知爲基礎的決策，當然會有問題。

應經常反省經驗是否過時

年長者的「經驗」，其中有極大部分是基於對過去環境所產生的認知。這些固然提供了許多有用的事實前提，但也可能因爲時代改變，已不合乎現狀。這也是決策者必須經常反省檢討的。

檢討組織平台中各項管理元素的事實前提

管理矩陣中的「組織平台的決策」、「組織平台的流程」等，是過去決策的「存量」，它們會影響當前組織運作方式。然而，這些「決 3」、「流 3」卻是依據過去的環境認知（「環 3」）而來。當時所認知的內外環境，與當前環境必然存有差距，無怪乎任何組織都會感到現有的政策、流程不合時宜。不合時宜的原因，並非當年制定政策或流程的人員有所疏失，而是時過境遷，現在所認知的環境與當時已大不相同。**配合環境（或環境認知）的改變，不斷修改政策法規與流程，似乎是現代組織難以逃避的宿命。**

資訊及對內外環境認知的邊際成本與效益

資訊有成本，未必多多益善

本章前述內容指出，管理當局可以運用各種方法，增進對內外環境的認知以及對資訊的掌握，這似乎意味著管理者所掌握的資訊應該多多益善。但事實上，蒐集資訊、累積資訊這些工作本身，所需投入的有形與無形成本十分高昂。管理矩陣的「三十六欄」或「七十二欄」，是在極端理性下所有可能的環境認知項目，實際上不太可能全面掌握。因此，如何選擇重點，也是管理課題。

對陰面資訊的掌握更應有所節制

有時候，「知道太多」反而有害無益。尤其，「陰面」事項固然無所不在，而且也會影響各方決策，但其內涵錯綜複雜，甚至晦澀不明，知道得太多，不但可能使決策顧忌過多，更可能本末倒置，反而忽略陽面事項。**在許多產業或組織中，領導人物僅深入掌握幾項關鍵資訊，專心致志於滿足顧客需求的流程，或努力完成本身任務，內外風風雨雨皆不入心中，也頗合「簡單就是福」的道理。**

管理工作的自我檢核

1. 就貴組織的重大決策，有哪些影響因素來自組織外部的環境因素？有哪些影響因素來自組織內部的環境因素？
2. 承接上題，這些環境影響因素，有哪些可以客觀驗證，而哪些則具有高度的主觀認知？針對後者，決策者又是如何處理？
3. 如果您擔任中階主管，在進行決策時，您是否充分了解您本身對內外環境的認知？您是否能掌握您的上級主管或下屬對內外環境的認知？
4. 貴組織都是採取什麼方式蒐集組織外部資訊？以什麼方式蒐集組織內部資訊？又如何驗證這些資訊的正確性？
5. 請問貴組織是否運用規定、訓練或是宣導等相關做法，影響和塑造成員的環境認知和事實前提？而您自己如何藉由您的言論、作為或是決策風格，形成貴組織的認知內涵？
6. 貴組織的部門間或上下級之間的資訊是否充分流通？應運用何種機制鼓勵或要求大家配合組織的需要，分享資訊？
7. 請反思自己在聽取他人意見時，是否發自內心尊重他人提供的資訊與意見？是否對與自己不同的意見心存抗拒，甚至形之於色？
8. 貴組織的授權程度為何？除了權力，高階管理者對於決策相關的「事實前提」和「關鍵資訊」是否也一併授予？
9. 貴組織是否時常依據環境的變動，而檢討當前的組織運作方式，以及現有的政策？

整合

整合爲本書最核心的觀念。所謂「整合」即是在內外各方的多重目標、多種限制條件下，運用各方資源與資訊，爲需要合作的各方解決問題，並提出各方皆可接受的方案，使各方依此方案採取行動，並獲致多贏的結果。

本章重要主題

- 整合的基本觀念
- 整合的基本程序
- 創造價值與維持整合關係
- 整合對象
- 整合標的
- 整合機制
- 整合的能力與原則

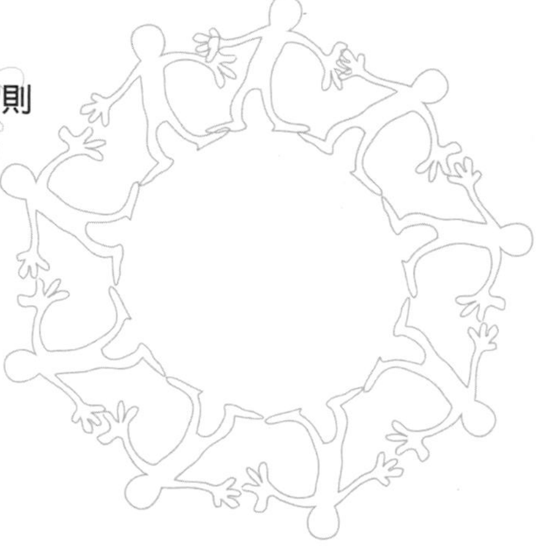

關鍵詞

多贏 p.310
網絡定位 p.313
撮合 p.314
內部矛盾 p.319
成果分配 p.321
興利與防弊 p.323
多元關係的型態 p.329
整合棋局 p.330
整合機制 p.336
網絡結構 p.343
創造整合平台 p.345
潛在懲罰力 p.354

整合的基本觀念

整合觀念的回顧

管理工作的核心是整合

本書第一章即指出，「管理」的定義是「管理者經由決策或決策機制，整合各方面的資源、目標、資訊、知能、流程、決策，以完成組織所賦予的任務，或創造組織的使命」。其中，「整合」是指「發掘、結合，且有創意地運用這些來自各方的資源、資訊、知能，並使各方的決策與流程能與我方目標配合」。簡言之，即是整合各方的目標與資源，以共同創造價值。隨著本書中各種論述的鋪陳，本書對「管理」與「整合」的解讀，也漸形豐富及深入。

整合的標的與對象

從第二章的分析中可以得知，上述這些整合標的——資源、目標、資訊、知能、流程、決策等，即是指管理中的六大元素，其中「資訊」相當於「對環境的認知」，用途是做爲決策過程的「事實前提」。「各方」即是從總體環境到基層成員等各個層級中，擁有目標、資源等六大元素的個人與機構。而「整合各方」即代表各方是經由相當自願的合作與交易過程，進行這些資源與資訊等的結合，而在目標上的妥協，以及成果分配的過程中，當然也是整合所不可缺少的部分。

策略與管理皆可用整合觀點詮釋

策略

策略代表經營形貌的取決與變化，也代表組織爲求長期生存發展所制定的一組重要決策。而策略決策所追求的，不僅是長期獲利，更圓滿的**理想境界是：本組織**

的創價流程令服務對象（相當於顧客）十分滿意，因而願意對本組織提供資源的回報；經由合理的利益分配過程，組織內成員以及任務環境中的合作者，也都感到滿意，而樂於繼續提供他們的資源與知能，並在相關決策及創價流程上繼續配合。當然，組織行動也都能配合相關規則制定者的期望。

用通俗的說法，即是顧客、員工、投資者、供應商、經銷商，乃至於政府單位都感到滿意，並願意提供他們應提供的貢獻，使組織營運（創價流程）可以繼續順利運作。相信此一境界應是絕大多數經營者所追求的。

能達到此一境界，企業自然能長期獲利。非營利組織雖無利潤指標，也同樣可以並且應該追求此一境界。

這是**從「整合」的觀點思考、詮釋策略的意義。**

管理

規劃的目的之一為整合分散於各單位或個人的決策與行動；組織設計是希望經由流程安排、權責劃分、資訊流通，以整合組織內各成員的目標、知能與行動；控制則強調如何經由整合機制，確保企業營運活動可以達到預期目標。

由於六大層級的六大管理元素（亦即管理矩陣的三十六欄或七十二欄）內涵複雜而多元，甚至變化無窮，不可能由機構領導人負責全部的「整合」工作，必須由各級人員分別負責。因此，中基層管理者的管理工作主要也是配合組織所賦予的任務要求，努力整合上下內外的各種管理元素，以順利進行其所負責的創價流程。

這是**從「整合」的觀點思考、詮釋組織內部管理工作的意義。**

整合作用在現代社會日益重要

「整合」在管理思想中的相對重要性與核心地位，與時俱進。社會開放、知識與思想多元、組織營運層面擴大，乃至於權力的解構，都使「整合」的重要性日益增加。「整合」出現在管理相關言論的頻率不僅大幅提高，更成為管理者平日思考與行動的重心。

開放的社會

當前我們所處的是一個開放的社會，每個人都享有某種程度的選擇自由，也能擁有自己的想法與人生價值。開放社會中的各種活動，例如：經濟活動以及與產銷等有關的決策，都分散到各個不同的組織或機構中進行。這樣的社會中，每個組織各有其本身的目標和資源，但又無法獨立存活，必須相互合作或交易。在個人層次也一樣，每個人各有其目標、資源、知能等，而且也需要與其他人或組織合作或交易，包括加入組織，以達成自身的生存目的。然而，**個人與個人之間、個人與組織之間、組織與組織之間、組織內各單位之間的合作或交易都不是自動發生的，因此產生「整合」的需要，也因而有了管理者角色的出現。**

在實施中央計畫經濟的集權社會，或上級擁有絕對權威的組織中，雖然也有整合的必要，但是由於可以高度依賴指揮權與懲罰權，其中的管理課題完全不同。

知能的進步與普及

因爲知識的進步與普及，以及知識工作者大量出現所造成的知識世紀，使「能力與知識」或「知能」方面的整合，也日趨重要。專業知識水準愈高的知識工作者，愈需要有人或機制將其專業知能與其他人的專業知能進行整合，這顯然也是管理者整合角色的另一種表現。曾有學者指出，專業人員與管理者的關係，相當於運動明星或影視明星與其經紀人的關係。由於經紀人或管理者的存在與努力，才能協助專業人員或運動、影視明星專心致力於專業才能的發揮。在知識時代，管理者在整合各方專業知能方面的功能也因而更加凸顯。

需要「整合」以達多贏

第二章中曾談到：「不論整合如何進行，都必須經由管理者的決策與行動才會眞正發生作用。」此即指出管理工作在現代社會的必要性與重要性。

易言之，由於個人與組織各有其獨立的目標、資源與知能，因此每個人或每個單位、每個組織，基本上也都是獨立的決策個體。然而，爲了合作或交易，他們又必須採取共同的決策或行動。**各方的初衷未必一致，合作或交易難以自然順利運行，因而需要有人負責整合工作。**就像第二章所描述的產品經理C君，他所面對的客戶、研發單位、生產單位、供應商、高階層等，各有其本身的目標、資源與知能等六大管理元素，因此各方面原先的決策或對備選方案的偏好都不一樣，要他們放棄本位的想法來遷就其他人，極爲困難。這些困難背後，還不只是意願問題，可能也的確存在實質障礙。案例中C君的角色就是設法從各方面爭取到一些資源，解決大家的問題，讓各方最後都能同意接受C君所建議的方案，達到「多贏」的境界。

若需要合作的只有兩、三個人，共識比較容易達成。當關心或必須投入的人或單位爲數眾多時，整合就極爲困難。**古往今來，所謂「成大事」者，都是有能力或機緣整合多方面資源、滿足多方面目標的人。**整合能力有多大，事業就可能有多大，道理即在於此。

「整合」更深層的定義

從以上各章的分析，以及對整合觀念的重新檢視，可以進一步知道，「整合」的核心觀念是「提出方案」、「解決問題」以及「多贏」。因此，「整合」也可以定義如下：

「整合即是在各方的多重目標、多種限制條件下，運用各方資源與資訊，爲需要合作的各方解決問題，並提出各方皆可接受的方案，使各方依此方案採取行動，

圖 11-1 ▶ 整合的意義

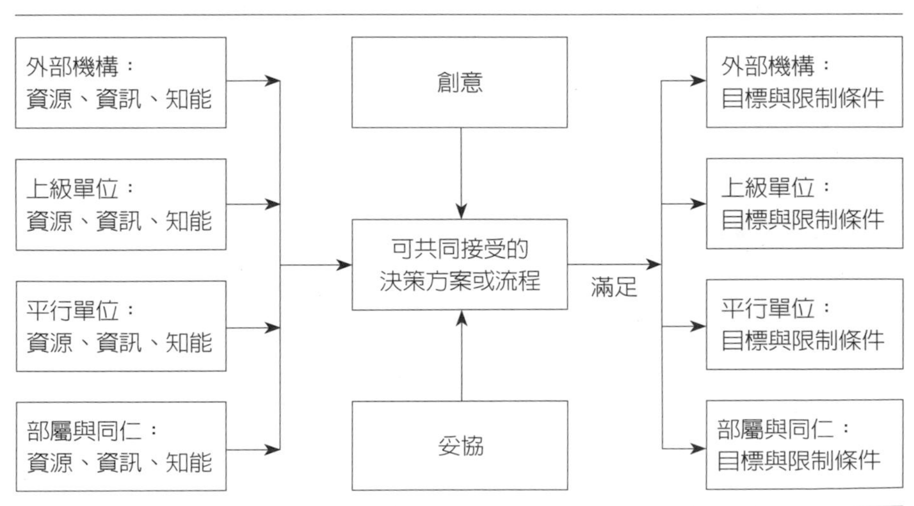

並獲致多贏的結果。」

例如：第二章案例中的創業家B君，在創業過程中所面對的投資者、技術專家、供應商等，初次面對此一創業計畫以及各種利益分配的構想時，肯定不是「一拍即合」，而是各自從本身的角度提出意見與主張。而這些意見與主張，剛開始時也不可能出現高度共識。B君或其中某些人士，最後一定提出了一個各方都能接受的方案，此一創業計畫才能「成局」。

有效的管理者，平日工作中即是不斷綜合各方的目標、期望、資訊，提出具有創意的方案，以整合各方的資源與行動。

整合的基本程序

基於以上對整合的瞭解，可以發展出一較完整的整合程序，逐項分析介紹如下。當然，並非每回「整合」行動都必須歷經以下所有步驟，而且此一過程亦非單向的線性發展，而是不斷來回反覆進行的動態過程。

掌握對象

合作或交易的第一步是蒐尋潛在的合作或交易對象，了解**他們在哪裡？分別擁有哪些可能的資源、能力與資訊？他們可能的目標與需求爲何？**

爲了簡化文字，以下談到「資源」時，可能已包括六大管理元素中其他項目如

圖 11-2 ▶ 整合的基本程序

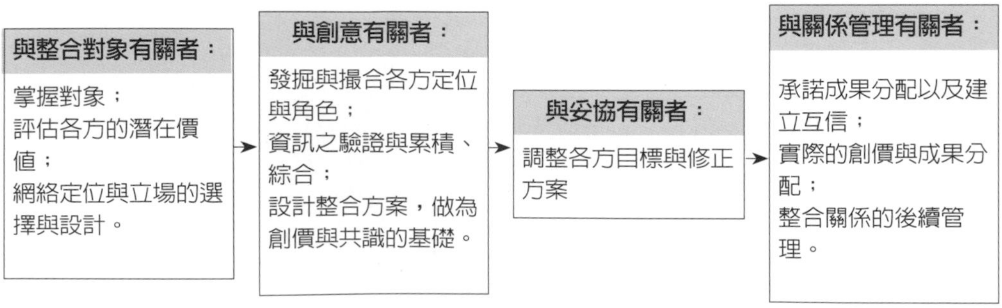

與整合對象有關者：	→	與創意有關者：	→	與妥協有關者：	→	與關係管理有關者：
掌握對象； 評估各方的潛在價值； 網絡定位與立場的選擇與設計。	→	發掘與撮合各方定位與角色； 資訊之驗證與累積、綜合； 設計整合方案，做為創價與共識的基礎。	→	調整各方目標與修正方案	→	承諾成果分配以及建立互信； 實際的創價與成果分配； 整合關係的後續管理。

資訊（對環境的認知）、知能等。

對組織內外環境的了解，以及擁有可以提供資訊的人脈關係，皆有助此項工作的進行。對許多整合者（成功的企業家或能幹的經理人），最大的優勢之一即是針對任何議題，都能掌握或至少知道潛在的合作對象或資源的來源。這在組織對外整合，以及組織內部整合皆如此。

評估各方潛在價值——檢視資源的重複或多餘程度

各個合作對象間，資源最好能互補而不要過於重複。如果某方之所長，正好是對方之所缺，未來合作或整合成功的機會就能提高。此外，如果甲方希望乙方提供的資源，對乙方而言是多餘且價值不高的資源；同時乙方所需於甲方者，甲方也認爲多餘而價值不高，整合將更容易成功。

例如：貿易商的基本生存方式即是掌握資訊，然後協助在不同地區的不同對象彼此互通有無，這是最明顯的整合動作。產品經理察覺某一零組件供應商在某一時段將有閒置產能，只要略經製程調整，即可滿足客戶突然出現的訂單需求，這就是將對某方（供應商）沒有價值的「產能」，轉換成另一方（客戶）高度在乎的生產服務。

此一動作稱爲「各方潛在價值的評估」，目的在**互通有無，以達到潛在的雙贏或多贏**。

網絡定位與立場的選擇與設計

選擇合作對象的基本原則

潛在合作對象在網絡體系中**是否有競爭關係、彼此互相需要的迫切程度、此項合作對各方的重要性、各方與其他人的潛在合作機會，以及各方的相對談判力等**，都是整合過程中需要加以檢視的。

理想上，最好各方都十分重視此一合作，合作成功對各方都有很大的好處，而且也都沒有與其他對象進行類似合作的機會。有時整合對象也不宜選擇條件太強的，因爲資源條件強大者，固然有助於合作體系整體力量的提升，但他們在成果分配過程中所要求的也必然比較多。合作者太強，可能也會影響本身在組合中的主導地位。

網絡定位的長期考量

合作體系中各方角色爲互補關係，因此，如果合作者或整合對象在某些方面有獨特的優勢或能力，可能會抑制我方在此一方面的發展。反之，若各整合對象的某些能力不足，可能迫使我方努力發展這些能力，以補強「缺口」，長期而言反而成爲我方優勢。例如：有些代工廠由於國外品牌客戶的物流功能不強，結果使代工廠不得不自行發展物流方面的業務，長久下來，不僅增加對方對該代工廠的依賴，也成爲該代工廠的一項競爭優勢來源。

整合者或被整合者的角色定位

從當事人的角度，固然是設法整合各方，但**參與此一合作的各方，其實也同時擁有本身的「整合計畫」。換言之，我們在試圖整合別人的過程中，其實也在被別人所整合**。因此在進行整合時，不能只從自己的角度看問題，也應了解各方角度的整合想法。

能設身處地從各方角度來思考，不僅可以避免出現「一廂情願」的想法與方案，也能經由此一分析過程，選擇眞正可以長期互惠的夥伴，提出各方更能共同接受的方案，甚至可以確保本身在合作網絡中的核心地位。

發掘與撮合各方的定位與角色

在整合之前，各方未必知道彼此有何可以互補之處，因此**通常需要整合者去「撮合」**，也就是設計各種做法，說服各方，讓彼此的網絡定位與整合計畫，能朝互利互惠的方向發展。開始整合後，**又需要彼此「磨合」**，使合作的潛在利益可以充分實現。

簡言之，實際上很少會出現理想的「天作之合」，「互利多贏」的境界是需要引導與創造的。這些都是管理者可以做出積極貢獻的所在。

以下各步驟即在更具體地描述這些「撮合」與「磨合」的過程。

資訊的驗證、累積與綜合

整合來自各方的資訊

有些整合工作其實並未涉及實質資源，純粹只是資訊的整合，亦即整合者只是從各方吸收資訊，再依據這些資訊進行研判與決策。

由於各方所提供的資訊未必正確完整，各種資訊間還可能互相矛盾，因此**運用邏輯或更科學的方法驗證這些資訊，並使各種來源的資訊產生互補效果，或對內外環境產生更明確的認知，也是整合工作很重要的一環**。

掌握並整合各方的環境認知

整合資源與目的時，過程中通常也需要整合各方的資訊或對環境的認知。各方對事實認知不同，可能會降低合作意願，也可能造成長期合作的障礙。而且整合者的資訊愈完整，對環境認知愈正確，將來的「整合方案」就愈容易成功。因此，**各方資訊的綜合、驗證與累積，十分重要。而各方主張的方案不同，如果是由於某些環境認知的差異所造成，則應理性地針對這些差異進行驗證工作**。

整合方案設計——創價與共識的基礎

具體的可行方案為起點

此爲「整合」的核心動作。由於整合是「爲需要合作的各方解決問題，並提出各方皆可接受的方案，使各方依此方案採取行動，以獲致多贏」，因此當整合者完成前述各項步驟後，即應運用創意，結合各方想法，提出初步的整合方案，並以此方案做爲未來共同創造價值以及獲得各方共識的基礎。

從具體方案開始對話與驗證

所謂「初步方案」，表示此一方案還可以配合各方期望進一步修正。方案構想或初步方案出現前，不可能產生共識，有了具體成型的方案，各方才有針對觀點異同進行實質對話的可能性。而各種不同的方案，其觀點差異如果是由於某些環境認知的差異所造成，也應理性地針對這些差異進行深入的驗證工作。

整合未必是經由共同集會而形成共識，由整合者與各方分別進行協商，也是常見的整合方式。然而，無論是開會或分別協商，能**設法考慮各方目標與期望，並將各方的資源結合，對各方的資訊進行驗證，然後形成一個可供後續協商的具體方案，是整合工作重大的一步**。

避免空談

有許多決策過程之所以議而不決，主要是因爲無法（或無人）提出具體有效（可以創造多方價值）的初步方案。結果，發言雖然踴躍，其實都在陳述各方的理念、目標、資訊等，雖然內容豐富、理想宏遠，卻未必有助於設計方案及形成共識。

調整各方目標與修正方案

理性下的妥協

初步方案形成後，通常不可能立即獲得共識。但是，有了初步方案，各方才能更明確地知道，在此一合作方案中，彼此目標或利益的異同，或對事實認知的差異所在。然後，再經由互相妥協，各自退讓一些目標或利益，或澄清大家對環境前提的認知，以提升共識程度。任何一項整合方案，修正到最後其實都是**各方妥協的結果**。最後的方案，必然是各方都堅守了一些本身原先的目標，也犧牲了一些目標或本身所追求的價值，但相信合作案的結果能彌補所犧牲的部分。

升高整合層級

如果有一方以上不肯退讓，堅持不下，則謂之「破局」。處理方式之一是可以請更高階，或資源、能力更豐富者再來進行整合。

部門間協商若破局，即必須**敦請更高階的長官來整合**。更高階的長官可以改變各單位的目標函數，可以重新分配資源與利益，因此整合的力量與成功的可能性更大。然而組織中如果凡事都需要老闆出面「擺平」，即顯示各階層管理者的整合功能與創意皆未能發揮，其工作充其量只做到傳達意見，或「報告問題，請求支援」而已。

承諾成果分配以及建立互信

合作方案的目的在於產生成果，而將來可能的成果分配，則是各方參與合作或願意「被整合」的主要動機。

以互信確保未來成果分配的實現

合作成果的產生時點在未來，而資源或知能的提供時點卻是現在。**爲了確保未來能得到原先預期的利益與成果，整合者或相關機制必須能對各方的期望，提供可以信賴的承諾。**

例如：業務人員的獎金制度即是一種「承諾」的表現。企業希望業務人員投入努力，因而承諾在達成業績後，給予若干獎勵或獎金。在當前策略下，業務人員應做出怎樣的努力，這些努力是否與公司的目標有關，達到這些業績後，應從公司所得到的收益中分出多少做爲獎金，這些都可以從「整合」與「成果分配」的角度思考，也都是整合工作的一部分。而對獎金發放的承諾，或令業務人員確信，只要做到某一水準的業績，就可以得到怎樣的報酬，則是「承諾」的問題。我們可以想像，如果公司常常言而無信，業績做到了卻不發獎金，則將來再好的整合方案（在此是獎金制度），員工也不會認眞面對。

「信用」是整合者不可或缺的無形資源

組織內部的獎金與升遷、部門間協調合作的共識、組織間的創業投資、策略聯盟等，若承諾經常未能實現，未來的合作或整合將非常困難。這是何以「信用」或創造維持各方對整合者的「信任感」是非常重要的。甚至可以說，「信用」或「被信任」是身爲整合者不可或缺的無形資源。

實際的創價與成果分配

整合過程並非在獲得各方支持後即告結束。各方資源到位以後，**應進行實際的**

「價值創造」工作，而且在執行「創價流程」時，通常未必能順利無阻。因此，過程中的問題解決，以及更細部的整合工作，還必須持續進行。

創價活動順利展開後，各方既已投入資源與貢獻，即應就各方所創造的價值，依原先約定，進行各方的成果分配。所有投入資源、願意被整合的對象，最在乎者也在於此。

整合關係的維持、深化、淡化與結束

有些合作關係是長期的，有些則否。長期承諾有助於形成互信，但也可能失去選擇的彈性。一般而言，屬於同一組織下的各單位或個人，較不需有此考慮，因爲組織本身即是一個整合平台，加入組織成爲一員，即表示放棄了相當程度的移動彈性。

但是，**組織之間的整合則存在移動彈性的抉擇**。因此，除了在合作過程中應創造互利共生的效果外，有時還有若干其他考量，例如：移動彈性的取決、關係應否擴大或深化，以及應否淡化或結束。

合作關係的長期維持與深化

創業的合作夥伴是否還要繼續合作創造另一事業？策略聯盟的關係是否應進一步深化？公事上往來的同事，是否應進一步培養私人情誼？這些都是關係深化與否的課題。

長期的整合或合作經驗，使雙方或各方在目標與價值觀念上，以及彼此對環境的認知上日趨接近，而各方的網絡資源也因互相交流而逐漸重疊。此一發展方向，有利有弊，好處是**相互更爲瞭解、信任，未來合作將更爲順利**，但也可能因爲與這些合作夥伴關係過深，而**失去了與其他人合作的機會**。此外，合作過一段時間後，由於彼此知能、資訊與一些資源皆已「整合完畢」，或已「各達目的」，雙方或各方似乎已無繼續合作的必要，此時對合作關係應採取何種態度，也是整合者的決策之一。

合作關係的結束或淡化

當各方認爲已經達成合作目的，或合作已無法創造新利益，或爲了要尋找其他合作對象，卻又擔心網絡關係的互斥性，則適時結束合作關係或淡化合作關係也是順理成章。

當然，淡化後的關係仍然需要適當的維持，因爲與這些對象之間，未來永遠有可能合作的空間。

創造價值與維持整合關係

上述整合程序中，有幾個值得重視的觀念值得再進一步強調。第一是整合對象的內部尚有「有待整合的對象」，整合方案中應盡量考慮；第二是價值的創造；第三是合理的成果分配；第四是在執行面落實整合動作；第五是興利與防弊的取捨。管理上的各項努力包括設法吸引人才與資金的投入、滿足顧客、設計管理流程、平衡各方利益、暢通內外溝通管道等，皆與這些有關。

整合方案應考量整合對象的「內部矛盾」

解決方案所整合的對象包括各單位或各組織內的成員

「整合對象」往往並非單一主體，而是由許多想法不同、目標各異的人所組成的。整合方案應考慮更廣的對象。

整合的對象各自有其目標，也各有其資源，然而也**有其本身內部的矛盾。例如：部門間的合作若遇到障礙，通常並不是部門負責人缺乏合作意願，而是其部門的資源不足，或未形成內部共識**，或若投入力量於此一合作專案，可能會妨礙到原有部門目標的達成，甚至可能是對於此一合作該由誰付出辛苦，成果在內部如何分配等，部門內各相持不下。易言之，這些部門本身無法解決這些內部問題，因此難以與外界互相配合。

因此，整合對象顯然也應該包括各個有關單位內的各級成員，以及其上級單位在內。

表 11-1 ▶ 整合程序中各步驟的說明

步驟	說明
掌握對象	潛在對象在哪裡？分別擁有哪些可能的資源、能力與資訊？他們可能的目標與需求為何？
評估各方潛在價值	最好能互補而不要過於重複。
網絡定位與立場的選擇與設計	基本原則：各方皆需要此一合作關係； 長期考量：合作「缺口」可能成為發展能力的契機； 對局觀點：設身處地，瞭解對方的「整合計畫」； 發掘與撮合各方的定位與角色：整合或合作的潛在利益需要說服與磨合。
資訊的驗證與累積、綜合	整合各方資訊； 掌握並整合各方的環境認知。
設計整合方案做為創價與共識的基礎	以具體可行方案為起點，進行對話與驗證； 不斷修正以獲得共識。
調整各方目標與修正方案	理性下的妥協； 由更高層級進行整合。
成果分配的承諾以及建立互信	以互信確保未來成果分配的實現。
實際的創價與成果分配	從流程中創造價值； 依約定分配成果。
整合關係的後續管理	維持與深化； 淡化或結束。

跨部門與跨層級的動態整合過程

基於以上認識，許多整合工作並非僅出現在單一層級，或幾個人溝通後即可定案。例如：幾個部門間的整合，各部門所提出的初步方案，常是部門內幾經協商的結果，因此已包括部門內各級人員的想法在內；部門間整合出更具體的方案後，若與原方案有出入，就不得不再送回各部門重新確認各方承諾，若內部異議過多，甚至必須再到部門間重新協商。

部門間行動的協調，需要在整合過程中統籌規劃，部門內部認爲執行有困難，也需要整合者提供協助。分散於各單位的資訊與目標也必須不斷往復地發掘與澄清。各部門知能的不足，應予強化，所提出的資源需求，也要有所回應。這其實是大型組織中，整合工作進行的實況。

此一冗長而動態的過程，即是試圖在一完整的「解決方案」下，**分別為各個部門「解決」其各自在整合過程中可能遭遇的問題。**

整合的結果必須導致價值的創造

整合各方後應有價值創造

合作的目的必然包括成果的分配。這些成果或利益包括有形的財貨，以及無形的「信任」、「聲譽」、「關係」等等。然而，**這些成果分配，必須以「創造價值」為前提**。純粹的「交換」當然也可以形成整合或合作機制，但如果此一整合機制在長期未能創造更高的價值，只停留在「互通有無」的層次，合作關係通常難以持久，整合者所能分配到的剩餘價值也必然十分有限。

以網路購物為例，如果其功能只是為買方提供資訊，則其所創造的價值與一般平面廣告相去不多。因此，必須要有進一步的顧客關係管理與分析、信用評鑑、收費與送貨等更多的附加價值，才有生存的機會。成功的電子商務業者，經由努力使這些功能漸趨齊備後，即可利用潛在顧客的數量，使供貨廠商有意願提供資訊、接受評鑑與選擇。電子商務的特性是可以快速反映顧客的意見與消費行為，在了解顧客後便能更有效地選擇供應商，進而提升產品與服務的品質，吸引更多的顧客。

「創造價值」與「吸引資源」的良性循環

由前例可以說明整合者從創造價值到吸引資源，並繼續進行更大規模整合的過程。易言之，**此一「良性循環」就是利用不同整合對象所提供的有形或無形資源，不斷地創造價值，再運用這些所創造出來的價值，去吸引更多更理想的整合對象。**

總而言之，整合後，必須藉由創價流程，將各方所投入的資源有效結合，而產生「一加一大於二」的效果。

價值的創造不宜依賴少數對象

如果價值的創造是由整體（包括整合者及所有被整合者）共同協力完成，則較能確保組織或合作的長期穩定。反之，**若價值是由少數人所創造或提供，合作隨時**

瓦解的可能性就會提高。同理，組織間的整合或合作，若是完全以「人」爲基礎，則有可能出現「人亡政息」的結果。反之，如果大家是以組織或機構做爲整合核心，則整合更能可長可久。例如：有些宗教組織或政治組織以某位領導人爲核心，以整合各方的資源與目標，若無法漸漸轉變爲「以機構爲核心」的整合，表示大家所認知的「價值」都是由領導人所創造，而非機構或組織所創造，這種組織的長期存續是堪憂的。

合理的成果分配

整合對象競相爭取創價成果

任何組織都有創造價值的功能，企業更是爲了創造價值而成立的組織。所創造的價値，有些分給顧客，有些給員工，有些給供應商，有些給高階經理人，當然也有些留下來成爲利潤以及上繳給政府的租稅。由於能創造的「總價値」有限，各方應分配多少，就成了一個重要的決策。降低產品價格，有時固然可以增加銷量甚至利潤，但價格太低也會影響其他資源提供者或被整合對象的成果分配。同理，股東分多了，員工就分得少；基層員工分得多，高階主管就分得少。有時分得少的，可能會因此怠於貢獻，但有時分得多的，也可能深受激勵，或感到取之有愧，因而創造出更多貢獻。

組織內各單位間，當然也有成果分配的問題。有些單位「紅」，有些單位「冷」；有人有功勞，有人只有苦勞；「當紅」的單位獲得較多資源，或業績好的單位分到較多獎金，究竟是否合理可以再討論，但這些都是所謂合作後成果分配的結果。**如果上級長期讓某些單位或某些人覺得不公平，這些單位或人員可能會退出組織，或降低投入程度**，進而損害整體所創造的價値總量。果眞如此，也代表「整合」失敗。

依相對貢獻與關鍵程度分配成果

整合者一方面要檢視**各方的潛在貢獻**，一方面也要分析**各方所提供資源的關鍵程度或稀少性**。如果所提供的資源並無相當的替代來源，在整合過程中又不可或缺，則在成果分配時當然應納入考量。

各方貢獻度與資源稀少程度，會因情勢或各種因素的供需變化而不同。因此，在創造價值的同時，不斷修正成果分配的原則，以確保關鍵資源的投入，也是整合者的重要工作。

整合的落實執行

確保資源的承諾與運用

各方投入資源，創造價值後，再獲得成果的分配，這是一個基本過程。然而此過程在大家約定後，未必會自動向前推進。因此，**如何確保各方遵守約定，依預期投入資源，如何確保這些資源都能有效運用在價值創造上，以及各方所獲得的成果分配，是否皆依原先約定執行**，都需要由整合者或管理體系負責。這也應該算是整合工作的一部分。

監控、互利與互信

從此一角度看，監督員工是否準時上班、認眞工作，進行品質管制以確保顧客可以得到預期品質水準的產品，要求供應商準時交貨等，都可以視爲「整合的落實執行」。因爲「員工的投入」、「產品的品質」、「零組件的準時交貨」等，都是組織在整合時，各方所承諾的付出，爲使整體創價流程的產出不受影響，各方又感到公平，就必須在執行上確實做到原先整合計畫的構想與約定。

此外，設法創造經由整合才能出現的價值，提高任何一方爲圖利自己而違約的成本，以及提高彼此的互信程度等具體作爲，都可視爲落實執行整合工作的一部分。

興利與防弊的取捨

經濟學的「交易成本」觀點，在面對合作或交易時，十分強調防範投機行爲以及降低「交易成本」，這些都是值得注意的事項，也有一定的管理涵意。

然**而從管理的角度，重點卻是合作機會的創造與掌握，以及後續的創價活動。**

換句話說，就是「興利」應重於「防弊」，管理者應致力於發展具創意的整合方案，使合作所能創造的價值遠大於各自獨立運作，並提出可信的承諾，使各方不要過於計較短期利益，才能共創大業。前文所介紹的這些整合「程序」，就是為了達成這個目的。**隨時尋找整合的機會，構思整合的方案，結合各方資源以共創價值，是成功管理者的工作核心**。防弊或「防人之心」當然不可無，契約保障與合作者的行為監控也極為重要，但卻不應是管理工作的核心或重點。許多「管理措施」的基本出發點是「防弊」而非「興利」，忙於維護短期蠅利而忽略了長期的創價機會，可能是一種捨本逐末的表現，或在根本上誤解了「管理」的意義。

整合對象

整合的第一步：發掘、選擇整合對象

整合程序中，第一步即是合作對象或交易對象的選擇與掌握。

人人都是潛在的整合對象

從「人」的角度來看，所有與完成人生目標有關的人或機構，都是潛在的整合對象。若是縮小範圍，從「管理者」的角度來看，則是所有與完成管理任務有關的人或機構，皆可視為潛在的整合對象，其中包括：組織內部上下及平行單位的人員、任務環境中的各種成員，以及總體環境「規則制定機構」中的相關人員。

易言之，從機構或組織的立場看，任務環境中的顧客、經銷商、供應商、投資者、媒體、大學研究機構等，以及內部員工、外部有關的規則制定機構（如相關的政府機關），都是潛在的整合對象。

發掘潛在整合對象是管理的重大創新

發掘過去未曾注意的潛在整合對象，往往是管理上重要的創新。例如：開發新客戶群、找到新投資者、找到新技術來源、成立新策略聯盟，都可視為整合對象的增加。有些企業負責人，發現員工眷屬對公司的看法對員工向心力有極大的影響，於是設法爭取他們對公司的好感，再透過這些眷屬，影響員工對公司的投入與向心力，這也是一種整合對象上的創新。

除了純粹科技的創新外，許多管理的創新，其實都與整合對象或整合標的的創新有關。

選擇整合對象

理論上，能整合的對象當然愈多愈好，不但能世界大同，整合者也可以從此「一統江湖」。然而實際上，整合個體數目增加後，不僅在成果分配上更難讓各方滿意，彼此角色間的相互競爭與矛盾也會漸漸浮現。任何超大型的聯盟或組織，終會走向分裂，幾乎是必然的宿命。因此面對爲數眾多的潛在整合對象，**應如何選擇？如何搭配及組合？整合對象的特性、整合廣度以及整合方式，應如何相互調適？**這些都成爲管理的關鍵課題。

選擇合作對象的標準

在選擇整合對象時，最重要的考慮因素是各方知能、資訊、資源等方面的互補程度、各方目標相容的程度，以及各方在決策上需要互相配合的程度。易言之，還是可以從六大管理元素來思考。

例如：從整合的觀點來看「目標市場的區隔與選擇」。潛在客戶爲數眾多，當然應該集中力量，選擇對本企業產品潛在需求最強、本企業服務最能滿足對方目標的對象。世界品牌大廠選擇 OEM 廠商時，通常會優先選擇本身並未擁有品牌的廠商，原因也是雙方的資源、能力互補，而且目標間潛在矛盾較低。

整合或合作對象會影響本身未來的定位

就個人而言，朋友的選擇會影響人生觀與人生方向。組織選擇整合對象，效果也極爲相近。例如：某一科技產業，中游大廠都在台灣，但某些關鍵零組件必須向一家極具獨占力的外國供應商採購。面對此一情勢，單一中游廠商有幾種結盟的可能，相當於幾種整合模式與整合對象的選擇原則，列出如下：

1. 與台灣幾家同業結盟，提高共同的採購談判力，聯合對抗供應商，並要求其降價。

2. 設法與該供應商結盟，甚至邀請入股，聯手對付其他同業。
3. 與財團法人研發機構結盟，開發新技術，並以新技術的潛力（即使尚未開發出來）與國外供應商進行談判，希望對方能降價，以換取本身「中止開發新技術」的承諾。
4. 與該供應商的潛在競爭者結盟，由於其技術能力高於台灣的財團法人研發機構，效果可能更好，但要付出的代價（包括該供應商的懲罰措施）可能也更高。

在此不擬評論這些方案的優劣，只是指出**整合對象的選擇有多種可能性，而且每種選擇方式都反映了策略思維的根本差異，而且選擇結果也會影響組織未來的發展與命運。**

整合對象的廣度

整合對象的廣度也是重要選項。**整合對象愈多，結合的力量固然愈大，但大家目標或利益的潛在衝突也會大**。因此，整合時應考慮本身能力的限制，以決定整合範圍，或以初步整合成功的對象爲核心，進行更進一步的整合工作。例如：政治上，「天下爲公，世界大同」固然是偉大的理想，卻不符實際。因此，政治人物多半從較容易整合的小派系開始，再逐漸擴大整合範圍，形成政黨或政黨聯盟。政黨是整合派系的平台；聯盟又是整合政黨的平台。而「天下爲公，世界大同」這些使命，其實也只是整合「天下」或「世界」的另一種平台形式罷了。

有時整合對象的選擇，其實並無太大的自由選擇空間。例如：在組織中工作，爲了完成上級交辦的任務，必須要得到組織內外某些單位或人士的支持或資源投入，這時即不得不針對他們進行整合。通常，職位較低者，必須整合的對象比較少，也比較固定。

反之，大型組織的領導人，必須整合的對象就非常廣，例如：機構領導人需要整合的對象，除了顧客與供應商，還可能包括政府機關、金融行庫、投資機構、新聞媒體，甚至不同政黨中的政治人物。**不斷「開發」各種具潛在價值的整合對象，調整其整合對象的組合，不僅是機構領導人的重要管理工作，而且也擁有極大的選擇空間。**

了解潛在整合對象

了解潛在整合對象的需求與目標

整合對象之所以願意被整合，必然是著眼於未來可能的成果分配。因此整合者必須了解他們究竟追求什麼？在乎什麼？在管理矩陣中，即是陽面與陰面的「目標」。例如：員工中有人在乎名；有人在乎利；有人希望能一展身手；有人謹守本分，只望平安無事。組織外的整合對象當然也有不同的期望，這些都是整合者不可不知的。

了解潛在整合對象的資源與知能

任何組織、單位、個人之所以被考慮爲整合對象，原因是其所擁有的「能力與知識」、「有形與無形資源」、「資訊（環境認知）」等，有助於整合者達成本身目標。他們這些項目（也可從管理元素來看），是否對未來的整合有幫助，也應進行評估與了解。

決定交易內涵與合作深度

有了以上兩方面的瞭解，除了可做爲選擇整合對象時的參考，亦可做爲交易內涵與合作深度方面的決策參考。換言之，即是**針對特定整合對象，決定雙方究竟應交換哪些資源或資訊才可互利互惠？合作項目之多寡應如何決定？雙方對此一整合的長期承諾程度等。**

整合對象的調整與掌握

不論是組織層面的策略變化，還是個人層面的職位調整、任務改變、人生階段的演進等，這些因素都會影響整合對象的組合。而善用時機，更可以有效掌握整合對象。

經營策略改變

組織成長及策略上的各種變化，如垂直整合程度、地理涵蓋範圍及目標市場變動等，都會導致整合對象變動。

組織成長之後，就不得不面對更多整合對象；不同階段的客戶，代表不同的整合對象；垂直整合程度的變化，當然也會改變交易與合作的伙伴。地理涵蓋範圍的移動，也必然面對各種新的交易或合作組合。組織成長各階段的策略聯盟對象、技術來源或資金來源，當然也會不同。這些都是因策略變化而帶來的整合對象改變。

個人職位異動

職位調整或升遷，會帶來新任務、新上司、新部屬。因此，整合對象也必然隨之改變。任務或所需解決的問題不同，必須整合的對象當然不一樣。這些都不必細述。

掌握整合時機

從接觸潛在整合對象，一直到整合完成，時機相當重要。此方面有兩個觀念值得一提：一是未雨綢繆，及早準備；二是掌握有利的供需情勢。

所謂**未雨綢繆**，是指當整合的需要尚未具體出現，即提早接觸未來的整合對象。例如：進入新地區前，即開始蒐尋潛在的供應商、經銷商；進行多角化前，即開始注意人才的爭取，以及與技術合作對象的聯繫等。當正式策略行動開始時，即可水到渠成。

所謂**掌握有利的供需情勢**，簡言之，即是指在整合對象尚未被其他人所注意，或條件尚未成熟，且其潛在合作對象爲數不多時，即開始取得其合作或開始整合。例如：投資尚未開始起飛的產業，雇用尚未有具體表現但有潛力的人才，或與尚未廣受肯定的技術來源結盟等。由於切入的時間早，爲了整合而必須付出的代價自然比較低。

整合對象間的關係

一對多或多對多的複雜關係

整合對象與整合者間，雖然有時是許多「一對一」關係的加總，但通常是「一對多」或「多對多」的複雜網絡關係。

例如：創業家分別去找技術專家、投資者，如果這些技術專家完全是「衝著」這位創業家而願意投入，並不在乎誰是投資者，而投資者也只在乎創業家，不關心技術來源是誰，則可視爲所謂多重「一對一」的整合關係。但如果技術團隊知道某些人要參與投資，因而提高加入的興趣，或投資者因爲某一技術團隊加入而提升了投資意願，則可視爲「多對多」的關係。

換言之，**當被整合對象間，以對方的參與爲前提，而加入此一合作案或整合體系時，即屬於「多對多」的整合關係，或簡稱爲「多元關係」或「多元的角色關係」**。

多元關係的型態

在 X、Y、Z 幾個整合對象中，由於互相吸引，或因存在著正面的關係而結合，結合後，彼此關係可能比過去更爲密切，如此可稱爲**「聚合」**。如果他們各自分別向整合者或組織認同，彼此並不在乎對方參與與否，則屬於**「平行」**關係。如果整合者類似仲介或貿易商，將 X 的資源轉給 Y，同時將 Y 的資源轉給 X，並經由此一過程滿足雙方目標，則可稱此關係爲**「仲介」**。如果 X 與 Y 之間本來即存在著正面的關係，此次 Y 與 Z 的整合中，Y 又拉了 X 進來，此即爲**「延伸」**的關係。如果 X 與 Y 本來是競爭者，或過去彼此關係或印象不佳，而形成網絡互斥的現象，然而若在某一整合體系中，X 與 Y 同時皆爲整合的對象，則可能產生**「抵銷」**的效果。

多元關係型態的並存與運用

這些多元的角色關係往往是並存的。因爲「聚合」與「平行」未必是絕對，而是程度上的不同。純粹的「平行」其實也不屬於「多元關係」的一種。同樣，純粹「仲介」也很少見，整合者或組織通常在「仲介」之外，可能還會設法創造其他附加價值，以穩固本身的地位。而整合對象間，既競爭又互補共生的關係，也屢見不鮮。處理這些整合對象間如此複雜的多元角色關係，是管理者的重大挑戰。

對局觀點

人人都是整合者

就某種程度上，人人都是整合者。從任何人或任何組織的立場，自己都是整合的主體或整合行動的發動者。這就像網絡一樣，只有從某一特定網絡體系的觀點，如中衛體系、技術聯盟，才有所謂網絡中心或邊緣地位的問題。因爲從每一個獨立個體或「網絡成員」的立場看，每個人或組織都分別擁有以本身爲中心的網絡體系。

用通俗的話說，就是**「你在整合別人，別人也在整合你」**，每人各有一個「局」（或同時有許多「局」），在自己的局中，自己是操縱棋子的棋士，但在別人的局中，自己卻成了棋子。此即「對局觀點」的運用。然而，請注意，眞實世界中並非只有兩人在對局而已，而是**同時有不計其數的「棋士」，各自在設計及運作其棋局**。因此以下在談到「對方」或「對象」時，通常並非一人而已。

分析各方的「整合棋局」

「對局觀點」提醒管理者：在選擇整合對象，甚至在整合過程中，除了要考慮對方的目標、資源等，也應分析對方的「整合棋局」。**對方的「局」如果與我方的「局」未來有互利共生的可能，則長期合作更有成功的機會**。如果雙方整合方案的未來發展方向，難以達到雙贏，甚至勢必發生重大衝突時，則應早做準備，或改變整合對象。

配合各方「棋局目標」，追求互利雙贏

基於「對局觀點」，管理者應努力促使整合對象或潛在對象，在設計其整合方案或「局」時，**盡量與我方產生雙贏的結果**。例如：當發現一位野心勃勃的部屬，正在爲其本身前程布局整合時，不妨可以配合他的整合計畫，調整我方的整合方案，

圖 11-3 ▶ 整合對象間之多元關係型態

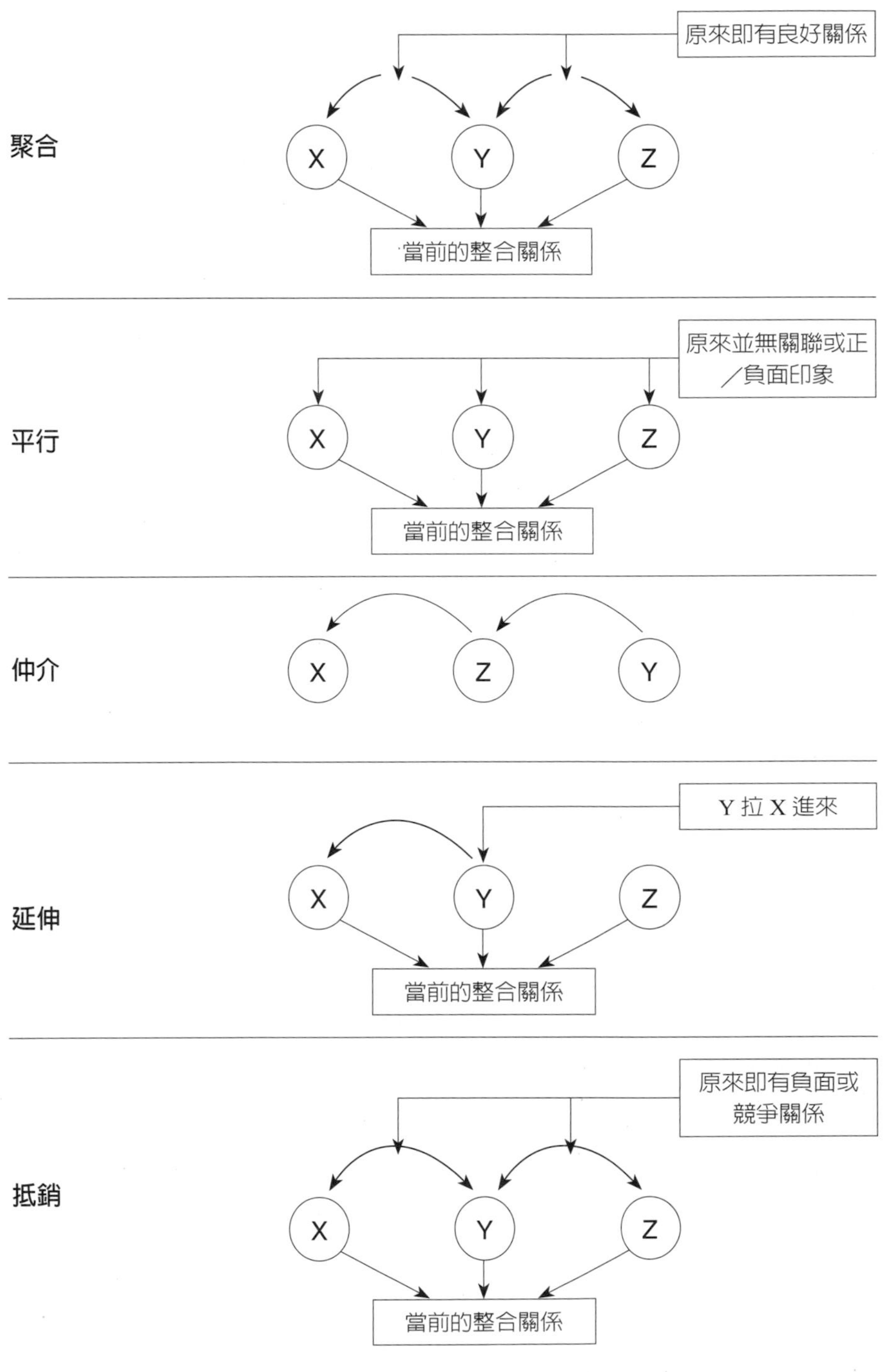

若能**將其整合方案「整合」到我方的整合方案中**，則可以順利將其努力與組織或組織高階人員的目標相結合。

以小事大

當我方的影響力小，主導全局的能力不足時，便可以運用多元的網絡關係，甚至各個整合對象間的潛在矛盾，爲本身創造**「關鍵少數」的地位**，以提升相對重要性。

若無法成爲關鍵少數，且本身條件與能力不足以整合其他人的目標、資源等六大管理元素時，就不得不接受自己身爲別人整合方案中「棋子」的角色。易言之，就應該**配合別人更大的「局」的遊戲規則，以推動自己較小規模的整合工作，然後試圖累積自己的能力與資源，靜待未來的機會**。順勢而行，成功的機率才會比較大。組織內成員揣摩「上意」、企業加入由別人所主導的策略聯盟、甚至被迫與大型客戶簽訂「不平等條約」等，依此「對局」架構，將可對這些現象產生更爲深入的看法。

自身組織也是整合對象

組織平台中的既存目標、政策與流程

管理矩陣中的「組織平台」，並非指一般所認知的「組織」──所有成員所構成的「集合」，而是一個抽象的存在。組織本身有既定的目標、使命、政策，也有每日在運行的各種創價流程，而屬於組織所有的資源與知能也有一定的存量水準。**由這些所構成的「組織巨獸」，對管理者任務的達成，可能是助力，也可能是阻力**，甚至對機構領導人而言，有時也是如此。

整合組織平台的方法

面對「組織」這個整合對象，整合的方法包括：善加運用組織現有的政策與流程，以協助本身任務的達成、重新詮釋目標、調整政策、改造流程、改變組織文化等。無論是否爲機構領導人，這些做法的用意是使組織既有的「六大管理元素」能

配合當前的任務，發揮正面的作用。許多組織的管理方法與作爲，皆可以從這一角度觀察。

整合任務環境與總體環境機構

任務環境中的顧客、供應商等，是重要的整合對象，不待多言。而總體環境中的各個「規則制定者」，也是不可忽略的整合對象。

整合原則皆可適用

以上所談的各種整合原則，大部分皆可適用於總體環境中的規則制定者，至於如何掌握規則制定者的期望，如何在不損及本組織目標的前提下採取配合行動、爭取其支持或「關愛」，如何結合資源、共創雙贏等，都可以從前述各種角度來分析與設計。

總體環境也是選擇的對象

傳統上，政府是規則制定者，其位階當然高於個別企業組織。面對政府政策，企業界只有被動接受，至多只能據理力爭。然而，在這個資源、人才皆可以在國際間自由流動的時代，企業在長期也可以「選擇」未來經營環境的所在。換言之，跨國經營者可以到各個不同的國家或地區進行投資，或將經營活動移往它們認爲有利的總體環境。因此，「規則制定者」甚至「政府」，也是可供選擇的對象。

從另一方面看，**政府做爲規則制定者，也應考慮如何「整合」這些擁有高度移動彈性的企業。從本書的觀點，即是各國政府與不計其數的企業，都有其「整合棋局」**。

本書架構對「環境」的詮釋

管理元素中的「環境認知與事實前提」，其重點在決策者的「認知」；而一般管理學所討論的「環境」，包括各種機構、現象與趨勢等，在本書中則是「整合對象」及其六大管理元素，甚至是對局觀念中，另一方（或多方）的「整合主體」。 這是本書與其他管理學觀念頗有不同之處。

表 11-2 ▶ **整合對象的相關議題**

重點	說明
發掘與選擇整合對象的第一步工作	人人都是潛在的整合對象； 發掘潛在整合對象是管理上的重大創新。
整合對象的選擇	選擇標準：各方在六大管理元素的互補與相容程度； 整合對象的廣度：整合者應考慮本身能力的限制，決定整合範圍，或以初步整合成功的對象為核心，再進行更進一步的整合工作。
了解潛在整合對象	瞭解各方需求與目標、資源與知能； 決定交易內涵與合作深度。
調整與掌握整合對象	經營策略改變、個人職位異動，都會影響整合對象的組合； 整合時機：未雨綢繆或掌握有利的供需情勢。
整合對象間的可能關係	一對多或多對多的複雜關係； 可能型態：聚合、平行、仲介、延伸、抵銷； 多元關係型態並存。
對局觀點	人人都是整合者； 分析各方的「整合棋局」以期互利雙贏。
本身組織也是整合對象	應試圖整合：組織平台既存的目標、政策與流程； 方法：運用、詮釋、調整、改造。
總體環境的機構是重要整合對象	影響、配合、選擇、結合資源，與規則制定者共創雙贏。
任務環境是重要整合對象	影響、配合、選擇、結合資源，與顧客、供應商、同業等共創雙贏。

整合標的

個人無法獨力完成任務，組織通常也無法獨力完成創價的工作，因此需要整合。爲了完成任務或創造價值，就必須整合各方的「有形與無形資源」及「能力與知識」，前者包括物資、金錢、聲譽，後者包括依附於人身的知能。這是本書的主軸思想。本節即明確指出，所謂整合標的，其實就是組織內外的六大管理元素。

六大管理元素皆是整合標的

有形與無形資源

各種形式的有形與無形資源，當然是組織或管理者需要整合的標的。無論是企業領導人或是各級管理人員，必須設法獲得組織內外各方面的有形無形資源，才能順利推動工作，完成使命。各種資源中，資金、品牌等自然不必再行解釋，而一些**個人可以巧妙運用，甚至可以自行創造的無形助力，也是整合標的**。例如：一位中階管理人員在推動一件工作時，藉由設法使高階層當眾公開支持此項專案，而使任務更容易達成。此例中，高階層是他的「整合對象」，而他所爭取到的高階層「背書」、「承諾」、「力挺」，則是屬於無形資源類的「整合標的」。

能力與知識

爲了完成任務，管理者也必須整合現有員工、未來潛在員工、外部其他機構所擁有的知能，包括吸引他們參與組織，以及積極地爲組織提供知識、貢獻能力。因此，各方的能力與知識也是整合標的。

目標與價值前提

「目標」當然也是重要的整合標的。資源擁有者各自有其本身的目標，爲了使他們樂於提供資源，管理者必須整合各方的「目標」，不僅應妥協各方的需求以獲得共識，有時也必須爲組織創造一個令人感到值得貢獻的使命與願景，吸引各方資源的投入。因此，投資者、員工、顧客等的目標是組織所希望整合的「標的」。

易言之，整合對象無論是組織、單位或個人，其目標與價值各有不同，之所以願意投入其資源或知能做爲整合標的，先決條件是此一整合方案能滿足其本身的若干目標。整合者必須了解各方需求與目標，包括陽面目標與陰面目標，並進行成果分配的工作。

環境認知與事實前提

「資訊」或「環境認知」也是整合標的。管理者必須制定決策，決策所需的資訊來自組織內外，也來自管理者的上級與部屬。這些資訊雖然豐富，但往往既不完整，內容也常互相矛盾，因此需要將各種資訊進行累積、比對、驗證，以期對事實的認知產生更完整正確的掌握。這是對「資訊」的整合。

決策與行動

決策當然也需要整合。上級與下級的決策、平行單位間的決策、供應商及經銷商的決策，都應該互相配合、互相呼應。若是各行其是，組織根本無法運作。因此，各種法律、政策、制度、契約、溝通、協調、訓練、甚至威迫利誘，都是整合各方決策與行動的工具。而各方的決策與行動，即是整合標的。

創價流程

「流程」也是整合標的。爲了創造價值，各組織或各部門分別有其營運流程與管理流程，爲了共同行動，各個流程有時需要互相銜接，或在步調上互相配合。例如：爲了加速交貨速度，品牌商與製造商間在產品設計、品管、驗貨、倉儲、單據處理等方面，就必須有一致而互相呼應的做法。

事實上，大部分的管理流程，其作用也在串連、協調、監控那些直接創造價值的產銷流程。

六大管理元素也是整合工具

管理矩陣中的六大管理元素，既是整合標的，又是整合工具。而許多較複雜的整合機制，其實也是這六大管理元素的組合。例如：可以用「目標」整合「資源」與「知能」，也可以因擁有「資源」而整合各方「目標」；可以提供「環境認知」以影響「價值觀」，也會因爲「價值觀」而產生對「環境認知」的選擇性吸收。又例如：投資者、員工、顧客等各方的目標是組織希望整合的「標的」，而組織的正式目標與組織使命，一方面是整合工具，另一方面也是整合結果。

諸如此類，不勝枚舉，讀者可以舉一反三。

整合機制

本書第一章即指出，所謂整合的「各種機制」是指管理者或歷任管理者所設計的管理程序、制度、組織結構、合約、聯盟等，其用意在以更制度化、更有效率的方式，協助與簡化決策的過程，穩定整合的關係。

稍加分析即可理解，**所謂整合機制，其實也是組織內外的六大管理元素的組合與運用**。本節將擇要介紹這些整合機制的內容。

這些整合機制在實際運用上，經常是同時存在、相輔相成的。

具創意的決策方案

在前幾章已指出，**具創意的決策方案是最重要的整合機制**。

以知能爲基礎，提出具有創意的解決方案，並經由解決方案整合各方目標與資源，是本書所主張的基本整合程序。有了初步方案，再逐步修正，以盡可能滿足各方目標，並獲得各方資源、知能的承諾與投入，這是藉由決策或解決方案做爲整合機制。

在此，所謂「知能」、「決策」、「目標」、「資源」都是管理元素。此一觀念在前文中已有介紹，不再贅述。

資訊的運用

前文指出資訊（或對內外環境的認知）是整合標的，然而資訊的運用也是整合機制之一。

擁有資訊的優勢

運用資訊整合的方式之一是，整合者若能擁有「獨家」或更深入的資訊，了解潛在整合對象與分散在各處的資源，則可**運用資訊主導各整合對象的資源投入與行**

表 11-3 ▶ 整合機制的內容

整合機制	說明
具創意的決策方案	以具有創意的解決方案整合各方目標與資源。
資訊的運用	整合者可運用資訊主導整合對象的資源投入與行動、影響各整合對象在決策與行動時的事實前提、隔離各方資訊流通以維持居中地位。
管理流程的規範	透過標準作業程序、跨部門專案計畫、策略規劃制度等管理流程，規範整合對象。
資訊與成果的分配	以有形與無形資源的成果分配機制整合各方； 將某些人的理想或價值觀納入組織的使命或努力方向，也是一種廣義的成果分配整合機制。
使命、價值與領導人	透過高度認同的組織使命、目標或價值觀，或灌輸組織的價值觀等，皆是整合機制； 領導人是價值與使命的載具。
規定與契約	組織內部規定可以整合組織內部成員； 組織與外部的整合則可依賴法律契約。
運用網絡結構	平衡與牽制、由內而外逐次整合、居中地位與關係的運用、移動彈性的調整、提高各方對我方的依賴等，皆是整合機制。
創造整合平台	創造整合平台也是一種整合機制。

動，因而可以確保達成整合目的。因為，即使是整合對象本身，有時也未必知道自己擁有哪些可用資源，尤其是大型組織，往往需要外人發掘並告知其內部究竟有哪些閒置資源。

影響其他人的環境認知與事實前提

整合者因為擁有更完整而正確的資訊，因而可以**影響各整合對象在決策與行動時的事實前提**。又因為可以發揮影響力，而成為整合體系的核心，或至少將其豐富正確的資訊，**化為各方樂於被其整合的誘因**。

隔離各方資訊流通，以維持居中地位

位居網絡結構中央地位者，可以刻意隔離各方資訊的交流，使整合對象中無人能得知情勢的全貌，唯有**依賴位居資訊流中央地位的整合者提供完整的事實前提**。事實上，整合者的資訊也大部分是因為位居網絡結構中心，加上整合資訊與驗證資訊的能力強，因而變得「消息靈通」的。

其他方式

前章所述對於資訊的操弄與欺瞞，也有人用於整合。然而由於有潛在的道德問題，缺乏正當性，以此爲基礎的整合，應該難以持久。

管理流程

組織內外的成員或整合對象，行動皆可用管理流程加以規範。因此，流程也是一種整合機制。組織內的管理流程爲數眾多，以下僅能舉例說明。

標準作業程序等

組織內部的標準作業程序（SOP）、工作手冊、供應商的審核標準與程序，甚至與供應商訂定的定價公式等，都是希望藉由事先制定的流程，規範各方行動，達到行動整合的目的。

跨部門的專案計畫

大型專案計畫，在擬定時雖然大費周章，但一旦定案後，各單位即一體遵行。其中，擬定計畫相當於整合的過程，其間各方可就本身立場各抒己見，計畫定案後則採取一致的行動。因此，**擬定計畫的流程，以及計畫書所訂定的流程，都可視爲整合機制**。

策略規劃制度

組織各單位或關心組織未來發展方向的成員，對組織未來經營策略都有一些不同的想法或資訊。**「策略規劃制度」即是運用策略規劃流程，有系統地整合各方的策略思維、資訊與主張**。因此，策略規劃流程及其最後所形成的「策略」，都屬於整合機制。有些機構的「策略」十分籠統，缺乏行動指導作用，就表示在策略形成的過程中，整合工作並不成功。

高階主管與中階主管的流程分工

規模較大的組織中，高階與中階管理人在流程方面各有職守。中階主管在負責的各種流程中，應盡量整合到相當程度，以減輕高階必須親自面對問題的辛勞；高階所負責的流程，除了整合中級主管無法整合的問題外，更重要的是建立一個有利於組織內各級成員彼此互相「整合」的內部環境，例如：績效評估制度、激勵制度、組織文化，或合情合理的會議系統或策略規劃制度等。

資源與成果分配

預期的成果分配是整合對象願意被整合的主要原因。成果分配的內容與幾項管理元素都有關聯，但有形的資源與陰面目標（個人目標或價值觀）的滿足是其中最重要的兩項。用通俗的說法：要「能給」、「敢給」、「給得恰當」，自然能發揮整合的作用。

有形資源的分配

員工的薪資與獎金、投資人的股利、供應商的貨款，甚至政府所在意的租稅收入等，都是有形資源，這些分配的結果，若能讓他們滿意，則他們被整合，或願意爲組織付出與配合的意願就高。否則，若大家因不滿而退出整合體系，各自離去後，組織必然解體。

從各級管理人員的角度，當整合對象是平行單位時，就短期而言，或許無法運用有形資源做爲整合機制（例如：發放獎金給平行單位），但**長期中，所有單位間互相配合的行動，都應透過組織制度，與實質報償產生連結**，效果才能長久。換言之，「與其他單位協調配合」的程度也應該被評估與被鼓勵，大家才願意長期合作與配合。

無形資源的分配

部門間的互相協助，即使短期中未必與績效或獎金直接連結，但與人爲善，至少能贏得一些「關係」或「人情」。關係與人情其實也是一種無形資源，只要組織尙有「記憶」，它對未來本身工作的推動，還是有相當價値的。換句話說，**部門間的支援是互相的，「關係」、「人情」這類無形資源一定是有來有往，團隊合作才會長久**，部門間的整合才容易進行。

例如：在部門間分攤成本或計算功勞時，如果太斤斤計較，可能會對未來的整合工作產生不良的後續作用。「寬以待人」的建議，其實多半也是爲了將來的整合工作著想。

目標、知能與資訊

有些整合對象所在乎的，可能並非有形或無形資源。如果高階領導者願意**將某些人的理想或價値觀念，納入組織的使命或努力方向，也是一種廣義的「成果分配」方式**。而重要資訊或關鍵知能，由於有其「稀少性」所帶來的獨特價値，因此對它們的分享，也是一種「分配」，也可以做爲一種整合機制。

使命、價値與領導人

提出宏偉使命，創立組織

「目標與價値前提」是整合的重要標的，然而它同時也是整合機制。許多組織的興起，或成員的加入，主要是因爲**高度認同組織的使命、目標，或所強調的價値觀**。換言之，即是領導人或發起者提出一個宏偉遠大而令人信服的使命或願景，而吸引了眾多成員的投入。

這在成立初期的宗教或政黨，尤其明顯。教徒或黨員爲了組織的理想，願意投入一切，甚至散盡家財，犧牲生命亦在所不惜。在這種情況下，其他整合機制的相對重要性都大幅降低，既無任何流程或制度，也不在乎資源的回報，更不需要任何合約約束，依然可以出現高度的整合效果。

領袖是價値與使命的載具

強烈的價値觀與偉大的使命有時難以描繪形容，因此必須有其「載具」。**具有高度個人魅力的領導人，例如：宗教領袖或革命領袖，就成爲這些價値觀與使命的**

載具。這些人的共同特色，除了充滿群眾魅力之外，也有高度的說服力，甚至「煽動性」，能爲大家在徬徨或困境中提供信心，而且在個性上也有某些合於群眾期望的特質。

以領導人爲最主要整合機制的組織，必須及早制度化並建立其他的整合機制，以替代或補強。因爲，偉大的理想通常不易長久維持，「神格化」的領導人也遲早會面臨接班問題，甚至在接班以前，即因流露凡人本性，而失去群眾魅力。所謂「人亡政息」，一部分就在形容這種現象。

價値的灌輸

組織文化與共同的價値觀是整合或創造組織認同的重要機制，因此在許多組織中，「價値的灌輸」是極爲重要的培訓內容。其頻率往往高於專業知能方面的培育。

價値認同的其他作用

即使並非機構領導人，有時也可以運用個人魅力做爲整合機制。例如：有些人由於「人緣好」或容易讓別人產生好感，因而造成價値上的認同，在推動工作上也可能得到更多協助。同學、校友、同鄉、親族，以及相同的宗教信仰等，也會產生一些價値的認同，有助於初期的合作與整合。但通常這類「人緣」、「好感」或身分上的相似性，只能做爲初始階段的助力，眞正長久的整合，還必須依賴其他的整合機制。

規定與契約

內部規定

組織內部爲了規範行動，在上述「流程」之外，尙可進一步運用「規定」。規定比流程更嚴格，理由是**「規定」通常除了流程，還加上針對個人「目標」的潛在懲罰**。換言之，如果不依規定行事，組織或上級有權可以讓當事人感到痛苦、不便，或降低其個人目標的滿足水準。這也就是經由管理矩陣的管理流程

（「流」），加上對個人目標的作用（「目」），影響當事人的決策與行動。「規定」可以規範或強制成員的行動，當然也是整合組織內各級人員行爲的機制。

對外契約

組織與外部的整合，則可以依賴法律契約。訂約前，各方經由談判決定各自的權利義務，訂約以後，藉助法律力量強制各方履行。若不依約履行義務，則由法律執行懲罰。員工與組織間也有簽約，但一般而言，簽約時組織仍視該員工爲「外人」，一旦成爲內部員工後，通常只依「規定」要求員工，而不必再依賴法律合約約束員工行爲。較例外的是有關商業機密方面的簽約，似乎是想藉助法律力量，加重對違規員工的懲罰，以加強約束力。而研發人員智財權的歸屬，也需要法律契約規範。

契約應有罰則，違約者的目標應因違約行爲而受到懲罰。若以對方的管理矩陣來說明，即是：若對方當事人的決策與行動（「決 4」）未遵守契約，則總體環境的法律體系（「決 1」）能對其所在乎的事（該機構領導人的目標，陰面的「目 4」），或組織目標（陽面的「目 3」）採取負面行動。**有時法律體系效率不佳，就必須設法強化罰則的效果**。例如：有些公司在聘任前要求員工要有「保人」，或與經銷商簽約時必須「設定不動產抵押」，都是爲了強化萬一違約時的懲罰效果。

總體環境中各機構所制定的規則

如果將層級拉高到總體環境中的「規則制定者」，這些機構制定國家或世界層次的「遊戲規則」，其目的也在「整合」各個產業、廠商、勞工、消費者，以及對環保、文化、性別等擁有不同價值觀念的個人與機構。這些整合機制的運用，其實與組織內部以各種規定整合各方目標以及權利義務的過程，是十分接近的。只不過它們的位階較高，這些整合後所形成的「決策方案」（「決 1」），即成爲一般企業決策（「決 3」）時的前提。

網絡結構的運用

整合者與各個整合對象間，往往並非一對一的關係，而是形成多重的網絡關係或網絡體系。在此一網絡結構中的運用，也可以做為整合的機制，在實務上有不少可以參考的做法。

平衡與牽制

各個整合對象間有時難免存有立場或利益上的矛盾，當各方影響力勢均力敵時，各方為了本身利益，都想「拉攏」位居中央的整合者。在這種網絡結構下，整合者可以刻意維持各方力量的均勢，甚至有時必須對力量成長較快的一方略加打擊，以維持本身對各方不可或缺的地位。組織領導者要維持部門或派系間勢力的平衡，國際政治上也希望其他各國互相對抗以從中得利，都是運用此一機制以穩固整合者的地位。古語說**「天之道在去其餘而補不足」**，即表示居於「天位」者也常用此一程序，以維持居中整合者的地位。

這種平衡與牽制也可以用在組織內與組織外的關係。例如：所謂**「養寇自重」**就是將軍們深知「狡兔死，走狗烹」的道理，於是利用外部敵人的存在，以確保或提高本身在組織中的地位。只要敵人不被徹底消滅，本身在組織中即有不可取代的價值。這就是利用此一結構關係，提升本身在組織中整合角色比重的方法。

由內而外逐次整合

此一做法是先整合一小部分目標接近的整合對象，然後以此一組合為基礎，再去整合更多的整合對象。**從小圈而中圈、大圈，使整合的範圍逐漸擴大**。這也是在網絡的結構及思維下的常見做法。有遠見的大格局整合者，可能在整合「小圈」時，即已針對未來「大圈」的架構來選擇核心成員了。

居中地位與關係的運用

由於網絡結構中各個成員彼此了解不深入，整合者位居中央地位，不僅成為大家可以共同信任的對象，而且整合者也可以在每位整合對象心目中**創造一個印象：他代表了網絡體系中所有的其他成員**。例如：貿易商可以讓國外買主認為國內製造商都十分「擁護」此一貿易商，同時又讓製造商感覺他在國外買主面前十分「罩得住」。由於國外買主與國內製造商未必有直接深入溝通的機會，於是位居網絡中央的貿易商即可藉著雙方的認知，創造並獲得其他成員更多的尊敬，進而提升本身的整合力量。

移動彈性的調整

在整合過程中，利用本身一開始即擁有的談判力，要求整合對象做出資源或流程方面的承諾，因而**提高其移動的成本，減低其與其他人整合的機會**，也就是俗稱「套牢」對方的意思。例如：要求供應商投資購買只有本公司才用得到的專用設備、使客戶投入專屬的電腦軟體系統、訓練客戶的工程師，使其僅專精於本公司的設計軟體，因而難以轉換至其他系統等。這些做法固然可以提高網絡內部的效率，但從整合者的觀點，卻也產生了強化整合的結果。

又如，「公私立機構間，年資不可累計」，或「未到某一年限，離職不得領取退休金」等規定，也降低了員工的移動彈性，因而也算是一種整合機制。

提高各方對我方的依賴

在合作體系中，若其中一位成員擁有不可替代的地位，如果他不參與合作，其他人的合作勢必「破局」，則此一成員不僅可以大幅要求本身成果分配的比率，而且也很容易成爲整合的核心。

因此，擁有獨特的知能或資源，也可以善加運用而成爲整合的機制。

創造整合平台

「組織」本身即是一個整合平台，十二章會再深入介紹。除了組織之外，還有許多整合平台。**創造整合平台，也是一種整合機制**。

無所不在的整合平台

所謂整合平台，是用以規範參與者或成員行動與資源投入的系統或流程；整合平台也規範了與成果分配相關的權利義務。

例如：**「婚姻制度」**即包括法令規定、風俗習慣與價值體系，它可視爲整合夫妻及家庭成員權利義務的「機制」，而「**家庭**」則是一個「整合平台」。在此一平台上，男女雙方願意投入有形無形的資源，組成家庭，成爲此平台的「成員」，再依原先的預期或約定，得到應有的權利或回報。而法律系統與此平台的運作有關，因為婚姻關係中的權利義務必須要有法律的保障。

「產業標準聯盟」是整合各廠商研發方向的平台。**「職業籃球協會」**是整合各球團、球員及其他相關人士的平台；各種**「學會」**是整合相關學術界的平台，甚至**「電腦展」**也可視為一個方便業界上下游溝通資訊、交流資源的平台。籃球協會或電腦展籌備會中所成立的各種專案小組與委員會，也是整合各單位目標、資訊、資源、知能，以及決策的平台。

「市場」也是整合平台。市場有交易的規範與流程、有參與者的資格認定與權利義務，也有某種程度的「所有權」觀念在內。

往更高的層次看，國家是整合人民的「平台」。而**憲法**、語言、文字、歷史、宗教信仰則是維持此一平台的整合機制。古代的**科舉制度與文官輪調制度**，也是國家這一平台的整合機制，因為從中央或皇朝的觀點，可以藉由這些機制提升國家意識，讓全國的讀書人覺得國家層次的目標認同與資源交換，比地方層次的平台更有吸引力，因而提升了對中央的向心力。

整合平台的更進一步思考

前文指出，整合平台是一種系統或流程，其存在的作用是「規範參與者行動」、「資源投入」，也規範各方的「成果分配」及「權利義務」。「整合平台」與「整合機制」的差異在於**「整合平台」可以界定「成員身分」（membership），且本身即是「所有權」與「詮釋權」的行使對象**。因此整合平台有下列幾個涵意：

1. 平台始於對「成員身分」的認定。

   「公會」、「協會」、「校友會」、「政黨」、「企業」等都是整合平台。整合平台與其他整合機制最大不同在於，平台可以界定「成員身分」，**然後在成員身分的基礎上進行資源投入、行動運作與成果分配**。易言之，平台本身即擁有目標、資源等六大管理元素，可藉以吸引成員，將其資源、知能、行動等投入並彙整至平台上，成員再以平台所賦予的「身分」，對內及對外進行各種整合與交換，其成果一部分分配予各成員，一部分則留存於平台，做為後續各種整合與交換的基礎。所謂「成員身分」，其實相當於賦予成員一組「陽面」的六大管理元素，一旦接受了「成員身分」，平台中的成員即必須依約定盡其義務，也可以享受平台的成果與資源。

絕大部分的平台，都不是可以自由參加的，而決定「誰可以成爲成員」，則是平台擁有者最基本的權力基礎。此外，「成員身分」能否獲得成員認同或外界認可，勢必影響平台存續。有些平台建立在法律基礎上，在形式上較有保障；有些平台則是藉由嚴格的規定、繁複的儀式，甚至懲罰手段等，來鞏固其「成員身分」。當然，長期而言，「成員身分」受重視與受肯定的程度，還是**取決於平台能爲成員所創造的價值**。

2. 平台可以憑主導者的意志而設計。

平台（例如委員會）的成員與功能是可以調整的變項，成員如何選擇、功能如何定位，或選擇成員的流程等，「平台擁有者」皆擁有高度影響力。而法律如何詮釋、產業標準如何規範、比賽規則如何訂定、電腦展的受邀對象等，都是「平台擁有者」的權限。因此，**爭取這些平台的運作權與詮釋權**，是「整合」工作十分重要的一環。

3. 平台間也有競爭。

掌握了某一平台或擁有其運作權與詮釋權者，會極力強調此一平台的重要性，並希望更多人能在此平台整合。如果其他整合平台與此一平台有競爭關係，或向同樣的來源爭取資源，各平台必須**努力證明本平台在整合力量上的優越性及貢獻度**。例如：同一國家內可能有若干個「棒球聯盟」，彼此競爭；各地區的「證券交易所」也互相競爭，競爭或比較的基礎是各方的整合能力，而競爭的結果又造成整合能力的消長。

平台間有時候會出現刻意破壞整合對象所參與的其他平台的現象，以降低整合對象參與其他平台所能獲得的利益，其目的在提升本身所掌握的平台對整合對象的吸引力。

4. 管理者不斷創造整合平台。

管理者或整合者的重要整合動作之一是「創造整合平台」。甚至可以從現有平台中再創造新的平台，使本身所能掌握的平台不斷增生，彼此環環相扣。因此，創造整合平台也是一項整合機制。例如：在組織內組成委員會，委員會內再組成工作小組；協會中的部分成員，再同時另外成立學會；政黨內有派系，政黨外有聯盟，都是「平台增生」的現象。其背後的道理其實是前述**「網**

絡結構的運用」，亦即經由本身所不斷建立的平台，創造出一個有利於本身運作的網絡結構或網絡環境，以充分運用前述的各種整合機制。

上市公司投資成立子公司，子公司再回過頭來掌握母公司的股票，運用交叉持股的方式以保障少數股權的董事會席次，這種做法其實在觀念上也十分接近。

整合的能力與原則

本書第七章雖已介紹過「管理知能」，但經本章詳細解說整合的意義、方法及機制後，有必要進一步從整合觀點思考管理人員需要哪些能力。

整合能力是經營成敗的關鍵

成功的新創事業，能夠無中生有，顯示創辦人必有過人的整合能力，方足以結合各方的力量與資源。當組織成長出現瓶頸時，多半也透露出該組織的整合能力已達上限。而各級管理人員的整合能力，也是較具規模的組織，其執行力高下的關鍵。

機構領導人的整合能力是組織規模的上限

若機構領導人缺乏大格局的整合能力，組織規模到達某一水準以後，由於各方目標不能整合，資源亦無法因結合而創造整體的規模優勢或綜效，於是具潛力的成員或主管認爲，從組織任職中所得到的成果分配，遠不及其潛在能力與貢獻，因而另謀他就或自行創業，或所謂「另外成立新的整合平台」。結果，組織尚未累積一定實力，即不斷分裂。事實上，**大部分創業家之所以出來創業，主要即是感到原來組織中，上級的領導風格或整合能力限制了其能力的發揮**。中小企業爲數眾多，而無法出現旗艦型的大型企業，即表示大家的整合能力其實很容易就遇到瓶頸。

整合者就是要結合大家的資源與知能，爲各個部門的問題，提出共同的解決方案。居於高位者，能運用的有形與無形的資源固然都比較多，但所照顧的目標也比較多，因此，所需具備的整合能力也比較高。**如果整合能力不足而身居高位，雖然可調度的資源多，卻不知如何運用。身處網絡核心卻未能組成有力的聯盟，又要面對更多且目標更分歧的利益團體，結果多半無法提出具有共識的方案，這是常見的管理問題**之一。許多管理者升遷至高位後，卻未見積極之作為，原因或許並非心態上的怠惰，而是整合能力已遇到瓶頸。

整合能力不足，而勉強進行規模的衝刺，或貿然接掌需要高度整合能力的職位，都會帶來組織與個人的風險。

承傳上的兩難

許多領導人常感嘆部屬雖然學歷好、學問好，但無法提升「獨當一面」的能力。在此所說的「獨當一面的能力」，其實即是本書所說的整合能力。整合能力不易傳授，是傳承的大問題，然而**組織中有整合能力或潛力的成員，又往往不滿於現有機構領導人的整合格局**，不甘心接受其整合而自行創業。

整合能力博大精深，知易行難，本書只能擇要介紹而已。

領導人及各級管理者所需的整合能力

洞察情勢

整合者應利用多元的消息管道，發揮洞察情勢的能力，了解誰可能可以被整合？潛在整合對象能提供什麼資源、知能或資訊？這些在我方的創價流程中可能產生什麼潛在的作用？他想要什麼？我們能從創價的產出中，分配什麼給他以做為交換？

環境中有哪些潛在的機會？有哪些尚未受到大家注意的資源、技術、市場、人才？雖然目前整合者所能掌握到的「管理元素」可能十分有限，但它們搭配組合在一起，能有什麼作為？這些都與洞察情勢的能力有關。

資訊的解讀、吸收、詮釋與整合

管理矩陣中，「環境認知與事實前提」這一欄代表了各級管理人員對內外環境認知的窗口。經由此一窗口，當事人可以進行資訊的解讀與詮釋。

1. 閱聽與理解能力。

無論是文字報導、數字報表、口頭說明，整合者都應有某一水準以上的閱聽與理解能力。並能從表面所能得到的資訊中，進行解讀與詮釋，對不了解或可質疑的部分，要能提出深刻而具關鍵性的問題，做進一步的澄清。對於對方的言外之意也應能掌握體會。

此外，各個整合對象在用詞用語、專業背景、表達能力上，各有千秋，整合者位居中央，應有能力爲各方從事「翻譯」與「解釋」的工作。易言之，雖然他不必認同該一看法，卻必須有能力理解，以及協助其他人理解該一看法。因此組織中若有「共同的語言或編碼系統」，即可以簡化許多資訊整合的功夫。

表 11-4 ▶ 整合的能力與原則

項目	說明
機構領導人與各級管理者需要的整合能力	透過多元消息管道以洞察情勢的能力； 資訊的解讀、吸收、詮釋與整合的能力； 運用創意以說服各方的能力。
組織的整合能力	各級組織目標清楚而銜接，也與個人所追求的目標相結合； 各單位間資訊通暢，有共同語言，對外界情況也能掌握； 決策分工清楚，各級決策者主動而有創意； 流程有助效率而不妨礙組織運作； 各級人員不僅專業知能充足，也有足夠知識與資訊處理能力； 能吸引內外各方投入有形或無形資源，並與創價流程相結合。
整合過程的注意事項與原則	追求多贏； 考慮對局觀點； 捨得給、努力奉獻、勇於要求； 應明確表達本身期望； 願意低頭卻不可心軟； 建立互信並斟酌運用潛在的懲罰力量； 利用新的整合對象以提升組織整合能力； 整合程度的拿捏；整合範圍有其限制。

2. 整合、吸收與驗證。

單純的「聽」或「聽懂」還不夠。還應將吸收到的資訊與本身的知識架構相結合，並摘出重點，找出異同，隨時做出「小結」，以供各方檢視，帶動各方更進一步的意見交流，並促進各整合對象的「目標與價值」及「資訊」、「決策」等，逐漸走向整合的方向。

在資訊交流過程中，出現的資訊未必正確完整，整合者應有能力憑藉其經驗與思維能力，進行驗證或比對工作。

以上這些，是與資訊處理有關的整合能力，第七章已有相關的說明。

創意與說服

1. 設計與修正方案皆需要創意。

能滿足各方目標，又能結合各方資源與行動的「方案」，是整個「整合」動作的核心。形成具有此一特色的方案是需要創意的。整合者未必是創意的提出者，但**他必須能在各方試圖形成方案的過程中，敏銳地「捉」住稍縱即逝的創意，提醒大家針對此一方向再深入思考**。而從原始創意（可能並非整合者所提出）開始，所進行的不斷修正補充，也需要創意。

2. 整合角色可由團隊分擔。

如果參與的各方，或所謂各整合對象，都能以開放的心態，提出許多具創意的方案，也願意針對這些方案，配合各方的考量去做修正補充或妥協退讓，表示大家都扮演了一部分整合者的角色。這樣的團隊，成功機率是很高的。

3. 說服各方的能力。

除了有能力提出具有創意的方案，或以創意修改方案之外，說服各方接受方案也需要一些能力。此種能力不只是溝通而已，而是**有能力讓各方相信，此一方案其實也能達到他原先的目標，因而覺得做出若干退讓是值得的。**

整合者若對整合對象的情況十分了解，甚至曾經親身在該一單位擔任過類似職位，則在資訊掌握、方案形成以及考慮各方立場而進行的整合工作，將更容易成功。

提升組織的整合能力

組織的整合能力不僅影響組織的整體績效，也與組織成長及規模上限息息相關。若整合能力不足，規模很快即達到上限。整合能力不僅必須配合規模，也必須隨著策略的擴張與調整，有所進步。

例如：國際化表示組織整合的對象包括了更多國外的廠商或員工，多角化經營表示需要到不同的產業，面對完全不同的供應商、經銷商與技術來源。垂直整合程度的變化也會反映在「對內整合」與「對外整合」的對象改變上。因爲，當垂直整合程度增加（例如自創品牌），表示必須直接面對經銷商或消費者，而垂直整合程度降低（例如將重大業務外包），則勢必也要面對完全不同的外界整合對象。

組織若無法應付這些整合對象，解決新出現的整合問題，當然無法順利從事策略的擴張。

前述各章所介紹的內容，其實都可以用在提升組織整體的整合能力方面。組織整合能力的表現，可以經由制度、組織文化、人員選訓等，而有所提升。

1. 各級的組織目標清楚而彼此銜接，也與個人所追求的目標相結合。
2. 上下層級之間、平行單位之間，資訊保持通暢，有共同的語言，對外界情況也能掌握。
3. 決策分工清楚，各級決策者主動而有創意。
4. 流程有助效率而不妨礙組織運作。
5. 人員不僅專業知能充足，也有足夠的知識與資訊處理能力。
6. 吸引內外各方投入有形與無形資源，並與創價流程相結合。 以上這些都與六大管理元素相對應。

整合的注意事項與原則

無論對組織內或組織外，整合過程都有些值得注意的原則或事項。

追求多贏

整合的長期結果必須是多贏，亦即是各方都有付出，也都各有所獲，比率雖然未必合理，但至少要「不滿意但可以接受」。所得到的，或許是物質報酬，也可能是精神上的滿足，例如獲得肯定或認同；也可能是能力與某些無形資源的增長，可以成為下一階段與其他人整合或合作時的基礎。成果分配不均，則整合關係難以長久，大家對整合者的信任程度也會降低，因而造成未來整合行動的困難。

考慮「對局」觀點

整合者必須深刻體認各個整合對象都有自身的整合架構與計畫，**要常從各方的角度，設身處地去思考分析**，才能眞正掌握對方眞正希望得到的是什麼，以及願意付出的代價為何。這是達到前述「多贏」的先決條件。

捨得給、努力奉獻、勇於要求

所謂「捨得給」是指做老闆的人，身為整合者，雖然應對部屬提出嚴格的績效要求，但在績效達成後，應當也樂於重賞有功人員。

所謂「努力奉獻」是指每個成員或部門，應對任務全力投入。

所謂「勇於要求」是指在向上級要求回報或獎賞時也不必保留，**因為這些回報或獎賞所形成的資源，也將用在組織內下一階段或層次的「整合工作」上**，未必是當事人貪心的表現。事實上，只要自己的邊際貢獻大於組織或對方所付出的邊際成本，這些要求雖然未必能如願得到，卻也不致違背道德。只有當貢獻少而獲得多時，才眞正有害整合的長期存續。

與「捨得給、勇於要求、努力奉獻」相反的是該給的不給，應在決策與流程上配合者不全力配合，該付出努力者也不願盡力投入資源與知能，各自為政；或想要的不敢提出，對所得到的又感到不滿。結果各方離心離德，也無法共同進行有效的創價活動，正是整合失敗的表現。

應明確表達本身期望

上述的「勇於要求」並非只是數量上的要求而已，**也包括各方對所期望的回報內容做更具體的說明**。合作各方或整合對象之間，或許並不了解彼此的需要。當雙方分別提出更明確的期望後，可能發現甲方所期望於乙方的，其實乙方根本不在乎；而乙方所亟需的，正好也是甲方感到已經過剩的資源。「說清楚講明白」往往有利於整合，達到互通有無，爲各方都創造更高的價值。

願意低頭卻不可心軟

整合者即使地位較高、知能與見識較廣，但在進行整合時卻不可因表露傲氣而影響了整合的角色與工作。換言之，整合者必須願意心態保持謙沖，以爭取各方的支持。眞實世界中，對本身學識自視甚高的知識分子，或自小很少有「低頭」經驗的世家子弟，不太容易成爲整合者，其一部分原因即在於此。

然而從另一方面看，整合者也不能心軟，因爲各方整合對象都必須有貢獻，也都期望有合理的成果分配。如果其中有人的貢獻與成果分配不成比率，遲早會對此一整合造成傷害。此時，居中的整合者，必須拿出壯士斷腕的精神，撤換或淘汰這些成員，或降低他們所分配的成果水準。可能被淘汰的整合對象，當然包括員工、供應商、經銷商等在內。「心太軟」往往也是整合難以長期維持成功的原因。

建立互信並斟酌運用潛在的懲罰力量

整合者以及整合對象間，彼此間的信任以及潛在的懲罰力量，都是整合成功所必須的。

交易或合作的過程中，通常各方的「取予」未必能當場實現或「結清」，而是某方先付出，經過一段時間有了合作的成果，再進行成果分配。因此合作必須有互相的承諾及互信，才能進行。如果各方彼此缺乏互信，而只有**居中的整合者可以同時得到各方的信任，則此一信任，也能做爲整合能力的基礎**。

整合各方除了互信之外，也應該對彼此擁有某一程度的**潛在懲罰力，可以對不依承諾履行義務者進行制裁**，則整合過程中，失信或投機取巧的機率也可以因此降低。在**法治良好的國家，由於法律系統能提供合理的潛在懲罰力**，因此任何形式的合作，也比較容易成功，整合者所面對的挑戰也遠低於在法治落後地區進行合作。

新的整合對象是提升組織整合能力的機會

當組織進行策略調整或面對新客戶、新業務時，應設法利用這些機會，檢討並強化現有的流程、制度，以及知識與資訊的吸收與累積，以提升組織整體的整合能力。而向先進企業學習時，也應注意它們在制度上如何整合目標、分配成果、統整各級決策與行動，以及資訊流通等整合機制細節。

唯有組織提升這些整合能力，「自創品牌」、「技術自主」、「國際擴充」、「多角經營」，甚至希望藉購併而快速成長等，才有更高的成功機會。**缺乏組織層面的整合能力，卻在策略上採取大動作，其所帶來的風險是相當可觀的。**

整合程度的拿捏

有時整合得太成功、太深入，甚至使各方的想法完全一致，資源也互相配合得天衣無縫，固然有助於系統運作的效率，但若各方間毫無衝突磨擦，或許反而有損系統的彈性、適應能力，以及創意的產生。

例如：部門間決策權責的劃分，若留有若干模糊不清的地帶，或與外部供應商間的流程銜接得並不緊密結合，因而出現雙方或多方的良性衝突。這些小衝突可以促進各方對話，可能激盪出原先高階整合者未曾思考過的問題與解決辦法，**也可能在「向上請示」的過程中，使上級了解更多原先深藏在基層底部的訊息，這些都是會產生正面效果的。**

整合範圍有其限制

管理上雖然強調合作與整合，但合作的範圍也不可能無限擴大。**整合對象太多太廣，不僅會出現整合能力的瓶頸與多元目標的衝突，而且範圍太廣的整合也違背生態原則**。資源有限，優勝劣敗是不可避免的自然法則，弱者終將讓出資源給強者。而合作或整合的終極目的，即是在使自己成爲競爭與淘汰後能存活的強者。因此，與誰合作一起進行這場競爭淘汰的遊戲，哪些人是競爭生存空間的對手，不得不有所界定。易言之，即使整合能力尙有餘裕，**整合對象與競爭對象間的界線仍應有所劃分。**

畢竟，在資源有限、能力高下有別，卻又慾望無窮的市場經濟時代，世界大同的理想還是遙不可及的。

管理工作的自我檢核

1. 請您以組織內部的日常行動為例，說明該行動所代表的整合意義為何？是否符合本書對於整合的定義？
2. 為何整合的核心動作在於方案設計？沒有方案的整合有什麼缺點？請問貴組織或您本人在進行本書所謂的整合行動時，是否都能產生具體的方案？如果不行，原因為何？
3. 請問什麼是整合的對局觀點？在與其他人協商時，您是否試圖從對方的觀點分析本身所構思方案的可行性？
4. 請舉例說明貴組織的成果是如何分配的（例如員工獎金）？這樣的成果分配方式能使各方滿意嗎？在這樣的成果分配方式下，可以使各方更願意為貴組織貢獻嗎？
5. 貴公司與哪些企業間存在網絡關係？彼此之間的利益關係如何？貴公司在此網絡關係中是否處於居中地位？貴組織在此網絡關係中的移動彈性如何？貴公司如何整合此網絡關係中的其他成員？
6. 過去在貴組織面對新客戶與新業務時，曾經對流程、制度方面做過哪些調整？又對知識與資訊的吸收與累積方式如何強化？這些調整與強化，對組織整體的整合能力有何幫助？
7. 若您身為貴組織的部門主管（或者您已經是一位部門主管），您覺得您在洞察情勢方面的能力如何？換句話說，在您的管理工作中，您瞭解有哪些人可能可以被整合嗎？這些人可以提供什麼資源、知能或資訊？這些人在您的部門所負責的創價流程中，可能產生什麼潛在作用？並且，從這個創價流程的產出，可以分配什麼給這些人做為交換？

第12章

正式組織

正式組織的運作，即是將各方的資源、目標、知能等設法聚集在一個相對穩固的平台上，然後依某些原則，將這些管理元素進行流程與決策上的分工，經由價值創造而達到整合的目的。

本章重要主題

- 合作系統與整合
- 組織成員
- 組織成員的類型
- 非正式組織與派系
- 組織均衡與組織績效
- 正式組織的六大管理元素

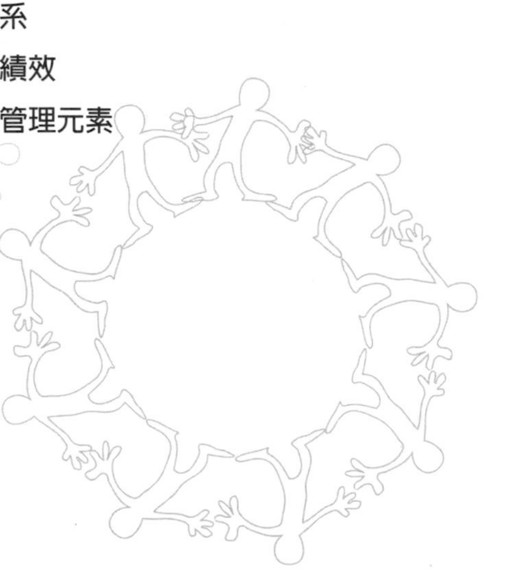

關鍵詞

合作系統 p.358
成員身分 p.358
組織角色與角色衝突 p.366
概括承諾程度 p.367
誘因與貢獻 p.370
核心成員 p.371
剩餘價值及分配 p.372
準成員 p.375
移動彈性 p.375
家臣 p.375
派系 p.377
組織均衡 p.381

前一章介紹了許多整合機制與整合平台，顯示出所謂整合的行動與做法，在社會中幾乎無所不在。然而與策略聯盟、網絡群聚以及交易市場相比，正式組織是一種十分特殊而重要的整合平台，值得專章討論。

正式組織的運作，簡言之，即是將各方的資源、目標、知能等設法聚集在一個相對穩固的平台上，然後依某些原則，將這些管理元素進行流程與決策的分工，經由價值創造而達到整合的目的。與管理元素結合有關者，將在本章介紹；與組織內部分工有關者，屬於組織設計的範疇，則留待下一章討論。

正式組織在管理矩陣位於「組織平台」這一層級。組織平台或正式組織有其本身的目標與價值前提等六大管理元素，其內涵不同於屬於「機構領導人」或所有成員的六大元素，而且也未必是所有成員所擁有之六大元素的總和。

現代經濟發展的重大關鍵之一，就是創造出「法人組織」，賦予「獨立人格」，成為獨立於自然人之外的「整合平台」，其整合範圍可以多達數十萬人，時間則可跨越世紀。**「整合平台」對外競爭資源，對內則存在一定程度的「資源共享」，而「成員身分」或成員身分的「認定」，即是界定成員個人與正式組織間權利義務的重要機制。**

合作系統與整合

個人力量有限，無法獨力生存，必須尋求其他人合作。為了使合作關係更穩定，乃形成各種不同形式的合作系統，這是人類出現社會與組織的緣起。

有些合作系統固然是自然形成的，然而絕大部分合作系統的形成，有賴於少數人主動去集結各方的潛在合作對象。而在合作系統開始運作後，也需要有人努力維持此一合作系統的存續。這些人的這些作為，即是本書所說「整合」的一種表現。

因此，「合作系統」可說是一群互利互惠的成員之穩定組合，而「整合」則是創造與維持此一組合的作為。

表 12-1 ▶ 組織是需要努力整合的合作系統

觀念	說明
正式組織代表長期穩定的合作關係	穩定的流程與成員身分； 較長期的取予關係； 提升與外界交換關係的穩定性； 正式組織與市場運作的取決。
組織目標與個人目標	加入組織是達到個人目標的手段； 組織目標應配合創價流程的定位； 組織目標與個人目標相輔相成。
維持合作系統的存續需要整合	加入組織的代價與必要性； 整合工作不可或缺，以免組織萎縮或解體。
組織內外整合的類型	凝聚內部組織資源與向心力； 從外界爭取資源； 組織結構分工後的整合。

正式組織代表長期穩定的合作關係

對組織內的成員，以及組織外的機構與個人而言，組織都是維持長期穩定合作關係的整合平台。

穩定的流程與成員身分

就組織內部而言，由於成員關係相對穩定，不會經常變動，使正式組織得以運用更**穩定的流程，整合各方的資源、知能以及資訊**。也由於流程以及成員身分穩定，**各種不確定性因而大幅降低**，包括：各個成員的決策前提，以及彼此間決策與行動分工上的不確定性。這些都會提升創價流程的效率。

較長期的取予關係

經由正式組織，個別成員目標的滿足可以有更長遠的考量。每個提供資源、知能、資訊的人，若在提供這些以後，可以立即「結清」並取款走人，則在市場上交易即可。但在許多情況下，投入資源與個人目標滿足之間，通常有一段時間落差。前章指出，此一合作或交易的「時間差」，所帶來的不確定或潛在的投機行爲，需要信任與潛在懲罰力來克服，而**「組織」就是提供互信與潛在懲罰力的平台**。加入組織後，各方都能獲得來自組織或整合者的承諾，可以放心投入。由於**組織這一平台擁有「記憶」**，因而大家都相信再過一段時間後，可以從組織獲得預期的回報，以滿足個人目標。

提升與外界交換關係的穩定性

就組織外部而言，組織也是整合外界資源，並與外界資源投入者分享成果的平台。由於已有一整合完成的組織平台存在，可確保其資源取得及創價流程的穩定性，外界機構或個人與其交易合作的意願當然大幅提高。例如：銀行放款、先進廠商技術授權、經銷商進貨等，自然會優先考慮資源豐富、人才眾多的廠商做爲對象；消費者在選擇產品時，也比較偏好正規廠商品牌。這些「優先考量」或「偏好」，並非針對個別的業務人員或機構領導人，而是**相信此一整合良好的組織平台，是更值得信賴的合作或交易對象**，可以與之建立長期而穩定的關係。

所謂「安內攘外」的另一個解釋就是：**當平台內部整合良好，即有利於外部整合。**

正式組織與市場運作的取決

有些合作不需要長期關係，也不在乎合作關係穩定與否。在這種情況下，或許不需要正式組織，而完全經由市場交易，即可達到各種管理元素的交流與結合。

例如：有些零組件由於是**標準品，外界供應商多，價格機能運作正常，法律體系又能有效保護交易安全時，則可以從外界購買，而不必自行製造，意即「以市場交易取代組織」。而當這些情況存在時，可稱爲「市場機制效率高」。**

反之，有些零組件規格十分特別，經常需要調整，而且又必須經常改變交貨條件，如果要從外界購買，則每次交易時，雙方爲了確保本身利益，在規格調整、價格協商等方面必然十分耗時費事。因此，爲了簡化交易，穩定流程，避免每次計算成本與議價的麻煩，應設法將買賣雙方的利益加以結合。極致的做法，就是自行製造這些零組件。在此所謂「自製」，即是將零組件的交易活動「納入正式組織」，轉變爲部門間的合作關係。

當組織內部某項合作關係趨於成熟，**各方的權利義務劃分良好，流程銜接的介面也相當清楚，足以訂定明確的計畫或契約時**，也可以考慮「以市場交易取代組織」。除了核心的產銷工作外，一些週邊業務尤其如此。例如：許多機構早已將清潔服務、餐廳等工作外包，正式組織中減少了「工友」、「廚師」這些職位。而人事訓練、市場調查、資料處理與備份等，外包的比例也愈來愈高。

這些業務究竟應納入正式組織，還是經由市場交易，各有優缺點。而廣義的「自製或外包」的決策原則，也是管理理論中經常討論的議題。

組織目標與個人目標

每個人都有其人生的個人目標，從最基本的生存，到名、利與社會肯定，乃至於自我實現或無私奉獻等，都是屬於個人目標。在某些時代或某些社會，這些目標也會與其家族分享。但從本書架構或正式組織的觀點看，這裡的「家族」其實與「個人」的意義極為接近。

「加入組織」是達到個人目標的手段

為了達到個人本身的目標，個人才會加入組織，因此，「加入組織」或「組織」其實只是達到個人目標的手段而已。此一觀念在本書第九章已說明。例如：一位化學工廠的員工，他之所以加入此一組織，目的是為了生活或滿足人生其他的目標，未必是因為對這些化工產品有何認同或偏好；而這家公司的投資人，所在乎的也是公司的獲利與股價，可能根本未曾見過這些產品。

組織目標應配合創價流程的定位

組織目標並非眾多成員個人目標的集合，而是整合者配合組織的創價流程而「創造」出來的一組事物。組織或整合者並應訂定規範，以確定當組織創價目標達成，並從外界獲得回報的資源後，將依何種原則分配成果給所有曾經為創價流程投入資源或知能者。各方獲得這些成果分配後，再去滿足每個人的個人目標。

組織目標與個人目標相輔相成

為了有效完成此一循環，整合者或管理當局，就必須設計流程、劃分權責，並為每個組織成員制定屬於組織的目標（例如：在某段期間內達成若干銷售額）。這些「屬於組織的目標」，與當事人的個人目標通常完全不同。**從組織的觀點，可以經由提供誘因，滿足組織成員的個人目標來達成組織目標；從個別成員的觀點，加入組織後雖然勢必犧牲一部分個人的行動自由，甚至個人目標，但達成組織目標也是達到其個人目標的手段。**

所謂組織平台凝聚成員目標，其過程應做如是觀。

整合以維持合作系統存續

加入組織的代價與必要性

個別成員加入合作系統後，投入努力很辛苦，投入資源有風險，組織的工作又限制了行動自由。大多數人都抱怨成果分配不公，但本身卻又可能因私心作祟，而做出投機的行爲。因此從某種意義來說，加入組織似乎違背人性自私與追求自由的天性。然而社會進步，已不可能再回到雞犬相聞、不相往來的先民時代。加入組織已是無法避免，問題即在於如何使犧牲獲得合理的回報。

整合工作不可或缺

基於以上理由，組織需要有些人基於其本身的某些價值觀念或人生目標，不厭其煩地擔任整合者的工作，使組織平台得以存續，各方的投入也可以源源不絕。缺乏整合或整合不當，都會造成組織的萎縮或解體。而爲了新的目的，有時也需要有人創造新的組織平台，結合新的成員與資源，以完成新任務。

組織管理者或整合者的主要功能，即在創造並維持組織平台這一合作系統的存續與順利運作。

組織內外整合的類型

正式組織是合作系統，也是整合的結果。然而與正式組織有關的整合，依其性質又可分爲三類：

凝聚組織

第一類是從機構領導人觀點，對正式組織本身所進行的整合。創業家結合各方資源與目標成立正式組織，或機構領導人爲了組織存續及創價流程的順暢，不斷從外界吸引人才與資源，並維持內部人員向心力等皆屬之。此類整合的基本性質是「凝聚組織」。

爭取外界資源

第二類是從組織的觀點，去整合任務環境中的服務對象、合作伙伴、資金提供者等，爲組織生存與發展提供各式各樣的資源。此類整合的基本性質是「從外界爭取資源與支持」。

組織分工後的整合

第三類是從各級管理人員觀點，整合被組織結構所切割，而分散至各單位的資源與知能，其基本性質是**「針對組織分工而進行的整合」**。不同的組織方式，會對各項管理元素造成不同的「切割」，因而需要不同方式的整合。

以上三類，只是指出其「觀點」的不同，在實施時，當然無論任何層級的管理人員，對這三類或多或少都要擔負起一些責任。例如：維持員工向心力，雖然屬於機構領導人觀點，但各級管理人員當然也有責任，至少應致力於凝聚各自部門的向心力；而內部部門間的整合，高級長官也必須重視，或設法提供有利部門間整合的整體環境。另外，若各級管理人員未能充分完成部門間的整合，最後還是需要高階主管出面裁決。

組織成員

「組織」基本的組成份子是「組織成員」。前文亦指出，成員身分的「認定」，即是界定成員個人與正式組織間權利義務的重要機制。任何組織中都會有一些工作同仁，他們當然是組織成員，但深入一層想，「組織成員」的意義卻未必如

表 12-2 ▶ 組織成員與組織角色

觀念	內容
組織成員的實質意義	任何人皆同時擁有若干不同組織的成員身分； 應依六大管理元素投入比率界定成員身分。
組織角色與角色衝突	組織角色：大家對組織成員在組織創價流程中，所做決策與貢獻的期望。 角色內的衝突：因來自不同人員的期望有所差距而產生者。 角色間的衝突：因同時扮演不同角色而產生者。
組織成員對組織投入的概括承諾程度	交易條件與投入產出的明確程度愈低，即概括承諾程度愈高。 愈核心的成員，其概括承諾程度應較高。

此單純。從組織的觀點，每位成員的角色與特性也未盡相同。

「成員身分」的意義

任何個人皆同時擁有若干不同組織的「成員身分」

在現代社會，由於社會活動日益複雜，一個「人」通常可以「分屬」至爲數眾多的組織。因此，在管理上，一個「自然人」不應是成員或成員身分（member-ship）的計算單位，**他對各組織中「活動」的參與，以及時間的投入，才是成員身分的表現。**任何人都可能在幾個組織間分配他的時間與心力的投入比率，而任何組織所能得到的，也只是此人全部「投入」的一部分而已。

例如：一家公司的大股東，大部分的自身財產都投資在這家公司，但他並未在公司上班支薪，請問他算不算是公司成員？在現代社會中，一人身兼數職的情況日益普遍，某人可能是一家企業的副總，同時也是某一扶輪社的社長，而且還兼任另外一家公司的董事。在這三個互相獨立的組織中，組織圖上都會出現此人，因此很難界定他究竟「屬於」哪個組織。

依六大管理元素的投入比率界定成員

此一觀念，若用管理元素來看，就更容易理解。每個人都有個人的「目標與價値觀」，以及所掌握的「資訊（環境認知）」、「能力與知識」、「有形與無形資源」。他在價值觀上愈認同此一組織、其人生目標愈與此一組織目標相結合、所擁有的知能與資源於此一組織投入愈多，則表示他在「比率上」更是此一組織的成員。因此，正式聘用的員工，當然是組織成員；上述將大部分財產都投入此一組織的股東，也算是成員；企業專屬的供應商，彼此互賴程度甚高，也算是一種成員。只是每個人身爲組織成員的比重不同而已。

任何組織成員，都不太可能將自己的幾大元素全部都投入此一組織，或甚至將自己全部的積蓄都投資到所任職的公司，而至少會保留一些給家族或其他團體。但從組織的觀點，或許希望每位成員對本組織投入的比率愈高愈好。

依投入比率界定「成員身分」的優點

此一界定成員身分的方式，有幾項優點，也可以協助我們對組織管理產生更深入的體會。

1. 可以解釋上述一人身兼數職的問題。
2. 可以提醒管理者，**每一個組織中的「自然人」，其實投入此一組織中的，只是他的一部分而已**，另一部分可能投入到其他組織，因而往往出現角色衝突，當然也包括了本書所謂的「陰面」課題。因而，如何處理這些角色衝突，如何設法使成員爲組織投入更高比率的各種「元素」，是管理者的重要任務。
3. 在此定義下，有些外界的機構或組織（例如：供應商或機構投資人），雖然不是自然人，但也可以視爲一種**「準成員」**，可以適用許多與組織管理有關的道理與思維方式。
4. 以「投入程度」界定成員身分，可以對「成員」的意義產生更深入的認識。例如：有些人雖然名義上是**組織的專職人員，但並未對組織做出什麼貢獻，「心」不在組織裡**，陽奉陰違，只想利用組織的資源（包括關係網絡）達成自己的目標。而另外有些供應商，全心爲組織服務，前途也與組織完全結合，近乎生命共同體，它們雖然並不出現在組織圖上，但其身分可能比前述那位專職人員更接近「成員」。

如何使這些外部的「準成員」，在各項管理元素上爲本組織投入更多，將其目標與本組織目標做更多的結合，也是管理上的重要工作。

「組織角色」與「角色衝突」

「角色」與「組織角色」

所謂「角色」，意指相關各方對某一身分或職位擁有者的行爲，所存在的各種「期望」的集合。例如：教授的「角色」是指，包括學生、社會、校長以降的各級主管、家長、校友等，他們期望一位教授應有怎樣的行爲，或應做些哪些事。妻子的「角色」則可能包括丈夫、公婆、親友等對她身爲妻子，應有行爲表現的期望。

個人進入組織，成爲組織成員，也就擁有其組織中的角色。組織中的角色或「組織角色」可以用管理矩陣中的兩項觀念來思考：「創價流程」以及「決策與行動」。

從創價流程來看，「組織角色」是組織內外相關人士期望此一成員，在本組織的創價流程中，做出什麼貢獻或創造什麼價值；從決策與行動來看，組織角色是組織內外期望此一成員進行哪些決策，採取哪些行動。其貢獻水準或所創造的價值若合於期望，所採取的決策與行動亦無不過與不及，則可稱爲「扮演好其角色」。

例如：大家期望機構領導人能適時制定策略方向，這是領導人的角色之一。如果做到了，就是完成這一部分的角色任務。組織內外對經理人、基層員工、投資人、董監事等，在創價流程中的潛在貢獻，都有來自各方的各種期望；也希望他們負責某些決策、採取某些行動，若能符合這些期望，則算是扮演好其角色。

所謂「決策與行動無不過與不及」，**是指當事人的決策與行動，既未疏忽自己該做的決策，亦未踰矩而侵犯了別人的職權**。當然，決策過程中是否盡心盡力，決策方向是否正確，也在合理的角色期望範圍之內。

角色衝突

由於「角色」是來自許多人的期望，這些期望的內容極可能互相衝突或互相矛盾。例如：身爲中階經理人，部門內的同仁期望他能代表大家向上級爭取更多的資源或成果分配；但上級卻期望他在現有的資源水準下，要求同仁做出更好的績效。這是同一角色內，來自不同方向的期望間的衝突，通常稱爲**「角色內的衝突」**。

此外，每個人都可能同時扮演不同的角色。例如：一個人可能同時是「副總經理」，也是「社團幹部」，也是「父親」。三種角色集於一身，各自有不同的期望來源與內容，這些不同角色所帶來的期望間所出現的矛盾，稱爲**「角色間的衝突」**。

根據前文對成員身分的定義，任何人對任何組織都只投入自身幾項元素的一部分，其他部分則可能投入其他組織中。由於無法爲任何一個組織全力投入，因此，幾乎每個人都會感受到若干程度的角色間衝突。

組織成員的「概括承諾程度」

原則上，每位成員都必須對組織有所投入，然而有些成員的投入是明確具體甚至可以列舉的，有些成員的投入則難以列舉，而是一種「概括」的承諾，只要在可以接受的範圍內，組織可以要求其採取某些行動，而不必事先明確約定具體的項目。

交易條件或「投入產出」的明確程度

前述所謂「外界」的「準成員」，例如：投資者、供應商，他們對組織所提供的資金或零組件，所承諾的金額與數量都十分明確。如果是供應商，零組件的品質水準與交貨期限也都事先有所約定，因此他們對組織投入的「概括承諾程度」很低，彼此的權利義務可以很清楚地劃分與衡量。

受薪的專任職工，進入組織後要從事的工作通常並未事先明訂，而是在員工認爲可接受、或認爲公平的情況下，就其能力所及，都應有所投入。因此他們投入的「概括承諾程度」是比較高的。

然而，即使在專職人員中，概括承諾程度也高低有別。愈基層的員工，工作說明或工作職掌應該愈明確，若組織需要他們臨時加班，不僅應另外支付費用，而且對其加班意願，組織亦無強制力量。反之，**愈高階的管理人員，愈不必逐項列舉其職責範圍，因爲他們對組織所負擔的是「無限責任」**。

而年資愈久，其專業或知能與組織獨特創價流程的結合或互賴程度愈高，或在組織間移動彈性愈低者，通常更近乎組織的「命運共同體」，因此其「概括承諾程度」也會比較高。

管理上的涵意

「概括承諾程度」的觀念在管理上有幾項涵意：

1. 區別「內外」成員的身分。

   此一觀念可以對上述「成員」與「準成員」的身分做進一步的界定與解釋。換言之，成員的身分雖然可以視爲程度上的問題，**但眞正區別「內外」的因素，應是他們的「概括承諾程度」，愈是外部的準成員，其交易條件愈明確。**

2. 不同工作應由不同「概括承諾程度」的成員擔任。

   有些工作必須由「概括承諾程度」較高的成員擔任，有些則不需要。例如，爲了精簡組織，有些工作可以從「自製」轉爲「外包」，但必須是可以明確規範權利義務者，才可能外包。如果對此一成員的任務內容，或期望他對組織的投入水準較爲籠統，則似乎應由內部專任人員負責較佳。也就是說，權責範圍、工作項目或績效水準等不易界定清楚的工作，應由概括承諾程度較高的成員擔任；如果有意**將工作外包給概括承諾程度較低的準成員來做，就必須能夠明確地描述與界定交付工作的內容，或產出標準。**

3. 「概括承諾程度」影響對上級要求的接受程度。

   與「概括承諾程度」密切相關的重要觀念是**「成員的可接受範圍」**。專職人員對組織的承諾或應投入多少時間精神，雖無明文約定，但大家心目中總有一些「總量」的上限。簡言之，拿了這一份待遇，雖然不知具體的工作細項，**但應該投入的總量，必然有一些默契。這些默契也稱爲「心理合約」**，也代表成員對組織「取予」水準的預期。在此一心理合約範圍內，組織或上級所交辦的工作應無異議接受，而超過此一心理合約的水準或範圍，則「恕不奉陪」。因此，上級的職權再大，也不能超過部屬心理合約的接受水準。

4. 對組織目標的認同程度影響成員的「概括承諾程度」。

   無論成員或準成員，其概括承諾程度都與其對組織目標的認同程度密切相關。**對組織目標認同度高者，其心理合約中對組織要求的可接受水準，以及其對投入的概括承諾程度都比較高**。如果其他條件不變，設法提高內外成員對組織目標的認同，不論是配合大家期望修正組織目標，或是配合組織目標的特性來選擇成員，都是促使成員對組織更爲投入的方法。

5. 組織核心成員應負起「無限責任」。

愈接近組織核心，「概括承諾程度」高，而且由於愈能享受組織剩餘價值的分配，愈需負起「無限責任」，這也代表了權利與責任的平衡。日漸向上升遷的各級主管，對本身所負的責任，尤其應有此一認識。

組織成員的類型

組織成員除了因上述「概括承諾程度」不同，可予以區別外，尚有其他幾種分類方式。這些分類，都有管理上的意義。

表 12-3 ▶ 組織成員類型的劃分方式

劃分方式	說明
依貢獻與誘因性質劃分成員	成員為了誘因而為組織做出貢獻； 貢獻與誘因可依管理元素分類； 個別成員擁有多重的貢獻與誘因。
依核心程度劃分成員	核心成員是： —決定誰可以成為成員； —決定其他成員加入組織的條件與誘因； —擁有剩餘價值及分配的權力； —「擁有」組織平台並承擔經營結果； 核心成員的地位主要決定於對組織有不可或缺的貢獻。
依目標認同程度劃分成員	組織內成員認同組織目標的程度不同； 顧客是認同組織創價流程及其產出的「準成員」。
依移動彈性劃分成員	移動彈性：因脫離合作關係或失去成員身分而感到的痛苦程度； 移動彈性高則組織認同程度低； 有時應設法降低成員的移動彈性。
專業人員與家臣	家臣與機構領導者間存在個人互補關係； 專業人員與家臣並存，有其正面作用。

依貢獻與誘因性質劃分

誘因與貢獻

正式組織是整合平台，整合對象包括投資人、員工、高階管理人員，以及各級員工等。他們分別爲組織有所投入，也因爲投入而獲得一些回報。在組織理論中，這些投入又稱爲「貢獻」，回報又稱爲「誘因」，意思是每位成員都是爲了自己能得到的「誘因」，才會對組織做出「貢獻」。這些各色各樣成員的性質，可以從他們的貢獻與誘因內容分類。

依管理元素劃分成員的貢獻與誘因

「目標與價值」、「有形與無形資源」、「能力與知識」、「資訊（環境認知）」這幾項管理元素，可能是成員的貢獻項目，也可能構成他們的誘因。大家的貢獻必須可以轉化爲組織創價流程的一部分，而誘因則必須滿足其個人（或陰面）的目標。

以最簡化的方式說，投資人的貢獻是資金，誘因是股利或資本利得；供應商的貢獻是原物料，誘因是貨款，這些都是有形資源。顧客得到的是創價流程的產出，可能是有形的產品或無形的服務，付出的是價格。一般員工的貢獻是能力與知識，誘因是薪資、升遷與肯定；高階經理人的貢獻除了能力與知識外，也可能貢獻了一些無形資源如外部網絡關係，其誘因除了薪資，還滿足了一些個人的成就動機或權力需求。

個別成員擁有多重的貢獻與誘因

每位成員可能貢獻於組織的，或希望從組織得到的，通常都不只一項。例如：即使是基層員工，除了薪資，也在乎公司的聲望。因爲這對他而言，無論是面對同學親友，或將來另謀高就，都構成一種無形資源。他也在乎在組織中所能得到的知能成長機會，而組織使命如果與其個人人生目標或價值觀念相結合，則加入組織的誘因也必然更爲強烈。在貢獻方面，機構投資人除了投入資金外，也可能爲組織帶來聲望或資訊，甚至是重要的網絡關係。

因此，組織成員的貢獻與誘因雖然有其主要的內容，但其實都是多元的。這對管理當局的涵意是：**如果能設法從每位成員獲得更多元的貢獻，同時又給予更多元的誘因，對組織平台的整合作用，必然產生更爲正面的影響。**

依核心程度劃分

在管理矩陣中，機構領導人當然是組織的核心人物，然而有些組織的核心人物可能不只一位，而且每個人究竟有多麼「核心」，基本上也是程度的問題。

核心成員的意義

核心成員的定義是：在組織中有權力決定「誰有資格成爲成員」、「對每位成員進入組織的條件與誘因」，而且有權力對「組織創價後的剩餘價値」從事分配者。

無論是營利組織或非營利組織，外人想加入成爲成員（包括成爲供應商或投資人這種身分的成員），並非來去自如。現階段需要吸引哪些特性的人加入組織，加入組織的條件如何，固然應有一定程序，但最終還是由某些人決定。有權做這些決定或制定有關政策者，即可視爲組織的核心成員。

核心成員也可以經由「調整組織目標」或策略方向的方式，間接決定其他成員的去留，或在組織中的相對重要性。例如：當策略上決定提升品牌經營的比重，則組織中負責行銷的人員，相對重要性就會大幅上升或需要增聘；若決定擴大委外生產，則原來負責製造的人員重要性就降低，或大部分必須離職。因此，成員的組成或相對重要性，有時也反映了組織目標與策略的取向。

核心成員在進行此項決策時，理想上當然是考慮目前組織中，資源、知能等方面的水準，以及配合未來發展所需要的元素，再考量各種成員所期望的誘因水準（對組織而言是一種成本支出），再行決定。而實務上則難免參考核心成員本身陰面或個人的目標，以決定未來成員的組合。

正常情況下，核心成員應該對組織目標的認同度高於一般成員，而個人目標也與組織目標高度結合，對組織投入的概括承諾程度也最高。若是如此，則其對各方的成果分配理應比較公平，決策方向也更能考量到組織長期目標。

以上所說的決定權，往往分散在許多人身上，因此核心成員通常不止一人。但各人的影響力或最後發言權，顯然高低程度不同，有些還是被授權的結果。因此我們可以說，是否爲組織的「核心成員」，是程度上的問題。

剩餘價值及分配

所謂「剩餘價值」是指組織在整合各方資源、知能等，匯入創價流程中所創造出的「價值」，減去爲了提供這些資源提供者所預期的誘因後，所剩下來的部分。這些剩餘價值未必全都表現在財務報表的利潤金額上，有時也可以用各種形式的「開銷」，轉爲費用支出。此外，組織所累積的資源（例如營利事業的保留盈餘）、未充分利用的舉債能力、未完全投入創價流程的知能等，也可視爲剩餘價值的表現方式。

核心成員也是有權力分配或享用剩餘價值的成員，甚至只要利潤能達到令股東滿意的水準，某些組織內部的費用支出即可配合核心成員的期望支用，其中經常有一些非必要的開銷，藉以蓄積個人資源、實現個人理想，甚至提升個人工作生活的品質等。此外，例如組織內閒置的人員，雖然裁員並不會影響正常產銷，甚至可以提高利潤，然而組織通常不會如此力求精省人力，而是由核心成員將其派遣擔任非必要的任務，或是參與組織以外的活動，當然也包括依上級指示協助慈善機構之類。這也是核心成員支配組織剩餘價值的方式之一。

核心成員的權與責

出資比例或股份大小，當然是決定成員「核心程度」的重要依據。然而在非營利組織或股權極爲分散的大眾握股公司，情況則複雜得多。前者並無股東，後者的核心成員也未必是大股東，而是實質上「擁有」此一組織平台的成員。組織中最根本的「權」，即是上述核心成員所享有的權力。所謂「奪權」，即是將這些權從現有核心成員手中，非自願地轉移過來。有些組織出現高階權力分裂的現象，亦可從此一角度來觀察。

然而若組織整合效果不佳，或生存環境出現不利的變化，則剩餘價值也可能出現負數，易言之，所創造的價值尚不足以支應各方所需的誘因。**這時身爲核心成員，當然也要承擔後果**，犧牲或放棄本身原先預期的誘因，或退出核心地位。

創造核心地位

在新創組織中，創辦人是主要的整合者，因此創辦人或創業團隊順理成章地成爲核心成員。長期以往，正常情況下，必然有些成員由於所提供的知能或資源對組織十分關鍵，是眾所公認整合過程中不可或缺者，因而逐漸由外圍變成核心份子。易言之，在正常情況下，位居邊緣的成員可以**在知能與資源的提供上，創造自己的不可或缺程度，或其他成員對他的依賴程度，然後再逐漸走向核心地位**。

實務上未依此程序而成爲核心成員者，當然也所在多有，例如：眞實貢獻並不高，但因緣際會，得以掌握組織平台而成爲核心成員。如果其個人目標與組織目標不一致，或其決策與行動的方向只是爲了個人目標，而非組織目標，則此一組織的未來前途勢難樂觀。

依目標認同程度劃分

利潤目標簡化組織目標的認同

在營利組織，組織雖然有使命宗旨，但組織的利潤目標已經解決了絕大部分所謂組織目標認同的問題。在專職人員中，當然有些人對組織服務的對象，或組織所提供的產品，有高度的個人偏好，但是這些可能是在組織中工作日久，自然而然產生的價值傾向。從組織的立場來看，當然值得鼓勵，但卻未必可以視爲成員的必要條件。

在非營利組織，此一劃分成員的方式則更具意義。例如：志工與職工都屬於組織成員，受薪的職工由於是專職人員，因此在組織中的時間可能更多些，但是對於組織目標的認同，卻未必高於志工。

顧客是認同組織「創價流程」及「產出」的準成員

「顧客」是組織任務環境中的「服務對象」，從組織理論的觀點，可視爲「概括承諾承度」不高的「準成員」。**「顧客」認同的是組織創價流程的產出，或這些產出所創造的價值**。由於顧客是組織整合或創價最終希望滿足的對象，因此他們所認同的目標十分重要，而他們也形成了成員中極爲特殊的一群。如果這類準成員未能認同組織的創價流程與產出目標，則代表組織效能低落。

非營利組織、社會福利機構的服務對象，其「目標」或所在乎的「價值」也應是整體組織目標的重要一環。

核心成員應對組織使命與核心價值有更高的認同

企業中，機構領導人與其他高階成員對組織目標應有高度認同，並從內心深處誠摯地期望，此一事業創價的產出結果，對其所服務的對象能夠產生價值，甚至對他們的人生幸福有所增進。若能如此，才能眞正地「以顧客心爲心」，設計組織未來努力的方向。其他各級成員，若能做到此一水準，當然更好，但能做到的程度通常遠不及高階人員。

在非營利組織，**志工對組織目標的認同程度應該更高才對**。職工當然不宜對組織使命持反對態度，但他們之所以加入組織，主要目的還是取得一份工作，未必是對組織使命存有高度認同。類似情況也出現在政黨或宗教團體。政黨是非營利組織，有其政治理念與使命，而其成員中有公職人員、一般黨員、黨工，也有工友警衛。依理，**公職人員應該對政黨的政治理念認同程度最高**，甚至將之視爲終身志業；黨員則次之；而職員工友的角色是提供各項服務，認同使命未必是他們加入組織的首要原因。同理，宗教團體也一樣。

如果由黨員轉變成政黨支持的公職人員，或一般教徒被選任爲教會執事長老，則其對組織使命的認同度應同步提高，對組織提供給個人的其他物質誘因應該更不重視才對。

以上所談當然是理想狀況。實務上常見到，高階人員決策時，心中並無「顧客利益」的存在，僅於口頭上要求基層員工「顧客導向」，其效果必然不佳。同理，如果宗教團體領袖本身信仰並不虔誠、政黨領袖缺乏中心的政治理念，則其所領導的團體，也不可能長期蓬勃發展。

▶依移動彈性劃分

任何合作或交易，都有移動彈性的問題。組織是整合平台，以此一平台爲中心，各方經由投入資源而獲得目標的滿足。由於投入資源或知能的形式或數量不同，也導致移動彈性高低有別。

移動彈性

所謂移動彈性，即是脫離合作關係的方便程度。移動彈性主要受到「本身因脫離合作關係，或失去成員身分而蒙受傷害，或感到痛苦程度」的影響，潛在痛苦程度愈高，則移動彈性就愈小。負責經營的大股東，股票不易大量出脫，因此移動彈性較低；在公開市場上買賣股票的散戶，雖然沒有經營權，但若對此一組織不滿，可以很方便地出售股票，換回資金後再去投資其他企業，而成爲其他企業的「準成員」，因此移動彈性就高得多。

知能侷限於本產業或本組織，或年資較久而學習新知能力出現退化現象，或僅能適用於本組織的同仁，移動彈性低；專業高、外界機會多的同仁，移動彈性高。此外，如供應商、經銷商等這些身分的組織成員，也會因許多因素而各有其不同的移動彈性。

移動彈性影響組織認同

移動彈性低者，前途與本組織更加緊密結合，甚至成爲生命共同體，因此對組織的認同自然會高些。可以自由來去的專業人才、爲各家同業提供廣泛服務的經銷商等，由於移動彈性高，對本組織的認同通常相對較低。

移動彈性高低不同的組織成員或準成員，管理方法與重點也不相同。管理上有時必須設計種種做法，「綁住」各種重要成員，例如：嚴格規定董監事轉移持股的程序；與關鍵研發人員簽定「競業禁止」條款，以限制其轉業的空間；要求供應廠商投入專屬的設備等，都是希望藉此提高他們對組織的認同、概括承諾程度以及忠誠。

專業人員與家臣

成員可能基於不同的原因，而升遷至接近核心地位。有些人是因爲其所擁有的知能或資源，極有助於組織目標的達成，而在組織中不可或缺，可稱爲「專業人員」；有些人則是因爲能與機構領導人密切配合，而受到組織重用，可稱爲「家臣」。

家臣與機構領導者間存在「個人互補關係」

組織中有些成員，位階或許不高，但其重要性與影響力卻不容忽視。他們之中有些人能力也不差，但受到重用的主要原因是，**其個人目標高度認同機構領導人的個人目標**（「目 5」與「目 4」二者的陰面相互密切結合），**能力與機構領導人互補**（「能 5」與機構領導人的「能 4」互補），有時又能**提供一些非正式管道的資訊**（「環 5」的陰面強化了「環 4」的陰面）。

這種人可以稱之爲「家臣」，與「爲組織平台貢獻知能以創價」的「專業人員」不同。這兩種人在組織中都必然存在，而且眞實世界中，這兩種類型並非完全互斥。因爲家臣也可以在專業上有其專長與貢獻，而專業人員有時在決策上也會愼重考慮長官個人的立場與目標。

在此必須強調的是，家臣雖然在知能、目標、資訊（環境認知）等方面比較著重「陰面」的角度，但**未必存在道德倫理的問題**。家臣的角色與行爲是否不恰當，完全取決於機構領導人本身目標對組織目標的認同度，以及二者的一致性。如果領導人的個人目標（「目 4」的陰面）與組織目標（「目 3」）背道而馳，甚至在做法上不惜犧牲組織目標，以達成個人目標時，家臣的作爲即屬於「爲虎作倀」，才會出現道德上的質疑。

如果領導人的個人目標與組織目標一致，個人所有的心力與知能等也全力投入組織，希望爲組織創造更好的績效，則家臣或家臣角色的存在只是強化他對組織的掌控，也間接有助於達成組織目標與績效。

簡言之，**從組織的角度來看，家臣本身並無道德問題，領導人的道德操守才需要深入檢視。**

專業人員與家臣並存的正面作用

在不考慮道德問題的前提下，組織中專業人員與家臣並存，如果運作良好，也是使專業與監督兩項功能得以同時發揮的設計。古代將軍率軍作戰，需有「監軍」隨行，現代大型政治組織也有類似的組織安排。在歐洲，有些歷史悠久的家族企業，爲了從事複雜的多角化、多國化經營，而有所謂「house staff」的設置。這些「house staff」背景以法律或會計爲主，從很年輕時即依品德、能力、籍貫等選拔進來，領導的家族待之如家人，彼此間亦相處如兄弟。其主要工作即是外派至世界各國的事業單位，負責監督業務，並協助進行與總部溝通的工作。而各國的實際經營者則爲該產業或該地區的專才，稱爲「professional staff」。兩種角色相輔相成。因爲有「house staff」在場，機構領導人也可十分放心地讓遠在各地的專業經理人盡力施爲。這種方式與古代的監軍制度似乎也相去不遠。亞洲大型跨國企業派駐各國的「駐在員」，作用也十分類似。

「house staff」、監軍或家臣本身的品德必須達到高水準的要求。否則，負責監督別人的人，若本身出現問題，其玩法弄權的空間就很大了。

非正式組織與派系

正式組織是整合各方管理元素的平台。然而，任何正式組織都無法做到完美的整合，因此在正式組織中，可能自然形成非正式的整合方式，甚至衍生出新的整合平台。非正式組織與派系的存在，都是此一過程的結果。而成員的外部網絡關係，也屬於非正式組織的一種特殊型態。

表 12-4 ▶ 非正式組織與派系

主題	內容
非正式組織	非正式組織的主要作用在滿足社會需求； 非正式組織亦可能有助於跨部門六大管理元素的整合。
派系	派系是與正式組織相互競爭的整合平台； 派系出現顯示正式組織整合能力不足； 派系存在影響人才晉用； 高階人員常需面對派系利益與組織利益的兩難。
成員的網絡關係與目標認同	每個人在其網絡結構中皆擁有多元成員身分； 組織間的網絡關係必須靠「人」來維持； 網絡結構中身分與角色的潛在衝突：究竟認同哪個組織？

非正式組織

非正式組織以滿足社會需求為基礎

正式組織是以組織結構中的任務劃分單位、歸屬人員。然而，由於工作上的互動、工作場所接近、職等相同、休閒活動中的相聚，以及過去背景相似性（如籍貫或學歷），成員通常會自然形成一些非正式組織。

非正式組織的基本作用之一是，滿足大家的「社會需求」，這是個人心理需求（也是個人層次的陰面目標之一）相當重要的一部分。在非正式組織中，大家互相支持、互相安慰、互相鼓勵，公事私事皆有傾訴商量的對象，這些對成員的心理健康都是有助益的。

非正式組織有助六大管理元素的跨部門整合

除了滿足成員間的社會需求，非正式組織也有助於六大管理元素跨部門的整合。例如：**非正式組織也是資訊溝通的管道**，大家所掌握的非正式管道資訊（陰面的「環5」、「環6」），可以藉著非正式組織彼此交流整合，這些交流整合，常可彌補正式資訊管道之不足。透過非正式組織，組織內的知能交流也會更加順暢。如果非正式組織運用得當，組織中跨部門的資源整合、決策呼應、流程銜接等，都會更有彈性，也因爲不必事事公事公辦、向上請示，或必須依循層級全由上級整合，對提升跨單位的決策與行動的效率，很有幫助。

大型組織，尤其是經營範圍地區遼闊、單位爲數眾多而且在業務上需要互動配合的大型組織，應有系統地設計各種培訓、社交或團康活動，協助跨部門成員間建立私人情誼，幫助公務推動。

學理上對非正式組織的討論，內容極爲豐富。以管理矩陣的六大元素來分析，其正面作用即相當明白易解。

派系

上述的非正式組織，其存在對正式組織而言，作用多半是正面的。然而，如果非正式組織逐漸發展成派系，則可能會妨礙正式組織的正常發展。

派系是與正式組織相互競爭的整合平台

派系與上述非正式組織的差別在於：**「派系」已經在正式組織此一平台上，又發展出另一個平台**。此一平台與正式組織的組織結構劃分當然不同，而且往往是跨部門、跨層級的。派系有整合各項管理元素的功能，有本身的權力結構，以及成員「身分」及「核心程度」的界定，也有其派系本身的派系目標。易言之，成形的派系相當於正式組織中另一個近乎正式的組織。

派系存在對正式組織有負面作用，原因是派系的目標通常與正式組織的目標不一致，而且**多半是派系成員個人陰面目標的集合**。派系成員將自己的各項資源、資訊等投入派系，並從派系中獲得回報，其過程與其他整合平台完全一樣。但是，派系成員爲了達到本身的個人目標，究竟應先滿足正式組織的目標，還是派系的目標？如果二者互相矛盾，取捨標準爲何？**如果派系的資源豐富，有些成員在決策與行動的優先順序上，難免會犧牲組織目標，優先配合派系目標。若人人如此，組織勢將走向分崩離析，或成爲派系共治的「邦聯」**。

派系出現顯示正式組織整合能力不足

正式組織若出現強而有力的派系，則顯示組織的整合能力不足，**以致許多條件良好的成員認爲，單純地爲組織目標貢獻，將無法得到應有的回報或誘因**，不如參加派系，可使其「貢獻－誘因」的成本效益更高。當大部分人都有此想法，紛紛加入派系時，其他有志向上者，不加入某一派系將完全沒有發展機會。因爲在這種組織中，不加入派系者永遠是組織中的「孤鳥」或「隱士」，正式組織所能提供的誘因不及其貢獻，也難以隨著派系的成功而成爲組織的核心成員。

派系存在影響人才晉用

派系存在的另一個問題是，未來無論哪個派系當權，人才晉用都難免侷限於派系之中。這不僅打擊其他人的士氣，也因未能用人唯才而降低了高階人員的平均素質。而且，由於唯有加入派系才有前程，全員都會提高對所屬派系的向心力，降低對正式組織的向心力，因而加速正式組織實質上的瓦解。

如何避免派系坐大，如何整合現有派系，是許多大型組織機構領導人在組織內部感到最具挑戰性的工作。

派系利益與組織利益的兩難

在大型組織中，全憑能力與貢獻，通常只能升遷至某一層級，若欲更上層樓，則跨部門或跨層級的認同與支持勢不可免。在高度中央集權的組織，可以「大夫無私交」，只要忠於領導人或皇帝即可，在現代權力與資源多元化的組織，「無私交」者只宜擔任前述「家臣」，卻未必能成爲未來的領導核心。

此與第十一章中的建議：整合者應「先整合一小部分目標接近的整合對象，然後以此一組合爲基礎，整合更多的整合對象。從小圈而中圈、大圈，逐漸擴大整合範圍」，在觀念上也頗爲接近。

然而在各種層次的「圈」中，整合對象各有所圖，其陰面的個人目標未必與組織目標完全一致。因此，整合者在邁向高階的過程中，或成爲機構領導人之後，在分配成果時應如何在「組織整體目標與永續發展」及「派系（圈內）利益」間取得平衡，極不容易。若完全關注前者，則可能被過去支持者認爲「忘恩負義」、「喜新厭舊」；若過於照顧後者，則可能被指爲「不顧大局，只圖利小圈圈」。大型組織中最後「勝出」的領導人，針對此一課題，如何取捨，利弊如何，值得深入研究。

成員的網絡關係與目標認同

網絡結構中的多元成員身分

本章指出，組織中任何成員對組織的參與及投入，只是人生的一部分。其個人目標、資源，以及爲達到人生目標的所作所爲，是依某一比率分配至若干組織中。因此，組織成員可同時擁有不只一種「組織成員身分」。例如：本章所舉的例子，某人既是企業的副總經理，又是社團負責人，同時又兼任另外一家公司的董事，而再深入觀察，除了這些之外，他還有許多家族、朋友、校友、社區、政黨、教會的網絡參與。

此一現象，十分正常而普遍（若某人一生只與一個正式組織有關係，那才是極端的特例）。然而，就像前述非正式組織與派系一樣，如果適度發展，它對組織會產生良好的正面作用，若發展過度，或方向偏差，則會出現問題。

組織間的網絡關係必須靠「人」維持

在管理學術與企業實務中都常提到「企業間的網絡關係」，但事實上，**組織只是一個「平台」，除了依賴法律契約，組織與組織間不易建立長遠關係。能互通消息、互相信任，以及產生感情認同的是「人」**。因此，組織的對外網絡其實高度依賴各級成員（尤其是中高階以上層級的成員）個人間的聯結，甚至局部參與對方組織，而具有其組織成員的身分。高階人員能掌握的組織資源多，此一跨組織角色遠較中基層人員更爲普遍。

基於此，成員參與其他組織是極其自然的現象，與其他組織中的成員逐漸建立私人情誼，也是人之常情。以這些私人情誼爲基礎，組織之間才可經由「個人」管道，在組織網絡體系中互通資訊、交流知能、結合雙方的無形資源，並協助有形資源的交易與流動。

網絡結構中成員身分與角色的潛在衝突

從管理觀點，以上現象值得關注的是：**個別成員在與其他組織或網絡成員交流與取予的過程中，所給予對方的種種，是否危及本組織的目標；從外界取得的，是否有效地匯入組織整體的資源或知能存量之內**。易言之，這些跨組織或網絡中的人際關係，是否「損已（本組織）利人（其他組織）」，是否做到雙方互利互惠，還是雙方組織都「出多進少」，只有居間者坐收好處。

個別成員與外部網絡的關係及其管理，也屬於非正式組織議題範疇。

組織均衡與組織績效

在營利組織，企業若能長期獲利，又能保持穩定成長，即是績效良好的表現。但從整合觀點，尚可做進一步的分析。

組織均衡

基本觀念與定義

從整合觀點，組織若希望永續長存，就必須使此一平台所整合的各個對象，都認為長期為組織所付出的，與從組織所獲得的，二者間的比例合理而值得。易言之，即是**各種身分的所有成員與準成員，都覺得其所得到的「誘因」，與其付出的「貢獻」相比，是值得的**。而且，因為感到值得，便繼續對組織投入組織所需要的各種管理元素，例如：資源、知能、資訊，以及目標認同。

當所有成員或整合對象都到達此一境界，即稱為「組織均衡」。

創價流程的邊際生產力是先決條件

欲達到組織均衡，組織的「創價流程」必須有效創造出「價值」。而且，當更多的整合對象或各種成員投入更多資源後，這些資源的「邊際生產力」仍能維持一定水準之上。當所投入資源的邊際價值低於邊際成本時，就表示已經達到組織成長上限。

例如：創業初期的資金，邊際生產力一定很高，等到規模大了，出現閒置資金，資金的邊際生產力就降低了。此時，必須是很會「運用」資金的組織，資金的

表 12-5 ▶ 組織均衡與組織績效

主題	內容
組織均衡	各種成員與準成員，皆感其所得到的「誘因」值得其所付出的「貢獻」； 創價流程的邊際生產力是先決條件； 其他可選擇整合對象的多寡與議價力影響均衡水準； 應持盈保泰以因應不確定性。
衡量組織績效	創價流程的效率； 內外各方在管理元素上投入的質與量； 內外各方對其所得到誘因的滿意程度； 決策與管理流程的品質； 各種管理元素的創新與強化； 組織的成長與盈餘。

邊際生產力才會不斷提高。但無論如何，到了某一水準，還是會出現資金閒置的問題，於是就不需要更多資金，因而也無法爲繼續加入的資金提供者提供令其滿意的報酬。同理，人才或其他資源的情況也完全一樣，組織在某方面的「存量」若超過一定數量，即難以繼續有效創造價值。當組織所創造的邊際價值達不到取得資源的邊際成本時，就無法負擔其「誘因」，因而不會有更多的資源進來。至於何謂「過量」，何時邊際價值才會「不足」，則與組織的「創價能力」息息相關。

整合對象其他選項的多寡與議價力

整合對象通常本身還有與其他組織平台整合的選擇機會，其選擇機會之多寡與相對吸引力，影響了本組織的「組織均衡」狀態。如果某一整合對象或「生產要素」，在外「供不應求」，則其要求的誘因也會隨之提高。就像某一原料如果供不應求，價格就會提高，或資金需求強，利息也會提高一樣。**這些「其他選擇機會」或「選項」的出現，會影響其要求的誘因水準，因而破壞原有的組織均衡**，導致其他生產要素或整合對象所能得到的誘因水準降低，進而減緩組織成長的速度。

持盈保泰，以因應不確定性

「組織均衡」的精確定義是指，所有整合對象的滿意水準都到達「最佳化」的臨界點。尚未達此水準，組織便仍有成長空間；若超過此一水準，則邊際生產力勢必下降。然而，眞實世界中的任何組織都處於某程度的變動環境，或不確定的環境下，如果以最佳化的均衡爲目標，由於各種資源都處於充分利用或「緊繃」的情況，因而失去可以機動調整的彈性。因此，**組織應該「持盈保泰」，保留一些實力而不追求最佳化，方可使組織承受更大的波動與不確定性**。

此處所談的「均衡」、「臨界點」、「最佳化」等，在經濟學等領域中也有類似觀念，甚至這些管理學觀念有不少是從經濟學延伸而來。實務上雖未能精確定義，但應該可以想像實務上所呈現的現象與意義。

組織績效的衡量

在最單純的想法中，營利組織的績效指標就是獲利，能賺錢的就是績效良好的組織。然而，利潤是許多因素累積而成的結果，若只著眼於最終的獲利，而不思考造成長期獲利的原因，在管理上將無從著力。若能將組織績效有系統地分爲若干個構面，則在績效的評估與改善上，也更能顧及全面性及攸關性。

學理上及實務上衡量組織績效的指標很多，依本書觀念及管理矩陣的架構，組織績效可以從幾個方面來思考：創價流程的效率、內外各方投入管理元素的質與量、內外各方對其所得到誘因的滿意度、決策與管理流程的品質、各管理元素的創新與強化，以及組織的成長與盈餘。

這些觀念都與本書各章內容有關，也都從各章觀念延伸而來。而實務上所發展的績效指標形形色色，也都可以依此一架構予以分類，並從分類的過程與結果中，更深入體會這些指標的意義與作用。

創價流程的效率

組織存在是爲了運用創價流程爲社會創造價值，因此創價流程的效率是組織生存的依據。「組織所掌握的各種資源、知能、資訊等，是否有效匯入創價流程」、「流程運作是否順暢」、「每個次流程所產生的價值，與投入的成本相比是否恰當」等，都屬此類績效指標。

內外各方投入管理元素的質與量

總體環境與任務環境中的成員或機構，對組織而言謂之「外」，組織內部員工謂之「內」。「顧客是否以有利於我方的價格，採購足量的產品」、「經銷商是否已盡力鋪貨與促銷？」、「員工是否高度認同組織的目標與使命」、「員工是否已爲組織盡力貢獻其知能」等，皆屬於此類。這些指標表面上似乎相當分歧而且關聯不大，但從「組織是整合平台」的觀點，即可知道這些都是各方的「投入項目」，也是組織所欲整合的「標的」。

內外各方對其所得到誘因的滿意度

包括「顧客對本公司產品與服務的滿意度」、「經銷商對本公司的佣金制度與其他支援活動的滿意度」、「員工對薪酬福利及組織氣氛的滿意度」、「政府對本公司守法及納稅的滿意度」等。這些內外的成員或機構，將來是否願意繼續爲本組織投入各項管理元素（包括政府主管機關做出合於本組織期望的各種「決策」），或是否願意繼續「被整合」在本組織的平台上，都與其滿意度有關。換言之，此一指標也反映了他們未來繼續投入的意願與機率。

在實務上，這些都是應該經常進行實地調查、科學分析，並且不斷進行檢討的指標。

決策與管理流程的品質

包括「劃分決策權責」、「制定策略及重大決策的程序」、「各項管理流程是否配合策略與營運流程的需要」等，相當於檢視所有管理作爲與制度。

各種管理元素的創新與強化

經營管理不能僅僅著眼於現在，也應考慮未來；資源與知能等管理元素不能完全仰賴外界投入，本身也應能創造與強化。因此，「組織知能是否配合未來需要而創新成長」、「是否針對未來策略需要，開發可用的資源」、「是否配合未來發展而調整管理流程」等，都是此類目應該注意的指標。

組織的成長與盈餘

了解本書所稱「整合」或「整合平台」的意義，即可瞭解，**前述幾類組織績效指標，其實彼此間都存有互爲因果的循環關係。每一種指標的作用只是在此一循環過程中檢視其「進度」而已，而此一循環最終的指標即是組織的成長與盈餘。如果此一因果關係走向良性循環，則組織可以欣欣向榮。**但若其中某一環節出了問題，例如某些整合對象不滿意，或某些整合標的不合用，或創價流程效率降低等，都會影響組織的成長與盈餘。若不及時修正，長期甚至會將組織逐漸帶向惡性循環的道路。

在每個「階段」或「進度」，都針對重點指標加以評估考核，可以讓管理當局及早發現問題，並及時採取修正或補救的工作。

正式組織的六大管理元素

本書各章在介紹管理元素時，已分別說明組織平台（「3」）的六大元素。本章爲討論正式組織的專章，故在此對有關觀念再略爲回顧。

陰陽並存的成員身分

第四章中已詳細說明，六大管理元素皆有其「陰」、「陽」兩層面。在討論正式組織時，似乎尚可再進一步分析。

組織中「成員身分」也可以說是「陽面」六大元素的「載具」，而自然人則是個人自身「陰面」六大元素的載具。「正式組織」藉著陽面的六大元素，整合各種成員與「準成員」的陰面六大元素，因此大多數人同時擁有這兩種身分。**使成員的「陽面」與「陰面」相生而不相剋，形成正向循環，是管理當局的核心任務之一。**易言之，組織要將個別成員的「陰面」六大，轉化爲組織的「陽面」六大；而個別成員則因獲得其「成員身分」，參與組織運作，藉以滿足或增進個人「陰面」的六大。

動態的存量

六大層級皆有其存量與流量

每一層級的管理元素，或管理矩陣的「三十六欄」，或包括「陰面」所形成的「七十二欄」中，都同時存在「流量」與「存量」的議題。例如：一位基層成員（「6」）的「知能」（「能 6」），一方面表現出過去知能累積的存量，一方面也在不斷地改變，這些改變包括知能的成長或「折舊」在內。這些動態變化中的知能同時也會對他的「決策」，以及所負責的「流程」發生作用，而且也是組織內外其他人「整合」的標的。

組織平台六大管理元素的變與不變

在「組織平台」這個層級，動態存量的觀念更爲明顯。**因爲，組織平台本身並無自行採取行動的意識，但又是過去許多決策延續的結果，因此組織的「目標」、「資源」等等，都代表了「存量」，並以存量的方式對組織目前的運作發生作用。**

然而組織內外的成員，尤其是以機構領導人爲主的管理當局，又不斷透過本身的決策與行動，持續地改變組織平台中各項管理元素的存量。**管理當局一方面要尊重現有存量，以維持原有整合架構的穩定性，一方面也必須不斷修正、改變這些管理元素存量的內涵，一方面也藉助這些存量，加上本身對這些存量的詮釋，推動組織的業務與創價流程的運作。**

目標與價值前提

組織平台的目標即為「陽面」目標

在組織平台或正式組織這個層級，所謂「目標」（「目 3」）包括組織使命、組織文化，以及第九章所指出的各種本質的多元目標——與資源獲得與能力培養有關者、與內部行動與效率有關者、與資源分配有關者、與成果分配有關者，以及與外部環境各種成員的預期行動有關者等。這些目標在設定之初，或許曾經考量過個人的陰面目標，但是在正式成爲組織目標後，所展現的即是「純陽」的面貌。

組織目標是妥協的結果

由於組織是長期存續的整合平台，**因此，「陽面」的組織目標一方面要用來整合現有及未來成員的目標與價值，一方面也是整合過去成員的個人目標與價值的結果。**組織成員份子複雜，價值觀分歧，整合已屬不易，還要整合不同世代甚至目前已不存在的成員，當然極富挑戰。傳統的經濟學假設，利潤是企業的主要目標，甚至是唯一目標，而且許多經濟學理論也都建立在「追求利潤最大化」的假設前提下。然而，從管理實務的觀察，**任何組織的目標其實都是來自各方妥協的結果，因此也稱爲「目標組合」。由於來自各方的期望極多，過於強調其中一、兩項，可能**

會造成目標組合失衡。因此，在進行管理決策時，通常只要能滿足這些目標的「最低要求標準」即可。在決策時，只要求「滿意解」而不可能達到「最佳解」，也是此一現實造成的。

機構領導人與董事會的角色

在高階權力較爲集中的組織，機構領導人及本章所描述的核心成員，擁有調整組織正式目標的權力，也擁有組織目標的「詮釋權」。因此，**遵循、修改、詮釋組織目標，是他們的責任，也是權利。**

在機構領導權力較爲分散的組織，「董事會」即成爲負責此任務的「平台」。各大股東代表、機構投資人、經營階層，以及代表大眾投資人的「獨立董事」，在此一平台上整合組織目標與資源，包括設計創價流程以及成果分配的重大決策在內。在具有實質功能的董事會中，本來屬於單一領導人的各種流程、決策程序與功能，都表現在此一平台中。

因此，「董事會」在「六大層級」中的定位，可能是「組織平台」的具體代表，也可能取代一部分機構領導人的功能。其角色究竟如何，應視各組織個別情況而定。

環境認知與事實前提

在組織平台這一層級，「環境認知與事實前提」有兩種意義。

組織的資料庫

「環 3」這一欄的意義之一是組織的資料庫。它不屬於任何個人，但可以協助高階及各級決策者，強化本身對內外環境的認知，意即運用豐富及時又正確的組織資料庫（「環 3」），強化大家對環境的認知（「環 4」、「環 5」、「環 6」）。

過去政策形成時的決策前提

「環 3」的第二個意義，是過去制定組織重大決策或政策（「決 3」）時的事實前提。當現任的決策者在檢討過去所留下來的政策或流程是否合理時，常發現在當時的時空環境下，此一決策方向顯然是正確的，但時過境遷，似乎已不合時宜。然而，是否眞的如此不合時宜，或環境中的事實前提是否已出現如此重大的改變，也是需要進一步驗證與檢視的。

資源與知能

經過整合與創新，以及不斷地累積，組織所擁有的有形、無形資源，以及各種知能，應超越個別成員所擁有的總和。配合未來創價流程的需要，爲屬於組織的資源與知能進行整合、創新、累積的工作，當然是管理的要務。

決策與流程

組織層次的政策（「決 3」）與流程（「流 3」），是依據過去的目標（「目 3」）、過去的環境認知與事實前提（「環 3」）、過去的資源（「資 3」）與知能（「能 3」）水準所訂定的。它們的存在是爲了組織的穩定與存續，它們指導或影響當前組織的運作方式與行動方向，同時也是許多決策試圖改變的對象。

管理工作的自我檢核

1. 貴組織主要提供的產品或服務為何？其目標客戶為何？投入資源的來源為何？流程間如何銜接？是否訂有明確計畫？
2. 貴組織有哪些重要的「成員」與「準成員」？他們對組織的貢獻與誘因分別為何？
3. 請問貴組織目標為何？是否與您的個人目標一致？當達成組織目標時，組織提供的報償是否滿足您的需求？
4. 試舉例說明您在組織中可能的「角色衝突」，你是否關心或至少注意到您的部屬所面對的角色衝突？
5. 貴組織現有的跨部門非正式組織，是基於哪些原因形成的？其存在對正式組織的運作有何影響？
6. 試說明貴組織中的組織均衡狀態，現在的組織均衡狀態與組織目標、組織成長，三者間的關係如何？
7. 試說明貴組織中，常用的組織績效衡量方法與指標，貴組織如何透過這些組織績效衡量方法與指標，以影響組織目標的達成？

組織設計

由於成長或策略改變，組織在結構上必須分工與編組，並將創價流程的責任與整合工作劃分給各層級與各單位。不同的分工與編組方法，各有其潛在效益，也有其成本。分工以後的組織又需要進行「再整合」的動作，而再整合的成本也是組織設計時的考慮因素之一。

本章重要主題

- ▶ 組織設計的基本觀念
- ▶ 組織單位的設立與業務的分化
- ▶ 分權與集權
- ▶ 工作單位的編組及軸線的觀念
- ▶ 軸線的變化與組織設計
- ▶ 雙重主軸與軸線的簡化
- ▶ 組織再整合的方式與機制
- ▶ 組織設計效益與成本的權衡

關鍵詞

再整合 p.392
最小工作單位 p.394
次級平台 p.403
整合與分化 p.405
正式職權 p.406
分權程度 p.407
主軸 p.411
輔軸 p.416
雙重主軸 p.424
內部轉撥計價 p.427
目標管理制度 p.432
平衡計分卡 p.432

組織內部單位與層級的劃分方式，影響了決策與溝通的過程，影響了組織知能與資源運用的效率，也影響了組織對外聯繫與整合的重點，也影響了各單位對各項目標的相對重視程度。組織能否落實策略的構想？是否能應付多變的外界環境？甚至是否能使每一位成員專心致志於各自的工作崗位，而不需花費太多時間精力於冗長的溝通協調上，這些都與組織設計密切相關。因此，組織設計是管理學中極爲核心的一項議題。

本章將以本書一以貫之的「整合」觀念，分析組織設計的原則與方法。基本想法是：**當組織規模擴大、業務趨於複雜，爲了簡化整合的範疇，必須將「整合」或「管理」的工作分配至各層級的各個單位，各自負責局部的「整合」。然而在分配後，爲了解決「分」所產生的問題，又要設計一些「再整合」的機制，以達成全面的「整合」**。簡言之，「再整合」就是將這些被劃分到不同單位的流程、資源或目標等，再進行跨單位的整合。不同的「分組」方式，需要不同的「再整合」；「分組」有其效益，「再整合」有其成本，因此，**組織設計方式的選擇，必須考慮各種「分組」方式的效益與成本**。

組織設計的基本觀念

組織設計的相關議題與意義

組織設計的「動作」，無非是增減層級、劃分業務，以及新設、分割、合併各個單位，並在各單位間劃分決策權責。組織設計的結果，通常是各式各樣的組織圖，例如：依功能劃分、依事業部劃分、依地區劃分，或以混合方式呈現的組織結構。

組織設計的議題與決策

各種機構中，常受到關心的組織設計相關議題包括：是否應增設某一單位？增設的單位應置於哪一層級？向誰報告？整體組織應有多少層級？機構領導人及每位中高階主管各應負責督導多少個單位？組織一級單位應有哪些？哪些單位可以做爲一級單位？中基層單位應依何原則劃分歸屬至各個一級單位？

更進一步的決策還包括：平行單位間，以及上下層級間，決策權責應如何劃分？彼此在相關決策上如何協調？進入新事業或新地區後，應否設立新單位？新單位與業務相關的舊單位間，應如何劃分權責、如何協調配合？

更具體的還有：各事業部是否應各自設立研發單位？或將研發活動集中於公司總部？採購工作應集中還是分散？業務呢？訓練單位呢？什麼情況下應成立委員會或任務小組？委員會與任務小組的權責如何界定？與其他單位間的權責如何劃分？海外分公司如果爲數眾多，是否應成立區域營運中心？若成立區域營運中心，應置於哪個層級或國家？海外分公司的負責人與總公司的產品單位、幕僚單位如何劃分權責？

諸如此類的議題，都是組織設計的範圍。快速成長、業務範圍廣且變化多、各種業務已高度地區多元化的組織，更是必須經常面對這些問題或決策。

組織設計的意義與作用

從以上所談的這些決策、作爲、組織圖，以及各種議題，我們可以大致體會到組織設計的意義。然而，從更深的層面去思考，**組織設計或組織結構存在的基本意義與作用，應該是「協助組織成員順利進行其創價流程」**。從六大管理元素來分析，組織設計的目的在**使每一位成員所承接的任務清楚明確、所負責的創價流程流暢而有效率、與其他人的決策與行動能有效劃分與配合、知能既可以充分發揮又能在組織支持下持續成長、有足量的可用資源與資訊並能有效加以運用**。每一個單位由於目標具體，因而可以決策明快且易於考核績效；由於決策與流程的範圍明確，因此也可以簡化所需資訊的流量。

組織設計的所有做法，最終都是希望能讓成員可以集中力量順利完成任務，而在完成任務的過程中，組織能提供正面的助力，而非帶來阻力。第十一章所討論的「組織的整合能力」，與組織設計的關係十分密切，良好的組織設計是組織能否發揮整體整合能力的基礎。

三種角色及其相互關係

組織內與組織設計有關的角色可分爲三種，分別介紹如下：

圖 13-1 ▶ 本章觀念架構

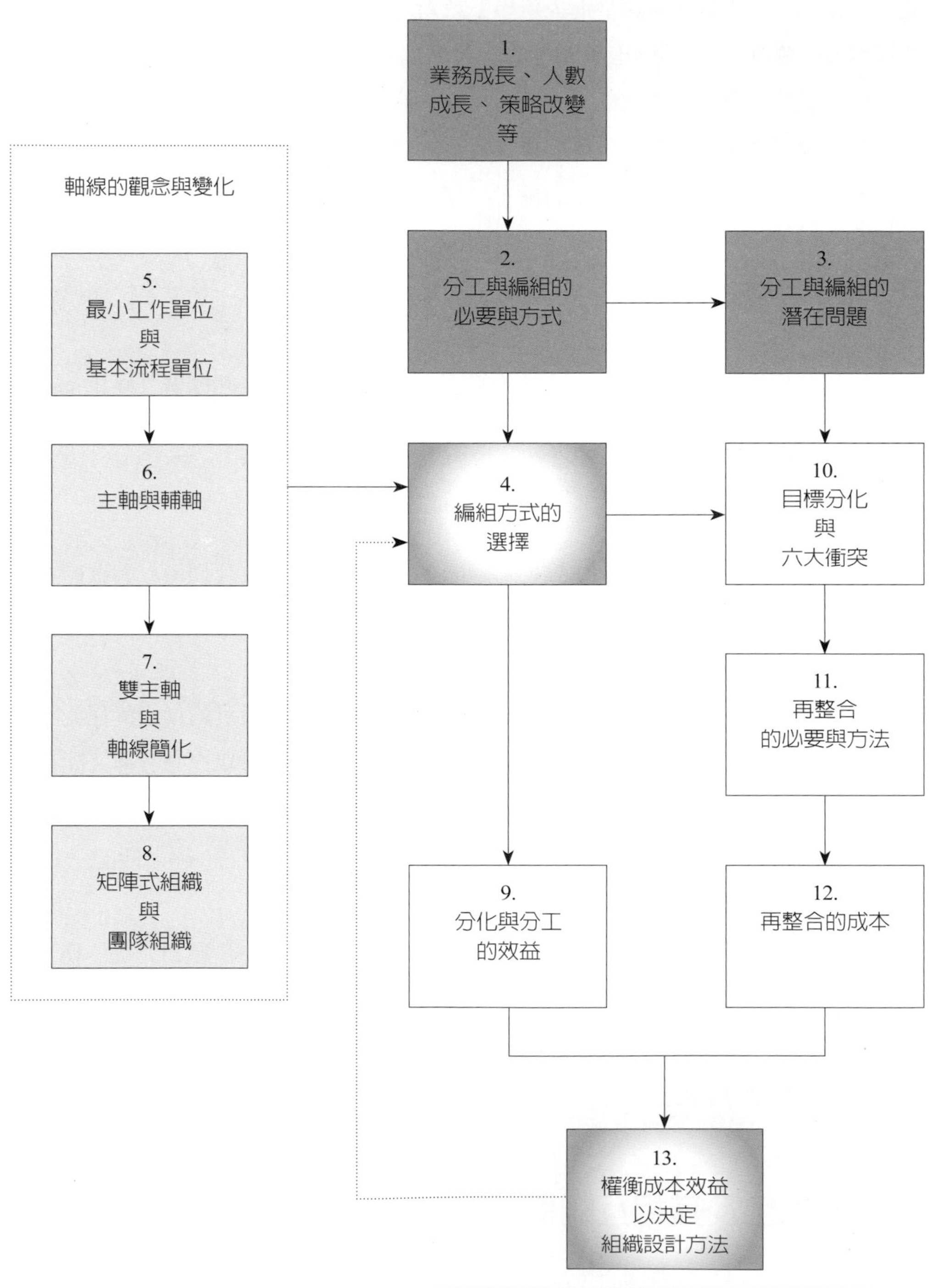
1.
業務成長、人數
成長、策略改變
等
軸線的觀念與變化
2.
分工與編組的
必要與方式
3.
分工與編組的
潛在問題
5.
最小工作單位
與
基本流程單位
6.
主軸與輔軸
4.
編組方式的
選擇
10.
目標分化
與
六大衝突
7.
雙主軸
與
軸線簡化
11.
再整合
的必要與方法
8.
矩陣式組織
與
團隊組織
9.
分化與分工
的效益
12.
再整合的成本
13.
權衡成本效益
以決定
組織設計方法

組織設計的觀念架構說明

本章所討論的組織設計，在觀念層次較為複雜，故在文字說明之前，先以觀念架構圖說明本章的推理過程，及內容鋪陳方式。

在圖 13-1 中，居核心位置的是「4. 編組方式的選擇」，指出組織設計的重點在人員的分工方式與編組方式。針對不同的目的，應有不同的編組方式。然而，編組方式會帶來目標及溝通等方面的缺點，因而有必要再整合。以下即依圖中編號逐一說明。

1. 業務成長、人數成長、策略改變等，帶來分工的必要，因而有人員編組及權責劃分之課題。
2. 任何一個複雜組織，其分工與編組的方式很多。
3. 無論何種分工與編組方式，難免會帶來幾項問題。第一，提高了主管與各級部屬間，六大管理元素流通的複雜性；第二，提高了經營的間接成本；第三，次級平台會出現「生命現象」，產生本身單位的目標，甚至在整合上與上級分庭抗禮；第四，有了層級就必須進行某些程度的分權，分權程度的取決在組織設計上是一項重要的管理抉擇。
4. 編組方式的選擇，是組織設計的核心課題。

   為了更深入說明組織設計原理，本書乃提出「軸線的觀念與變化」的思考角度，包含（5）至（8）等觀念工具。
5. 「最小工作單位」與「基本流程單位」的觀念，做為組織分工與編組的起點。
6. 要連貫各個最小工作單位或基本流程單位，就需要「軸線」做為「指揮系統」及六大管理元素在上下層級間，以及部門間的交流管道。軸分主軸與輔軸。
7. 所謂「事業部制」或「功能式」組織，即代表了「主軸」的不同。然而，本章從工作單位的角度來看主軸，可以處理實務上更為複雜的組織設計問題。除了主軸變換之外，雙重主軸與軸線的簡化，也是可以採行的做法。

8. 雙重主軸演變為矩陣式組織，軸線的簡化則走向「內部市場」或「團隊組織」，各有其適用場合與利弊。

   以上這些方法或思考角度對「（4）編組方式的選擇」皆有參考價值。

9. 組織分工與編組通常會出現原先預期的效益。

10. 另一方面，無論何種編組方式，皆可能出現一些部門間，甚至上下之間的目標分化與六大管理元素方面的衝突。這些現象是前述「3.」的延伸，也是「4. 編組方式」的結果。

11. 針對上述問題，就必須採取一些再整合的方法。

12. 再整合會產生成本。

13. 編組或分工有其效益「9.」，再整合又增加成本「12.」，兩相權衡比較的結果，指導了組織設計的方法或對「編組方式的選擇」提出更深層次的考量（從「13」又反饋至「4」）。總之，分工得愈徹底，整合的必要性與成本也愈高，而分工程度不足，卻又可能無法發揮組織的整體效益。

協助創價流程的各級管理人員

第二種角色是除了最高階層以外的各級管理人員。他們通常並不直接參與創價的營運流程，但身爲管理體系一員，他們必須**爲那些直接創價的基層成員提供六大管理元素方面的指導、協調、支援、監督，以協助他們完成創價的工作。這些包括前述的目標與任務的分派、資訊的提供、知能與資源的協助等**。這些管理人員中，有些必須直接督導基層人員，有些則扮演較間接的協助或監督角色。雖然他們參與的直接創價活動通常不多，但因爲有了他們所提供的功能，才能使那些眞正從事生產、銷售、研發、服務的人員有所發揮。這些各級管理人員，在管理矩陣中位於「5」。

機構領導人及其核心團隊

機構領導人及其核心團隊代表管理矩陣中的「4」。他們的角色是**爲前述各級管理人員設立單位、指派任務、賦予目標、劃分權責、設計指揮系統，並爲管理團隊決定人選、提升知能，以及進行監督考核**。目的在使這些管理單位或管理人員能相輔相成、分進合擊、互相協調配合，或互相勾稽制衡，以有效達成機構的使命。所謂組織設計，主要是此一層次的課題。

三種角色間的關係

這三種角色之間的關係是：機構領導人負責設計系統與規則、安排各級管理人員的角色；各級管理人員在其所設計的規則下，根據本身職掌或單位目標，進行指揮、決策、監督、協助等工作；而眞正創價的成員，則在前兩者所設計及運作的組織體系下，分別進行他們的專業工作。前兩者的作用是促成基層成員的貢獻，但若運作不當，也可能妨礙個別成員發揮能力。

總而言之，機構領導人與各級管理人員，應透過組織結構與權責劃分，使基層創價人員有明確的願景、目標，也有足夠的知能、資源、意願，適時採取符合組織目標的行動。

組織存在價值的省思

組織成為創價的阻力，而非助力

當組織設計出現問題時，許多成員會感到，在執行任務的過程中，必須耗費太多的時間精力，以「對抗」組織中複雜的分工協調方式，因而浪費了原本可以用來創價的力量；也可能由於「失控」，導致成員未能將知能與力量投注於組織的創價流程。此時，如果再加上第十二章所談的「誘因－貢獻」比例不對稱，已存在的政策（「決 3」）與流程（「流 3」）又不符實際需要，則表示組織的存在已對成員發揮創價能力，產生了負面作用，甚至連組織存在的意義，也會受到質疑。

管理者必須設法確保組織存在的價值

成立組織平台的用意在整合各方的知能與資源，而組織設計則是協助組織（尤其是大型組織）進一步發揮整合功能的機制。然而，近年來出現的虛擬組織、外包網絡，以及「個人工作室」，隱含**在通訊科技快速進步，以及專業人員追求自由與創意的大趨勢下，不僅組織設計的效果受到挑戰，連「組織」的存在價值也將被重新檢視**。

從歷史上看，人類社會出現「組織」，是因爲純粹的「市場交易」有許多難以避免的缺點，因此許多「合作」必須藉由「組織」來完成。未來如果「組織」也失靈，社會上大部分的合作或交易又回到市場交易的型態，表示「管理」這種工作或專業已逐漸失去作用與附加價值。

所幸者，今日世界中，各種型式的組織不斷創新，大型與小型的組織各有其發展空間，表示「管理」與「組織設計」在未來所能提供的潛在價值依然有增無減。

組織單位的設立與業務的分化

隨著組織業務量的增加與業務內容的分歧，組織結構可能會不斷變化，管理者角色也會隨之不同。而業務因組織設計而出現各種形式的分工或「分化」以後，又出現了再度整合的需要。

業務成長與組織結構的發展

組織設計始於分工

創業初期的「一人公司」當然沒有組織設計的問題。然而，當這位單槍匹馬的機構領導人開始聘用一位助理時，組織問題即開始出現。這些問題包括：負責人與助理要如何分工？哪些事項可以授權助理自行決定？助理的工作績效如何評估？如何爲助理訂定客觀的獎懲方法？如何在工作中指導並提升助理的知能？易言之，當組織中不只一人時，即有內部的整合問題，亦即管理角色的出現。

當此一小型組織的機構領導人必須增聘人手，而要領導兩個人時，在組織設計上又必須決定：兩位員工如何分工？他們兩位的決策與行動如何相互協調配合？要如何評估與獎懲，他們才會認爲「公平」？

部門與層級的增設

如果組織繼續成長，員工人數增加，則可能需要再增設一個層級。以設立兩個部門，各部門各有若干人爲例，此時的組織設計課題爲：部門應依什麼原則劃分？各自目標應該爲何？如何在兩個部門間分配資源？如何促進兩個部門間的協調？還是要設法使二者完全無須協調，各自可以獨立運作？若需要設第三個部門，則新部門應與原有的兩個部門平行，還是歸屬其中某一部門？又應歸屬何者？

當組織不斷成長，這類問題也將層出不窮。

業務分化與增設單位的理由

組織結構日益複雜的原因與業務分化及不斷增設單位密切相關。增設單位的主要原因可以大致歸納如下，而對某些組織結構的變動而言，背後原因往往不只一種。至於增設單位以及各單位的歸屬與分組，本章將再進一步討論。

組織規模成長

增設單位的原因，其中有純粹因爲成員人數增加者，爲避免監督照顧不周，必須有更多人分擔管理的責任。

專業分工

某些專業活動由於專精程度提高，便需要成立專責單位，處理與此一專業有關的業務。例如：當電腦資訊作業愈來愈專業，就必須成立電腦中心；當心理輔導愈來愈專業，學生的輔導就不能完全依賴一般教師，而需要成立學生輔導中心。

集中運用資源或資產，以達規模經濟

例如：各事業單位本來各自擁有客戶服務人員，但爲了發揮規模經濟，乃集中成立共用的客服部門。跨部門之上，成立電腦中心、中央採購單位、人員訓練中心等，也常是基於此一原因。

創價流程的深化

組織的價值活動提高垂直整合程度，包括向上整合與向下整合在內。例如：原本物流業務是委外進行，後來改爲自行負責，於是成立物流部門。

外界整合對象的增加與調整

其中包括組織增加了新的外界整合對象，或現有整合對象的重要性提高。例如：新增加了重要客戶，而需要增加新的專責單位；環境保護工作日益重要，需增加環保部門，以面對政府環保機關與社會的環保團體；針對勞工問題也可能要增設勞資協商單位；當外資比重增加，上市公司有時需要增設專責單位，以聯繫與服務外資法人機構。業務拓展到了新地區，爲了因應爲數眾多的新整合對象，當然也需成立新部門。

組織內部出現新的創價流程

例如：新產品線或新服務項目的技術基礎與生產方式，如果明顯不同於原有產品，常需要新的組織單位負責。

業務間的勾稽與制衡

例如：出納單位與會計單位的分立，以及稽核單位的設置，即是基於此一理由而成立不同的單位。

企業購併後的適應

企業進行購併帶來的新創價流程，或是因合併而來的流程，在完全融入原有流程前，必須在一段時間內維持獨立作業，這些都造成單位數目的增加。

其他理由

除了以上各項原因，當然還有一些「陰面」的理由，例如：為了爭位子，或安撫人心而因人設事，雖然在實務上也頗為普遍，但這些都不在本章的討論範圍內。

增設單位時，往往也必須考慮是否有足夠能力的人負責新單位。這種情況與「因人設事」相反，是由於組織缺乏適當人才，而未能依業務邏輯分化業務與增設單位。

組織層級與整合問題

新業務的增加與原有業務的分化，是組織單位數目增加的主要原因。當組織單位不斷增加，勢必要有組織層級，然而**當組織層級出現後，即隨之出現新的整合問題，也會使管理工作漸趨複雜**。

現以一簡單例子來說明這些觀念。此例中說明，即使只有七個人，也有不同的可能編組方式，而**不同的編組方式，會帶來不同的管理課題**。

第一種編組方式

假設有一位主管 A（可能是機構領導人，也可能是單位負責人），手下有六位工作人員（分別為 B、C、D、E、F、G）。

第一種編組方式是六位工作人員都直接向 A 報告。此時，A 的管理工作包括下列各項：

1. 將本身負責的創價流程（「流」）分給六個人；
2. 為他們設定目標（「目」）；
3. 為他們提供完成任務所需的資源（「資」，例如工具）；
4. 為他們提供完成任務所需的知能（「能」）與資訊（「環」）；
5. 建立某種監控系統，以瞭解他們的工作進度與效率（「環」，設法增加對他們工作進度與成果的認知）。

此外，此六人所負責的流程極可能有所銜接、資訊必須交流、資源必須共用、決策必須配合，彼此目標間可能又有衝突，這些也有待 A 來處理或設計解決辦法。

簡言之，**做爲管理者，A 需要處理「A 本人與六位部屬間六大管理元素的關係」，以及「六位部屬間六大管理元素的關係」**（以下將「六大管理元素的關係」簡稱爲「六大關係」）。

當部屬人數不多，或彼此間互動關係不複雜時，單一層級的組織結構相對可行。傳統上的「控制幅度」（一位管理者管轄多少部屬）與「組織層級」的思考方式即與此十分相似，只是似乎未從「六大管理元素」進行深入探討。

第二種編組方式

第二種編組方式是在 A 之下分設兩個單位，分別由 B、C 二人負責，D、E 向 B 報告，F、G 向 C 報告。這時，管理問題即變得相當複雜，今簡化說明如下列各項：

1. B 要處理 B 本人與 D、E 間的六大關係；
2. B 要處理 D、E 二人間的六大關係；
3. B 要協調 B 本人與 C 之間的六大關係；
4. C 要處理 C 本人與 F、G 間的六大關係；
5. C 要處理 F、G 二人間的六大關係；
6. C 要協調 C 本人與與 B 之間的六大關係；
7. A 要處理 A 本人與 B、C 間的六大關係；
8. A 要處理 B、C 二單位間的六大關係。

而且，雖然隔了一層，A 對 D、E、F、G 的六大元素也不能完全不管，也需要有些管理作爲。因此：

1. A 要觀照、協助與監控 D、E、F、G 的六大元素；
2. A 要觀照、協助與監控 D、E、F、G，以及 B、C 如何分工；
3. A 要觀照、協助與監控 B、C 的「觀照、協助與監控工作」。

以上最後一項是特別強調各級管理者（在此爲 B、C）的「管理工作」，也需要管理。當然，若 A 尚有上級，則其上級對 A 的各種管理工作，也必須有所瞭解並進行管理。

編組的必要性與成本

七個人的編組方式當然不只這兩種，但是由此一簡例即可知道，當業務增加，組織內的人數（或前述的「最小工作單位」數）就會增加，人數增加就需要分工，分工後則必須再整合。不同的編組方式（例如：B究竟是指揮D、E，還是指揮D、F）所需要的整合方式與整合成本也不同。這些都會再詳加討論。

層級增加有利於組織的監督管控，然而，一旦層級太多，上下級間的資訊傳達便緩慢耗時，經常會降低決策時效。層級增加也會提高間接成本，這也是組織設計時的考量。在此例中，第一種編組方式下，有六個人可以直接從事營運流程中的創價工作，第二種編組方式則只有D、E、F、G四人而已。即使B、C二人在處理管理工作之餘，也負責一部分創價任務，但畢竟犧牲了一些直接的生產力。**層級愈多，表示爲行政管理而犧牲的直接生產力也愈多**。

當決策所需的資訊多半來自基層、基層成員有足量的知能，而經營環境又需要組織快速反應時，層級所提供的「觀照、協助與監控工作」所能產生的效益，可能低於層級本身的成本，因此，此時組織結構應該以扁平式較佳。

正式組織內的次級平台

正式組織本身是一個整合平台，由於組織分工，逐層而下所成立的各個單位，則構成了組織平台下的「次級平台」。次級平台隸屬於整體組織，本身也有整合平台的作用，故稱之爲次級平台。次級平台存在的目的是協助組織這個「大平台」更順利地運作。與此有關的觀念分述如下。

次級平台旨在協助組織平台

從理想上或從純粹「陽面」來看，組織中所有的次級平台都是整體組織平台的一部分，而且在立場是完全一體的。機構領導人或任何上級，決定投入資源成立新單位，基本上都是爲了配合組織目前或未來策略的需要，以及爲上級分擔整合工作。單位成立或分化出來以後，即使其目標與整體組織的目標不盡相同，但應可從整體組織的角度或「目標函數」來彼此調適，而且次級平台的目標最終必須服從整體組織的目標。

「組織單位」不等同於「管理職位」

「組織單位」與負責該單位的「管理職位」（managerial position）並不相等。「組織單位」是次級平台，如「歐洲區業務部」，而「管理職位」是管理角色，如「歐洲區業務部負責人」。**「組織單位」是由組織平台的策略或整合需要衍生而來，「管理職位」則是接受任命負責主持此一次級平台，並依據此一平台的目標以及擁有的資源，採取各種整合行動的人**。由於此一次級平台的存在，管理人員得以更順利地進行各項整合工作。

「單位」不等同於「單位中的成員」

「單位」與單位中的成員也不相等。「資訊部」是一單位，也是正式組織所設置的次級平台，而「資訊部同仁」則是一群各有其個人目標、知能、環境認知的人。單位並非所有單位成員的總和，例如：資訊部的技術能力，與資訊部個別成員的技術能力，實際上未必相同。

「單位」、「管理者」、「單位成員」間的關係

從以上幾點可以推論：「單位」、「管理者」、「單位成員」的立場、目標，以及所擁有的資源與知能都未必相同，其關係和管理矩陣中的「3」、「4」、「5」、「6」之間的關係極爲相似。而且，若單位管理者本身又有自己的「陰面」目標時，這些矛盾即更爲明顯。

次級平台的「生命現象」

第十二章中曾討論非正式組織，以及此一平台的出現對正式組織所產生的負面作用。正式組織中的「次級平台」也可能有此傾向，尤其是當次級平台或單位有能力自外界取得生存所需要的資源，而在組織內的地位也不可或缺時，更是如此。

當次級平台逐漸成爲內外成員與準成員的整合平台時，各方的「取予」即以此一次級平台爲核心，而「效忠」的對象也會從整體組織的大平台漸漸轉移至此一次級平台，甚至使得此一次級平台的目標與利益，與整體組織之間出現差距。因此，「國際部」可能與總經理立場不一，獨立的「研究中心」可能與校長的立場不

一，「軍方」可能與國家領袖的立場不一。這些可稱爲次級平台所衍生的「生命現象」。

若次級平台或單位內部的陰面個人目標十分一致，造成內部相當團結，則也可能出現類似非正式組織的負面後果。有些機構難以高度授權，一方面是高層不習慣「大權旁落」的感覺，一方面也是擔心此一「生命現象」可能導致難以掌控的局面。

整合與分化的循環

從以上說明，可以更了解組織內「整合－分化－再整合」循環的存在。

成長難免分化，分化則須整合

組織成立的用意在整合各方的目標與資源，如果整合效果不佳，或整合能力有限，則規模不易成長。然而，若整合成功，規模將愈來愈大，則又會出現整合的困難，因此必須成立新單位，這便開啓組織「分化」的開端。將這些分化後的小單位或工作進行「編組」或「分組」，就如前例中將 B、D、E 分成一組，由 B 負責管理；C、F、G 分成一組，由 C 來領導，也是一種「整合」。**但不論如何分組，各單位間的目標勢必因各司其職而不同，資源也無法或難以共用，資訊也因「分組」而減少了交流，因此又需要進一步「再整合」**。例如：前述第二種編組方式即產生九項管理工作，而當組織更複雜化以後，所需要的「再整合」內容與方式，必然遠多於此。

因應次級平台的生命現象

組織分化會出現次級平台，時間一久，次級平台會逐漸出現「生命現象」，有本身的目標與資源，因而不再臣服於整體組織平台的目標體系之下。有時，組織中的輪調，甚至部門、單位間的分分合合，用意之一也在破除此一次級平台不聽號令的問題。有時甚至乾脆將某些部門獨立出去，讓它在外界環境中自行存活，也是順應其「生命現象」的做法。

若將組織中某些次級平台獨立，或組織中某些人帶著組織的若干知能、人才，以及無形資源出去創業，對原來組織而言，是一種徹底的「分化」，但對新成立的組織而言，卻代表一個新組織生命的誕生。

組織演化也是「整合—分化—再整合」的循環

以企業來說，「創業」成立公司，一方面顯示從過去的組織中「分化」出許多「管理元素」，一方面也代表了新組織生命的開始；因此「創業」的過程也是一種重新「整合」的過程。公司成立，有了第一個員工後，就開始了「分化」。隨著組織成長，單位增設，產生了「再整合」的需要，出現新的層級、部門或其他整合機制。而隨著業務的變化，又使得原有的「分化」、「整合」方式不合時宜，又必須重新「分化」，又產生「再整合」的需要。換言之，部門、單位間必須因應內部及環境等的各種變化，分分合合地循環不斷，一直到組織生命結束爲止。而過程中也不可避免地會有部分管理元素被徹底「分化」出去，成爲新的組織。

總而言之，此一「整合－分化－再整合」，以及整合不成再分化出去的過程或循環，是組織成長不可避免的「宿命」，是開放社會中組織生生不息的表現，同時也是組織永遠需要管理工作與管理職位的根本原因之一。

分權與集權

第八章曾討論「授權」(delegation)，授權是個別管理者之間的權責授受，而本章所談的「分權」(decentralization) 則是組織設計上的一種做法，代表某些權責在組織上應歸屬於組織結構的哪個層級。

正式職權

在「分權－集權」的觀念中，所謂**正式職權（authority）是組織正式賦予某階層的管理者調度資源，以及對其他成員施予賞罰的權力**。有了正式職權，各級管理者在經由整合以完成任務的過程中，即可以組織資源爲後盾，擁有與內外各方進行「取予」的能力。

表 13-1 ▶ 分權程度的相關觀念

觀念	說明
正式職權	組織正式賦予某一階層管理者調度資源，以及對其他成員施予賞罰的權力。
分權程度	「整合」工作在組織各層級分工的比率。
分權程度的取決	哪個層級對各項管理元素（知能、資訊、資源、目標等）掌握得愈充分，或愈有充分掌握與運用的潛力，就應該負起更多的整合責任。
分權程度的落實	慎防權責被中階管理人員「攔截」，未達分權效果，只是大權旁落。

分權程度

某些正式職權可以下授到某些層級，也可以保留在上級，而且不同的決策也有不同的分權程度。極端的分權是將這些權力交給某一基層的管理者，讓他可以依其本身的目標前提與事實前提自由發揮，調度資源以與各方取予；極端的集權則是將整合內外的資源與能力保留在上級，部屬不必也無法主動從自己的立場進行任何整合的動作。

例如：雇用新人，是否要經過長官同意？長官是否先行指示一些雇用政策？是由基層用人單位全權決定，還是任何新人都必須由長官選定？又例如：基層員工的考核，基層、中層及高階主管所給予的評分，各應占多少比率？如果基層主管考評的權重過高，則高階長官或許有大權旁落的感覺，若全由高階決定考評結果，則基層主管或許會感到指揮不動部屬。其他在採購、業務開發方面的決策，也一樣有分權程度上的取決。

分權程度代表「整合」工作在層級間的分工

從本書的觀念來看，所謂**分權程度即代表「整合」工作在組織中各層級分工的比率**。因此，極端的集權是指六大管理元素的整合——目標決定、資源調度、成果分配、資訊研判等，都在高階層進行；而極端的分權，則是指這些整合工作都交由基層負責。除了將「整合」工作交給某一層級全權負責，也可以將「整合」工作由各層級共同分擔，某些層級扮演主要的整合角色，其他層級則扮演次要的整合角色。

不同功能別的決策，在整合與分權程度上也不相同。例如：某些大型跨國企業，財務與研發可能由位居中央的「全球總部」扮演主要的整合角色，生產與行銷則由「亞太總部」負責大部分整合，而人事與銷售則由各國分公司負責整合，並做出決定。而扮演「次要」整合角色的層級，一方面接受整合層級的「整合」，一方面也同時負責一部分的整合工作。例如：當「銷售」是由各國子公司負責整合時，其整合的對象與標的，不僅只是其所轄單位的資源與目標，也包括了全球總部與亞太總部的資源與目標，而同時全球總部與亞太總部也還保留一部分的整合權力與責任。

整合對象除了內部的各個層級與各個單位，外部的資源、資訊、目標的整合也十分重要。**哪一層級更能整合外界的重要對象，當然也是決定分權程度的重要考慮因素。**

分權程度的取決

針對某些流程或決策（例如上述的銷售、研發），不同層級所擁有的知能、資源，以及資訊的及時性與豐富程度都不相同。原則上，**哪個層級對以上這些管理元素掌握得愈充分，或愈有充分掌握與運用的潛力，就應該負起更多的整合責任。**

一般而言，如果中基層人員在目標認同、環境認知，以及決策知能上都合乎理想，則應盡量實施分權。分權程度高有助於提升決策速度，有助於培養部屬知能，可以滿足部屬較高層次的心理需求，也容易確認決策責任的歸屬。當授權程度提高後，高階層也更有時間從事策略構想、組織設計、制度設計方面的思考。

組織結構的外型與分權程度有相互對應的關係。若組織結構呈現扁平式，則由於上級長官控制幅度過大，無法深入了解各部門的細節，因此不得不提高分權程度；層級多而呈現高聳的組織結構，平均每位主管的控制幅度小，加上有時爲了證明本身存在的價値，難免要事事表示意見，因此基層能自由發揮的空間就大幅縮小。

現代社會中，外界經營環境變化快，內部人員自主性及專業性皆大幅提高，因此走向高度分權的扁平式組織，應是未來的主流。

當然，成功分權的前提是：各級成員都能夠了解並認同組織的目標、在環境認知與知能方面應有良好的品質水準；而在組織方面，一則要有明確的政策，以指導各級的決策，一則也要有適量的資訊回饋系統，以掌控基層的決策方向與結果。

分權程度的落實

「分權程度」是高層對組織設計的重大政策，其決策過程必須是審慎評估的結果。然而組織層級多，各級管理人員的領導風格以及對上級政策的詮釋或有不同。因此在實施分權的過程中，應注意防範分權政策被「曲解」甚至「竄改」，使原先預期應賦予基層的整合權責，遭到中階管理人員「攔截」。簡言之，有時最高階（總經理）希望分權到更基層去，但到了副總經理這一層，卻未將整合權再行下授，於是「分權」只分到了副總經理，其下的各級單位依然只是聽命行事而已。

設計機制以查核分權程度是否依原訂計畫進行，以及預期效果是否達成，也是在進行分權時不可忽略的管理工作。

表 13-2 ▶ 工作單位的編組及軸線的觀念

觀念	說明
傳統組織設計的分類方法用途有限	幾乎所有組織皆為混合式組織。
基本流程單位	各種流程皆是由「基本流程單位」組合而成。每一「基本流程單位」通常會同時隸屬於一種以上的流程，因此「基本流程單位」是各種流程交叉或重疊所在，因而同時擁有若干個同時存在的「軸」。
「軸」	「軸」是指揮體系，也是六大管理元素的交流管道。
主軸	可能依地區、產品、顧客、功能別。
逐層的主軸	策略上重要優勢的基礎，或主要不確定性的來源，應在組織結構上置於更高的層次。
輔軸	主軸以外的六大元素互動管道； 有些與創價流程直接相關，有些則否。
多軸組織的複雜性	軸線多則基層工作單位所面對的目標、資訊、要求等也會變得複雜，所需資源也需要向各方面爭取或整合。

工作單位的編組及軸線的觀念

前節所談的內容，主要針對業務擴充或複雜化所帶來的組織層級以及伴隨的整合問題，而未觸及組織結構應如何劃分，或組織成員或「最小工作單位」應依何原則編組。此一主題將在本節及下一節討論。

一般書籍在討論組織結構或組織設計時，是由最高階的觀點，將組織結構分為「直線幕僚組織」、「功能式組織」、「事業部組織」、「矩陣式組織」，以及「混合式組織」等，極為明白易懂。然而，眞實世界中能看到的大型組織，幾乎全都是「混合式組織」。易言之，各種類型的組織型態其實都是並存的，以此一傳統思考方式，似乎不易確切地回答「本公司目前是什麼樣的組織結構？」以及「本公司未來應採取什麼樣的組織結構？」等問題，因為答案往往都是「混合式組織」。例如：大學校長之下有各學院，但同時也有教務處、學務處、總務處、電算中心；可能另外還有獨立運作的研究中心以及附屬中小學。就各學院而言，可以視為依服務對象或服務內容劃分；教務處等則以功能劃分；研究中心及附屬中小學則接近「事業部」。因此，不易將「大學組織結構」簡單地分類，而且此種分類思維，對管理或是提升效率也沒有太大的意義，也不能回答大學內部的一些組織問題。企業界的組織，其多樣並陳的情況也相當類似，甚至猶有過之。

基於此一認識，加上本章已指出，組織設計或組織結構存在的基本意義與作用，是在「協助組織成員順利進行其創價流程」，因此，本節試圖從最基層的工作單位來觀察組織結構，並據以分析組織如何更有效地支援主要的創價流程，以及如何降低「再整合」的成本。

編組單位及其編組方式

最小工作單位

組織中最基本的單位是本章提到的「最小工作單位」。所謂「最小工作單位」

是指，無論組織結構如何調整，這些人都是無法再分割的工作團隊，此一「團隊」當然也可能只有一個成員。總而言之，這些由基層成員所組成的「最小工作單位」是組織創造價值的主要來源。為了簡化，以下討論組織設計時，將只以「工作單位」來分析，而不深究其是否為「最小」，因為這並不影響分析的過程與結果。

舉例來說，「A 產品在南部機構市場的銷售工作」、「B 產品在中部消費市場的銷售工作」、「C 產品的研發」、「A 產品在南部的生產製造」等，在實務上當然還可以再進一步細分，但在此暫時可視為個別的「工作單位」。組織設計的基本目的之一，即是將這些工作單位加以分組或編組，例如：究竟要將「A 產品在南部機構市場的銷售工作」與「B 產品在中部消費市場的銷售工作」放在一起，還是與「A 產品在南部的生產製造」放在一起等等諸如此類的決策。

更進一步觀察，便會發現**區別這些「工作單位」的構面不外乎產品、市場（服務對象）、功能、地區等**。例如：「A 產品在南部機構市場的銷售工作」，表示在產品構面上是「A」（而非 B 或 C），在市場構面上是「機構市場」（而非消費市場），在地區構面上是「南部」（而非中部或北部），在功能構面上是「銷售」（而非生產或研發）。

基本流程單位

上述這些產品、市場、功能、地區等構面，其實也分別代表了一些流程，例如：「產品」是創價流程的產出，因此與產銷的基本創價流程有關；「市場」則是與滿足特定顧客的流程有關；「功能」則與某些特定「知能」或「資源」流程有關；「地區」則可能與當地所有的流程都有關係。而所有構面也都與「環境認知與事實前提」或資訊的流程有關，因為相關決策者所關心的，或所能獲得的資訊，常與其所負責的流程有關；所負責的流程也會影響當事人對環境的認知。

基於此一觀點，也**可以將這些「最小工作單位」或「工作單位」稱為「基本流程單位」，各種流程皆是由「基本流程單位」組合而成，而且，每個「基本流程單位」通常會同時隸屬於一種以上的流程，也可以說是，「基本流程單位」是各種流程的交叉或重疊。而這些單位究竟應依何種方式「編組」，其實就是選擇某一種「流程」做為「主軸」的決策。**

各種可能的編組與分工方式

由於描述「工作單位」的構面爲數眾多，呈現「立體交叉」的情況，不易以平面表達，爲了便於解說，以下將用極簡化的方式來分析。圖 13-2 是個極端簡化的圖形，表示「銷售」工作或功能的分工狀態。其中，共有 A、B、C 三種產品，北、中、南三個地區，在此二個構面下，共有九個「工作單位」，分別以「1」到「9」表示。「1」代表「A 產品在北區的銷售」、「4」代表「B 產品在北區的銷售」等，餘次類推。而圖 13-3、圖 13-4 則分別呈現不同的分工方式，前者是依產品劃分的組織，後者是依地區劃分的組織。

在圖 13-3 中，「1、2、3」一組，負責 A 產品在各地的銷售；「4、5、6」一組，負責 B 產品在各地的銷售；「7、8、9」則負責 C 產品在各地的銷售。此一組織結構中，**A、B、C 三個產品線是組織結構劃分的「主軸」**。

在圖 13-4 中，「1、4、7」一組，分別負責三種產品在北區的銷售；「2、5、8」一組，分別負責三種產品在中區的銷售；「3、6、9」一組，分別負責三種產品在南區的銷售。此一組織結構中，**北、中、南三個地區是組織結構劃分的「主軸」**。

以上兩種組織方式仍未脫離傳統上的「依產品劃分組織」與「依地區劃分組織」的基本型式。然而，正如前述，實務上的組織劃分方式複雜得多。圖 13-5 雖然也是簡例，但已說明此一無所不在的「混合式組織」。

在圖 13-5 中，「1、2」一組，負責 A 產品在北區及中區的銷售；「4、7」一組，負責 B、C 兩種產品在

圖 13-2 ▶ 工作單位

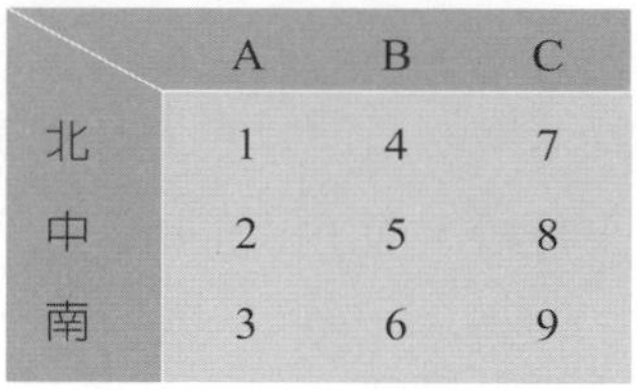

	A	B	C
北	1	4	7
中	2	5	8
南	3	6	9

圖 13-3 ▶ 依產品劃分

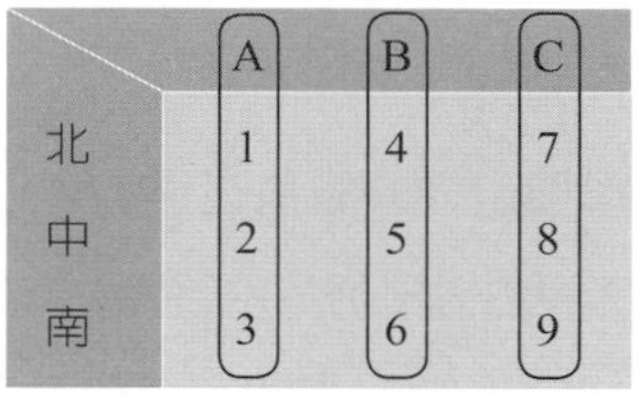

	A	B	C
北	1	4	7
中	2	5	8
南	3	6	9

圖 13-4 ▶ 依地區劃分

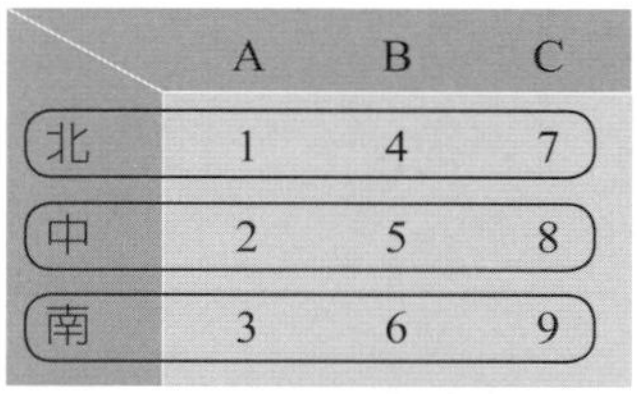

	A	B	C
北	1	4	7
中	2	5	8
南	3	6	9

圖 13-5 ▶ 混合式舉例

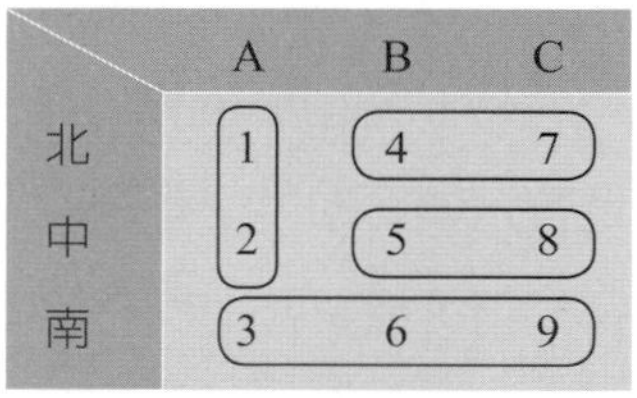

	A	B	C
北	1	4	7
中	2	5	8
南	3	6	9

圖 13-6 ▶ 混合式又一例

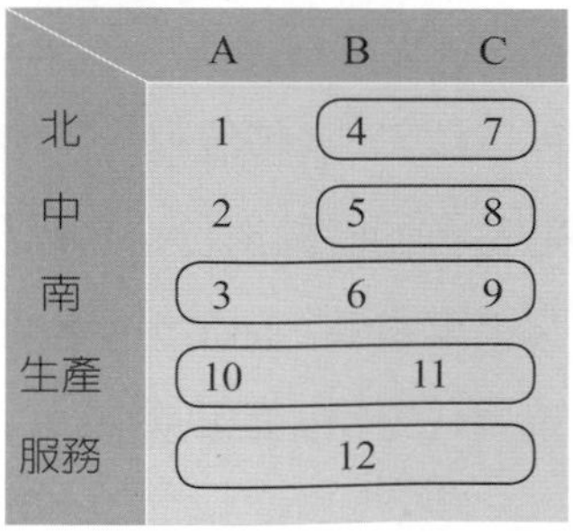

	A	B	C
北	1	4	7
中	2	5	8
南	3	6	9
生產	10	11	
服務		12	

北區的銷售；「5、8」一組，負責 B、C 兩種產品在中區的銷售；「3、6、9」一組，負責三種產品在南區的銷售。其背後的理由可能是：A 產品是主力產品，在策略上具重要地位，因此由中央統籌。B、C 產品因產品差異不大，且銷量較小，因此在北、中兩區仍依地區編組，以共用業務資源。而南區又具有極獨特的地域性，因此 A 產品的銷售亦一併交由當地統籌。如此一來，**其組織結構就無法用簡單的「地區別組織」或「產品別組織」來歸類了。**

當然還可以有更複雜的組織，即使只是簡例，也可以稍見端倪。圖 13-6 加上了生產與財務功能，因此也有了「功能式組織」的意味在內。

圖 13-6 中，上級的直屬單位又增加了。除了原有的「A 產品在北、中區的銷售單位」（1、2）、「B、C 產品在北區的銷售單位」（4、7）、「B、C 產品在中區的銷售單位」（5、8）、「A、B、C 產品在南區的銷售單位」（3、6、9）外，又有一生產單位，下設生產 A 產品的「10」、生產 B、C 產品的「11」，以及既未依產品亦未依地區劃分，而是直屬於中央的財務單位「12」。

大型組織多為立體交叉的混合式組織

事實上，在一個實際的組織中，所謂「工作單位」或「基本流程單位」，依產品、市場、地區、功能等構面「立體交叉」的結果，或許爲數高達數百個。可能的編組方式變化無窮，而且必然都屬於「混合式」，這使得傳統的組織結構分類方式在實務上極難應用，對解決實際的組織設計問題，能提供的幫助也很有限。

「軸」以及不同層級的主軸

主軸的意義

所謂「主軸」，簡而言之，就是「指揮體系」。在圖 13-3 中的「1」，是「爲 A 產品經理在北區進行銷售」，在圖 13-4 中的「1」則是「爲北區經理銷售 A 產品」，二者乍看頗爲相似，但略有組織經驗的人都能體會，兩種方式在實際運作上的感覺及工作重點都相當不同。**圖 13-3 的主軸是「A 產品」，「1」聽命於 A 產品經理的北區銷售負責人；圖 13-4 的主軸是「北區」，「1」是聽命於北區經理的 A 產品銷售負責人。**

在圖 13-3 中，A 產品的經理爲了考量產品整體政策，往往使「1」在進行工作時，不得不犧牲「北區」的若干特殊需求；在圖 13-4 中，北區經理爲維持全區的一致性，也可能會讓「1」不得不忽視若干 A 產品的銷售特性。易言之，就「1」而言，**誰能對他發號施令，誰能對他進行考核評估，他就聽誰的；他的決策與行動也會盡量與有權指揮與考評者的目標相配合。**

「軸」是六大管理元素的交流管道

用管理矩陣中的觀念來談，則對「軸」或「主軸」的意義可能又有更深的了解。組織中的「軸」是聯繫主管與部屬的管道，在軸中所交流的不只是命令或考評而已，還應包括六大管理元素的其他成分在內。就如同本章談的「一人公司」，當這一人開始聘用一位助理時，與這位部屬間的「軸」，就包括了六大元素，所謂「做之君，做之師」，即是形容這樣的主從關係。如果長官只將重點放在「指揮」，則兩人的關係未免過於淺薄，「組織」或「合作」所能發揮的效果也難以長久。

主軸的認定逐層而下

由於組織可以分化成許多層級，因此，除了第一層的主軸之外，還有第二層、第三層的主軸。例如：圖 13-6 中，「1、2」編爲一組，即代表 1、2 這兩個工作單位是以 A 產品爲第一層主軸，以「北、中」兩個地區爲第二層主軸；而「4、7」編爲一組，則是 4、7 以北區爲第一層主軸，以產品 B、C 爲第二層主軸。

對單位中的基層成員而言，由於組織目標之責成及資源分配等，皆是逐層由上而下，因此，第一層的「六大」在優先順序上，當然在第二層六大之前，第二層則在第三層之前。易言之，對任何工作單位而言，來自第一層或第二層的「高階目標」必然更受到重視，其決策與行動必須優先配合，資訊也優先針對高層次目標或決策的需要而選擇流通。知能與資源的取向也優先與該層的目標相呼應。因此針對特定基層成員，各層次主軸的順序極爲重要。

例如：圖 13-5 中的「3」，同樣是「在南區銷售 A 產品」，但在編組上究竟屬於「1、2、3」這一組，還是「3、6、9」這一組，其努力方向將出現極大的不同。如果屬於「1、2、3」這一組，則其目標與決策會盡量配合 A 產品經理，可以從 A

產品經理及「1、2」（平行單位）得到資源（包括費用預算）、知能、資訊的支持，在各種流程上也與「1、2」相銜接。而本身所獲得的資訊，主要是向A產品經理匯報，績效則由A產品經理負責考核。如果「3」是屬於「3、6、9」這一組，則在六大元素上會與南區經理以及「6、9」配合。

愈重要的構面應設為愈高層的主軸

由於愈高層次的主軸，影響行爲的比重愈高，因此與組織目標達成程度愈有關係的構面，或愈具策略意義的構面，就應放在愈高的層次。因爲愈高層的主軸，愈有分配資源及要求下屬的權力。因此，爲每位負責創價的基層成員，選擇對其最重要的「主軸」，甚至第二層主軸，應是組織設計的重點。

原則上，**策略上重要優勢的基礎，或主要不確定性的來源，應在組織結構上置於更高的層次**，甚至成爲一級單位。例如：企業若因策略調整，對海外經營將日益重視，則應在較高層級成立「國際單位」，統籌海外的產銷，以獨立於國內的產銷功能單位；若位於國內外的生產功能不宜分割，則應設立統籌各地生產功能的「生產單位」。又如大學的組織，如果將「外語教學與研究」視爲「重要優勢的基礎」，則應成立外語學院以強化這方面的功能。若是「外籍生」爲「主要不確定性的來源」或「競爭力之來源」，則可將「外籍生輔導」提升爲一級單位；否則即應成爲二級單位，接受學務處督導。

不確定性來源與策略重點影響組織分化程度

對於任何一個層級而言，其不確定性來源愈多，或策略的重點愈形於分散，就愈需要分出更多的「一級單位」。例如：在生產功能下，相對的「一級單位」是若干分布在各地的工廠，其中某一工廠下設有物流中心。若物流中心的重要性提高，即可考慮提升其爲生產功能下的「一級單位」，雖然它並非整個公司的一級單位。

不確性來源愈多，或策略上需要強調的部分愈多，則依此原則，組織分化程度也會愈高，因而所需要的「再整合」機制也愈多。

本書認爲組織設計的作用在「協助組織成員順利進行其創價流程」，而且從實務觀察中發現每個組織都是「混合式組織」，因此試圖從「最小工作單位」及「編組」、「主軸」、「主軸層級」等觀念討論組織設計，而較不強調組織結構基本類型的選擇。

輔軸

主軸以外之六大元素互動

除了「指揮體系」中的直屬上級，在較有規模的組織中，大部分基層成員的六大元素其實都與其他單位有關聯。例如：對從事產銷的企業成員而言，資訊部門通常並非其主軸中的上級，但資訊部卻爲各單位的成員提供資源（電腦主機及服務）、知能（訓練與協助解決問題）、資訊（從資訊系統中協助提供商情或成本分析）。而且在流程上，產銷單位與資訊部門也應互相結合，在許多決策與行動上也必須互相搭配，對於資訊應用方面的目標也彼此有所期待。這表示，對一個產銷部門的成員來說，除了上級（主軸）與其有六大元素的交流外，與資訊部門也有六大元素的互動。然而，由於資訊部門並未對產銷部門的成員擁有指揮命令的權利，亦未對其績效進行考核，因此並非主軸，而稱爲「輔軸」。

在較爲複雜的大型組織，任何成員或基本流程單位所面對的輔軸是相當多元的。傳統上，所謂的「直線幕僚式組織」中，除了主要創價的產銷單位外，其他如財務、人事、行政，甚至內部稽核單位等，都與各工作單位間存在著輔軸關係。例如：大學主要的創價基層成員是教師，教師的主軸上級是系主任、院長、校長。但教學方面的相關事項是由教務處負責，學術研究則歸研發處統籌，薪資與升遷作業則與人事室有關，設備維修須請總務處協助，採購報帳要經過會計室，與電腦運用及遠距教學有關的工作則必須請教電算中心。大學創價流程的產出是教學服務與研究成果，但爲了順利完成這些創價流程，必須由這許多單位支援協助教師，以進行核心的創價工作。從組織設計的觀點，這些雖然與「教學」、「研究」並無直接關係，但卻是教師（可視爲一個「最小工作單位」）完成任務不可或缺的輔軸。如果沒有這些單位及其功能的存在，教師凡事都要請系主任支援，大學將完全無法運作。未必各個輔軸對教師的六大元素都有顯著的影響，但所有輔軸累加起來，對其六大元素的作用力，應遠大於系主任與院長這一主軸的作用。

與創價流程直接相關的輔軸

有些輔軸則與創價流程直接相關。圖 13-3 是以「產品」爲主軸的組織，但在每個地區（例如中部地區），公司同時有 A、B、C 三種產品在銷售，雖然各自「主軸」不同，但既然位於同一地區，顯然有許多可以共用的資源或設備，如辦公場所、秘書總務，以及對外聯繫與公關等。而這些共用的資源、設備以及活動，也需要有單位來處理，於是「地區」即成爲負責這些工作的「輔軸」，提供這類的支援服務，協助以「產品」爲主軸的組織結構。同理，圖 13-4 中依地區劃分的組織，各產品經理（例如 A 產品）雖然對分散各地的「1、2、3」並無直接指揮的權力，但仍需爲他們提供與產品專業、競爭資訊等方面的服務，這時「產品」即成爲這些工作單位的輔軸。

在一些多產品、多地區、產銷皆分散各地的大型跨國組織，任何一個基本工作單位（例如：位於某一國家、爲某一項產品的生產工作負責採購的小組），其直屬上司（主軸）可能是地區經理，可能是產品經理，也可能是生產或採購經理，但無論如何，**除此一主軸外，必然有爲數衆多的輔軸，讓此一基本工作單位不僅在六大元素方面得到充分支援，而且也經由這些輔軸，對此工作單位的決策與行動，進行嚴密的規範與監控。**

多軸組織的複雜性

經營領域多元、地理涵蓋全球、全球員工達數萬人的大型跨國企業，能運作如此龐大的業務範疇而仍不失其效率，亦不常出現重大弊端，主要原因之一即與此複雜的「多軸組織」有關。

然而軸線一多，基層工作單位所面對的目標、資訊、要求等也會變得複雜，所需的資源也要向各方爭取或整合，這些都可能影響主軸所期望的創價流程，而妨礙了主要任務的達成。輔軸多則溝通整合成本高，輔軸少則主軸必須負責交流所有的六大元素，難免不堪負荷。取捨之間，也是組織設計時應考慮的重點之一。

軸線的變化與組織設計

組織結構中，軸線的變化可能有兩種意義：第一種是傳統觀點所談，從高階角度來看的一級單位分工方式，例如：從功能式組織改爲事業部組織；第二種則是從個別的工作單位分析主軸的變化。兩種分析角度相輔相成，但第二種分析方法相對細緻得多，也更貼近實務現象。

主軸的變換——從傳統角度分析

傳統的觀察角度，組織結構可能有功能式、產品式、地區式等幾種型式。前述圖 13-3 是依產品劃分的組織，圖 13-4 是以地區劃分的組織。從圖 13-3 的結構轉換成圖 13-4 的結構，或從圖 13-4 的結構轉換成圖 13-3 的結構，都可視爲主軸的轉換。

從功能式組織轉變為事業部組織的圖示

相較於「地區別組織」與「產品別組織」間的轉換，實務上更常見的是功能式組織與事業部組織間的轉換。圖 13-7 即是一個簡化的功能式組織。

圖 13-7 ▶ 功能式組織

	A	B	C
行銷	1	4	7
生產	2	5	8
研發	3	6	9

圖 13-8 ▶ 依產品別的事業部組織

	A	B	C
行銷	1	4	7
生產	2	5	8
研發	3	6	9

圖 13-7 中，「1、4、7」歸屬於行銷部，負責 A、B、C 三種產品的行銷工作；「2、5、8」屬生產部，爲三種產品進行生產；「3、6、9」則是三種產品的研發工作，統籌由研發部負責。這種組織方式的優點是行銷、生產、研發等三種功能各自集中，在資源與知能的運用上可以發揮規模經濟的效率優勢。而不同產品的研發或行銷，彼此經驗可以交流、累積，例如：A 產品的研發經驗與成果（位於「3」），可以很方便地轉移至 B 產品及 C 產品（位於「6」與「9」）。而行政單位簡省，亦爲功能式

組織的一項優點。

圖 13-8 是簡化的事業部組織：A、B、C 是三個獨立的產品事業部，各自有其預算與績效目標，也擁有本身的各種產銷及研發功能。

成立產品事業部的理由與時機

成立產品事業部，或是自功能式組織轉換爲事業部組織的理由或適用時機，大致可以歸納如下：

1. 若三種產品的客戶性質或需求特性差異頗大時，此一組織方式可以讓三個事業部分別針對不同客戶的需要，集中力量，以具有特色的服務方式滿足顧客。
2. 若三者流程互相獨立，則可以分別進行，既不犧牲規模經濟，又可提升效率。
3. A、B、C 三個事業部的負責人，權責及績效皆十分明確，易於歸屬經營責任。
4. 產銷或研發等功能間，若出現爭執，或需要溝通，則事業部負責人可以就近協助解決問題，不僅更「進入狀況」，在時效上亦更能掌握。相反地，在功能式組織中，功能部門間的溝通協調，有時勢必勞動更上級才有權力裁決。
5. 機構領導人的策略構想中，對三種產品的相對重視程度未必相同，其中有些甚至需要犧牲短期利潤以追求長期優勢。在事業部組織中，機構領導人可以運用預算分配，以及調整績效要求水準，極有效率地落實策略構想。此一做法在功能式組織中即不易落實。

以上當然是最基本的理由。在實務上還必須考慮劃分成事業部的過程中、或劃分以後的各種問題，例如：**究竟會犧牲多少各種功能的規模經濟？事業部之間應如何劃分？各功能部門人員應如何重新編組？共同費用應如何分攤？利潤目標應如何制定？獨當一面的事業部負責人要如何培養？原本負責行銷、生產、研發的三位重量級主管在職位上應如何安置？他們對於權力被「架空」的感覺如何去安撫？**

組織整體主軸的改變，影響層面極廣，以上僅能就原則面，提出若干思考的角度。

主軸的變換——從工作單位角度分析

更常見與實用的分析角度

前述傳統的分析角度是學術討論的主流。然而，基於以下幾項理由，本書認為，應從工作單位的角度，再加以探討組織設計的主軸變換。理由之一是，本書認為，組織設計的作用在「協助組織成員順利進行其創價流程」，故應從基層工作單位的感受等開始著手；理由之二是，從功能式變為事業部，或從事業部變為地區式，都是組織結構的「大動作」，在任何組織都不常見。然而，個別工作單位的主軸變換，則是管理上經常運用的做法。

主軸與輔軸的選擇與變化

前文已指出，與一個工作單位聯繫的各種「軸線」，有主軸，有輔軸。而所謂從工作單位角度來看主軸的變換，即是探究是否有必要因應情勢變化，而將主軸轉為輔軸，或將某個輔軸提升為主軸？圖13-9即是可以用來說明此一決策情境的簡例。

圖 13-9 ▶ 主軸的變化與選擇

	A	B	C
行銷	1	4	7
生產	2	5	8
研發	3	6	9

圖 13-9 中，A 產品的產銷「1、2」是依「產品」分，十分獨立。B、C 產品是依「功能」分。二者的行銷「4、7」有共同行銷主管，生產「5、8」有共同的生產主管，研發「6、9」也有另一位研發主管負責。而 B、C 並無產品事業的負責人。圖表中的「一級單位」包括行銷、生產、研發，以及「A 產品事業部」。

在圖中，A 產品研發「3」是一個「工作單位」，它可以與「6、9」合在一起，成為一大型研發單位的一部分；也可以與「1、2」放在一起，成為 A 產品事業部的一環，而使 A 事業單位擁有完整的功能體系。此二方案究竟應如何取決？應考量哪些因素？

首先，此一簡例至少顯示出幾項訊息：

1. 此一組織結構既非典型的功能式，也非標準的事業部式，而是混合式。

2. 此一決策還不至於牽涉到「功能式組織轉變為事業部組織」這種大動作，或巨幅的組織調整。

3. 除了功能與產品兩個構面，眞實組織中的構面或軸線必然更多。這一類工作單位歸屬方式的組織設計問題幾乎俯拾即是，而且當某些內外情勢改變後，許多工作單位的主軸通常都必須因應調整。因此，運用傳統組織設計的原則，似乎只能指導大幅度且接近典型的組織結構改變，而不易處理這些工作單位層次的組織設計問題。

現在回到圖 13-9 的問題：A 產品的研發「3」，應歸於產品 A，還是屬於研發單位？如果是第一個方案，則表示對「3」這個工作單位而言，第一層的主軸是「產品」，第二層的主軸是「功能」；若爲第二個方案，表示其第一層的主軸是功能（研發），第二層的主軸是產品（因爲劃入研發部門後，可能還有專責單位爲 A 產品服務）。**前文已談過，主軸的層次不同，工作單位內的目標、努力方向、預算來源、績效考核、主管的升遷管道等，都可能大不相同。**

從六大管理元素思考選擇主軸的原則

主軸的選擇，基本上應考慮協調上的需要。簡言之，此一工作單位與哪些工作單位在流程與決策的協調愈重要，就應與它們編在同一組織單位內。而所謂廣義的「協調」，當然也可以從六大管理元素思考。針對某一特定情況，這些思考角度所建議的方向可能並不相同，各種因素的強度也難以化約爲單一客觀的指標。因此，決定組織設計時，主觀判斷依然不可或缺。這些考慮因素，大致可依各項管理元素歸納如下：

1. 各項目標的相對重要程度。

   A 產品的績效對整體組織目標的重要性，以及 A 產品研發工作對 A 產品目標達成的重要程度。如果 A 產品對整體組織十分重要，而其研發又極具關鍵性，則應傾向於第一方案，如此「3」才能集中力量爲 A 產品之顧客提供服務。

2. 資訊配合的重要程度。

   此與「3」及相關單位在決策與行動時的「環境認知與事實前提」有關。A 產品研發工作「3」，若欲順利進行，究竟更需要 A 產品產銷（1、2）所提供的資訊？還是更需要相關研發單位（6、9）所提供的資訊？「3」所產生的有關資訊，對 A 產品產銷工作更有價值？還是對 B、C 產品的研發更有價值？與

表 13-3 ▶ 組織設計原則：從選擇工作單位的主軸分析

原則	說明
各項目標的相對重要程度	哪一軸的目標最重要，就傾向以該軸為主軸。
資訊配合的重要程度	與哪個流程的資訊配合程度愈高，就傾向以該流程為主軸。
決策與行動需要互相配合的程度	與哪個流程的決策配合程度愈高，就傾向以該流程為主軸。
流程銜接程度	與哪些單位的創價流程，在銜接上最有連動關係，就傾向與該單位置於同一主軸或指揮體系。
知能共用程度	與哪些單位的知能互補與交流最密切，就傾向與該單位置於同一主軸或指揮體系。
資源或設備等共用程度	與哪些單位的資源或設備共用程度最高，就傾向與該單位置於同一主軸或指揮體系。
人員的想法或價值觀念	人員互相認同的單位，應傾向置於同一主軸或指揮體系。
策略	工作單位置於何主軸下更能發揮策略效果？
環境的變動與不確定程度	「變動的來源」或「不確定性的來源」應更優先成為主軸。
科技特性	製程科技與資訊科技影響上述各項考慮。
其他因素	人員知能水準、是否有合適的單位主管等。

哪一方面配合的需求程度愈高，則傾向於與該方面的組織結合。例如：當 A 產品的決策必須高度依賴其研發方面的決策時，則應傾向於第一方案。

3. 決策與行動需要互相配合的程度。

A 產品的研發工作中，決策方向是否必須與其產銷決策（1、2）高度配合？若如此，則應傾向於第一方案。

4. 流程的銜接程度。

「3」的創價流程究竟與「1、2」的流程較為密切銜接，還是與「6、9」的流程更為密切銜接？工作單位間，由於銜接良好所獲致的彈性或效率若十分重要，則應歸屬於同一編組。流程的銜接以及上述決策配合亦與權責歸屬有關。如果決策需要密切配合，流程亦有前後的連動關係，卻並未歸屬於同一指揮體系中，萬一績效不佳，就可能出現不同單位間互相推卸責任的現象。

5. 知能的共用程度。

如果 A 產品的研發「3」所需的知能，高度依賴「6、9」的研發能量，則應傾向於第二方案。

6. 資源或設備等的共用程度。

如果 A 產品的研發，需要與 B、C 產品研發共用設備的程度極高，而設備購置與維修成本也很高時，則傾向於第二方案。

7. 人員想法或價值觀念。

從事 A 產品研發的人員（位於「3」），在組織文化或認同感上的取向，也應納入組織劃分的考量。此亦爲與「目標與價值前提」有關的項目。易言之，他們的自我形象究竟是更認同於「A 產品事業部」，還是自認爲是「研發技術人員」，也應納入組織主軸選擇的考量。

選擇主軸的其他考慮因素

組織的策略、外界環境變動或不確定的程度、產業科技的特質等，都會影響組織設計以及主軸的選擇。限於篇幅，以下僅能以最簡單的方式說明。

1. 策略。

「組織追隨策略」的觀念亦可用於選擇主軸。就以本例而言，如果 A 產品在整體策略上是未來發展的重點，「3」的歸屬即應傾向第一方案，使 A 產品事業部的負責人可以集中資源與事權，全力衝刺。然而，策略上如果是以研發技術爲核心，甚至 A 產品的未來競爭優勢主要是依賴 B、C 產品的研發能力（6、9）所帶來的綜效，或資源設備上共用所產生的規模經濟，則組織安排上應傾向於第二方案。

2. 環境的變動與不確定程度。

就 A 產品而言，如果「變動的來源」或「不確定性的來源」是來自市場，而解決這些變動或不確定性的方法，主要是依賴應用研發，或在技術上快速因應市場時，其研發技術最好能與產銷結合在一起，即是將「3」與「1、2」合在一起的第一方案。如果「變動的來源」或「不確定性的來源」是來自技術環境，而集中的研發單位更有能力因應這些變動或不確定性時，則可考慮將「3」放在研發單位，與「6、9」放在一起，或許更有技術前瞻性及因應技術環境變化的能力。

3. 科技的特性。

科技除了產品科技外，尚有製程科技與資訊科技。前述考慮因素中提到的「流程銜接」、「彈性」、「決策的配合」等，都與廣義的製程科技有關係。不同的製程科技（例如自動化程度）當然會造成不同的相對利弊，進而影響組織的編組方式。資訊科技（包括通訊科技）則會影響資訊在部門間的流通以及決策的配合程度。當資訊科技運用十分成熟或深入時，跨部門資訊交流效率可大幅提高，工作單位（例如「3」）的歸屬即不必太考慮資訊流通與時效的問題。

4. 其他因素。

除了以上各項考慮因素之外，組織規模、人員知能水準、組織中是否有合適的單位主管等，也都會影響主軸的選擇，或使某些工作單位的主軸有所改變或調整。

以上分析表現出，從工作單位角度分析的組織設計，與傳統的組織設計有何不同。而「工作單位的分析角度」，其應用範圍及實用性更爲廣泛，且**以六大管理元素思考主軸轉換的考慮因素，亦與本書管理矩陣的思維密切呼應。**

雙重主軸與軸線的簡化

單一主軸的潛在問題

以上所討論的組織設計，基本上仍建立在「指揮統一」及「指揮鏈」的觀念或前提上。易言之，以上討論是基於「單一主軸」的觀點，假設任何工作單位的主要目標、預算來源、績效評估都只來自單一主軸，其他輔軸雖多，但原則上只是協助支援的立場，或蒐集資料以協助上級監督考核。實務上，單一主軸的假設有時並非必然存在。

前述「從工作單位角度分析主軸選擇與變化」中即指出，**選擇主軸的考慮因素很多，評估的方向與結果未必一致，甚至常常互相矛盾，取捨之間，十分困難，而**

且輔軸的績效考核有時並不明確。就以前例的圖 13-9 來說，分析結果可能是 A 產品的研發（3）與 B、C 產品的研發（6、9）之間有高度的知能共同性，資源設備等也必須共用，因此「3」似乎應以研發爲第一層的主軸，而將 A 的研發工作歸屬於中央的研發單位。然而，客戶的需求與競爭的態勢又使 A 產品的研發（3）必須與行銷、生產（1 與 2）密切配合，代表了「3」應以 A 產品爲第一層的主軸，因此應歸屬於 A 產品的事業部中。

解決辦法之一：「調整主軸」

針對此一矛盾現象的解決辦法之一，是不斷地調整主軸。

因應情勢改變主軸

在某一段時間內，以產品爲第一層次的主軸。當遇到一些困難或策略、科技、環境等情勢有所改變時，則再改以功能爲第一層次主軸。甚至日後還可能爲了某些原因而又改爲以地區爲主軸。

嘗試錯誤以累積經驗

事實上，調整主軸一方面反映了對情勢變動的回應，一方面也是組織設計者從實際的組織運作以及克服矛盾的過程中，嘗試錯誤，不斷累積經驗的結果。換句話說，就是在實作中逐漸發現各種主軸安排，或選擇方式的利弊得失與適用狀況，然後才能更確切地針對本身組織的業務特性，找出更合適的組織結構。

解決辦法之二：「雙重主軸」

來自不同主軸的要求與支援

此即是一般所稱的矩陣式組織。在此種組織結構下，A 產品的研發團隊（3），同時要向研發部門及 A 產品事業部報告，接受兩方面的目標要求以及績效考核，也同時與雙方（研發部門及 A 產品事業部）交流資訊、知能，並共用資源。在雙重主軸的設計下，工作單位同時有兩個「老闆」，固然有兩面逢源的好處，但兩位老闆各自目標不同，對此一工作單位的期望不同，甚至出現矛盾衝突，也是雙重主軸的缺點。

角色衝突不可避免

矩陣式組織或雙重主軸的問題，可以用第十二章曾談到的角色與角色衝突來觀察。當成員或管理人員的上級只有單一主軸時，則來自其他輔軸的要求與期望，都可以由直屬上司統整。例如：輔軸之一的人事單位要調訓一位成員，但這位成員同時又必須配合上級要求，加班從事客戶服務，其優先順序與時間分配，當然應向直屬上司請示裁決。但是，當主軸不只一方面時，角色衝突就會出現。例如：地區負責人希望該區各產品線能聯合向共同通路促銷，而位居中央的某一產品負責人卻未必願意配合。此時，如果在該地區負責銷售該產品的人，面對的是這兩位意見不同，但對他的前途或績效考核都有直接影響的主軸上司時，所感受到的角色衝突壓力可想而知。

機動調整兩軸的相對比重

更上級的主管或組織結構的設計者，可以隨策略或其他考量的需要，機動調整兩個主軸對其「共同部屬」的績效評估比重。例如：當上級感到目前「地區」這一軸的目標比「產品」這一軸更爲重要時，可以讓前者所評估的績效占70%，後者占30%。而情勢改變時，則機動調整此一相對比重。經由此一機制，可以使被兩位長官評估的人員，明確知道上級當前的「風向」何在，因而可以配合調整本身決策與行動的優先順序。此外，調整兩軸所擁有的資源或資源調度的權限等，也可以改變兩軸的相對影響力。

解決辦法之三：「簡化軸線」

組織複雜扼殺創新活力

在組織結構複雜的大型組織中，各層主軸、雙重主軸，以及爲數眾多的輔軸，重重疊疊，這些固然可使每個工作單位都能得到來自各方的支援與監督規範，然而，也可能因為「公公婆婆」太多，而扼殺了基層實際從事創價工作成員的創新活力。而且，組織龐大，幕僚及行政管理人員眾多，直接創價的人員比率反而下降，這些都透露出組織已出現老化跡象。此時，組織即有簡化軸線的需要。

建立「內部市場機能」與內部轉撥計價

簡化軸線的解決辦法之一是，建立具「內部市場機能」的組織（或「準市場」組織），提高各單位的自主空間。**簡化各種幕僚與層級，而使更多的單位可以自給自足地獨立運作。這些獨立單位在任務環境中各自有其生存空間，因而可以從外界取得或交換資源，或經過內部轉撥計價的方式，從內部其他單位取得資源**。換句話說，每個單位若需要從任何「輔軸」取得支援，必須以內部轉撥計價的方式購得，或是向組織以外的廠商購買；主軸層級數很少，也不需在流程上或決策上與其他單位相配合。而上級對目標的要求也不複雜——努力創收即可。

優點

建立「準市場」組織的優點是靈活而精簡，而且所有輔軸上的單位，因為面對市場機能所帶來的壓力，在服務品質與成本控制上都會有較佳的表現。

此一做法的極致是在組織之下形成為數眾多的「小公司」，可以**鼓勵大型組織內部的創新與企業家精神**。例如：有些企業將可以獨立運作的業務，盡量劃分成精簡的小型事業單位，每一單位皆為利潤中心，只負責產銷。各利潤中心需要「資訊服務」、「人員訓練」等服務時，則向「資訊部」、「人事處」等提出規格要求，計算成本與價格，再進行單位間的交易。資訊部、人事處等，若不能自內部獲得足量創收，則必須到外界開發業務，以收費方式向外界提供相關的專業服務。如此一來，組織所有輔軸中的支援部門，也都成為利潤中心。

缺點

這種做法的潛在缺點之一是：將大型組織如此切割，可能犧牲許多方面的規模經濟，以及資源與知能方面的交流與累積。潛在缺點之二是：所有單位都在追求短期利潤，可能會因此忽略長期競爭力的培養。而且，即使有形成長期競爭力的可能，在組織上亦不知應由何人長期負責。潛在缺點之三是：「內部市場」的壓力固然有助於降低成本與提升服務品質，但內部轉撥計價等管理方法也會產生成本，必須二者相權才能決定應「自主」到什麼程度。潛在缺點之四，也是一項更根本的質疑是：如果這些「小而美」的組織可以順利生存，那又何必整合在一個大型組織之下？易言之，機構領導人若未能創造或維持有效的整合機制或共有資源，則這些獨立運作的單位，終究要與組織漸行漸遠，甚至脫離組織。

解決辦法之四：「團隊組織」

另外一項簡化軸線的辦法是「團隊組織」。

團隊組織的定義與做法不一，但是其**基本構想是打破建制，依任務需求從各有關單位集合人才，組成團隊，以機動靈活的方式完成任務**。這種方式的實務應用通常只限於新產品開發、技術研發，或某些專案事項，並不容易成爲組織設計的主流。除非其業務以專案性質爲主，否則在大型而專業複雜的組織中，如果大量運用團隊組織，則其績效考評、成本分攤、人員監督等，都很容易失控。

軸線簡化後更依賴個別管理者的整合能力

當「簡化軸線」的做法出現時，對於每一位管理人員的整合能力與功能的要求水準，都必須大幅提高。

其理由是：組織原本是希望能藉由「組織結構」而簡化整合的工作，有了運用良好的組織結構，可以部分替代個別管理人員的整合工作。換言之，只要組織結構設計得好，可以取代或簡化管理人員的整合工作，而正式組織所賦予的職權或職銜，對管理人員的整合工作也有正面作用。然而，在「準市場」組織中，每個獨立單位的負責人都必須有能力獨當一面，靈活有效地整合內外的各種資源；在團隊組織中，由於只有團隊任務要求，而無行動準則，因此每位成員的溝通協調能力，以及「知識與資訊的處理能力」（KIPA）都必須達到相當水準，團隊組織的運作才能有效而不致陷於混亂。

組織再整合的方式與機制

組織由於規模擴充及業務日趨複雜，因此出現單位不斷增設以及單位間逐漸分化的現象。**分化之後，可能導致各工作單位間的流程斷裂、目標分歧，且資源不易共用，決策與行動不易協調，因此有「再整合」的必要。**

不同的分化方式，需要有不同的再整合方法，而且針對某項特定的再整合任務，可能也同時存在若干個整合的方法與機制。

組織的分化有其潛在效益，但是爲了解決分化所帶來的問題，所採行的再整合行動當然也有其成本。這些效益與成本的比較，是選擇組織設計方式時的主要參考因素。

組織分化造成再整合的需要

組織切割造成目標分化

由於本章各節中所提到的種種原因，組織內的單位會日漸增加，爲避免各部門失焦，並簡化整合，必須將整體目標「分化」爲各部門目標。然而每個單位各有其目標及努力方向，又可能因此分散力量，甚至成爲「多頭馬車」，因而又需要「再整合」。

例如：當單位間依功能分工後，各單位的目標及重點會出現差異（如行銷、生產、研發等各功能單位，對品質、長短期的取捨等會有不同看法）；多國企業中，由於分散在各國的子公司所面對的國家環境不同，因而在做法及想法上也會出現差異，這些差異也都需要再整合。

六大管理元素的合作與銜接出現落差

從個別工作單位的角度看，有些工作單位在目標、資源、知能、資訊、決策、流程等方面有必要合作或銜接，但是由於其他考慮，並未分在同一「編組」下。這些組織所需要的「合作」或「銜接」因此未能合於理想，甚至產生矛盾，因而也需要再整合。

這些問題或矛盾，大部分可藉由前文所介紹的「層級」、「主軸」、「輔軸」、「雙主軸」等予以解決。易言之，這些本來就是將爲數眾多的工作單位進行再整合的機制與做法。除此之外，再整合的做法還有很多，可約略分爲行爲面、流程與制度面、結構面，將逐一說明於後。

本書前面各章，尤其是第十一章所談到的種種整合方法，從主動發掘選擇整合對象，一直到溝通協調、KIPA的運用、設計整合平台等，都屬於一般性的整合動作。此處所談者則是針對「組織因結構分化後所需要的整合」。

再整合的方法——行為面

行爲面上的再整合，是最直接也是成本最低的整合或再整合方式。

上級裁決

就具體方式來說，上級協調裁決是整合部門間六大元素的主要做法。易言之，低階層之間若是互相難以協調整合，即必須有勞較高層級的管理者，憑藉職位所擁有的權力，以及更優勢的資源與知能，提出更有創意的方案，以調整各方的目標取向，結合各方資源的互相投入，以及各方決策與行動上的配合。

上級的協調與裁決在「介入程度與方式」上，尚有許多選擇的空間。介入程度較低者，通常只是主動或被動地提出要求，仍敦請各方協商，設法提出各方皆認爲可行的方案；介入程度高者，則可能包括：對各方目標要求水準的調整，或資源的重新分配，或對其中比較「吃虧」的一方，給予資源或其他方面的補償。

平行單位間的協調

平行單位間的協調整合當然也很重要。各單位負責人平時溝通時在態度上能否圓融，在小地方是否願意吃虧忍讓，能否構思出多贏的解決方案，是否願意投入心力與資源於共同的任務上，以及在計算功過時是否能不斤斤計較等，都是單位間再整合時的必要行爲。

表 13-4 ▶ 再整合的方法

分類	方法
行為面	上級裁決； 平行單位間的協調； 基層人員在再整合過程中的積極角色； 組織文化對整合行為的影響。
流程與制度面	協調會議； 資訊系統； 考核制度； 內部轉撥計價制度； 職位輪調。
結構面	「層級」增加、「主軸」轉換、「輔軸」增設、「雙主軸」等皆為結構面的整合方法； 委員會或任務小組； 設置以整合為目的的幕僚單位； 設置聯繫「窗口」； 設置「對口單位」； 合署或比鄰； 減少互動的需要。

基層人員在再整合過程中的積極角色

除各級主管的角色外，一項十分重要而常被忽略的是，基層人員在再整合過程中的積極角色。第二章案例中的產品經理C君，即是一位能有效發揮積極整合功能的基層人員，而許多組織中的「業務承辦人」，在整合能力上亦相差極大。**能幹的承辦人可以在開始簽辦前，就先將各方意見、潛在困難、所需支援、現有法規的限制，與過去類似案件的處理原則等，歸納整合到相當水準，因此工作的推動即十分順利**。能力差的承辦人，由於事前及事中的整合工作未臻完善，結果不僅難以達成共識，而且事事都必須請高階主管費心解決與裁示。易言之，整合工作如果由基層完成較大的部分，中高階主管即可省下心力，從事更重要的管理工作。反之，若基層人員未盡心盡力主動構思整合的方法，只會事事請示，則組織效率不問可知。

組織文化對整合行為的影響

在整合的行爲面上，另一項要素是「有組織記憶力的文化」以及建立在此一基礎上的單位間互信。由於整合過程中，必然有互相退讓的情況，**如果這次某方爲了**

順利推動整體工作而有所退讓，依理，未來在其他合作案中，其他單位也應有所退讓以表示回報。這方面的「組織記憶力」好，大家在行爲上即不至於錙銖必較。反之，若退讓之後反而造成別人心目中「人善可欺」的形象，則各方自然事事堅持，以示「強硬」，至少回到本身單位中，也比較有所交代。

上級的態度，對這種組織記憶力文化影響極大。上級如果能常記得哪些人或單位曾經「犧牲小我以顧全大局」，而設法在未來對其有所補償，則組織中大家顧全大局以推動合作的意願必然大爲提高。

再整合的方法——流程與制度面

「徒善不足以爲政，徒法不足以自行」，制度面的做法與行爲面的表現本來即是相輔相成的。上述行爲面的整合方法，若加上一些流程或制度，將更有助於部門間的再整合。這些包括：部門間定期或不定期的協調會議、規劃制度與預算程序、資訊科技的運用、爲相關部門設定共同目標、讓各方可以共同考評成員、內部轉撥計價、職位輪調，以及各種刻意安排的團康社交活動等。

協調會議

協調會議當然是極爲常見的。負責協調的長官，階級愈高，所掌握的資源與影響力也愈高，因此整合的力道與效果也愈強。然而由於高階的時間心力有限，只有重要的議題，才值得勞動「大官」來協調。因此，**針對議題重要程度，指派層級恰當的協調者，也是一項制度面的決策**。

高階主管可以經過策略規劃會議、目標管理制度、平衡計分卡等，爲相關的各單位或各主管創造對話的機會，藉此**將各自不同的觀點「浮現」在檯面上，然後在各方妥協及創意的協助下，裁定最後的整合方案**。而這些制度或流程，其實最大的作用即在進行再整合的工作。

資訊系統

如何及時取得所需的資訊，以及資訊的具體與細緻程度，是組織劃分後，各方關心的議題。資訊的同步必然有助於部門間的再整合。近年來，資訊科技的發展，提供了良好有效的解決辦法，不僅在技術上可以讓各相關單位快速得到所需的資訊，加上電腦資訊系統本身的結構化特性，使得資訊系統在建構的過程中，必須嚴謹訂定每一項資訊在處理、流通以及呈現方式上的規範。而這些複雜又細緻的規範訂定過程，本身即是一種整合機制，可藉以檢視及協商各方在內容與時效上的資訊需求、授權水準、提供資訊的責任等，同時也是**從資訊面落實再整合的管理流程**。

考核制度

如果各方由於目標不同而難以整合，則可考慮設立共同的目標，如果擔心成員對某些輔軸的要求不予重視，則可考慮讓輔軸也有部分考核的權力。例如：讓人事訓練單位評鑑成員的知能成長績效，並請各級主管將此一成績列入考績範圍。大學畢業生的成績單上出現「操行成績」，即表示對學務處此一輔軸的肯定與重視。高級長官定期聽取產品經理的回報，並將其所陳報的各單位主動協調配合程度，列入這些單位的考核範圍，也可以產生類似的效果。

內部轉撥計價制度

內部轉撥計價也是部門間的整合機制之一。如果各單位必須經常協商有關彼此的權利義務，或所提供產品服務究竟應如何計算等事宜，並且覺得耗時費事，則可設計內部轉撥計價制度，以期一勞永逸。簡言之，即是在制定轉撥計價公式時，依據各方的成本投入、替代來源、成果分配原則等深入分析。在制定過程中，充分整合妥協，公式訂定後，即據之辦理，更無異議。**此一制定公式的過程，即是一個整合流程**，如果轉撥計價公式設計良好，則可長期發揮部門間的整合功能。

職位輪調

職位輪調也是整合各方的機制。由於「腦袋跟著位子走」是人之常情，因此定期而有制度的職位輪調，可以鬆動各單位人員及主管的本位主義，促使大家能從更超然、更長遠的角度思考問題。當然，職位輪調亦有其適用條件，由於單位主管知能的限制，並非所有單位間都適合互相輪調。

其他

組織所支持鼓勵的各種跨部門培訓活動與團康社交活動，有助於成員間增進了解，建立私誼，進而有助於部門間的資訊交流、行動配合，甚至維持上述「組織記憶力」，此應不需再行說明。藉由明文的「SOP」來界定各單位之間的行動步驟與權責，也是十分常見的再整合機制。

再整合的方法——結構面

所謂「分化」，是指結構面的分工或權責劃分，分工後需要再整合，而再整合又要從結構面著手。乍聽之下，似乎有些無奈甚至荒謬，然而許多大型組織內部疊床架屋的現象，卻也充分反映了此一事實。

前文已指出，所謂「層級」增加、「主軸」轉換、「輔軸」增設、「雙主軸」的存在等都是結構面的整合方法，在此不再討論。除此之外，結構面的整合做法與機制還有以下這些：

委員會或任務小組

成立暫時性的委員會或任務小組，針對特定議題專責從事整合工作。例如新產品開發，或某些因應危機的任務小組。

設置以整合為目的的幕僚單位

爲了整合各單位的目標與資源，乃指定或設置高階幕僚，甚至是長期存在的幕僚單位，專職負責協調某些業務。例如：政府各部會都有一些業務與「經濟建設」有關，爲了整合這些分散於各部會，但又需要互相協調配合的工作，乃成立「經濟建設委員會」負責推動。

設置聯繫「窗口」

在複雜組織中，若服務對象在某些業務上需要分別與各單位聯繫協調，爲了簡化步驟，常會設置對外提供服務或擔任聯繫工作的「窗口」，以整合分散於內部的有關業務。

設置「對口單位」

在需要協調配合的各個單位中，分別設立「對口單位」，針對雙方或各方需要協調、或行動上需要整合的事項，協助雙方內部的整合。

合署或比鄰

辦公場所的選擇也有屬於結構面的因素。需要密切協調合作的單位，辦公場所互相鄰近，有助溝通交流，也有利於培養感情。辦公場所的位置選擇是一項十分重要的設計，原則上是同一主軸內的工作單位應盡量在一起。雙主軸的工作單位究竟與哪一個主軸位置接近，難免會引起一些聯想，規劃時必須慎思。而爲了便於與其他非主軸的單位溝通協調，而遷離原有主軸，也未必恰當。因此，大規模的組織常需要擁有大型的總部或行政中心，將原來分散的單位集中回來，以利不同主軸下各單位間的互動與溝通。

減少互動的需要

在結構上設法減少單位間再整合的需要，也是釜底抽薪的辦法。業務、地區、流程都不同的單位，彼此間卻仍需要整合，其基本原因之一即是各方仍有許多需要共用的資源與設備。如果能設法使各方皆有本身專用的設備，雖然營運成本可能增加，卻可以提高獨立性，互動的需要大幅減少，「再整合」的必要性也被更深度的分化所解除了。

▶ 獨立與解構

成立獨立的部門

在結構上成立相對獨立的事業部，是簡化大型組織整合問題的重要方法。在此一體制下，主要事業都各有其服務對象、資源來源及各自的目標，而事業單位間不需密集的資訊交流，亦無流程的銜接，所共用者只有機構商譽、資金調度，以及外部網絡關係而已。有時甚至連「法人身分」都各自獨立，分別成為上市公司。

業務高度獨立仍需整合功能

彼此獨立性相當高的一群事業部或轉投資公司，仍有若干再整合機制存在的必要。例如：第十二章中談到歐洲大型家族企業的「家臣」制度，以及日本大型集團旗下公司的「社長聯誼會」，都是高度分化甚至半獨立以後，再整合的方法之一。

以家族為整合機制的利弊

家族關係當然也是再整合的機制。然而家族關係變化多，若在經營上已無共用資源或共創綜效的潛在機會，則兄弟分家應是遲早的事。有此一了解，及早在各轉投資公司間明確劃分資源歸屬，包括共用品牌形象的所有權等，都是應未雨綢繆，及早規劃的。

當然，如果各事業單位間存在無法分割，或分割成本極高的共用資源，則「解構」即不宜成為組織未來努力的方向。易言之，未來即使彼此高度分化，至少也應維持若干水準與某種形式的整合，方有利於共同的未來發展。

組織設計效益與成本的權衡

組織設計中的各種分化與整合都有其效益，也有其成本。組織設計或組織結構的選擇，即是這些成本效益的權衡。

▶組織設計的預期效益

組織依某些原則，分出單位、設立層級，在理想上可以達成的效益包括：各單位目標更單純，可以集中力量就本身職責範圍做出貢獻；簡化資訊流量，只需深入掌握與其有限任務有關的資訊即可；簡化行動的協調，包括單位內及單位間的協調；使每個單位的管理人員可以更有效率地進行規劃、激勵、管控、教導等工作，而且這些工作也能從組織其他單位得到適當的協助。

諸如此類，在本章各節中都已介紹。

分化效益與再整合成本的比較

分化的效益

本章所舉的「七人編組」簡例，已經說明了組織分化以後，所需增加的整合工作，包括部門間的整合、各個部門內的整合、長官對各個部門間「六大元素」的交流與整合等。而所運用的整合方法與機制，也都於本章中一一列舉。

分化方式影響再整合方式

組織分化後，由於分化的方式不同，所需的再整合方式也因而不同，例如：圖表 13-9 中的「A 產品研發單位」，究竟應歸屬於「A 產品部門」，還是中央的「研發部門」？這是有關「分化方式」的選擇，除應配合業務需要，也應考慮組織的策略重點、環境特性、科技特性等。

但各單位無論採用何種歸屬方式，都必須有相對應的再整合措施。而不同方案的成本效益比較，即決定了組織的設計，或該工作單位的定位與歸屬。

成本效益的比較

「分化產生效益，亦產生再整合的需要，再整合又會產生成本」，此一思考方式對負責組織設計的高階管理者甚具涵意。不論層級多寡、單位歸屬、現有單位應否合併或分立等，都可以從此一角度來思考。**有些單位的存在，未必能發揮整合功能，卻爲大家帶來不少再整合的成本**，則應考慮裁撤。多國企業的區域營運中心究竟應置於哪個層級？哪個國家？或因策略調整、資訊科技進步而應根本廢除，也可以從比較各方案的再整合效益與再整合成本著手。

再整合能力因人而異

整合或再整合的能力，也因管理者或組織而異。整合能力低者，爲了再整合而付出的成本特別高。因此，即使組織規模不大，業務也不複雜，如果管理者已自覺無力從事再整合的工作，就必須開始進行「解構」，或將一部分業務獨立出去。也就是說，**整合能力決定組織規模的上限**。

衝突的正面作用——決定再整合程度

整合未必需要徹底

單位間的目標、資源、知能等分化後，即產生了再整合的需要。然而，有時再整合的工作卻應刻意保留一些餘地，例如各單位目標的差異甚至矛盾，讓單位間維持一定水準的衝突或差異，這也是實務上常見的做法。

未徹底整合的潛在作用

讓互相需要行動配合的單位間存在目標上的少許差異，可以製造一些可控制水準下的衝突。而衝突的存在可以提供大家（包括高階層）經常檢視目標與價值取向的機會，**高階層也可以從不同意見的交流中，甚至「擺平爭端」的過程中，了解基層的營運情況**。若是各單位間全無爭議，也完全不需高階層的介入與整合，則高階層可能逐漸對營運實況失去接觸與了解的機會。

在資訊方面，有時也可刻意讓各方擁有不同的環境認知，以促成不同的觀點，如此一來，**在整合過程中，才能對關鍵眞相提出進一步的質疑**。如果各單位所接觸的資訊完全相同，所擁有的環境認知也極爲相近，雖然有利於決策效率，但由於可能存在集體的盲點，因而或許並不利於決策的品質。

單位間的知能不同，是創意的重要來源之一。而同一工作單位的知能，若有幾個不同的來源，雖然可能由於大家想法不同，不易快速達成共識，但在不同知識體系的激盪下，往往也會整合出更深刻的見解。

這些都是「再整合」程度的取決上，可以考慮的層面。

管理工作的自我檢核

1. 貴組織在過去成長過程中，曾陸續增加過哪些單位？增加的目的為何？
2. 貴組織新單位增加後，對各級主管「六大管理元素」的整合工作有何影響？由於新單位增加，各級主管增加了哪些工作？簡化了哪些工作？
3. 本組織現行的最小工作單位，可區分為哪幾種類型？其第一層主軸分別為何？採用此主軸的背後策略涵意為何？組織設計上提供哪些輔軸，用來輔助最小工作單位的創價流程？
4. 請就貴組織中，任選一個工作單位，分析六大管理元素對該工作單位的作用，以及有關的「主軸」與「輔軸」為何？
5. 本組織是否存在主軸與輔軸、輔軸與輔軸間的衝突？有哪些機制用以整合軸與軸的衝突？本組織是否存在輔軸過多，導致規範繁雜、內部成本增加的問題？若是的話，是否有簡化軸線的做法？
6. 組織再整合的方法有哪些？貴組織在分化與整合上，程度是否合宜？在分權程度上，有哪些決策似乎太過集權或太過分權？

第14章

管理矩陣在管理議題上的應用

管理矩陣是描述、解析各種管理觀念與管理實務的工具。本章針對一些常見的管理議題與觀念，以管理矩陣的架構進行解析。本章目的不在介紹這些「道理」，而是以這些議題或「道理」做爲範例，展現管理矩陣的實用性及有效性。

本章重要主題

- 創業與策略
- 執行力與組織管理
- 組織老化與組織變革
- 管理行為與領導
- 其他議題
- 對管理教育的涵意

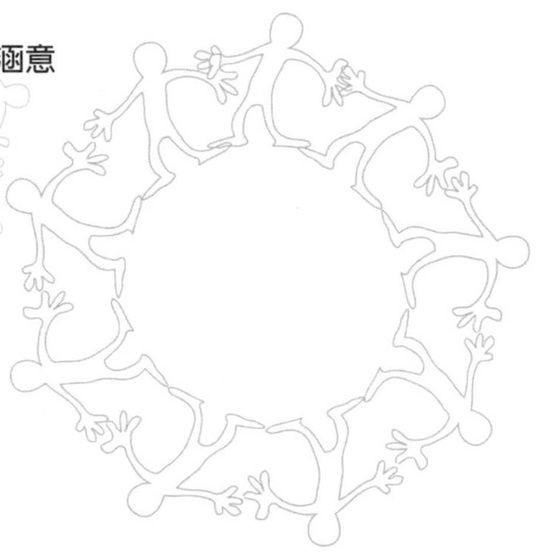

關鍵詞

創業 p.442
執行力 p.449
投機行為 p.451
跨國企業 p.452
共識 p.453
組織老化 p.454
組織變革 p.454
接班人 p.459
家族企業 p.464
公司治理 p.464
社會責任 p.465
管理教育 p.468

管理矩陣是本書的主要架構。此一架構包括「整合標的」（六大管理元素），以及「整合對象」（組織內外的六大層級）。第五章到第十章分別以專章介紹六大管理元素的內容，第十一章至第十三章則以前述各章的觀念與內容為基礎，深入分析「整合」、「正式組織」以及「組織設計」的觀念與做法。在讀者對這些都已經有相當程度的掌握後，本章再度回到管理矩陣，運用管理矩陣此一觀念工具，解析一些大家熟悉的管理議題。有關這些議題（例如「創業」或「組織老化」），學理上與實務上的觀念、做法以及建議事項極為豐富，本書當然無法一一窮舉，在此所列出者，僅是做為說明管理矩陣「運用方法」的實例而已。

讀者對這些議題若有深入研究的興趣，可以參考其他專書或專文。本章所欲展現者是：無論其他專書、專文、學理、實務的內容如何，幾乎都可以比照本章的方法，利用管理矩陣予以解析。而且經過如此解析後，這些議題背後的意義、道理、內涵，不僅更明晰易懂，而且由於掌握了分析「架構」，因此也更容易有系統地記憶，並加以靈活運用。

如果讀者能夠比照本章的做法，利用管理矩陣檢視、解析各種學理，便能超越各種專有名詞、學派，而對管理工作的本質產生更直接、更平實、更深入的體會。

本章從創業、策略等較為宏觀的議題開始分析，進而討論組織老化與變革，以及較微觀的管理行為與領導。其次序與一般管理學的章節約略呼應，各節內容則因限於篇幅，無法周全。

創業與策略

創業

在產業中找到生存空間，並以現有的資源、知能與資訊爲基礎，整合各方資源，這是創業的重點工作。組織使命與願景的設計與提出、創業初期組織所擁有的獨特能力，以及創業家本身的社會網絡與信譽，都十分重要。

而經營上的靈活性，也是創業初期的組織特色。

觀念或建議事項	管理矩陣解析
1. 創業家的功能在於發掘社會中潛在的需求，並尋求未充分利用的資源與科技，來滿足這些需求。	「決 4」的功能在於創造一個整合平台（「3」），以整合潛在顧客的需求（「目 2」）、社會未充分利用的資源（「資 1」以及「資 2」）、未充分利用的知能（「能 1」、「能 2」）。
2. 創業家擁有一些資訊，可以知道這些需求、資源與知能的所在。而過去的經驗或關係有助於獲得這些資訊。	創業家本身「環 4」充分，有助於尋找「資 2」、「能 2」、發掘「目 2」。 而「環 4」的內容豐富程度與過去所建立的無形資源「資 4」（如網絡關係等）有關。
3. 創業家能提出願景，有說服力及信用，以整合各方資源與目標。	有「能 4」提出組織的「目 3」，有「資 4」（例如大家對他的信任）以獲得各方信任。 而「說服力」也是「能 4」的一環。 所謂各方，在投入共同創業活動之前，皆屬於任務環境「2」。因此說服力中的一部分是能瞭解各個「目 2」的陰面需求與期望。
4. 創業家有某一程度的成就動機與人生抱負。	陰面「目 4」中有追求成就的特質。
5. 創業家或創業團隊應有能力設計創價流程，提出與其他組織不同或有獨特價值的產出。	「能 4」或「能 5」可以設計組織獨特的「流 3」，滿足某些任務環境中顧客的「目 2」，並使顧客願意提供足量的「資 2」，以供組織的成果分配，滿足各方目標（如投資人的「目 2」，員工陰面的「目 5」、「目 6」）。
6. 創業初期，決策有彈性，資訊透明度高，組織內部溝通無障礙，雖無制度亦無妨。	「決 4」不受過去「決 3」限制，亦無太多制式管理流程（「流 3」），因而得以提升決策效率。 「環 4」、「環 5」、「環 6」也因充分溝通而十分接近，有助「決 5」、「決 6」的方向與「決 4」一致。

事業策略的策略形態

分析策略，可以從描述其事業策略的策略形態開始著手。所謂「策略形態」，簡而言之，即是事業體在策略上「長得什麼樣子」，或呈現出怎樣的「形貌」。而「產品線廣度與特色」、「目標市場的區隔與選擇」、「垂直整合程度的取決」、「地理涵蓋範圍」、「相對規模與規模經濟」、「競爭優勢」等，即是事業策略形態的六大構面。

此六大構面在管理矩陣上也可以進行解析。

觀念或建議事項	管理矩陣解析
1. 產品線廣度與特色	創價流程（「流 3」）的產出是什麼，與任務環境中的其他同業有何不同。
2. 目標市場的區隔與選擇	任務環境中某些顧客，其「目 2」能被本組織的「流 3」（主要是營運流程）產出所滿足，又有足量的「資 2」注入本組織「資 3」，以進行合理的交易。 這些顧客應是本組織的目標市場。
3. 垂直整合程度的取決	在任務環境的「流 2」中，本組織的「流 3」所扮演的角色與定位。 也可以視為與任務環境中其他機構（如供應商及代工廠）「2」的分工情況。
4. 地理涵蓋範圍	任務環境中，顧客、合作對象、供應來源，以及本身創價流程在地區上的分布。 此項係以地理區的構面描述「流 2」與「流 3」所在。
5. 相對規模與規模經濟	本身創價流程（「流 3」）中，具有規模效益的次級流程（「流 5」），以及其對流程產出所產生的效益，例如：因規模而造成某些「資 5」的減省、運用「能 3」的效率提升、資訊掌握（「環 3」）的強化，或提高顧客「目 2」的滿足程度等。
6. 競爭優勢	本組織掌握某些獨特的「能 3」、「能 4」、「能 5」、「能 6」，或「資 3」、「資 4」、「資 5」、「資 6」，使流程（「流 3」、「流 5」、「流 6」）擁有有獨特而不易取代的特性，且對顧客的「目 2」有吸引力。 某些資訊的掌握（「環 4」、「環 5」、「環 6」）及特殊流程（包括營運流程與管理流程，「流 3」至「流 6」），亦可能成為競爭優勢的來源。

策略的制定與執行

制定策略必須考慮外界環境、內部條件，以及相關人士的目標與要求。而策略方案是否可行，也必須經過這些層面的驗證。「策略雄心」與「落實執行」也是攸關策略成敗的重要因素。

觀念或建議事項	管理矩陣解析
1. 策略用意在結合資源、能力，以滿足顧客、合作夥伴及投資人、員工等的需求。	策略是一項機構領導人的重要決策（「決 4」），用意在結合組織內外的各種「資 1」至「資 6」、「能 1」至「能 6」，並經由創價流程（流 3），滿足各方目標（「目 1」至「目 6」）。
2. 策略形態是具體的策略方案，是驗證前提的對象。	有具體的「決 4」或備選方案，才能驗證各項前提（各層級的「環」、「能」、「目」等）。
3. 環境、條件、目標，是評估選擇的標準。	傳統上的「環境」，包括了「決 1」（規則制定者的決策）與「決 2」（任務環境中各機構及顧客的決策）、「目 1」、「目 2」、「資 1」、「資 2」等。 「條件」是組織內部各層級的「流」、「能」、「資」，以及對資訊的掌握與解讀（各層級的「環」）能力。 「目標」是從組織的「目 3」到內外廣義成員所擁有的「目 2」、「目 4」、「目 5」、「目 6」所形成的一組限制條件。
4. 策略的落實執行	機構領導人的策略決策「決 4」，應進一步運用制度「流 3」或「流 4」，去影響、指導組織內部的「決 5」、「決 6」及「流 5」、「流 6」。 而影響、指導則包括了各個層級「環」的溝通與改變，以及陰面的「目 5」、「目 6」與新策略目標「目 3」的結合。 包括針對未來策略需要，強化各層級的「能」與「資」在內。
5. 策略雄心：與目標、環境、條件等皆有關係。	機構領導人有高度的成就動機（「目 4」的陰面）； 其認知中（「環 4」），認為本組織的知能（各級的「能」）尚有成長空間，而任務環境及總體環境中的「決 2」、「決 1」、「目 2」、「目 1」都可能因為本身或本組織的努力（「決 4」或「決 3」）而有所改變。

組織創新與成長

組織成長是大多數企業所追求的。組織成長可能是基於本身能力的提升，可能是因爲外界生存空間或市場需求的擴大，也可能只是投入更多的資源、雇用更多的人員。

這三種成長方式彼此之間有因果關係，若能齊頭並進，通常應較爲理想；若三者並未同時出現，則表示機構領導人應注意維持其間的平衡。

觀念或建議事項	管理矩陣解析
1. 有些組織成長來自提升本身創造差異化的能力；	有些成長以「能」與「流」為基礎。
1-1 掌握新的產銷技術。	「能 5」、「能 6」的突破，提升「流 5」、「流 6」，乃至於提升「流 3」等「營運流程」的效率或產出的品質水準。
1-2 掌握新的管理方法。	「能 5」、「能 6」的突破，提升「流 5」、「流 6」，乃至於「流 3」等「管理流程」的效率，進而改善產出的品質水準。
1-3 產品水準造成目標市場滿意程度的提高，因而增加需求量，或進入新的市場區隔。	「流 3」的產出造成任務環境中的顧客目標滿足（滿足「目 2」），因而使組織得到更多的「資 2」做為回饋。
2. 有些組織成長來自外界市場機會的增加；	有些成長與任務環境「2」的規模，以及「目 2」朝有利方向改變，或「資 2」（如購買力）的提高有關。
2-1 銷量增加，提高營收。	因滿足任務環境的「目 2」，而獲致「資 2」流向本組織的「資 3」。
3. 有些組織成長來自投入資源的增加。	有些成長是因為組織內部投入更多或更佳的「資」與「能」。
3-1 聘用更多優秀的人才。	提升「能 5」、「能 6」的品質與數量。
3-2 擴大廠房規模、採購更多設備。	「資 3」增加，使組織中各階層人員皆可運用更多更好的「資 5」、「資 6」。
4. 以上種種皆有助於組織達成成長目標。	各種成長都有可能達到「目 3」的成長期望。

中小企業發展的困境

並非所有企業都應追求成長，有時若能維持「小而美」，並擁有獨特的優勢，其實也是生存之道。然而在某些產業，某一水準以上的「經濟規模」有其必要，因此不得不在規模上力求突破。然而在資源、能力、形象上的不足，若無法有效解決，則不易脫離其因規模小而帶來的困境。

觀念或建議事項	管理矩陣解析
1. 雖有技術或外在機會，但難以獲得足量的財務資源。	雖內有「能 4」、「能 5」，外有「目 2」有待滿足，但由於負責人的資力有限（「資 4」不足支持「資 3」的需要），或無法從外界取得資金（「資 2」無法轉化為「資 3」），使組織的「流 3」無法擴大。
2. 創業家無法將其獨有的知能傳授給組織中的其他人。	「4」無法將其「能 4」流向「能 5」、「能 6」，造成人才斷層或上忙下閒。
2-1 原因之一可能是不知如何傳授。	「能 4」只知生產技術或銷售，卻缺乏「教導」或「教練」的「能」。
2-2 原因之二可能是想藏私，擔心同仁學會之後可能會離開組織。	在「環 4」的認知中，感到同仁的陰面「目 6」未必能長期認同組織的「目 3」或負責人的「目 4」。擔心當「能 6」被強化後，會「化陽為陰」，離組織而他就。
3. 組織太小，不易吸引高手加入組織。	組織形象「資 3」或負責人的形象「資 4」不高，無法吸引擁有高水準「能 5」、「能 6」的人才加入組織。
4. 無法建立較大型的營運規模與流程。	「能 4」只能運作小規模的「流 3」，不足以建立或運作大規模的「流 3」，包括營運流程與管理流程在內。
5. 無法建立或無經濟規模以建立內部控制的制度與流程，而不得不維持人治。	「能 4」不足以建立內控的管理流程「流 3」，或組織「資 3」太少而無法負擔設計及運用管理流程「流 3」的成本。 於是不得不依賴本身陰面的「環 4」來瞭解組織內部的運作，因而限制了組織發展。
6. 若依賴「親信」進行內部管控，取代制度，則可能因親信的能力與私心，而阻礙了組織的正常運作。	親信可能是「5」，也可能是「6」。若他們的「能 5」、「能 6」不足，或「目 5」、「目 6」的陰面過重，則也可能發生問題。例如：親信可能將組織的「資 3」用於本身「目 5」或「目 6」陰面的滿足，凡此舉皆會對組織的「目 3」造成傷害。

策略方向爭議的起因

高階層人員之間，對未來策略的發展方向未必皆有共識。出現這些爭議的背後原因，可能是對未來的看法不同，也可能是對組織本身的認知有所差異。

而各人立場甚至利益不同，也是難以取得策略共識的常見原因。

觀念或建議事項	管理矩陣解析
1. 假設有兩位一級主管（A 與 B），兩人對策略皆有高度的建議權。	A 的「決 5」與 B 的「決 5」皆可能影響機構領導人的「決 4」，進而影響組織未來的策略方向「目 3」、「決 3」、「流 3」等。
2. A 與 B 在策略方向上存有高度爭議或不同見解。	A 的「決 5」與 B 的「決 5」不同。
3. 原因之一是雙方對環境認知不同。	A 的「環 5」與 B 的「環 5」不同」。
3-1 包括對外界市場機會認知的不同；	A 的「環 5」與 B 的「環 5」中，對未來「目 2」、「資 2」、「決 2」的內容、數量、成長潛力等認知不同。
3-2 包括對本身條件認知的不同；	A 的「環 5」與 B 的「環 5」中，對目前及未來的「能 3」、「能 4」、「能 5」、「能 6」、「資 3」、「資 4」、「資 5」、「資 6」的水準認知不同。
3-3 包括對法律與政策環境等未來的「遊戲規則」認知不同。	A 的「環 5」與 B 的「環 5」中，對目前及未來的「決 1」的認知不同。
4. 原因之二是雙方的風險偏好不同。	A 的「目 5」與 B 的「目 5」在對風險承擔的價值觀上不同。
5. 原因之三是不同的策略方向將分別滿足兩人不同的個人目的，例如：在某策略之下，A 的能力可以更能發揮，而在另一策略方向下，則 B 的能力更能發揮。	A 的同仁陰面「目 5」與 B 的陰面「目 5」出現衝突。例如，在不同策略方向下，A 的「能 5」與 B 的「能 5」將有不同的發揮空間。
6. 原因之四是兩人分別為本身部門同仁的前程或未來發展機會而爭取理想的策略方向。	A 希望能滿足其下屬同仁的陰面「目 6」，或令其「能 6」有所發揮；而 B 亦有相同的考慮，因而造成所主張的「決 5」有所不同。

執行力與組織管理

組織的執行力

除了策略方向之外，影響組織績效的另一項重要因素是組織的執行力。欲提升組織執行力，流程與制度、目標體系、政策指導、資訊回饋、獎懲系統、組織文化等皆不可忽視。「執行力」看似複雜，然而從六大管理元素解析即能條理分明，而且各項重點皆不致遺漏。

觀念或建議事項	管理矩陣解析
1. 配合產出的需要，設計良好的營運流程。	設計合宜的「流 5」、「流 6」，以進行創價活動。
2. 有明確的分工體系與協調機制。	各個「流 5」、「流 6」間要分工明確，銜接緊密。
3. 有適當的選、訓、用流程，使各執行單位擁有足夠的知能以完成任務。	有良好的「流 3」、「流 4」、「流 5」以選訓用人員，使組織有夠水準的「能 5」、「能 6」，足以完成「流 5」、「流 6」等營運流程與管理流程的任務要求。
4. 有合理的資源分配流程，使各執行單位擁有足夠的資源以完成任務。	各相關單位所分配到的「資 5」、「資 6」足以完成「流 5」、「流 6」的任務要求。
5. 有明確的目標體系，指引各執行單位的目標與決策方向。	使有關單位的「目 6」、「目 5」與「目 4」、「目 3」密切配合。
6. 有強烈的組織文化，令成員認同組織目標及努力的方向。	創造明確而有說服力的「目 3」，使「目 5」、「目 6」向組織的「目 3」產生高度的認同。
7. 有良好的資訊系統或溝通管道，使資訊能充分流通，各執行單位間也可以及時分享資訊。	「環 3」、「環 4」、「環 5」、「環 6」的認知接近，且內容互相交流。
8. 有明確的政策指導，使各單位的決策能協調一致。	有明確的「決 3」，以指導相關單位的「決 5」、「決 6」。
9. 有及時的資訊與績效回饋系統，使高階可以及時掌握執行狀況。	建立強而有力的「環 4」，使其隨時瞭解「決 5」、「決 6」的做法，以及正式（陽面）「目 5」、「目 6」的達成程度。

10. 執行成效應與個人獎懲掛勾連結。	各級人員陽面「目 5」、「目 6」的達成程度，應與陰面的「目 5」、「目 6」相連接。
11. 高階層應親自參與以上制度的設計過程，並與各相關人員深入對話後方制定制度。	以上做法應由機構領導人在充分瞭解實情（其「環 4」中能掌握「三十六欄」中的大部分，再做出具體決策「決 4」與流程設計（「流 4」、「流 5」、「流 6」）。

組織內部跨部門的規劃

除了策略規劃與部門內部的規劃，「跨部門」的規劃在組織中也十分重要。企業中，新產品的推出、全面資訊系統的引進、辦公大樓的搬遷等都可歸屬於此一類。又如大學舉辦校慶活動，與「策略」雖無直接關聯，但卻是需要各學院、各學系、教務處、學務處、總務處、會計室、各學生社團等參與規劃的項目

負責規劃的單位或承辦人員，當然要設法在規劃過程中，整合上下各級的目標、資源與行動。

觀念或建議事項	管理矩陣解析
1. 此等規劃工作與策略規劃不同，後者與外界環境有關，而跨部門的規劃有時是依據策略規劃結果而進行者，有時則未必與策略有關。	策略規劃與「決 2」、「目 2」有關，其結果是對「目 3」及「流 3」的調整與定位。 而內部跨部門的規劃，則是以「目 3」或「目 4」、「決 4」等為前提所進行的行動規劃。
2. 用意在整合內部各單位的決策與行動。	整合標的為各有關部門的「決 5」與「決 6」。
3. 規劃者必須整合各單位的目標與資源，以完成上級所交付的任務。	規劃的結果或「計畫」是某一項「流 5」或「流 6」，指導了各單位的相關「決 5」與「決 6」，目的在使該流程的產出合於上級交付的目標「目 4」或「目 3」。
4. 規劃的目的在整合相關單位的目標、決策、行動，使各有關單位的資源能投入此一規劃中的方案。	「規劃」本身也是決策與行動（「決 5」或「決 6」），希望經由整合，使各單位的目標（「目 5」）及資源（「資 5」）能有效投入此一特定的「流 5」或「流 6」。
5. 規劃者必須先澄清上級的具體目標，及所能提供的資源預算。	在規劃者認知（「環 5」或「環 6」）中，應知道上級的「目 3」或「目 4」，以及「資 3」、「資 4」可以支援此一方案的「資 5」或「資 6」的程度。
6. 規劃者應設計流程以安排相關行動。	設計「流 5」、「流 6」以統合各單位的「流」與「決」。
7. 應為本身設計進度及績效的回饋體系。	為本身的「環 5」或「環 6」，設計「流 5」或「流 6」，以了解各單位的行動進度（「決 5」、「決 6」）。

8. 應為上級設計進度及績效的回饋體系。	為上級的「環 4」，設計「流 5」或「流 6」，使其了解各單位的行動進度（「決 5」、「決 6」）。

VIP：減少投機行為的有效途徑

組織與外部機構的交易、合作、策略聯盟，難免會面對潛在的「投機行爲」，而內部各級人員的自利動機，也會出現類似的問題。

不論在學理上及實務上，防範投機行爲的建議方法極多，但大致可以分爲三大類：

1. 第一類是讓對方的目標、利益與我方一致，或可以共享合作的成果，這一類可簡稱爲「Value」（V）；
2. 第二類是要有足量的資訊以瞭解對方的行動，或提供適量的資訊給對方，以導正其決策方向，這一類可簡稱爲「Information」（I）；
3. 第三類是需要擁有潛在的懲罰力（Potential Punishment Power, PPP），可簡稱爲「P」。

以上三者合稱「VIP」。適切地配合運用此三者，可以有效降低組織內外合作與交易的投機行爲。

觀念或建議事項	管理矩陣解析
1. Value	在對外部機構方面，應結合「目 2」與「目 3」，當雙方有共同利益存在，可以減少投機行為。 在對內方面，應整合內部成員的陰面「目 5」、「目 6」以及其陽面的「目5」、「目6」，使個人目標與組織所賦予的目標相輔相成，則可減少投機行為。 若成員的陰面「目 5」、「目 6」高度認同組織的「目 3」，亦可減少投機行為。
2. Information	應設法掌握整合對象或合作對象（包括外部機構與內部成員）的決策與行事的資訊（將各方的「決」納入本身的「環」），可以減少對方投機的行為。 應設法影響（運用本身的「決」）整合對象或合作對象賴以決策的「環」，並藉以左右其決策方向，不僅可以減少其投機行為，亦可促使其採取有利我方的決策與行動。
3. Potential Punishment Power	對整合對象或合作對象若擁有潛在懲罰力，則可減少對方的投機行為。 潛在懲罰力係基於本身有「能」，或可調度「資」，以降低對方陰面「目」的達成。

跨國或跨世代的文化差異

跨國或跨世代的文化差異，可以從許多角度來討論，針對這些主題也有許多專門著作。用六大管理元素，或「個人元素」也可以歸納這些觀點。

觀念或建議事項	管理矩陣解析
1. 價值觀或追求的人生目標不同。	雙方「目」的不同。
2. 對世界的認知不同。	雙方的「環」不同，對所觀察的事物詮釋方法不同。
3. 教育背景不同造成對事務的推理方式不同。	雙方的「能」的不同。
4. 對決策方法或分權方式的認定不同。	雙方「環」中，對各自的「決」的認知不同。
5. 要能瞭解雙方以上各項的差異，才有可能進行溝通與整合。	應設法整合不同文化或不同世代間的「目」、「環」、「能」、「決」。

跨國企業掌控國外子公司的方法

在海外設立子公司已是許多中型以上公司常見的做法，如何有效掌握子公司，在理論上及實務上的討論甚多。在此以六大管理元素及管理矩陣的架構，可以對這些建議中的重要部分，整理摘要。當然，在實務上，這些做法未必全都同時需要，而是視情況選擇、搭配實施的。

觀念或建議事項	管理矩陣解析
1. 假設此一國外子公司是直接屬於機構領導人之下。	此一子公司位居「5」的地位。
2. 派遣忠誠度高的人員擔任海外子公司的負責人。由於其對母公司高度認同，其事業前程也在母公司，因此可以降低其做出不利母公司利益的可能性。	陰面的「目 5」高度認同「目 3」（忠於公司）或「目 4」（忠於領導人），因而「決 5」會與「目 3」或「目 4」密切配合。
3. 賦予具體的多元目標要求。	給予具體的陽面「目 5」，以確保其「決 5」能合乎「目 3」及「目 4」的期望。
4. 嚴密的監控系統。	建立健全的「環 3」及「環 4」，經由完整的資訊監控，瞭解「決 5」及「決 6」在海外的作為。
5. 降低對海外子公司的授權程度，令海外子公司的決策與行動不至於踰矩。	減少「決 5」的範圍，擴大「決 4」對海外經營的決策參與深度。

6. 運用嚴密的正式管理制度來規範海外子公司的決策與行動。	建立「流 3」，使其中的「流 5」能與「流 4」或其他「流 5」密切銜接，進而規範了「決 5」的方向與自由度。
7. 掌控海外子公司營運上的重要資源，藉以限制其自由，並進而瞭解其營運狀況。例如：掌控重要的零組件的供應，即可間接掌控子公司的營運。	掌握「資 5」，使「決 5」或「流 5」在需要「資 5」時，必須有「決 4」的支持，或至少可以使「環 4」瞭解「決 5」的動態與方向。
8. 派遣忠誠度高的人員，隨時提供海外子公司的動態資訊，甚至子公司負責人的忠誠度。	派遣少部分陰面「目 6」認同「目 3」或「目 4」的人員，就其所掌握的資訊（環 6），及時向上級報告（將陰面「環 6」的所知流向陰面的「環 4」），使「4」得以掌握「決 5」的動態，甚至陰面「目 5」的內容。

共識

尋求共識，是在整合內外的過程中，常被提到的做法。在此以管理矩陣解析何謂共識、共識的內涵，以及組織內部共識過高時，可能產生的風險。

這些解析對「應如何建立共識」，有若干參考價值。

觀念或建議事項	管理矩陣解析
1. 共識是同仁在目標認同、環境認知及思考方式上的相似性，其用意在使大家行動一致，力量集中。	共識與「目」、環」、「能」皆有關係。其效果表現在「決」的一致上。
1-1 目標認同：	陰面的「目 4」、「目 5」、「目 6」都互相一致。 最好也都認同於「目 3」。
1-2 環境認知相近：	「環 4」、「環 5」、「環 6」中，對外界趨勢、內部條件等等有相似的認知。
1-3 思考方式的相似性：	「能 4」、「能 5」、「能 6」的基本邏輯相近似。
1-4 決策與行動一致：	「決 6」、「決 5」能彼此一致，且與「決 4」一致，以達到組織的「目 3」。
2. 「共識」過高的風險，在於陷入集體的盲點。	「環 4」、「環 5」、「環 6」太相似，造成上下及各方的資訊無法產生互補或互相檢核驗證的作用。 「能 4」、「能 5」、「能 6」的思考方式接近，也可能集體誤判。
3. 「共識」若未能認同組織目標，則亦未必有利於組織使命或目標的達成。	陰面的「目 4」、「目 5」、「目 6」雖然互相一致，但若未能認同於「目 3」，則結果可能只是集體圖利本身，而未必有利於「目 3」的達成。 因為組織的「目 3」中，其實也包容了投資人、顧客的「目 2」，甚至政府與社會的期望「目 1」的成分在內，若只有陰面的「目 4」、「目 5」、「目 6」有高度一致，顯然不足。

組織老化與組織變革

組織老化

組織老化的現象與組織成立歷史久暫並無絕對關連。有些組織成立未久，即已老態畢露，而有些歷史悠久的組織卻老而彌堅。但一般而言，「老化」是程度問題，每個組織或多或少都會表現部分的老化現象。

然而組織與人一樣，老化在所難免，及早防老當然有其正面意義。經由管理矩陣，可以歸納出組織老化的原因，讀者可以針對這些潛在原因，爲組織進行簡單的自我檢視。

觀念或建議事項	管理矩陣解析
1. 產品過時，目標市場日益萎縮。	「流 3」的產出未能合於「目 2」的需求，或對本組織「流 3」的產出有興趣的「2」，已日漸減少。
2. 組織目標過時，不能合於時代需求。	「目 3」已無法整合「目 2」、「目 5」、「目 6」、「資 2」、「資 5」、「資 6」、「能 2」、「能 5」、「能 6」。
3. 內部資訊不相流通。	「環 4」、「環 5」、「環 6」因不相溝通而內容歧異。
4. 決策各行其是。	「決 4」、「決 5」、「決 6」之間缺乏配合與銜接。
5. 各單位各有其目標，但皆未與組織目標相呼應。	各陽面的「目 5」與組織的「目 3」未能配合。甚至出現單位的「生命現象」，使各「目 6」、「資 6」、「能 6」等只在部門或「5」的層次整合。
6. 上下交征利，各自為本身的個人目標打算。	陰面「目 4」、「目 5」、「目 6」等，對「決 4」、「決 5」、「決 6」的影響，遠大於陽面「目 4」、「目 5」、「目 6」等的影響。
7. 有人不勞而獲，有人勞而不獲。勞役不均且獎酬不公。	「目 5」、「目 6」的陰面滿足水準，與其「能 5」、「能 6」對組織的投入水準不成比例；與其所負責的「流 5」、「流 6」對組織「流 3」的貢獻水準亦不成比例。 從另一角度看，在成果分配過程中，從組織的「資 3」流向各人的陰面「資 4」、「資 5」、「資 6」，與各人所投入的「能 4」、「能 5」、「能 6」不成比例。
8. 成員老化，難以吸收及運用新知能。	「能 4」、「能 5」、「能 6」嚴重不足，其問題包括「缺乏提升能力的能力」在內。

9. 組織長期中形象不佳，難以吸收高水準的新血輪。	無形資源中的形象（「資 3」）不佳，使新進人員的「能 6」有問題，或難以吸引高水準的「能 6」進入組織。

組織變革的困難

爲了因應外界環境的衝擊，或只是單純地處理組織老化的問題，組織有時必須進行變革。然而由於認知、價值觀、個人目標與能力等問題，常使組織變革遭遇困難。

觀念或建議事項	管理矩陣解析
1. 對目前組織所面臨的潛在威脅與挑戰，缺乏認識及危機感。	「環 4」、「環 5」、「環 6」的認知中，未感受到本身流程（「流 3」）的效率與產出可能已不能滿足顧客的目標（「目 2」），或未來資源已面臨匱乏（已難從「資 2」獲得本組織所需的「資 3」）。
2. 成員各有私心，不願放棄既得利益。	各人的「決 4」、「決 5」、「決 6」，只考慮本身短期的陰面「目 4」、「目 5」、「目 6」，完全未考慮達成組織的未來「目 3」與未來「流 3」的生存空間。
3. 成員對未來改變的方向未有共識。	各人的「環 4」、「環 5」、「環 6」中，對未來組織理想的「流 3」、「目 3」有不同的認知。
4. 流程僵化難以調整。	「流 3」的問題。
5. 各級成員能力落伍，難以適應新的任務。	各級「能」的不足。
6. 過去政策繁複，難以整理，造成改革的阻礙。	「決 3」的問題。
7. 設備老舊，更新不易，使組織亦難以調整。	「資」的僵固性所造成的問題。

組織變革的可能途徑

組織變革是管理領域中的一個重要議題。各種學說與實務上的建議爲數極多，以下運用管理矩陣摘錄其中較主流的說法。

而在許多管理行動中的「高階領導人的支持」、「小規模實驗」等，其基本觀念也在此有所解析。

觀念或建議事項	管理矩陣解析
1. 改變策略，配合新策略或新客戶改變營運流程。	配合新而有潛力的「關鍵」整合對象，例如客戶的需求（「目 2」），重新安排流程（「流 3」、「流 4」、「流 5」、「流 6」）。
2. 引進資訊系統，如 ERP、CRM 等系統，迫使其他流程必須因應調整。	引進關鍵性的「流 3」，使其他各階層與各單位的「流 4」、「流 5」、「流 6」為了與之銜接，而不得不有所改變。進而影響各單位的「決 4」、「決 5」、「決 6」的方向與品質。
3. 引進管理流程（如 TQM、六個標準差等），以改善營運流程。	以新的管理流程「流 4」、「流 6」，來協助改善營運流程「流 5」、「流 6」。
4. 改變組織結構	改變各重要營運單位的「主軸」與「輔軸」，使其「目」、「環」、「決」、「流」、「能」、「資」等六大管理元素皆產生改變。
5. 配合高水準、具潛在合作利益的策略聯盟對象，改變現有流程，進而提升本身的能力。	找到「目 2」與本組織「目 3」能互利共生的策略聯盟對象「2」，因其「流 2」必須與本組織的「流 3」銜接，因而「流 3」不得不有所調整改變。 進一步因「流 3」的改變，改變相關的「流 5」、「流 6」，甚至改變「能 5」、「能 6」、「目 4」、「目 5」、「目 6」。
6. 機構領導人更替，帶來新觀念，改變過去的行事方法。	更換機構領導人，從根本上改變「目 4」、「環 4」、「能 4」、「資 4」，因而可以改變「決 4」的結果。
7. 引進新的部門主管，推動改革。	從根本上改變「目 5」、「環 5」、「能 5」、「資 5」，因而可以改變「決 5」的品質與結果。
8. 提升成員對外界環境潛在壓力的認知，進而創造能接受改變的組織文化。	改變成員的「環 5」、「環 6」，進而改變組織文化「目 3」。新的「環 5」、「環 6」以及「目 3」影響了各級人員的「目 5」、「目 6」，以及各級人員的行事方法「決 5」、「決 6」。
9. 提升成員的知能水準。	改善或提高「能 4」、「能 5」、「能 6」。
10. 變革成功的條件：高階主管支持。	機構領導者經由宣示（「決 4」），讓各級人員的認知（「環 5」及「環 6」）中，瞭解此項組織變革是組織的重要目標（「目 3」及「目 4」）之一，如果大家採取配合行動（「決 5」、「決 6」），對其本身陰面的「目 5」、「目 6」將有正面的作用（激勵效果）；反之，若不採取配合行動，則自己的陰面「目 5」、「目 6」將有損失（懲罰效果）。 各級同仁認知（「環 5」、「環 6」）中，相信領導人（「4」）會調度「資 3」、「資 4」，支援大家的改革行動（「決 5」、「決 6」）。
11. 先進行小規模改變，從實驗與經驗中學習，進而發展變革能力、建立成功典範，然後再推動大規模的改變。	機構領導人（「4」）及負責推動改革的團隊（可能屬於「5」），在小規模的行動（「決 4」及「決 5」）中，提升改革所需的「能 4」、「能 5」，並提升本身對改革方法及組織問題的瞭解（強化對組織問題瞭解的「環 4」、「環 5」）。

藉著初期的成功經驗，令同仁相信（改變其「環 5」、「環 6」），此項改革對組織是有利的（有利於「目 3」），對他們本身的工作或事業也是有利的（有利於其陰面的「目 5」、「目 6」）。
當這些有利情勢皆形成後，再進而採取較大規模的組織變革。

管理行爲與領導

機構領導者的領導作為

古往今來對成功領袖的描繪以及對領導人的期許，觀點與內容極多。本部分只提出與其價值觀、整合能力，以及對內與對外角色相關的一些觀念。

觀念或建議事項	管理矩陣解析
1. 對組織使命高度認同，並展現熱情。	本身陰面的「目 4」與組織的「目 3」高度契合，並使組織內部人員的「環 5」、「環 6」對此一事實有所認知並產生信念。
2. 行事公正無私： 以達成組織目標為己任，不會為了達到個人目標而犧牲組織目標。	除了本身陰面的「目 4」與組織的「目 3」相契合，在其價值觀（亦為陰面的「目 4」）上，亦認為「目 3」的達成是達到本身人生目的的手段。 不會為達到自己的陰面「目 4」而犧牲了組織的「目 3」。 而此種「目 4」指導了其各種決策與行動（決 4）。
3. 值得信任： 信守承諾，在後續的相關決策上，維持一致性，力求實現過去的承諾。 這些承諾包括了對各方目標的接納與妥協，以及在資源分配上合乎各方預期。	在組織內外各方的認知中（「環 1」、「環 2」、「環 5」、「環 6」），領導人未來的決策（「決 4」）與過去的承諾（前期的「決 4」）將高度一致。 這些承諾（決 4）包括了對各方目標（「目 1」、「目 2」、「目 5」、「目 6」）的接納與妥協，以及在資源分配上（對組織資源「資 3」的分配）合乎各方的目標與當初的預期（「環 1」、「環 2」、「環 5」、「環 6」）。
4. 擁有願景與方向： 清楚勾勒組織未來應有的走向，以及此一走向對本身決策與行動的涵意。 確實傳達，讓組織內部充分瞭解，並指導了大家的方向。	本身認知（「環 4」）中，明白組織未來應有的走向（未來的「目 3」、「決 3」、「流 3」），瞭解此一走向對本身決策與行動（「決 4」）的涵義。 並將這些有效地讓組織內部充分瞭解，亦即採取行動「決 4」，將以上各項有效導入大家認知（影響「環 5」、「環 6」）與目標（「目 5」、「目 6」），並指導了大家的方

	向（使「環 5」、「環 6」有了這些瞭解後，能依據這些「目 5」、「目 6」，採取有效而合乎期望的「決 5」、「決 6」）。
5. 瞭解人性： 知道大家真正要什麼。	有能力（「能 4」）瞭解各方的目標（「目 5」、「目 6」的陰面）。
6. 知人善任： 知道各人能力的長處與短處，並讓其得以發揮。	在其認知（環 4）中，正確地瞭解各人的知能水準（「能 5」、「能 6」），並依其長處賦予適當的職責（依「能 5」、「能 6」設計各人的「流 5」、「流 6」）。
7. 整合能力： 有能力整合各方的目標、資源與資訊。 使各方的決策及作為能配合組織使命。 為組織爭取生存的資源。 依據各方的貢獻，合理分配成果。	有足夠的知能「能 4」（尤其是「KIPA」），以結合各方的「目 1」、「目 2」、「目 4」、「目 5」、「目 6」及「資 1」、「資 2」、「資 5」、「資 6」，還有「環 1」、「環 2」、「環 5」、「環 6」。 使各方的決「決 1」、「決 2」、「決 5、「決 6」能配合本組織的「目 3」、「決 3」與「流 3」。 經由創價流程（「流 3」）的產出，滿足相關機構或個人的「目 2」需求，並從任務環境中的「資 2」，為組織獲得「資 3」。 「資 3」分配為陰面的「資 5」、「資 6」，成為滿足「目 4」、「目 5」、「目 6」的基礎。

中基層管理者的領導作為

中基層管理者在組織中承上啓下，一方面要執行上級及組織所交付的任務，一方面也必須對下屬進行溝通、監督、激勵、訓練等工作。

觀念或建議事項	管理矩陣解析
1. 瞭解部屬的「個人元素」，包括其能力與各種想法。	主管（位居「5」的各級主管）應瞭解（納入其本身的「環 5」的中）部屬的知能水準（部屬帶進組織的陰面「能 6」）、人生目標與心理需求（陰面的「目 6」）、對世界及人性的認知（環 6），以及可能掌握的資源（有可能轉化為陽面的陰面「資 6」）。
2. 應明確告知部屬，組織或本身對其工作責任範圍的要求，以及決策的責任與權限如何。	採取行動（「決5」），使部屬的「環6」知道本身所負責的「流 6」範圍，以及其「決 6」的範圍。
3. 應明確告知組織或本身對其工作績效的要求。	採取行動（「決 5」），告知對其陽面「目 6」的要求內容與衡量方式。
4. 經由指導，讓部屬瞭解公司內外的事務、組織文化及規定。	強化其「環 6」中對「目 3」、「決 3」、「流 3」等的內涵，以及政府有關的重大規定（「決 1」）、顧客需求（「目 2」）、競爭者與供應商等的作為（「決 2」）等的瞭解。

5. 依部屬目前工作以及未來升遷的需要，給予指導訓練，以提升其知能。	採取行動（「決 5」），依其工作需要（「流 6」的所需），指導或培訓其「能 6」。
6. 在組織政策規範下，設計激勵方法，鼓勵部屬完成目標。	在「決 3」的範圍內，採取行動，設計制度或機制（「決 5」），使部屬在採取組織所期望的行動（「決 6」），達到組織所設定的目標（「目 6」的陽面）後，可以獲得個人目標的滿足（達到部屬本身「目 6」的陰面）。
7. 依部屬特性設計領導方式，有時應強調規範，有時應提供高度的激勵，有時應以提升能力為主。	當部屬「能 6」、「目 6」都尚稱足夠時，則只需要在其「環 6」中強化對「流 6」、「決 3」的瞭解，以及對陽面「目 6」的要求指引。 當「能 6」不足時，應設法強化「能 6」；當其行動「決 6」無法滿足其陰面的「目 6」時，則應設計（「決 5」）制度（可以視為一種管理流程「流 5」），結合其陰陽兩面的「目 6」。
8. 應適時瞭解部屬的工作進度及達成目標的水準。	採取「決 5」，使部屬的陽面「目 6」的進度、「流 6」的運行、「決 6」的方式與結果等，及時納入本身的「環 5」認知之中。
9. 欲完成以上這些工作，有時需要設計制度以利進行。	設計管理流程（「流 5」的管理流程），以進行以上有關「環 5」的強化。
10. 應依評估或所回饋的資訊，採取有效行動，包括修正其做法、強化其知能、調整其認知等。	依本身所掌握的資訊（「環 5」），採取行動（「決 5」），改正部屬決策（「決 6」）、強化其知能（「能 6」）、調整其認知（「環 6」）等。
11. 更基本的做法之一是為組織選擇適用的基層成員。	依組織的文化與目標（「目 3」）、業務及未來發展（「流 3」）的需要，選擇合適的人員（「能 6」及陰面的「目 6」應合於組織的文化及業務需要）。
12. 應為眾多的部屬，設計合理的流程。	採取行動（「決 5」），設計「流 6」。
13. 為部屬提供支援，協助其完成任務。	採取行動（「決 5」），視部屬的任務需要（「流 6」或「決 6」的需要），提供必要的「資 5」、「能 5」。
14. 向長官推荐有潛力的優秀同仁，一則為組織舉才，一則也是激勵同仁的一種方式。	影響本身長官的認知（「環 4」），可以強化人才的升遷與發揮（為組織舉才，加強組織的「能 3」），也能滿足優秀同仁本身事業成長的期望（陰面的「目 6」）。

接班人的選擇與培養

接班人的任命與培養，事關組織未來的長期發展。現任領導者應配合組織使命的要求慎加選擇，並依未來接班角色的需要，逐步提升其必要的知能與資源，包括內外的網絡關係在內。

觀念或建議事項	管理矩陣解析
1. 其個人價值觀應認同組織使命。	其陰面的「目 4」應認同「目 3」。
2. 其個人的能力與條件應配合組織未來發展的需要。	其本身的「能」與「資」應與未來的「流 3」有關。例如：若策略將走向高科技產業，則科技背景的人員應優先考慮；若策略將著重於國際化，則其海外經驗應納入考量。
3. 應培養足夠的知能，尤其是整合能力與「KIPA」。	未來的「能 4」要夠。
4. 應協助其建立所需的社會地位與適當的外界關係。	使其未來有足量的無形「資 4」可完成任務。
5. 應培養接班人對外界環境的認識。	使其在擔任領導人時，「環 4」中對「目 2」、「環 2」、「決 2」、「流 2」、「能 2」、「資 2」，以及「目 1」、「環 1」、「決 1」、「流 1」、「能 1」、「資 1」等有所瞭解。
6. 應培養接班人對內部人員的認識。	使未來的「環 4」中，對「目 5」、「環 5」、「能 5」、「資 5」，以及「目 6」、「環 6」、「能 6」、「資 6」有所認識。
7. 應協助他瞭解內部的流程及分工情況。	使未來的「環 4」中，對「決 5」、「流 5」，以及「決 6」、「流 6」有所認識。
8. 應設法提高各級成員對他的認同。	使「目 5」、「目 6」在價值觀上認同未來的「4」。
9. 應設法創造成員對其能力的信心。	使「環 5」、「環 6」的認知中，對未來接班人的「能 4」有正面的印象。
10. 應在接班前即明確界定過去的潛在接班競爭者以及「老臣」的角色與定位。	界定現有各「決 5」的權責範圍，以確保未來的「決 4」可以發揮，不受各「決 5」的牽制而發生負面作用。

對基層承辦人員在整合工作上的建議

本書自始即主張，「管理工作」並非是管理人員專屬的責任。因爲從「整合」的觀點看，組織上下人人都可以扮演一定程度的整合角色。基層人員的整合工作做得好，不僅可以爲更高階的管理人員分勞分憂，而且也可以大幅提高組織運作效率。

從管理矩陣中可以清楚地看到，位居基層的人員，或某些專案的承辦人員，在進行工作時可以觀照的角度與範圍，這對初入職場，而對未來有抱負的年輕人，應相當有參考價值。

觀念或建議事項	管理矩陣解析
1. 瞭解本身在組織中的責任範圍、上級賦予的目標與期望，以及可以做出貢獻的方向。	瞭解本身「流 6」在長官所負責的「流 5」中的角色，以及在整體組織「流 3」中的角色。 瞭解本身必須決策的範圍「決 6」，這些決策與直屬長官的「決 5」應如何分工。 瞭解長官對本身的目標要求，即「陽面」的「目 6」。
2. 針對職責與工作要求，努力提升本身的有關知能。	針對本身的「流 6」及「決 6」的需要，提升其「能 6」。
3. 認真負責、積極主動完成任務，並創造在上級及同儕心目中的正面形象。	採取行動「決 6」，以確實執行「流 6」，以達成「目 6」；主動發掘機會或「流 6」間的空隙，創造有貢獻的「流 6」，以提升「流 5」的成效。 並進而影響長官的認知「環 5」，以及同儕的認知「環 6」，希望他們能在心目中產生正面的觀感（「目 5」、「目 6」在價值觀上認同當事人「6」）。 這些正面形象將可成為本身在推動工作時的無形資源「資 6」。
4. 應努力瞭解組織內外有哪些可以整合的知能或資源，並試圖整合到本身所負責的工作中。	在本身的「環 6」中，設法瞭解組織內外存在的「資 1」到「資 6」、「能 1」到「能 6」。 採取「決 6」，以整合其他人或其他單位的「能 6」、「資 6」、「能 5」、「資 5」，並導之於本身所負責的「流 6」之中。 若有可能，則組織外部的「資 1」、「資 2」、「能 1」、「能 2」等，當然也可以做為整合標的。
5. 主動向其他人請教辦事的方法、請其他人提供有用的協助、查閱組織現有的規定等。	採取「決 6」，運用「能 6」（KIPA），從別人的「環 6」、「環 5」中，去瞭解更多的事實前提（充實本身的「環 6」）。去瞭解組織現有的「決 3」與「流 3」，甚至外界的「決 2」、「目 2」、「決 1」。
6. 有時也必須運用長官的影響力。	利用長官的影響力（整合運用無形的「資 5」），爭取以上所說的各方「能 6」、「資 6」、「能 5」、「資 5」等的投注。
7. 對有關的外界環境變化，亦不可忽視。	自己的「環 6」中，要設法了解外界的變化，如「決 1」、「決 2」的趨勢，以及影響「決 1」、「決 2」的「目 1」、「資 1」、「目 2」、「資 2」、「能 2」等。
8. 針對長官決策的需要，適時提供有關資料供其參考。	採取行動「決 6」，影響並強化長官對某些事實前提的認知（改變長官的「環 5」及「環 4」），以期其決策可以更為正確（設法提升「決 5」、「決 4」的品質）。
9. 針對交辦事項，提出的方案宜盡量具體，並在向上級呈報前，已先行盡力整合各方的目標與行動。	應針對任務，提出具體的「決 6」以供裁示。而提出「決 6」時，應已將其他單位的「決 6」、「決 5」，甚至外界機構的「決 2」整合在內。 為了爭取各方支持，各方的「目 2」、「目 5」、「目 6」亦已充分協調整合完畢。 若無法整合完畢，則將本身無法整合的部分，再請上級運用其地位「資 5」、能力「能 5」，以及對各方更深入的認知「環 5」來進行整合（決 5）。

對新進人員在自我成長上的建議

新進人員在進入職場前後，一方面應設法強化本身的知能，一方面也要對管理矩陣的「三十六欄」有所瞭解。而與上級及平行單位間的關係與互信，正確的人生價值觀等，也可以從管理矩陣中逐一檢視。

與基層承辦人員不同者，許多新進人員尚未「承辦」任何專案業務，但爲了本身事業的發展，也應有一些注意事項。事實上，這些對基層人員的建議，學校或長官都未必有所指導，因此在此特別強調，應對年輕人有相當價值。

觀念或建議事項	管理矩陣解析
1. 努力認同組織的目標，或設法選擇與個人價值觀念與人生目標相一致的組織，做為事業的起點。	基層成員個人或「陰面」的「目 6」應與組織的目標「目 3」相一致。這樣一來，組織使命的達成，也可以有助於本身人生目標的達成。
2. 進入職場後，首要掌握本身的職責所在，以及上級所賦予的目標。	應瞭解（強化本身的「環 6」）：本身負責的「流 6」為何，上級要求的目標（「目 6」的陽面）為何。
3. 應該瞭解本身可以決策的範圍。	本身「決 6」的範圍及上級認知中（「環 5」），本身應負責的決策範圍。
4. 應當瞭解組織中對本身決策與行動有影響的既定政策與流程。	瞭解（強化本身的「環 6」）與本身「決 6」有關的「決 3」，及與本身業務有關的「流 3」，尤其是「管理流程」部分。
5. 應在工作中努力瞭解工作環境中的各種情勢與資訊。包括以下各項：	依管理矩陣，盡量澄清「三十六欄」的內容。
5-1 此一職位需要哪些知能？要如何才能提升本身的知能水準？	本職位的「能 6」應達何水準？應採取哪些「決 6」以提升本身的「能 6」，並可提高本身「決 6」的品質？
5-2 此一職位在推動工作時，因「職位」而可以運用哪些有形與無形資源？	為了完成責任內的「流 6」，本職位可以從組織所獲得的「資 6」為何？
5-3 長官、組織，或其他單位有哪些資源可以用來協助本身的工作？	長官的「資 5」、「資 4」，其他單位的「資 5」、「資 6」，其中有哪些可以做為本身在完成身「流 6」與達成「目 6」時的整合標的？
5-4 長官、組織，或其他單位有哪些知能與資訊可以用來協助本身的工作？	長官的「能 5」、「能 4」、「環 5」、「環 4」，其他單位的「能 5」、「能 6」、「環 5」、「環 6」有哪些？其中有哪些可以成為本身在完成「流 6」與達成「目 6」時的整合標的？

5-5 本組織所處的產業情勢如何？	「任務環境」中「流 2」的狀態如何？任務環境中有哪些重要機構或個人？其「目 2」、「環 2」、「決 2」、「能 2」、「資 2」分別如何？ 例如：顧客是誰？需求幾況如何？競爭者共幾家？其「知能」與「資源」與本企業相比如何？
5-6 本組織在產業中的定位如何？	本組織的「流 3」在任務環境的「流 2」中扮演什麼角色？本組織的「流 3」（主要是營運流程）所創造的產出，滿足了什麼人的什麼需求（「流 2」如何滿足「目 2」，如何從對方換取「資 2」？）
5-7 本組織的相對競爭優勢為何？	本組織的「能 3」、「資 3」如何？
5-8 本組織的目標、組織文化等現狀如何？	本組織的「目 3」如何？
5-9 直屬長官所負責的組織任務與目標為何？	瞭解其「流 5」與陽面的「目 5」。
5-10 了解直屬長官的長處、需要互補的處，以及人生的目標等。	瞭解長官「能 5」優缺點、陰面的「目 5」等。這些皆有助於本身「決 6」的若干方向取決，例如「決 6」的範圍會不會與長官的陰面「目 5」互相抵觸、「能 6」成長的努力方向、可以提供給長官的「環 5」的資訊內容等。
6. 設法建立在其他人心目中，對本身的良好印象。	以具體的貢獻（「決 6 及「流 6」的成果），影響他人「環 4」、「環 5」、「環 6」中，對本身「能 6」、「目 6」等的認知。 這些認知可以進一步演變為本身的無形資源（「資 6」）。
7. 充實能力，創造價值為最優先考量。	「能 6」及其造成的「流 6」貢獻水準為最重要的努力方向。
8. 若本身學歷較高，更應開放心胸來向各方請教。	有時為了降低「高學歷」所造成「資 6」可能的負面效果，更應調整「目 6」（更謙虛的人生觀），採取積極行動（決 6），以整合吸收各方的資訊（強化本身的「環 6」）與知能（強化本身的「能 6」）。

其他議題

家族企業的優缺點

大部分企業都是從家族企業的型態開始的。管理矩陣可以分析家族企業的優缺點，也可以對正在轉型，或期待有更大成長的家族企業有所參考。

觀念或建議事項	管理矩陣解析
1. 成立之初，由於來自同一家族，因此容易對成立企業形成共識。	由於成立前的各「目 2」，以及成立後的「目 4」、「目 5」，都有共同的家族認同，因此容易形成具有共識的「目 3」。
2. 由於來自同一家族，對如何分配成果亦不太計較。	各人陰面的「目 4」、「目 5」，甚至「目 6」等，由於皆認同家族，故對未來經營成果的「資 3」如何分配來滿足各自的「目」，不太計較。 基於這些原因，初期整合容易成功。
3. 由於家族的資源及人才有限，因此可能限制了企業的發展。	來自家族的「資」與「能」未必能支持「資 3」及「能 3」的需要。
4. 如果家族人員太多，可能造成其他非家族人員感到組織缺乏吸引力。	在潛在成員的認知（「環 5」或「環 6」）中，自認本身因為並非家族成員（某些無形資源「資 6」或「資 5」不足），因而卻步或退出，造成「能 5」、「能 6」的不足。
5. 若不及早制度化，則因兄弟、妯娌的關係日益複雜，而使大家只認同本身「小家庭」的目標，而不願認同整體組織的目標。	時間久了，家族分化成許多「小家庭」，各有其不同的陰面「目 4」、「目 5」、「目 6」，使各人在決策時，對陽面的「目 3」、「目 4」、「目 5」、「目 6」考慮的比重日低。
6. 人才不足、資金不足、家族目標與組織目標的劃分不清，是家族企業應防範的問題。	「能」、「資」不足，「目」的陰陽互相干擾，是家族企業風險的來源。

公司治理

當企業成爲大眾握股公司以後，其重要決策的後果必須對大眾投資人負責，而高階領導人的誠信水準也必須經常被社會檢視，這是需要「公司治理」的基本原因。

政府主管機關的政策與監督、銀行及會計師等機構的深入檢核、獨立董監事功能的發揮，以及公司內部的稽控制度等，都是公司治理不可或缺的環節。

觀念或建議事項	管理矩陣解析
1. 政府配合國家與經濟的發展，應有政策與行動要求公司治理的做法。	為使「資 1」、「能 1」有效經由各產業的「流 2」、各企業的「流 3」以達到社會的經濟目的（目 1），政府應有適當的規範（「決 1」與管理流程上的「流 1」）
2. 銀行、承銷商、會計師等應有方法掌握公司的做法，並將之傳達給投資大眾或政府機關。	這些「2」中的機構，應有其「流 2」以瞭解（強化本身的「環 2」）大眾握股公司的「流 3」及公司高階層的「決 4」。 「環 2」之所知，應反映給投資大眾（另一種「2」），從其「環 2」來影響其投資行為（決 2）。 亦應及時反映給政府（強化其「環 1」），以便政府採取適當的行動（決 1）。
3. 應有代表大眾投資人的獨立董監事參與董事會，監督公司的重大決策。	大眾投資人（「2」）應有代表參與董事會，以瞭解「決 4」的作為。
4. 獨立董監事能監督，但卻不應洩露公司的營運機密，或做出圖利自己的行為。	大眾投資人（「2」）相信（「環 2」）其代表人獨立董監事（是另一種「2」）有「能 2」可以監督，可以獲得足夠資訊（「環 2」）以瞭解內部作為，但本身的「目 2」向投資人的「目 2」認同，而不會因陰面的「目」而危害公司及投資人。
5. 公司內部有良好的內稽內控制度，為管理當局及董事會、獨立董監事掌握內部運作情況。	內部有「流 3」、「流 4」、「流 5」、「流 6」等管理流程或監督流程，使「環 4」對營運有所掌握，也使大眾投資人的代表（獨立董監事及其他董監事）的「環 2」能充分瞭解內部的營運。
6. 若公司有不法情事，獨立董監事有責任及權力向主管機關反映。	其「環 2」若察覺不妥，應向主管機關反映（採取「決 2」以告知「環 1」），以利政府主管機關及時採取行動（「決 1」），以保障大眾投資人的利益（「目 2」）。

社會責任與企業倫理

企業對外應不違背社會的整體價值觀，對投資人以及組織內外的目標與利益也應有平衡的關注。而組織從上到下，對組織使命的認同，以及對整體社會價值的貢獻，也是企業社會責任與企業倫理的必要條件。

觀念或建議事項	管理矩陣解析
1. 組織的存在有其正當性，而且其目標合於人類社會的總體目標。	組織的「流 3」對世界的「流 1」做出正面貢獻，因而使「目 3」成為人類達到「目 1」的一環。
2. 在經營上善用資源與人才，使之有所貢獻。	有良好而有效率的「流 3」（含「流 4」、「流 5」、「流 6」），使組織中的「資 3」、「資 4」、「資 5」、「資 6」，以及「能 3」、「能 4」、「能 5」、「能 6」可以有效匯入「流 3」，而對任務環境中的顧客產生價值，滿足「目 2」。 這也代表善加利用了社會中的「資 1」與「能 1」。
3. 賺取正當利潤也是基本的社會責任。	因滿足「目 2」，而獲得「資 2」轉變為「資 3」。 「資 3」在經過成果分配的過程後，可以滿足各提供「資源」與「知能」的來源後，還可以滿足投資者的利潤目標「目 2」。
4. 在環境保護、工業安全等方面皆能配合主管機關及社會的期望。	「決 3」、「決 4」能配合「決 1」，行事合於社會的價值觀「目 1」。
5. 能平衡社會、投資人、員工的不同需求。	能平衡社會的「目 1」、投資人的「目 2」、員工的「目 5」、「目 6」。
6. 組織內部行事皆能符合社會價值與道德規範。	「目 4」、「目 5」、「目 6」的價值觀合於「目 1」的整體價值觀，使「決 4」、「決 5」、「決 6」在這些價值前提下，做出合乎「目 1」的決策。
7. 當社會價值觀與道德規範分歧時，企業倫理也較難以適從。	當「目 1」分歧而未有共識時，「目 4」、「目 5」、「目 6」以及「決 4」、「決 5」、「決 6」即難以單一的標準衡量其正確或合宜程度。
8. 各級人員皆能認同組織的使命，而不以追求個人私利為優先。	陰面的「目 4」、「目 5」、「目 6」皆認同「目 3」，「決 4」、「決 5」、「決 6」等，而皆以陽面的「目」為優先考量。

信任與信心

無論是組織間的合作、交易，或是人與人（包括長官與部屬）之間的關係，「信任」與「信心」皆爲不可或缺的因素。然而在中文及英文裡，信任（trust）與信心（confidence）的意思都可能互相混淆。學術上對此二者有較精確的定義，而運用管理矩陣的架構，也能對它們進行清楚的描述。

分析此一主題的目的之一是展現管理矩陣及六大管理元素在理解或解析抽象學理時所能產生的幫助，並利用管理矩陣簡明的編碼系統，精準而明確地描述各種看

似複雜的學理。

事實上，許多學理在利用管理矩陣的架構解析後，都會顯現出其明白易懂，而且合情合理的部分。

例如，在詳細解析「信任」與「信心」的意義與內涵後，在實際個案上，若發現這些推理中的前提不存在時，「信任」與「信心」或許也是不存在的。

觀念或建議事項	管理矩陣解析
1. 信任（trust）是對他人動機與意圖的推測。	「信任」與部屬的「目」有關係。
1-1 對部屬信任，表示相信他由於道德上或價值觀上的原因，不會有不良的企圖。	長官（「5」）「信任」部屬（「6」），是因為在「環 5」中認為「目 6」認同「目 5」或「目 3」，不會產生危害長官（「5」）或組織（「3」）的意圖。 或長官「環 5」中認為「目 6」的價值觀中，不願傷害任何人（某種道德水準的表現）。
2. 信心（confidence）是對他人採取正面行為而非負面行為的預期。	「信心」是與部屬的「決」有關，可能與其價值觀「目」未必有關。
2-1 對部屬的忠誠度有「信心」，表示相信他不會採取不正當的行為。	長官（「5」）認知（「環 5」）中，相信「決 6」不會危及「目 5」或「目 3」。
2-2 信心的基礎，可能是因為本身擁有制裁權，部屬也有此認知，因此不敢造次；	「5」的信心來源是：「環 5」認為，部屬認知（「環 6」）中，瞭解長官有「能 5」、「資 5」去對「決 6」的不當行為，採取制裁行動「決 5」，將對部屬「6」的陰面「目 6」造成負面的作用。
2-3 信心的基礎，可能是因為法律系統能有效監督，部屬也有所認知，因而不敢觸法；	「環 5」認為，部屬認知（「環 6」）中，瞭解法律系統（「決 1」）會針對其不當的「決 6」，採取制裁行動，此制裁行動會對部屬「6」的陰面「目 6」造成牽制作用。
2-4 信心的基礎，可能是因為部屬能力有限，無法做出傷害組織或長官的行為。	「環 5」的認知中，部屬能力（「能 6」）有限，不能做出傷害「目 5」或「目 3」的「決 6」。

對管理教育的涵意

從運用管理矩陣解析管理議題的過程中，可以看出一位機構領導人或中基層管理人員，在管理工作上應該扮演的角色以及可以發揮作用的方式。進一步延伸，應可從管理矩陣中，產生一些對管理教育內涵及教學方法方面的涵意。

現有管理教育內容較偏重結構面的知識

在各個功能管理的領域，甚至是「管理學」本身，無論是教學或是學術研究，都極為偏重結構面的知識。例如:「價格與品質認知對消費者購買行為的影響」、「跨國技術策略聯盟的成功因素」、「員工人格特質與流動率的關係」等，都是本書所稱「變項間的因果關係網」的形式，在管理矩陣中屬於「能 4」、「能 5」、「能 6」的一部分。對未來擔任管理工作當然有其一定貢獻，但若放眼管理矩陣的「三十六欄」，則顯然仍有不足。

程序面知能與「整合」的訓練有待加強

管理工作的核心本質是整合，整合過程中需要「眼觀四面，耳聽八方」，從複雜而多元的資訊中，關注組織內外各種人員與機構的「六大管理元素」，對各方的目標與意圖，不僅需要努力發掘，而且要運用具有創意的方案來結合各方的目標與資源。此一動態的心智過程與行為技巧，固然是以「結構面知識」為基礎，但從「結構面知識」所能得到的幫助其實十分有限。高品質的個案教學，配合合宜的個案，可以對學生或學員的程序面知能與整合能力有所助益，但其效果也有一定限度。因為整合能力之高下，一則與個人本質及執行能力密切相關，再則它是管理人員終身學習而且永無止境的課題，不可能在短短兩三年間便產生突破性的進步。

此一觀點對管理教育有兩項涵意：

1. 既然「本質」很重要，在選擇學生時，應更重視其性向與潛力，而不能只重視用功程度與過去所記憶的結構面知識之多寡。

2. 個案教學雖然短期未必見效，但卻能爲學生或學員開啓一扇提升整合能力的大門，可以養成自我學習以及建構知識的能力與習慣，在日後工作上，能深入觀察、分析、學習各方「整合高手」在整合過程中的方法與技巧，並不斷檢視及提升本身的整合能力。這樣一來，終身學習與實際工作便能合而爲一，對長期管理知能的成長當然會產生巨大的效果。

行為科學與行為技巧的訓練不可忽視

行爲科學是管理學「上游」知識中，極爲重要的一環。管理元素中的「目標與價值前提」、「環境認知與事實前提」、「能力與知識」中的學習或知識傳承等，都與廣義的行爲科學有關。在這些行爲科學（如心理學、社會心理學、人類學、倫理學、認知科學）中，所傳授者也多半是結構面的知識，但若能活學活用，則不僅對整合的工作有幫助，而且在「觀照三十六欄」或「觀照七十二欄」的過程中，也可以擁有更敏銳、更深刻的感受能力。

而行爲技巧方面，例如：談判、說服、溝通，以及在參與會議或主持會議中從事資訊與意見之整合，甚至如何在互動中創造正面印象及爭取信任等，都是整合者必須要有的技巧。管理教育中顯然應加強此一部分，或至少利用個案教學、小組專案研究等，以增加學生的體驗。

應培養決策的技巧與擔當

管理工作難免要經常面對難以取捨的決策。有經驗的管理人員或經營者，在實戰中累積了無數決策的經驗，因此在決策與執行上能展現其判斷力以及當機立斷的氣魄。

如果管理教育的目的在於培養高階管理人，則似乎在學校教育當中，也應該設法讓學生有機會體認眞實決策的感覺、決策後果的負擔，以及在組織複雜的環境中，決策必須分工、協調、呼應所造成的氛圍，以及衝突與妥協等不可避免的現實。

這些對「決 4」、「決 5」、「決 6」都有直接幫助。

應對創價流程更予重視

產業的創價流程（「流 2」）、本事業的生存方法（「流 3」）、產銷的配合、各級工作的銜接、管理制度的運作與影響等（「流 3」至「流 6」），是組織的核心。創價流程不僅界定了組織的生存空間與正當性，也是組織中每一位成員職責與潛在貢獻的歸屬。目前管理教育的課程結構，由於係基於「功能分工」，各功能領域分別開設專業課程，較少開設整合課程及產業相關課程，因此，學生少有瞭解創價流程全貌的機會。

應學習更多與總體環境有關的知識

在總體環境中，主管機關的規則制定（「決 1」）是關係組織未來生存的重要因素，因此，世界產業的消長、各國及國際政策與法律環境的趨勢、法律環境對企業經營的影響（以上皆爲「決 1」）、世界文化與文明（「目 1」）、資源（「資 1」）與科技趨勢（「能 1」）等，皆應適度納入管理教育的內涵。

總之，管理矩陣的架構，不僅是各級管理者應該關注的範圍，也能爲管理教育的內容與教學方式提供相當多的啓發。

參考書目

中文參考書目

司徒達賢，《策略管理》，台北：遠流出版社，1995。

司徒達賢，《策略管理新論》，台北：智勝文化，2001。

司徒達賢，〈個案教學與「知識與資訊處理能力」——終身學習基礎之養成〉，《產業管理學報》，第三卷第一期，頁 1-12，2002。

司徒達賢，《打造未來領導人——管理教育與大學發展》，台北：天下雜誌出版部，2004。

司徒達賢、熊欣華，〈投機行爲分析——價值差距、資訊差距與潛在懲罰力之影響〉，《中山管理評論》，已接受刊登。

黃仁宇，《萬曆十五年》，台北：食貨出版社，1985。

英文參考書目

Allison, G.T.（1971）*Essence of Decision: Explaining the Cuban Missile Crisis*, Boston: Little, Brown.

Barnard, C.（1938）*Functions of the Executive*, Cambridge, Mass.: Harvard University Press.

Brandenburger, A.M., and B.J. Nalebuff（1996）*Co-opetition*, New York: Currency Doubleday.

Burt, R.S.（1992）"*The Social Structure of Competition*," in *Networks and Organizations: Structure*, Form, and Action, edited by N. Nohria and R. G. Eccles. Boston, Mass.: Harvard Business School Press, pp. 57-91.

Chandler, A.D.（1962）*Strategy and Structure: Chapters in the History of the American Industrial Enterprise*, Cambridge, Mass.: MIT Press.

Cyert, R.M. and J.G. March （1963）*A Behavioral Theory of the Firm*, Englewood Cliffs, NJ: Prentice-Hall.

Dixit, A., and S. Skeath （1999） *Games of Strategy*, New York: W.W. Norton.

Drucker P.F.（1974）*Management: Tasks, Responsibilities, Practices* New York: Harper & Row.

Follett, M.P.（1942）*Dynamic administration: the collected papers of Mary Parker Follet*, New York: Harper & Row.

Granovetter, M.（1973）"*The Strength of Weak Ties*", American Journal of Sociology, 78, pp.1360-80.

Hamel, G., and C.K. Prahalad（1994）*Competing for the Future*, Boston, Mass.: Harvard Business School Press.

Hickson D.J., C.R. Hinings, C.A. Lee, R.E. Schneck, and J.P. Pennings（1971）"*A Strategic Contingencies' Theory of Intraorganizational Power" Adminstrative Science Quarterly*, vol. 16, no.2 （June）, pp. 216-17.

Homans, G.P.（1961）*Social Behavior: Its Elementary Forms*, New York: Harcourt, Brace & World （rev.1974）.

Katz, R.L.（1974）"*The Skills of an Effective Administrator*", Harvard Business Review, September-October, pp. 90-102.

Lawrence, P.R., and J.W. Lorsch（1967）*Organization and Environment: Managing Differentiation and Integration*, Boston, Mass.: Harvard Business School Press.

Lindblom, C.E.（1959）"*The Science of Muddling Through*", *Public Administration Review*, 19-2, pp.79-88.

MacMillan, I.C.（1978）*Strategy Formulation: Political Concepts*, St. Paul: Westing Publishing .（中譯本：《公司內的權力世界》，徐聯恩譯，現代管理月刊社，1986）

Maslow, A.（1954）*Motivation and Personality*, New York: Harper.

Mintzberg, H.（1973）*The Nature of Managerial Work*, New York: Harper & Row Nonaka, I., and Takeuchi, H.（1995）*The Knowledge-Creating Company: How Japanese Companies Create the Dynamics of Innovation*, New York: Oxford University Press.（中譯本：《創新求勝》，楊子江、王美音譯，遠流，1997）

Penrose, E.T.（1959）*The Theory of the Growth of the Firm*. Oxford: Blackwell.

Pfeffer, J., and G.R. Salancik（1978）*The External Control of Organizations: A Resource Dependence Perspective*, New York: Harper & Row.

Polanyi, M.（1958）*Personal Knowledge: Towards a Post-Critical Philosophy*, Chicago: University of Chicago Press.

Porter, M.E.（1985）*Competitive Advantage: Creating and Sustaining Superior Performance*, New York : Free Press.

Quinn, J. B.（1980）*Strategies for Change: Logical Incrementalism*, Homewood, Ill. : R.D. Irwin.

Simon, H.（1976）*Administrative Behavior*, 3rd ed. New York: Macmillan.（Originally published in 1945）

Wernerfelt, B.（1984）"*A Resourced Based View of the Firm*", Strategic Management Journal, 5（2）, pp. 171-180.

Wrapp, H.E.（1967）"*Good Managers Don't Make Policy Decisions*", Harvard Business Review, September-October, pp.91-99.

重要名詞索引

二劃

人身依附 141, 163, 183

四劃

互補知識 complementary knowledge 184, 187, 189, 190, 196, 198, 301
互補資訊 complementary information 286, 288
內部矛盾 intra-organization conflicts 319
內部控制 internal control 293, 447
內部轉撥計價 transfer pricing 223, 427, 428, 431, 432, 433
內隱知識 tacit knowledge 36, 184, 185
六大管理元素 the six major management elements 25, 56, 64, 71, 76, 82, 84, 85, 113, 153, 218, 226, 228, 230, 238, 287, 292, 335, 336, 364, 378, 386, 387, 414, 421, 429, 452
六大層級 16, 27, 28, 29, 78, 79, 85, 86, 141, 142, 147, 216, 218, 220, 237, 238, 239, 254, 268, 289, 309, 386, 388, 442
分化 differentiation 15, 34, 37, 218, 257, 268, 270, 394, 396, 398, 399, 401, 403, 405, 406, 414, 415, 429, 430, 434, 435, 436, 437, 438, 439, 464
公司治理 corporate governance 464, 465
不對稱關係 asymmetric relation 170
人身依附 299, 301, 395, 407, 408, 409, 439
分權程度 degree of decentralization 299, 301, 395, 407, 408, 409, 439
心理需求層次 hierarchy of needs 299, 301, 395, 407, 408, 409, 439

五劃

生存空間 niche 23, 26, 40, 42, 43, 64, 80, 95, 121, 135, 171, 269, 355, 427, 443, 446, 455, 470
正式職權 formal authority 244, 302, 406, 407
去私 37, 124, 127, 128, 263, 275, 279, 283
主軸 major axis (of organization structure) 334, 394, 395, 396, 409, 411, 412, 413, 414, 415, 416, 417, 418, 419, 420, 421, 422, 423, 424, 425, 426, 427, 430, 431
主管參與深度 depth of superior participation (in decision process) 225
「目標—手段」關係 means-ends relations 256
目標缺口 objective gap 237, 238
目標管理制度 Management by Objectives, MBO 432
目標與價值前提 goal and value premises 25, 56, 68, 71, 172, 206, 218, 228, 233, 254, 273, 278, 335, 387
平衡計分卡 balanced scorecard 432
外顯知識 explicit knowledge 36, 184, 185

六劃

多元限制條件 multiple constraints 35, 265

多元關係 multiple relation 329, 331, 334

合作系統 cooperative system 34, 358, 359, 362

有形與無形資源 tangible and intangible resources 26, 66, 106, 119, 172, 208, 219, 229, 235, 335, 364

合作與開放系統 cooperative and open system 51, 53

自省 introspection 37, 263, 264, 279, 283, 284

有限理性 bounded rationality 35, 215, 220, 232, 236

次流程 sub-process 136, 137, 142, 143, 144, 145, 146, 148, 149, 151, 152, 157, 175, 255, 256, 384

次級平台 sub-platform 395, 403, 404, 405

任務環境 task environment 27, 29, 80, 81, 88, 91, 93, 95, 97, 98, 100, 101, 102, 103, 104, 105, 120, 141, 147, 216, 217, 225, 269, 272, 287, 290, 294, 297, 309, 333, 334, 373, 443, 444, 445, 446, 458, 463, 466

存量 stock 31, 35, 38, 87, 88, 200, 242, 290, 304, 332, 381, 383, 386, 387

自製或外包 make-or-buy 99, 143, 144, 361

再整合 re-integration 32, 37, 205, 392, 394, 395, 396, 403, 405, 406, 410, 415, 429, 430, 431, 432, 433, 434, 435, 436, 437, 438, 439

行銷研究 marketing research 70, 293

共識 consensus 255, 315, 316, 317, 448, 453, 455, 464, 466

多贏 win-win 68, 310, 311, 312, 313, 314, 315, 350, 352, 353, 430

七劃

角色衝突 role conflict 364, 365, 366, 390, 426

成果分配 result distribution 67, 119, 127, 128, 137, 138, 139, 171, 173, 255, 256, 274, 317, 322, 323, 335, 340, 341, 345, 346, 388, 407

成員身分 membership 27, 32, 34, 81, 123, 346, 347, 358, 359, 363, 364, 365, 367, 369, 375, 377, 380, 381, 386

決策的存量 "stock" of past decisions 242

決策的前提 decision premises 69, 105, 213, 221, 225, 232, 246, 247

決策與行動 decisions and actions 25, 26, 27, 35, 56, 65, 85, 86, 114, 116, 174, 208, 212, 213, 219, 222, 229, 234, 242, 264, 286, 336, 429

見機而作 35, 40, 238, 244, 245, 249

投機行為 opportunistic behavior 323, 359, 451

八劃

取予 give and take 81, 281, 354, 359, 368, 381, 404, 406, 407

使命 mission 43, 254, 258, 259, 281, 282, 341, 374,

例規 organizational routine 113, 117, 286, 287

取捨 trade-offs 112, 114, 169, 170, 202, 230, 233, 260, 263, 264, 268, 270, 319, 323, 379, 380, 417, 424, 429, 469

取得資源的時機 165, 166

社會倫理 social ethics 279, 283

社會責任 social responsibility 273, 278, 465, 466

事業策略形態 posture of business strategy 37, 134, 444

典範轉移 paradigm shift 9, 217

承諾 commitment 275, 317, 318, 320, 323, 324, 326, 327, 367, 368, 369, 371, 373, 375

知識管理 knowledge management 26, 36, 38, 186, 203

知識與資訊處理能力 knowledge and information processing ability, KIPA 31, 36, 38, 180, 295, 350, 352
知識體系 knowledge system 14, 15, 50, 183, 184, 185, 189, 196, 198, 209, 301, 438

九劃

派系 faction 17, 32, 268, 271, 272, 284, 326, 344, 347, 377, 378, 379, 380, 381
前程規劃 career planning 37, 113, 116, 122, 123, 125, 203, 216
前提驗證 premise verification 35, 239, 246, 247, 287
品德管理 ethic managemen 124, 125
指標與權重 indicators and relative weighting 267, 278

十劃

個人元素 personal elements 123, 452, 458
能力與知識 ability and knowledge 26, 67, 82, 84, 118, 175, 180, 206, 219, 229, 235, 335
核心成員 core member 34, 164, 344, 369, 371, 372, 373, 374, 379, 388
核心能力 core competence 36, 139, 140, 141, 143, 144, 148, 159
家臣 house staff 32, 369, 375, 376, 377, 380, 436
家族企業 family business 269, 376, 436, 464

十一劃

執行力 execution ability 246, 249, 250, 348, 449
責任歸屬 accountability 117, 265, 266, 267, 271
接班人 successor 112, 459, 460
產研整合 integration of manufacturing and R&D 49
移動彈性 mobility (in network) 318, 333, 338, 345, 356, 367, 369, 374, 375
陰陽表裡 yin & yang, the exterior & interior 16, 24, 30, 36, 112, 113, 118, 120, 121, 124, 127
產業價值鏈 industry value chain 64, 80, 90, 132, 133, 134, 135, 138, 153
基層成員 members at operating 28, 83, 86, 150, 308
研銷整合 integration of R&D and marketing 49
產銷整合 integration of manufacturing and marketing 49
組織文化 organizational culture 125, 200, 222, 236, 276, 277, 281, 282, 431
組織平台 organization platform 27, 81, 87, 142, 148, 290, 304, 332, 387, 388, 403
組織正當性 legitimacy of organization 138, 139, 259
組織老化 organizational aging 442, 454, 455
組織角色 organizational role 364, 366, 381
組織均衡 organizational equilibrium 7, 34, 381, 382, 383, 390
組織使命 organization mission 258, 259, 281, 282, 336, 374
組織氣候調查 survey of organization climate 293
組織記憶 organizational memory 199, 279, 281, 282, 431, 432, 434
組織記憶與知識庫 organizational memory and knowledge reservoir 199
組織認同 organizational identification 275, 329, 342, 369, 375
組織變革 organization change 152, 243, 293,

454, 455, 456, 457
授權 delegation 225, 227, 228, 229, 230, 231, 232, 302, 406

十二劃

最小工作單位 minimum working unit 37, 394, 395, 403, 410, 411, 415, 416, 439
無限責任 unlimited responsibility 38, 367, 369
越級面談 299, 302
策略形態分析法 strategic posture analysis approach 37, 242, 245
創造資源 resource creation 64, 107, 166, 167, 168, 171
創業 new business venture 41, 59, 64, 157, 174, 317, 348, 373, 382, 398, 405, 442
創價流程 value-creation process 24, 26, 31, 64, 83, 116, 132, 135, 162, 175, 207, 229, 336, 366, 382, 400, 470
剩餘價值 residual value 321, 369, 371, 372

十三劃

準成員 quasi-member 365, 367, 368, 369, 373, 374, 375, 382, 386, 390, 404
概括承諾程度 degree of general commitment 32, 34, 38, 364, 367, 368, 369, 371, 375
資訊系統 information system 141, 150, 152, 153, 199, 223, 292, 293, 294, 303, 416, 431, 432, 433, 449, 450, 456
資訊保防 information security 299, 301, 303
資訊搜尋及篩選能力 ability of searching and sifting information 193, 195
跨國企業 multinational corporation 37, 148, 377, 408, 417, 452
資源不可分割 indivisibility of resource 164
資源的相生與互斥 176
資源來源的依賴程度 resource dependence 166, 169
資源流動性 resource mobility 169
資源專用程度 resource specificity 166, 169
資源基礎 resource-based 36, 174
資源寬裕 organizational slack 35, 166, 168
資源轉換 resource transformation 162, 172, 175
遊說 lobby 218, 224, 297
經營模式 business model 59, 98, 134, 145

十四劃

對口單位 431, 435
誘因與貢獻 incentive and contribution 370
管理知能 management knowledge and ability 31, 36, 67, 186, 189, 193, 348, 469
管理流程 117, 126, 136, 145, 147, 150, 198, 236, 339
管理者的十大角色 the ten managerial roles 34, 46
管理矩陣 management matrix 78, 89, 153, 245, 268, 289, 442
管理教育 management education 13, 14, 18, 187, 189, 468, 469, 470
管理程序 management process 42, 43, 44, 46, 47, 83, 99, 141, 292, 337
輔軸 minor axis (of organization structure) 32, 37, 394, 395, 409, 416, 417, 420, 424, 425, 426, 427, 430, 431, 433, 434, 439, 456
網絡定位 network position 312, 313, 314, 320
團隊組織 team organization 394, 396, 428
網絡結構 network structure 338, 343, 344, 348, 377, 380, 381
對認知的認知 perception of perception 291
奪權 372

十五劃

撮合 64, 90, 312, 314, 320
整合 integration 14, 23, 25, 27, 33, 34, 71, 151, 227, 273, 401, 429, 460
整合平台 integration platform 17, 31, 32, 38, 82, 318, 338, 345, 346, 347, 348, 358, 359, 370, 374, 377, 379, 384, 385, 387, 403, 404, 430, 443
整合行為 integrating behavior 71, 73, 431
整合棋局 game of integration 16, 35, 330, 333, 334
整合對象 target for integration 27, 71, 157, 250, 312, 319, 324, 354
整合標的 object of integration 25, 29, 56, 71, 308, 325, 334, 335, 336, 337, 385, 442, 450, 461, 462
整合機制 mechanism for integration 49, 75, 81, 309, 321, 336, 337, 338, 339, 340, 341, 342, 343, 345, 346, 347, 348, 355, 358, 406, 428, 433, 434, 436
潛在懲罰力 potential punishment power, PPP 38, 354, 359, 451
調和陰陽 126, 129
標竿學習 benchmarking 214, 238, 241
價值活動 value activity 35, 89, 90, 133, 134, 136, 142, 144, 146, 159, 229, 400
層級間目標的矛盾 conflicts among organizational layers 268
價值創造 value creation 35, 51, 65, 81, 82, 132, 133, 135, 136, 137, 140, 143, 146, 212, 318, 321, 323, 358
價值網 value net 64, 132, 133, 134, 135, 138, 142
價值觀 value 45, 114, 234, 259, 273, 336, 465
編碼系統 coding system 16, 50, 86, 88, 89, 108, 194, 295, 299, 301, 302, 350, 466
影響決策的關鍵前題 critical premises of decision 296
賦權 empowerment 147, 150, 273

十六劃

輸入輸出的能力 input and output ability 193, 196
操弄 manipulation 70, 218, 219, 225, 265, 296, 298, 339
機構領導人 institution leader 28, 82, 86, 149, 270, 348, 401
選擇權 option 167
激勵方法 methods for motivation 45, 112, 189, 263, 459
應變計畫 contingency plan 238, 240

十七劃

營運流程 operation process 26, 136, 151, 198
環境認知與事實前提 environment perception and factual premises 25, 69, 115, 173, 207, 218, 228, 233, 248, 286, 388
總體環境 macro-environment 27, 79, 120, 141, 163, 217, 272, 290, 297, 333

十八劃

雙重主軸 double axes 396, 424, 425, 426
轉陰為陽 119, 124, 126, 204
轉陽為陰 119, 120, 122, 124, 126, 127
轉換能力 transforming ability 193

二十三劃

變項間的因果關係網 causal relation network 38, 180, 209, 235, 468

二十五劃

觀念平台 conceptual platform 52
觀念能力 conceptual skills 36, 192, 197, 206, 208, 236, 237, 248